农业部公益性行业专项
"西北非耕地温室结构建造技术研究与产业化示范"（201203002）

NINGXIAFEIGENGDI
RIGUANGWENSHISHUCAIZAIPEI
LILUNYUSHIJIAN

宁夏非耕地
日光温室蔬菜栽培
理论与实践

高艳明　李建设·编著

黄河出版传媒集团
阳 光 出 版 社

图书在版编目（CIP）数据

宁夏非耕地日光温室蔬菜栽培理论与实践 / 高艳明，
李建设编著. -- 银川：阳光出版社，2017.5
ISBN 978-7-5525-3656-0

Ⅰ.①宁… Ⅱ.①高… ②李… Ⅲ.①蔬菜－温室栽培
Ⅳ.①S626.5

中国版本图书馆CIP数据核字(2017)第136525号

宁夏非耕地日光温室蔬菜栽培理论与实践　　　　高艳明 李建设　编著

责任编辑　王　燕
封面设计　晨　皓
责任印制　岳建宁

黄河出版传媒集团
阳　光　出　版　社　出版发行

出 版 人　王杨宝
地　　址　宁夏银川市北京东路139号出版大厦（750001）
网　　址　http://www.yrpubm.com
网上书店　https://shop129132959.taobao.com
电子信箱　yangguangchubanshe@163.com
邮购电话　0951-5014139
经　　销　全国新华书店
印刷装订　宁夏锦绣彩印包装有限公司银川分公司
印刷委托书号　（宁）0005568

开　　本　720mm×980mm　　1/16
印　　张　23.5
字　　数　350千字
版　　次　2017年7月第1版
印　　次　2017年7月第1次印刷
书　　号　ISBN 978-7-5525-3656-0
定　　价　76.00元

前　　言

　　发展非耕地高效、节约型农业是实现地区经济与环境可持续发展和维持社会稳定的重要保证。我国现有耕地 $1.33×10^8$ hm²，人均仅 0.1 hm²，耕地资源严重不足。85% 以上的土地为非耕地资源，其中沙漠和戈壁滩等荒地面积已占到陆地面积的七分之一。宁夏地区作为西部重要的粮食生产基地，拥有耕地面积 $1.27×10^6$ hm²，人均 0.23 hm²，非耕地面积达 $2.97×10^6$ hm²。提高宁夏地区非耕地资源开发利用率，增加非耕地农业经济、社会与生态效益，对优化宁夏全区农业布局、保证可耕地粮食生产具有重要意义。

　　在 20 世纪 70 年代初期，银川"半面坡"温室成为宁夏日光温室发展的原形。1988 年后，宁夏农业科研单位等技术部门引进和自行设计了"2/3 式""89 型""银川型"和银川二代日光温室，这些温室的提出极大地满足了宁夏的气候环境和生产实际。1996 年开始，全区开始发展二代节能日光温室，它是在第一代节能日光温室的基础上，提出更完善的设计参数，调整合理的采光角度和蓄热结构、优化保温，具有更加合理的结构设计，保温、采光性能，明显优于一代温室，瓜果、蔬菜反季节生产更加安全可靠，生产效益大为提高，很快成为宁夏全区主导温室类型，并带动了该区新一轮的温室建设。目前，全区二代节能日光温室的主要类型有 NXW-2、NXW-3、NXW-4、NXW-6。主要结构参数为：方位角一般为正南偏西 5°~7°，采光角即棚体前沿底角，一般在 58° 左右，仰角即温室后屋面与水平面的夹角，为 40°~45°，温室跨度在 7~9 m，脊高 3.5~4.0 m，后墙高 2.6~3.2 m，墙体厚度在 1.2~1.5 m，后屋面水平投影 1.2 m，厚度在 0.6 m 以上，温室长度 60~80 m 之间。同时在全区，"琴弦式"日光温室、山东五代日光温室也有一定规模的发展。在 2007 年年底日光温室面积有 1.90×10^4 余 hm^2。截至 2015 年年底，宁夏设施蔬菜面积达到 $7.10 \times 10^4 hm^2$，其中日光温室蔬菜 $3.30 \times 10^4 hm^2$，拱棚蔬菜 $2.70 \times 10^4 hm^2$。日光温室的升级换代极大地促进了全区设施产业的发展。

过去的 20 年，曾出版了许多日光温室蔬菜栽培方面的图书，这些图书在日光温室的发展进程中发挥了不可替代的作用，然而有关非耕地日光温室设计、建造以及蔬菜栽培研究方面的图书很少。本书以宁夏非耕地日光温室为主题，总结了本团队十年来在宁夏非耕地日光温室设计、建造和蔬菜生产技术研究方面取得的成果，集多项自治区级科技奖励和 50 余篇学术论文思想于一体，既涵盖基础理论研究，也包括应用技术研究内容。全书重点阐述了宁夏非耕地日光温室的发展历程、优化设计与建造、蔬菜品种筛选、蔬菜栽培模式、番茄栽培生理、集约化穴盘育苗和蔬菜栽培技术规程等，理论和应用价值突出，特色明显，是一本既适于教学和科研工作者参考，也适于蔬菜生产者应用的图书。相信本书的出版将为宁夏非耕地日光温室蔬菜产业的进一步发展发挥积极的作用。

在本书撰写过程中，本团队的李建设教授、张雪艳副教授和我的学生罗爱华、陈瑛、黄利、汪洋、王敏、刘宏久、徐苏萌、马晓燕、魏鑫等提供了部分资料，李建设对初稿的部分章节进行了修改，我的众多学生的研究成果被编入本书。感谢农业部公益性行业专项"西北非耕地温室结构与建造技术研究与产业化示范"（201203002）项目组成员的大力支持。收录本书的科研成果曾得到科技部、农业部、宁夏回族自治区科技厅、宁夏回族自治区财政厅、银川市科技局、兴庆区科技局等科技主管部门和宁夏大学的支持。在本书完成之际，谨向他们表示诚挚的感谢。

由于本书是一本跨学科内容的书籍，因此在撰写中难免有这样或那样的问题和错误，敬请广大读者提出批评建议，以便修订时改正。

高艳明

2016 年 5 月 16 日于贺兰山下

目 录

第三章　宁夏非耕地日光温室蔬菜品种筛选研究

第四章　宁夏非耕地日光温室蔬菜栽培模式研究

第五章 宁夏非耕地日光温室番茄栽培生理研究

第六章　宁夏非耕地日光温室蔬菜穴盘育苗技术体系

第七章　宁夏非耕地日光温室蔬菜栽培技术体系

第一章 宁夏非耕地日光温室
发展现状与前景

截至 2015 年 6 月，宁夏全区设施农业建设面积累计达到 7.10×10^4 hm²（其中，日光温室 3.30×10^4 hm²，占 46.6%；拱棚 9200 hm²，占 38.9%）。设施农业面积达 10000 hm² 的县（区）1 个，4000 hm² 以上的县（区）7 个，创建蔬菜标准园 24 个（其中，设施农业标准园 18 个），33.33 hm² 以上集中连片设施农业基地超过 248 个，66.67 hm² 以上的超过 145 个，666.67 hm² 以上 12 个。设施类型由以日光温室为主，向日光温室、大中拱棚、设施养殖多类型发展；设施产品由以设施蔬菜为主，向设施瓜果、设施花卉、设施食用菌等多领域扩展，实现了冬覆盖—春提前—夏排开—秋延后的循环生产，设施建设质量和生产水平得到大幅提高。

第一节 非耕地日光温室的基本概念和发展现状

我国陆地总面积占世界陆地面积的 1/15，位居世界第 3 位，农用地只占 56% 左右，与印度的 84% 和美国的 87% 有较大的差距，人均耕地面积明显低于其他国家，戈壁、沙漠、沼泽、滩涂、荒漠、荒山、石山、裸地等非耕地后备资源占有很大比例。目前，我国粮食、人口、土地之间的矛盾逐渐成为我国面临的主要问题，丰富的非耕地资源若得不到有效的开发和利用，将会对我国整体生态环境造成影响，导致生存和发展空间日益减少，严重制约我国经济繁荣、农业发展和人民生活的质量。著名学者钱学森说过：沙漠可以创造上千亿的产值，沙产业是"第六次产业革命"。因此合理开发利用我国现有的非耕地资源具有重要的意义。

一、非耕地日光温室的概念

耕地在国家标准《土地利用现状分类和编码》中的定义是：种植农作物的土地，包括新开发、复垦地、熟地、休闲地（含轮作地、轮歇地），以种植农作物（含蔬菜）为主，间有零星桑树、果树或其他树木的土地及平均每年能保证收获一季的已垦海涂和滩地。在耕地中包括临时种植药材、草皮、苗木、花卉等的耕地，南宽<1.0 m，北宽<2.0 m的固定的路、沟、渠和地坎（埂）以及其他临时改变用途的耕地。非耕地是除耕地以外的所有未经利用，经开发之后又能利用的土地，它包括沙地、草地、滩涂、低洼地、荒山、荒坡、湖泊、水库、沼泽地、河渠、盐碱地等一切后备土地资源。非耕地设施园艺是指在沙漠、戈壁滩、盐碱地、旱砂地、荒山坡地、沿海滩涂等不适于耕作的土地上，发展设施园艺产业，使原本不适于耕作的土地产生较好社会效益、经济效益和生态效益的一种农业产业发展方式。

日光温室又称节能日光温室、暖棚，是一种采用较简易的设施，充分利用太阳能且在室内不加热或临时补温的温室，即使在最寒冷的季节，主要依靠太阳光能或临时补温来维持室内一定的温度水平，以满足果树、蔬菜、花卉等作物生长的需要。日光温室的结构各地不尽相同，分类方法也比较多。按墙体材料分主要有干打垒土温室、砖石结构温室、复合结构温室等。按后屋面长度分，有长后坡温室和短后坡温室；按前屋面形式分、有二折式、三折式、拱圆式、微拱式等。按结构分，有竹木结构、钢木结构、钢筋混凝土结构、全钢结构、全钢筋混凝土结构、悬索结构、热镀锌钢管装配结构等。

二、非耕地园艺设施发展现状

（一）国外非耕地园艺设施发展现状

1.以色列非耕地园艺设施发展现状

以色列位于中东地区东部，地中海东岸，是一个人口密度大、国土面积狭小、资源贫乏的国家。其人口 6.5×10^6，农业人口仅占全国人口的 3%，国土面积约为 2.10×10^4 km^2，但可耕地面积只有 4370 km^2，大约为国土总面积的 20%，大部分土地被丘陵和沙漠（约 60%）所覆盖，近 2/3 的土地是沙漠。年人均占水量不到 400 m^3，北方降雨量 800 mm，南方降雨量仅 30 mm，降雨分布及雨量变化很大，因此 50% 以上可耕地依赖人工灌溉。

1948 年以色列建国时以旱作农业为主，灌溉农业只在几个水资源较好的地区运用。以色列政府面对资源稀缺、人口密度大以及干旱胁迫的严峻现实，把如何高效利用和合理保护稀缺的水土资源、提高农业生产效率作为重点，提出了一系列措施，主要有努力提高农业机械化和科学化水平、重视发展农业生物技术、利用处理后的污水灌溉、培育优良作物和禽畜品种、建立有利于开发治理荒漠、保护自然资源的法律体系、调动社会力量参与的积极性等等。经过几十年的时间，以色列沙漠化问题得到了有效控制，一系列的举措给以色列的农业发展带来前所未有的变革，生态环境得到改善，不毛之地改造成肥田沃土，可灌溉土地增长了 8 倍，约占可耕地面积的 50%，实现了农业的可持续发展，被世人称作"沙漠奇迹"。在设施农业方面，园艺设施的有效利用不仅体现在沙漠地区可减少风沙、霜冻、干旱等自然灾害带来的损失，还提高了农业产量，降低病虫害等防治成本。此外，在温室的滤光材料、覆盖材料以及保温材料等方面都开发出独特的技术。20 世纪 80 年代初，以色列有 900 hm^2 温室，到 90 年代初，数量增长到 2000 hm^2。

2.荷兰和日本非耕地园艺设施发展现状

荷兰、日本在非耕地上发展设施农业也获得了巨大的成就。荷兰是世界上温室生产最为发达的国家，但是它的土地资源非常紧缺，荷兰人利用围海造田等手段扩大耕地发展温室产业，温室生产的农产品出口值已达 5.30×10^{10} 美元。日本作为一个岛国，人口 1.26×10^8，面积 3.78×10^5 km^2，城市人口占 77.4%，农业人口 1.28×10^7，是世界人口密度最大的国家之一，平均每平方公里 329 人，属典型的人多地少国家。尽管资源匮乏，耕地短缺，土壤贫瘠，日本的设施产业却举世瞩目，在 20 世纪 90 年代末温室总面积 5×10^4 多hm^2，

现代温室 $4.80×10^4$ hm^2。

（二）我国非耕地日光温室发展现状

我国现有耕地 $1.33×10^8$ hm^2，人均仅 0.1 hm^2，耕地资源严重不足。在我国 85% 以上的土地资源为非耕地资源，其中沙漠和戈壁滩等荒地面积已占到陆地面积的 1/7。我国沙质荒漠和沙质荒漠化土地面积 $1.08×10^8$ hm^2，比我国总耕地面积还大 10%，其中：沙质荒漠（包括沙丘及风蚀地）为 $7.10×10^7$ hm^2，占 65.75%；沙漠化土地 $3.30×10^7$ hm^2，占 30.81%；风沙化土地 $3.73×10^6$ hm^2，占 31.44%。在沙质荒漠中，流动沙丘占 62.4%，半固定、固定沙丘占 33.6%，风蚀地占 4%。各类盐碱地面积总计 $9.91×10^7$ hm^2（14.9 亿亩）。在我国干旱、半干旱地区占全国后备土地资源的 68%，我国适宜开垦种植农作物、人工牧草和经济林木的荒地约 $3.33×10^7$ hm^2，其中 $1.20×10^7$ hm^2 分布在西北干旱区，$1.0×10^7$ hm^2 在东北的湿润、半湿润地区。

近年来，随着设施产业的迅猛发展，土地矛盾的日益尖锐，非耕地土地得到了有效的利用。在我国，西北地区的甘肃、新疆、宁夏、陕西、青海等地拥有很大面积的非耕地资源，非耕地设施园艺产业发展已经初具规模，各地发挥"多采光、少用水、节省地、新技术、高效益"的新模式，在非耕地上做文章，发展设施蔬菜、水果产业，取得了良好的经济效益和生态效益。

在甘肃，河西走廊现有非耕地面积 $2.30×10^5$ hm^2，占全省非耕地面积的 73%。利用河西走廊西端的戈壁、砂石、盐碱、荒漠等非耕地发展日光温室，并依托中国农业科学院蔬菜花卉研究所的科技力量开发有机生态无土栽培技术，目前已探索出一整套集成技术，并在河西走廊地区发展非耕地设施蔬菜上万亩。肃州区按照设施化装备农业的要求，突出地域特色，大力发展以日光温室、大棚蔬菜、新兴产业为主的城郊农业，不断壮大高效产业规模。肃州全区新建百亩以上温室小区 13 个，新增日光温室 135.33 hm^2，累计达 2047 hm^2，其中以银达、总寨为代表的非耕地日光温室面积达 340 hm^2；新建百亩以上连片大棚小区 42 个，新增塑料大棚蔬菜种植面积 773.3 hm^2，累计达 2720 hm^2；落实 3000 元以上的高效田 $4.03×10^4$ hm^2，培育户均

0.13 hm² 万元田示范乡镇 5 个，新增 0.13 hm² 万元田示范户 12000 户。肃州区实现了节本、高效、优质的统一，为节约耕地，实现农业增效开辟了新的途径。

在新疆，人均耕地面积少，设施农业用地与传统农业在土地利用上矛盾突出，严重影响设施农业的优化升级和可持续发展。针对戈壁荒漠地和盐碱地的土壤质地特性，研究人员制定了适用于砂石戈壁地、风蚀戈壁地、沙漠、荒漠盐碱地等各种栽培槽建造模式，同时发展无土基质栽培技术、棉花秸秆粉碎和发酵腐熟技术、设施配套技术，为非耕地设施农业发展提供了技术支撑。目前，吐鲁番市设施农业总面积已达 4166.7 hm²，2 万多座大棚，全市设施园艺产品年总产量达 $1.40×10^5$ 吨。新疆克孜勒苏柯尔克孜自治州（简称克州）累计发展设施农业 10574 座 874 hm²，其中：日光温室 7657 座 768.7 hm²，拱棚 2917 座 105.3 hm²。吐鲁番地区日光温室已发展到近 $4.19×10^4$ 座 18 个千亩以上集中连片的日光温室生产基地，高效节水农业达 $3.53×10^4$ hm²。2011 年，吐鲁番实现农业总收入 $5.20×10^9$ 元，农牧民人均纯收入达 6156 元，其中设施农业成为了推动农村经济快速发展、农民持续增收的重要产业。

在青海，不适宜农林牧土地包括戈壁、沙漠、冰川与永久积雪地、盐滩、风蚀劣地等，这些土地地表没有植物或植物非常稀少。这类土地面积很大，全省共有 $3.04×10^4$ hm²，占全省总土地面积的 42% 多。青海人不断调整和优化产业结构，大力发展设施农业，大批技术员进村入户，深入田间地头进行全方位、零距离的技术服务，在非耕地上大力发展设施农业。在海东全区累计发展设施温棚共 $1.0×10^5$ 栋，总面积 3133.3 hm²，设施品种正向精、细、特、优方向发展，品质向无公害、绿色、有机发展，蔬菜总产量达到 $6.3×10^5$ 吨，占全省的 50%。

第二节　宁夏非耕地资源条件和利用现状

　　宁夏地处我国西北内陆农牧交错带，位于北纬35°14′~39°23′之间，其西、北、东三面分别被腾格里、乌兰布和、毛乌素沙漠包围，生态、经济环境极为脆弱，是我国沙漠化最为严重的地区之一。

　　宁夏处于发展设施农业的最佳地带（北纬35°~43°），具有优良的地理环境优势。首先宁夏农业灌溉条件便利，黄河流经宁夏13个县市397 km，年径流量$3.25×10^{10}$ m^3，国家调配可利用水资源$4.0×10^9$ m^3，有效灌溉面积$4.07×10^5$ hm^2。其次光热资源充足，宁夏属温带大陆性半湿润半干旱气候，干旱少雨，全年平均降水量为178~680 mm，南多北少，冬季雨雪稀少；年平均气温5℃~9℃、平均年较差22℃~33.5℃、平均日较差10.9℃~12.4℃、≥10℃平均有效积温2000℃~3500℃，平均无霜期150~195 d。而且，充足的太阳辐射和较长的日照，有利于农作物的光合作用及有机物的积累；较大的日温差和相对干燥的空气，有利于香气发育完全和糖类、矿物质与色素物质的良好形成。总之，宁夏得天独厚的区位优势和资源条件，为发展设施农业产业提供了巨大的空间。

一、宁夏非耕地资源条件现状

（一）宁夏非耕地概况

　　2011年统计数据显示：宁夏土地总面积$5.19×10^6$ hm^2，占全国土地面积的0.54%，现有耕地$1.27×10^6$ hm^2，人均0.23 hm^2，居全国第4位，非耕地面积达$2.97×10^6$ hm^2，其中荒草地$8.57×10^4$ hm^2，盐碱地$6.23×10^4$ hm^2，沼泽地3713.3 hm^2，沙地$1.50×10^5$ hm^2，裸土地1000 hm^2，后备耕地资源有$6.67×10^5$ hm^2以上，是我国8个省区土地后备资源超过千万亩的一个。此外，宁夏全区土地沙化是该区主要的土地特点，据2009年的统计数据显示，全区不同程度的沙化土地面积为轻度$6.94×10^5$ hm^2、中度$1.78×10^5$ hm^2、重度$1.72×10^5$ hm^2、极重度$1.18×10^5$ hm^2。宁夏全区沙化土地面积呈现先增加后减少的趋势，根据宁夏国土资源厅 1996-2005 年历年土地利用变更调查报告，1996~2005 年 10 年间宁夏耕地呈减少趋势，共减少耕地 2.67×10^5 hm²,同期新增耕地 1.06×10^5 hm²，10 年净减少耕地 1.61×10^5 hm²，耕地面积的减少，每年造成粮食产量下降 1.16×10^9 kg，损失折合人民币为 16.19 亿元，占总直接经济损失的 94.20%，占宁夏 GDP 的 2.70%（表 1-1）。

表 1-1　耕地退化直接经济损失估算

损失类型	退化程度	退化面积/hm²	产量下降/(kg/hm²)	转化参数/(元/kg)	损失金额/(×10⁴元)
耕地/风蚀	轻度	10064.0	300	1.4	447.89
	中度	153107.0	750	1.4	16076.24
	重度	3534.0	1800	1.4	890.57
	极重度	92.2	2700	1.4	34.85
耕地/水蚀	轻度	210300.0	375	1.4	11040.75
	中度	228200.0	950	1.4	30350.60
	重度	156200.0	2250	1.4	49203.00
	极重度	109300.0	3375	1.4	51644.25
耕地/盐渍化	轻度	12994.9	600	1.4	1091.57
	中度	5206.6	1500	1.4	1093.39
	重度	55.2	4800	1.4	37.09
	极重度	0.0	0	1.4	0.00
合计		889653.9			161910.19

（二）影响耕地面积减少的因素

耕地面积的减少，使土地资源供需矛盾日益尖锐，造成耕地面积的减少具有多方面的原因。首先，全区人口不断地增加，耕地面积却增加较少，致使人均土地占有量在各种原因的影响下逐年减少（表 1-2）；其次，随着工业化进程加快，城市化水平提升的迅速发展，全区城市建设规模日益扩大，如首府银川的建设、固原的撤地设市、中卫建市以及各市、县、区的城镇建设、公路建设、工业园区建设和城市道路建设等等都是造成全区耕地面积减少的直接原因；再者，特殊的自然地理环境、三大沙漠的围限、人口草地过度垦殖、退耕还林还草、过度樵采和滥挖药材、滥牧等直接造成土地沙质荒漠化加剧，耕地面积减少。进行土地结构的调整，合理有效的开发全区丰富的后备资源土地，改变非耕地现有状况已经迫在眉睫。

表1-2　宁夏人口与耕地变化情况

年份	1949	1957	1970	1985	1990	1993	1997	1999
耕地总面积/hm²	64.80	89.60	90.60	79.50	79.60	80.30	126.90	128.00
全区人口/万	119.70	179.30	277.30	414.60	465.60	490.80	528.90	543.10
人均占有耕地/（hm²/人）	0.54	0.50	0.33	0.19	0.17	0.17	0.24	0.23
人均粮食产量/kg	266.70	312.50	259.80	336.50	415.10	413.40	484.00	540.00

（三）土地后备资源开发的必要性

针对日益突出的土地供需矛盾等问题，开发整理全区丰富的土地后备资源具有很强的必要性，在宁夏中部干旱带的毛乌素沙漠东北缘、中卫市腾格里沙漠南缘、银北盐碱地等地区都是非耕地典型的区域，具有很多集中连片，地势较为平坦的沙地、荒草地、盐碱地和牧草地，有扬黄灌溉和引黄灌溉水利系统的支持，地下水源丰富，光热条件较好，是发展以无土栽培为主的非耕地设施园艺产业的绝佳地带。据有关数据显示：到2015年宁夏全区未利用地开发潜力共计 $2.97×10^5$ hm²，适宜用于农用地的未利用地 $2.41×10^5$ hm²，适宜建设用地的未利用地 $5.58×10^4$ hm²（用于工业建设的 $1.73×10^4$ hm²）。近年来，全区开始了国土整治"三大工程"包括中北部土地开发整理重大工程、中南部生态移民土地整治工程和高标准基本农田建设工程。先后编制了《生态移民土地整治规划》和《中北部土地开发整理重大工程项目总体规划》，利用新型的技术和土地改革整治合理的结合在一起，有效地改善了全区土地利用结构，土地整治取得明显成效：全区耕地质量有所提高，牧草地和未利用地的调整使得耕地面积增加 2.27×10^4 hm²，盐碱地改造 6133.3 hm²。土地的合理化调整提高土地利用率，增加了耕地面积、供养人数，改善了人们生产生活水平，使得宁夏全区土地的次生盐渍化、水土流失、土壤荒漠化得到了有效的改善，并且提高了植被的覆盖率。

二、宁夏非耕地地区资源环境分析

宁夏地区地域辽阔，位于黄河中上游，与甘肃省、内蒙古自治区、陕西省相邻，南北狭长，地势南高北低，平原海拔 1300~1500 m，山地海拔 1500~2600 m，分为南部山区、北部引黄灌区和中部干旱带三大区域。北部引黄灌区地势平坦土壤肥沃，黄河水灌溉便利，沟渠如织，农业得到很好的发展，与关中平原、成都平原、伊犁河谷和河西走廊并称西部的"五大粮仓"。中部干旱带土地广袤，草原辽阔，日照充足，昼夜温差较大，农产品绝少污染，特色旱作节水农业得到很好的发展，但存在物候风强烈、沙丘、沙地分布广、土地垦殖率低等问题。南部山区地处黄土高原丘陵沟壑和荒漠、半荒漠草原地带，气候温和凉爽，物种多样，同时水土流失严重，侵蚀土地占较大比重。

（一）气候资源

宁夏是典型大陆性半干旱气候，是我国季风区的西缘，特点是春季多风沙，夏季酷热短，秋季气温降低早，冬季寒冷漫长，昼夜温差大，日照时间长，光能资源丰富，干旱少雨，冬冷夏热无霜期短而且多变。宁夏年平均气温在 5℃~9℃之间，呈现出南低北高的特点，北部引黄灌区为 8℃~9℃，中部干旱带为 7℃~8℃，南部山区为 5℃~6℃，气温的日、年较差大，日较差在 9℃~16℃，年较差在 22℃~33.5℃。据宁夏气象台统计资料显示：宁夏年降水量 169.5~647.3 mm，降水分布不均，平均降水量 292.47 mm，其中银川平原在 200 mm 左右，贺兰山地区在 400 mm 以上，60%集中在夏季，整体降水趋势由南向北递减。年蒸发量在 1312.0~2204.0 mm 之间，为降水量的 4 倍之多，呈现出降水稀少、蒸发强烈的特点，向南北方向逐渐减小。此外宁夏的干旱指数也较高，变化在 1.0~5.0 之间，分布形式大致与陆地蒸发相同。据典型站点干旱指数分析，宁夏地区干旱指数大于 10 的分布面积占宁夏地区总面积的 46% 以上。

(二) 水资源

宁夏地区是我国干旱缺水最严重的地区，生产、生活和生态用水都面临着严峻的挑战。宁夏水资源包括地表水、地下水和土壤水，主要靠降水、高山冰雪融水补给。宁夏地下水资源量为 3.07×10^9 m^3，其中平原区 2.66×10^9 m^3。宁夏可耗用黄河地表水资源 4.0×10^9 m^3，75% 来水条件下可耗用黄河地表水资源量 3.2×10^9 m^3。全区降水入渗量与河川基流量之差的可开采水资源量为 1.50×10^8 m^3，因此多年平均来水条件下宁夏水资源可耗用水资源总量为 4.15×10^9 m^3，75% 来水条件下可耗用水资源总量为 3.35×10^9 m^3。宁夏分区水资源状况 (见表 1-3)。

表 1-3　宁夏分区水资源状况　　单位: $\times 10^8$ m^3

分区	降水 (mm)	地表水资源	地下水资源	重复计算量	水资源总量	可耗黄河水
银川市	197	0.87	10.74	9083	1.78	–
石嘴山市	189	0.85	5.11	4.44	1.52	–
吴忠市	252	1.00	6.33	5.93	1.40	–
中卫市	472	0.97	2.91	2.86	1.12	–
固原市	259	5.80	5.64	5.49	5.95	–
全区统计	289	9.49	30.73	28.59	11.63	40.00
北部灌区	189	1.98	20.58	18.87	3.69	–
中部干旱区	261	1.71	7.25	6.81	2.14	–
南部山区	472	5.80	2.91	2.91	5.80	–

（三）土地资源

1.灌区土壤盐渍化

宁夏土壤盐渍化主要发生在引黄灌区和部分的扬黄灌区，引黄灌区较为严重，灌区土地面积 1.57×10^6 hm²，耕地面积 3.37×10^5 hm²，土地面积为全区土地面积的 23.7%，其中盐渍化土地面积约占灌区耕地总面积的 33.5%，中度和重度盐渍化耕地约占 50%。据研究，在银川平原北部的局部地区是土壤含盐量较高的区域，总体呈现向四周扩散的分布格局，主要分布在石嘴山市、平罗县、惠农县，还有南部的永宁县等地区。造成盐渍化的主要因素是含盐母质、干旱的气候、较高的地下水位、地貌条件等。其特点是：盐分组成属于硫酸盐和氯化物混合型盐分，以现代积盐过程为主，表聚性特点突出。对盐渍化土地的改良应按照水利与农业技术相结合的方针，建立农田水利灌溉系统、平田整地、采取合理灌溉、种植耐盐植物、增施有机肥、深耕晒垡等措施，搞好综合防治与利用。对盐渍化土地的合理利用，不仅是改造中低产田、提高土地生产率的关键措施，也是改善宁夏灌区生态环境的重要举措。

2.中部土壤荒漠化

宁夏的荒漠化最严重地区在黄土丘陵区以北的腾格里沙漠南缘和毛乌素沙漠南缘之间，该地区属于温带大陆性干旱、半干旱气候，黄河以东的陶乐、盐池、灵武、同心、中卫市为全区沙漠分布最多的县市，人均水资源量只有 51 m³，是宁夏的 1/6，全国人均水资源的 1/50。目前全区沙漠及沙化土地面积 1.26×10^4 km²，每年因土地荒漠化和土地沙化直接经济损失高达 40亿元，干旱、沙尘、风沙等自然灾害频繁，生态环境十分脆弱。造成荒漠化的主要原因首先是宁夏的春季和冬季多西北风和北风，尤其在灵武、盐池、中卫等地，大于 8 级的大风日数每年在 25 d 以上；其次，人口的急剧增长，直接导致对各种物质条件的需求增加，人类经济活动过度干预自然生态系统，使之失去平衡而导致荒漠化，从而形成大片的未利用土地。除此之外，干旱的气候条件、极度缺乏的水资源、地形地貌的不同也是造成土地荒漠化的间接原因。总之，通过合理调控人类的基本活动，降低人为因素的影响，制定相应的符合当地环境特点的土地整治方案，加强土地管理，积极植树造林，有计划地开展沙区土地治理，建立防风固沙林体系，加强沙区草地生态建设等，可以改善中部土壤荒漠化。

3.宁南山区水土流失

全国难以利用的沙漠、戈壁、裸岩以及水土流失面积，宁夏占了 80%，尤其以南部黄土丘陵地区水土流失最为严重。南部山区沟壑纵横，黄土丘陵、谷地和山地相间分布，土地面积 1.13×10^4 km²，占到全区面积的 31.3%；耕地面积 3.56×10^5 hm²，占土地面积的 31.53%。南部山区气候干旱少雨，年平均气温 4℃~8℃，年降水量 350~650 mm，有 85% 的地区降水量小于 450 mm，但是蒸发量却是降水量的 4 倍之多。日照时数在 1400~1800 h，风大沙多，独特的气候条件致使干旱、干热风、霜冻等自然灾害频发，造成南部山区水土流失面积占到土地面积的 74%，整个地区生态环境十分脆弱。此外我区水土流失严重，具有明显的地带过渡性。在我区固原地区六县及吴忠市管辖的盐池、同心两县部分地区，地处黄土高原，干旱少雨，且降雨年季变率大，加上人类不合理的垦伐，是全国水土流失最严重的地区之一。

三、宁夏非耕地利用现状

近年来，宁夏全区高度重视对未利用土地的开发，一系列的相关政策极大地促进了全区非耕地的发展，《风电和太阳能光伏发电项目建设用地管理办法》、《全区工业用地出让最低价标准实施意见》、《宁夏回族自治区低丘缓坡荒滩等未利用地开发利用试点工作方案》、国家"十二五"支持宁夏 35 万生态移民的战略规划等相关措施的出台，从政策上鼓励工业、农业等各种项目充分利用沙荒地、滩涂地、盐碱地等非耕地进行产业开发，并且提供相关优惠政策，给予一定资金支持，免收土地出让金、土地有偿使用费、土地管理费等。此外，对全区未利用土地资源进行详细调研，对全区非耕地现状有更深入的了解，为以后的开发利用明确了方向，并提供一定的技术支持。

（一）工业方面

宁夏非耕地集中的地区主要在银川市、吴忠市、石嘴山市、中卫市，目前这些地方在非耕土地利用上取得了显著的成效。吴忠市红寺堡区，拥有未利用土地 $9.33×10^4$ hm²，能用来开发的有 $5.67×10^4$ hm²，吴忠市制订了 15 项制度和办法，促进工业上山，充分发挥土地资源优势，投入大量资金用于太阳山和牛首山的工业项目。目前已经在太阳山和牛首山引进了 58 家企业，在太阳能、风能、煤化工、加工贸易、新能源装备制造等方面均有涉及，已占用荒地 1200 hm²，节约耕地 1200 hm²。在中卫，腾格里沙漠使中卫市耕地资源极度缺乏，中卫人在治沙方面做出了巨大的努力，"麦草方格"的提出更是创造了奇迹。占地 40.5 km² 的美利工业区，占地 183 hm² 的沙坡头旅游景区、中卫市香山机场、占地 $2.20×10^5$ km² 的腾格里湿地公园等项目的开发，充分利用了非耕地资源为中卫市新增耕地 3353 hm²。在石嘴山市，星海湖和中华奇石山的开发，改善了人们的居住环境，一定程度上解决了人们用地紧张的现状，缓解了土地供需矛盾。

总之，截至 2010 年，全区有 16 个工业园区共占用土地 9300 hm²，其中有 9 个建立于未利用土地上，占总面积的 76.8%。此外，2010 年，全区共完成荒山荒沙地造林 $9.50×10^4$ hm²，其中，经济林面积 $2.50×10^4$ hm²；2010 年末实有封山沙育林面积 $2.34×10^5$ hm²。

（二）农业方面

"十一五"以来，自治区党委、政府提出在全区，特别是在中部干旱带和南部山区大力发展高效节水设施农业的战略决策，各市、县（区）依据各自的气候特点和资源禀赋，大力发展以沙荒地、盐碱地等为主要类型的非耕地设施农业，调整种植结构，坚持因地制宜的发展非耕地农业。在北部引黄灌区，发展以日光温室为主的高端、精品、高效设施农业，在中部干旱带和南部山区集中发展以大棚为主的设施农业，有效的利用当地的自然条件和土地资源，拓展了农业发展空间和农民增收渠道，节约了大量的耕地资源。例如在固原市累计建设设施农业 $1.97×10^4$ hm²，其中日光温室 4400 hm²、大中

拱棚 1.10×10^4 hm²；在银川，2012 年全市蔬菜种植面积超过 2.27×10^4 hm²；在永宁县发展设施农业 6700 hm²，年产值 7 亿元，建成 100 多个设施生产园区。此外，银北盐碱地"台田"温室、中卫沙漠温室等模式成为全区非耕地日光温室的主流模式。在 2010 年全区的设施农业面积为 7.05×10^4 hm²，日光温室面积为 3.16×10^4 hm²，大中小拱棚面积在 3.89×10^4 hm²（表 1-4）。

表 1-4　2010 年宁夏各市县（区）设施农业面积统计

单位：（$\times 10^4$ hm²）

地区	总面积	日光温室	大小拱棚
银川市	1.93	1.33	0.30
石嘴山市	0.32	0.21	0.11
吴忠市	1.95	0.62	1.33
固原市	1.46	0.29	1.17
中卫市	1.39	0.71	0.68
合计	7.05	3.16	3.89

第三节　宁夏非耕地日光温室产业存在问题和解决对策

20 世纪 70 年代初期，银川"半面坡"温室成为宁夏日光温室发展的原形。该温室结构简单，墙体薄，跨度大，前屋面坡度小，用土坯砌后墙和东西山墙，用杨木檩条作前屋面框架材料，用塑料薄膜覆盖前屋面，用火道加温。该结构温室优点是建造容易、取材方便、成本较低、土地利用率高，缺点是前屋面坡度小造成采光效果差、保温性能低、空间矮小、不利于田间作业，致使生产效率低。1988 年后，宁夏农业科研单位等技术部门引进和自行设计了"2/3 式"、"89 型"、"银川型"和银川二代日光温室，这些温室

的提出极大地满足了宁夏的气候环境和生产实际。宁夏二代温室脊高 3.5~
3.8 m，净跨度 7.5~8.0 m，墙体底部为 1.5~2.0 m，上部 0.8~1.0 m，较"半
面坡"温室有了很大的改善。但是此种温室环境调控能力差，空间狭小造成
机械化操作程度低，温室墙体蓄热能力低，保温效果不佳。1996 年开始，
全区开始发展二代节能日光温室，它是在第一代节能日光温室的基础上，提
出更完善的设计参数，调整合理的采光角度和蓄热结构、优化保温，具有更
加合理的结构设计，保温、采光性能明显优于一代温室，瓜果、蔬菜反季节
生产更加安全可靠，生产效益大为提高，很快成为全区主导温室类型，并带
动了全区新一轮的温室建设。目前，全区二代节能日光温室的主要类型有
NXW-2、NXW-3、NXW-4、NXW-6。主要结构参数为：方位角一般为正南
偏西 5°~7°，采光角即棚体前沿底角，一般在 58°左右，仰角即温室后屋面
与水平面的夹角，为 40°~45°，温室跨度在 7~8 m，脊高 3.5~4.0 m，后墙高
2.6~3.2 m，墙体厚度在 1.2~1.5 m，后屋面水平投影 1.2 m，厚度在 0.6 m 以
上，温室长度 60~80 m 之间。同时在宁夏，"琴弦式"日光温室、山东五代
日光温室也有一定规模的发展。在 2007 年底日光温室面积有 1.91×10⁴ hm²。
截至 2011 年，宁夏设施农业建设面积达到 7.4×10⁴ hm²，其中日光温室 3.4×
10⁴ hm²，大中拱棚 3.0×10⁴ hm²，小拱棚 1.10×10⁴ hm²。日光温室的升级换代
极大地促进了宁夏设施产业的发展。

一、宁夏非耕地日光温室存在的主要问题

（一）日光温室结构与建造技术缺乏统一标准

调研中发现虽然全区非耕地日光温室建造处在快速发展阶段，但是由于
资金限制、设计的缺陷、建造技术不规范，导致质量水平仍普遍较低，工程
技术含量不高，设施结构的标准化程度低，不利于进行机械化作业。在设施
本身、栽培管理上，还是以传统的经验为主，缺乏量化指标、成套的技术和
一定的建造标准，部分非耕地日光温室出现结构不合理、建造质量难以保
证、抵御灾害性天气能力差、温室设备的综合利用程度偏低等问题，从而影
响温室采光、保温及安全性能，造成使用寿命短、成本增大、种植效益降低

等问题。

（二）非耕地日光温室墙体结构与材料的选择有待进一步研究

全区日光温室墙体主要是黏土墙、土坯墙、多孔砖墙、砖砌夹心墙、草砖墙、炉渣砖墙等。夹心材料常用的有黏土、炉渣、珍珠岩、苯板等。温室墙体不同程度出现剥落、裂缝、坍塌、透风、保温性能低等各种问题。例如，中卫草砖虽作为一种新兴的建筑墙体材料，但使用不当会造成易燃、蛀虫、腐烂、鼠害、变形等问题。目前在实际应用中同一地区同一种材料的墙体厚度也不一样，偏薄的不利于保温，偏厚的不利于降低建造成本，因此如何充分利用非耕地丰富的沙子、沙石、沙土等资源作为墙体材料，达到节约成本、就地取材、高效保温的目的，仍需要进一步地研究开发。在温室骨架材料方面，主要是以桁架结构为主，虽具有稳定性高、构件截面尺寸小等优点，但也存在着易锈蚀、生产装配运输不便捷等不足。

（三）设施新技术、现代化装备利用率低

设施蔬菜机械化、自动化作业的主要环节是环境控制、耕地作畦、植物保护、自动灌溉等，但是此次调研发现，目前全区自动卷帘机设备、滴灌系统应用较多，其他环节机械化程度还很低，新技术的运用不广泛，自动卷膜通风设备、灌溉设备、加温设备、温室专用机械、环境控制技术、水肥调控技术、无土栽培技术、温室病虫害控制及污染治理技术等运用较少。其主要的生产环节大多还是依靠人力或者手工操作完成，整体自动化设备少，日光温室整体机械装备更新换代速度缓慢，设备老化严重。此外，非耕地设施农业作为全区新的产业，针对非耕地特点的设施栽培技术、综合管理技术、机械化智能化设备应用技术等问题日益突出，因此整体上日光温室存在环境调控能力弱、劳动效率低、劳动强度大、安全系数低等问题。

（四）日光温室管理水平有待提高

宁夏部分非耕地日光温室投入较大，各项材料成本较高，但日常维护与管理技术不配套。例如，在温室保温被上，由于缺乏保护和管理，经常会出现破坏或老化的现象，造成保温效果下降、防雨雪能力降低；在温室棚膜上，全区的风沙大、气候条件恶劣，尤其在下雨之后，日光温室的棚膜表面容易积水，易形成水沟，这样不仅增加了骨架材料的承受力，而且容易对棚膜造成损坏，造成棚膜的使用年限降低。此外，棚膜在使用一定的时间后，膜面会积累大量的灰尘，影响温室采光，造成温室的性能降低，影响植物的正常生长。因此，良好的日常管理，同样会降低温室的运行费用，提高保温效果，延长使用年限。

二、宁夏非耕地日光温室开发利用对策

（一）从温室骨架入手，加快高强度、易装配、长寿命、轻简化新型骨架的研究和开发

通过受力理论模拟和构件组合优化，温室骨架应尽量提高温室的进光量和得热量，在满足结构强度的基础上，研究骨架在非耕地上的施工方法，追求结构的简洁性、安装的便捷性。另外，在日光温室冬季生产中，骨架始终受高湿、高温与低温交替变化等恶劣环境和不利因素的影响，直接影响骨架结构的安全和耐久性能。因此，钢骨架在投入使用前必须进行防腐处理，尤其是焊缝位置，更应加强。目前，全区采用的组装式框架温室：钢架上弦 2 mm 厚 Φ25 mm 钢管，下弦直径 10~12 mm 圆钢，拉花 Φ8 mm 圆钢，横拉杆 Φ8 mm 厚壁钢管，1 m 一个钢架，保证了温室的抗风雪的能力，减轻了后墙的承重、外覆盖材料自重、室内作物的吊重以及卷帘机的使用带来的附加荷载等。或可以运用装配式镀锌"几"字钢架温室骨架，"几"形结构骨架采用热浸镀锌板材轧制，弯曲成型，使用寿命较长、防腐效果好。

（二）宁夏非耕地日光温室新型墙体材料的开发利用

研究日光温室墙体、屋面建造材料（空心砖、免烧砖、沙子、砂土等）的保温和蓄热特性；研究建造材料的抗压强度等力学特性，提出更加科学、合理的墙体构造方案，达到降低成本、抵御自然灾害强、增效、增产、节能、节劳的目的。从就地取材、节约成本、耐用性高等方面加快研究新的墙体建筑材料，协助进行低成本建造技术研究，研究墙体材料的砌筑特性和粘接方法，并制定配套施工工艺。例如，本团队借鉴民用建筑中混凝土薄壁烟

道工艺（预制、快装、长寿命）开发一定大小的多孔预制控件，内填砂石、沙土、沙子等材料，进行砌护墙体，已在中卫市沙漠示范园区开发建成两栋以混凝土空心砌块与沙子为主要建材的复合墙体构造的温室。另外，解决草砖温室腐烂、变形问题，有专家认为，采用草砖加骨胶的办法或草+石灰+土+水，按照一定的比例配制成草砖；在墙体结构上，建材专家认为，可采用水泥+珍珠岩+沙子作墙体材料，与内外 2,4 砖墙（24cm）中间加炉渣的墙体材料做对比研究等等。

（三）完善温室配套设施，提高设施农业机械化水平，降低劳动强度

在温室装备上，保温被卷帘机的普及率较高，但是卷帘机控制以手动开关为主，宁夏非耕地日光温室内除一些简单的配套设施以外，一些高效节能省时省力的装备仍然很缺乏。因此，应通过分析外保温覆盖材料的主要性能参数，筛选出适合宁夏非耕地特点的抗紫外、耐老化、防风型外保温覆盖材料；研究温室白天遮阳、晚上保温的内遮阳和保温系统；开发更加安全、合理的传动机构，提高卷帘机的运行质量，降低事故的发生率；研究棚膜的整体防风安装技术，增加智能化系统；开发新型的物流运输设备、吊蔓装置以及加强与温室的整体化设计；研发低成本环境控制、灾害应急技术，重点研究极端天气下温室结构及材料的防风抗雪技术；开发适合宁夏气候特点的温室棚面尘土去除技术，提高温室的透光率。总之，有效提高温室整体功能，充分利用温室空间将是今后的重点发展方向。

（四）积极研究并制定宁夏非耕地日光温室结构标准化

结合区域气候资源，综合考虑采光、蓄热和保温要求，进行非耕地设施园艺区域布局规划研究，分析区域水资源、生态、经济等因素，研究基于资源承载力的宁夏非耕地日光温室基本参数、建设规模和布局。今后发展重点：从综合效益的角度出发研究区域的适应性、产业发展模式和评价方法，把非耕地日光温室的建设和相应的生产配套技术有机结合，保证每座温室具有标准化的建造技术；对宁夏气候资源概况、温室结构设计参数数据库建

立、现有非耕地温室的性能评价、沙漠日光温室蓄热贮热装备及技术研究等方面进行整理研究。

（五）制定促进非耕地日光温室建造的相关优惠政策

在三个典型生态区机械化程度整体不高的情况下，设施农业的发展仍需要较多的劳动。目前，主要的劳动者是 50~60 岁的人员，年轻有文化的农民大都外出打工。整体文化素质偏低，造成规模化生产难度大、经济效益偏低。因此，必须加大财政投入，支持非耕地高效农业基础设施建设，对从事非耕地高效农业的龙头企业及产业化合作组织进行鼓励和资金支持，建立非耕地温室建造综合技术培训与推广体系。通过专题会议、专家讲堂、组织观摩、现场交流、示范带动等多种方式来宣传非耕地温室的高效益和优新技术，提高企业、农民生产大户的生产积极性，加大对基层技术人员的培训力度，进而实行大面积推广，吸收更多的人参与到学习、培训中来，达到大规模、高效益的发展要求，形成具有宁夏特色的设施农业。

第二章　宁夏非耕地日光温室
优型结构和环境性能

日光温室是我国具有自主知识产权的温室类型，在我国北方广泛应用。自 1980 年起至 2008 年有关于日光温室研究的中文文献达 5393 篇。人们对日光温室的结构发展与特点进行了概括，从最早的竹木结构，发展形成钢筋焊接桁架结构，后形成钢混结构以及玻璃温室。对宁夏地区普遍使用的日光温室进行调查，发现目前广泛应用的有 9 种日光温室：半面坡式日光温室、银川二代日光温室、琴弦式日光温室、山东五代日光温室、阴阳棚日光温室、NKWS–I~IV 日光温室。本章内容包括宁夏非耕地日光温室的设计理论、优型结构和建造、环境性能测试和配套设施 4 个方面。

第一节　日光温室设计理论和环境调控

目前，农业设施工作者开始着重对温室的结构进行优化设计。日光温室结构设计包括方位角、采光屋面角、采光屋面形状、后屋面仰角、温室高度和跨度以及后墙结构与材料等方面。采光屋面角可用屋顶倾角和该地区太阳高度角来计算；跨度大小宜根据地区地理纬度来确定，中温带一般为 9 m，随着纬度升高跨度应相应降低；脊高一般设置在 2.6~3.8 m 为宜；后屋面与后墙交角在 125°~135°时不会影响温室内采光。

一、日光温室设计理论

(一)采光设计

采光设计为日光温室设计中最重要的一步。由于设施覆盖导致透光率降低，而通过改变温室结构可使室内采光效率提高，主要通过两方面：一是前屋面覆盖选用透光率高的材料，现在覆盖材料透光率基本都在90%~93%，并无明显差异；二是增大前屋面角或增大脊高。提高前屋面倾角，一般要求前屋面倾角 β>（当地地理纬度）−15°，此方法设计温室结构要根据当地气候条件不断更新，还需考虑日光温室结构对风雪的负载能力，导致日光温室建设不规范化。张勇等针对该问题研究出可变采光倾角日光温室并对其进行性能分析，发现构建以前屋角为轴对前屋面整体进行转动，根据采光需要变化前屋面倾角可有效增大温室内采光率。目前大量关于采光优化设计的研究均集中在通过对温室采光曲面进行优化设计，选择较为合适的屋面形式，得到温室采光参数与太阳辐射状况、日照时数、地理纬度等因素相关关系，并建立数学模型。除此之外，可对下挖深度所引起的室内阴影面积进行计算分析，并综合采光角的参数，得到适宜日光温室建造的下挖深度。

(二)日光温室围护结构

日光温室围护结构作为温室设计的另一部分同样重要。在选择围护材料时，首先依据当地气候条件和地理因素，选择合适的建造材料及配比。材料要选用导热系数小、密度小的以保证较好的保温蓄热荷载力。围护材料的厚度要按照各材料组合后的热阻大小来确定。叶林等对宁夏南部山区3种不同长度后屋面日光温室进行分析发现，采用无后屋面、高后墙、大跨度结构温室更佳。樊平声对不同墙体结构温室进行测试发现采用复合异质型1 cm内粉+24 cm空心砖+24 cm空心砖+10 cm苯板+1 cm外粉的墙体结构保温效果好。

通过对日光温室设计的进一步研究，学者综合各项分析得到适宜本地区建造的较优日光温室结构参数。如，针对淮北地区气候特点，方位角选用南偏西1°~6°为宜，跨度7~8 m较为合适，脊高选择依跨度而定，长度50~60 m较好，前屋面角应不小于21.8°，后屋面仰角应在35°~45°之间，墙体厚度以

50~60 cm 为佳。光伏温室透光率及保温性低于塑料薄膜温室，但每天可提供最大 9.544 kW·h、最小 1.414 kW·h 的电量。

二、日光温室环境调控

不论在日光温室内还是在塑料大棚内，影响植物最重要的环境因素当属温度和光照强度。空气温度和土壤温度直接决定植物能否生长，而光照强度则决定了植物长势强弱及产品品质。

（一）光照调控

光照作为影响植物生长几大重要环境因素之一，主要功能是提供给植物光合作用所需要的能量并影响植物生长、分化等反应。不同光质、光照强度、光照时长对植物会产生不同影响。在冬季，严重光照不足会导致植物生殖生长衰败，果实产量下降、品质降低，这个时候需要进行人工补光。

外源补光需要考虑以下三个方面：(1) 补光方式的选择：通过对不同类型温室的地区环境差异因地制宜选择合适的补光措施；(2) 补光光源的选择：包括对补光灯光质的选择和补光灯的补光强度及其成本选择；(3) 补光时长、补光灯设置位置及补光时间的选择：根据不同植物对光照需求不同区别补光方式。

在夏季，较强的光照会导致植物萎蔫，长势差结果率低等问题。科研工作者针对冬季温室光照强度不足及夏季光照强度过大等问题，创新出多种补光、弱光方式：如基于作物对光需求的温室光调控系统的开发，基于植物叶绿素荧光参数的 LED 动态补光方法，在温室后屋面或后墙内设置反光幕、反光膜方式，选择不同种类的棚膜及补光灯，以及针对夏季温室内光照强度过大所研发的电致变色技术。除此之外，对于补光光源的选择研究集中在普通荧光灯与 LED 光源的对照试验，以及不同光质对于常见蔬菜生长的影响，如不同光质对辣椒、番茄、黄瓜等生长指标差异及对幼苗形态的影响研究较多。同时，靳志勇等对补光时间和方式对大蒜鳞茎膨大影响给出了相关分析。

（二）温度调控

冬季温室内环境温度较低成为限制植物生长的影响因子之一，国外对温室内热环境进行测试并进行模拟分析研究，并对温室荷载能力及热辐射规律进行探讨。温室内温度变化随太阳辐射强度大小而变化：一般早晚低，中午高。对山东寿光型温室在宁夏地区使用中温度变化分析发现，温室冬季最低温出现在 7:00~9:00 之间，日最高温在 14:00 左右出现。研究者对日光温室传热效率研究发现，白天日光温室热损失占到总损失 80%，夜间仅占 20%；白天热量损失有 65% 是由于维护结构进行的热量消耗，夜间则达到 70%。研究者通过对维护材料的开发，加大在冬季对室内增温保温系统的研究，涌现出部分有效的增温保温措施。通过应用传热学理论，开发了相变保温后墙温室，将 $Na_2SO_4 \cdot 10H_2O$ 和 $Na_2HPO_4 \cdot 12H_2O$ 体系以 1.9:7.0 混合后的相变材料较为稳定，可提高室内空气温度 1.9℃，室内空气温度波动较小。运用金属膜集放热装置可提供温室内最低温度 2.4℃；在后墙增设蓄放热帘可提高室内温度 4.6℃；应用基于热泵的浅层土壤水媒蓄放热装置可提高室内温度 3.2℃左右；利用沼气增温发酵系统可保证发酵液正常发酵温度的同时增加温室内温度；开发的温室主动蓄放热–热泵联合加温系统可有效提高室内温度。对于环境温度控制方面研究出了温室自动监控及低温预警系统。

第二节　宁夏非耕地日光温室分布与优型结构

在以沙荒地、盐碱地等为主要类型的非耕地设施农业生产中，宁夏全区以设施农业、现代畜牧业、特色林果业为主要内容，采取革命性措施大力加快调整种植结构，通过"政府推动、农民参与、市场引导、科技保障"的运行机制，坚持因地制宜，在北部引黄灌区发展以日光温室为主的高端、精品、高效设施农业；在中部干旱带和南部山区集中发展以大棚为主的设施农业，有效拓展了农业发展空间，拓宽了农民增收渠道。目前，全区 80% 的新建温室和拱棚符合规范化建设标准，设施农业新品种应用率达到 84%，85% 的设施农产品生产基地通过了无公害、绿色食品认证。银北盐碱地"台田"温室、中卫沙漠温室等模式实现了设施农业在非耕地土地利用上的重大创新。在中卫，人们注重发挥沙海优势，充分利用沙漠地带昼夜温差大、日照时间长、不利于病虫害发生的地理优势，在腾格里沙漠的边缘，利用废弃炉渣制成砖块、打成砖垛，中间填塞经过压实捆绑的麦草建成一座座日光温室，为非耕地设施农业的发展奠定了夯实的基础。

一、中卫市沙漠农业科技示范园

（一）园区概况

中卫市位于宁夏中部干旱带，地处世界第四大沙漠腾格里沙漠的东南边缘，具有典型的大陆性季风气候和沙漠气候的特点。年平均气温在 8.2℃~10℃之间，年均降水量 138.0~353.5 mm，年蒸发量 1729.6~1852.2 mm，无霜期 156 d。中卫市虽然位于黄河流域，但利用黄河灌溉的只有狭长的一片，不到中卫市面积的 9%，剩余的 91%是荒山、荒沙、荒滩。中卫市的土地面积为 1.70×10⁴ km²，未利用地面积为 1.13×10⁵ hm²，其中：荒草地 1100 hm²，盐碱地 70.7 hm²，沙地 6.53×10⁴ hm²，裸岩石砾地 3.98×10⁴ hm²，其他未利用地 6 800 hm²，河流水域 4 200 hm²，滩涂 837.5 hm²。面对如此丰富的非耕地资源，中卫人从沙逼人退到人进沙退，让沙漠生金、变废为宝，充分利用丰富的沙漠资源来发展设施农业。2008 年在距离中卫市十几公里外的腾格里沙漠先后建设 4 座高标准日光温室，并于 2009 年在腾格里沙漠东南缘建立了沙漠农业科技示范区，以探索沙漠治理的新模式。

沙漠农业科技示范园位于中卫市沙坡头区腾格里沙漠的东南缘，东邻中卫香山机场，西靠国家 5A 级旅游景区沙坡头，距离市区 12.5 km。园区总占地面积 1066.7 hm²，核心区面积 333 hm²。已建成沙漠日光温室 1500 栋，大拱棚 300 栋，总投入 2.7 亿，平均每栋温室建造费用在 7.5 万元以内。目前仍有许多日光温室在建设当中，这些温室主要是以麦草砌块为主的温室墙体作保温材料技术试验示范，以蔬菜、水果、花卉为主的新品种试验示范，以无土栽培和膜下滴灌为主的现代化农业技术试验示范。园区的建设，将是中卫市日光温室的一次革命，它可以使中卫西北部的腾格里沙漠得到有效治理，改善人居生存环境，提高人民生活质量，取得生态、环保、社会、经济等综合效益，为中卫设施农业持续发展找到一条新的道路。

（二）中卫市沙漠日光温室概况

1.沙漠温室类型及结构参数

（1）草砖温室

温室坐北向南偏西 5°~7°,温室间距 16 m，脊高 3.8 m，长度 60 m，跨度 8 m，后墙高 2 m，厚度 50 cm，后屋面厚度 50 cm 左右。温室后墙从内到外是 35 cm 的麦草黄泥浆，40 cm 的麦草砌块（草砖宽 40 cm、高 60 cm、长 100 cm），65 cm 的麦草黄泥浆，麦草砌块墙体在标高 1 m、2 m 处每一米用一根 8 号铅丝将砌块捆绑在钢架上。温室后屋面内用瓦楞板，覆盖草砖，外涂抹草泥，有的温室利用竹木代替瓦楞板。两侧山墙外用红砖，内用 40 cm 的麦草砌块涂抹 3 cm 的麦草黄泥浆，厚度 60 cm。距离温室前坡 50 cm 处，挖宽 30 cm、深 70 cm 的防寒沟，填充禽粪或柴苇。温室采用全钢架框架结构，钢架间距 1 m（图 2-1）。

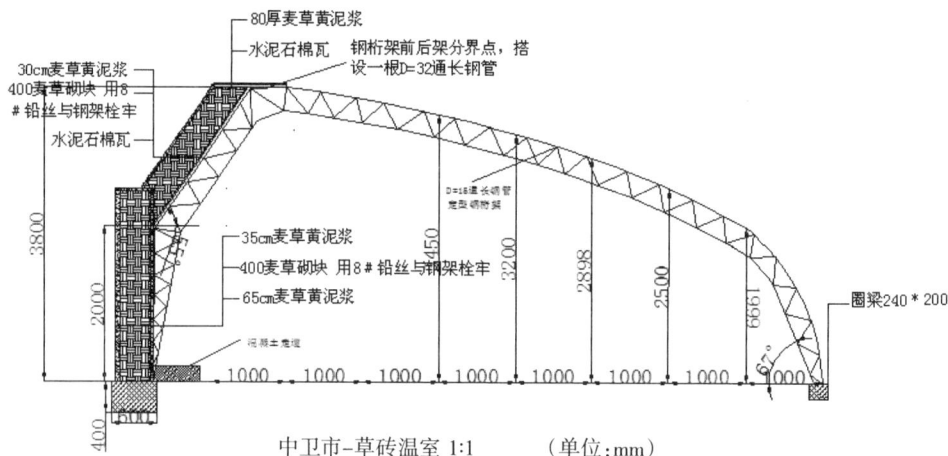

中卫市-草砖温室 1:1 （单位:mm）

图 2-1 中卫市草砖墙日光温室结构

该日光温室运用草砖做墙体材料。草砖是由稻草或麦草，经过挤压、捆绑而成。这种材料开始保温效果好，但是随着年份的增加，易出现变形、腐烂、虫害、鼠害等现象，使用 3~4 年后需进行维修，再加上草砖材料的来源不足、价格上涨、长途运输等因素的限制，致使草砖的成本提高。

（2）草砖背炉渣砖温室

温室脊高 3.8 m，长度 70 m，跨度 8 m，后墙高 2 m，厚度 70 cm 左右，后屋面厚度在 50 cm 左右。温室后墙内采用 2 cm 瓦楞板覆盖，中间用 40 cm 草砖，外采用 20 cm 炉渣砖（砖长 40 cm，宽 20 cm，厚度 20 cm），后屋面内采用 2 cm 瓦楞板，覆盖 40 cm 草砖，5 cm 泡沫板，外用 3 cm 灰浆砌护。距离温室前坡 50 cm 处，挖宽 30 cm、深 70 cm 的防寒沟，填充禽粪或柴苇。温室采用全钢架框架结构，间距 1 m（图 2-2）。

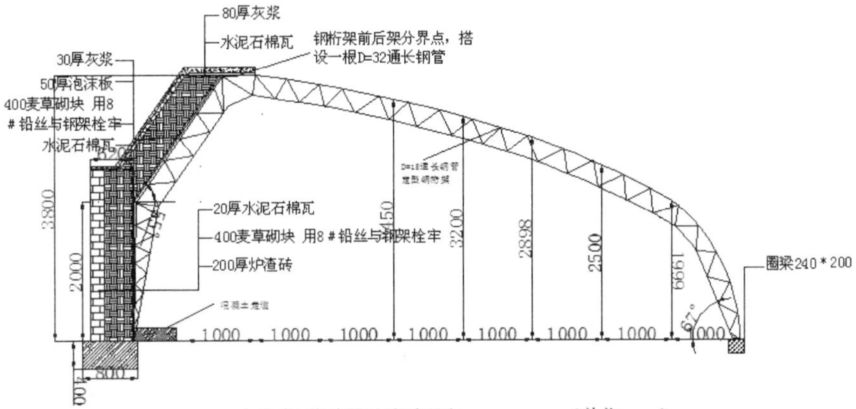

中卫市-草砖背炉渣砖温室　1:1　（单位：mm）

图 2-2　中卫市草砖背炉渣砖墙日光温室结构

该日光温室墙体运用草砖、炉渣砖与水泥石棉瓦结合，具有良好的保温效果。但温室内部草砖耐久性差，随着使用年限的增加，内部草砖易发生潮湿变形、腐烂、鼠害等现象，使用年限缩短，保温效果下降，墙体的蓄热量有限，使用一定时间后，需要维修。

（3）异质复合墙体温室

温室脊高 4.4 m，长度 70 m，跨度 8.5 m，后墙高度 3 m 左右，厚度 1 m，后屋面宽度 2 m 左右，厚度 60 cm 左右，两侧的山墙宽度 1 m。温室后墙从里至外依次是 2,4 砖、50 cm 的炉渣保温层、2,4 砖，温室后屋面从里到外依次是竹胶板、炉渣垫层、混凝土垫层，上墙材料与温室后墙的材料相同。距离温室前坡 50 cm 处，挖宽 30 cm、深 70 cm 的防寒沟，填充禽粪或柴苇。温室采用全钢架结构，1 m 一个钢架，钢架用银色调和漆照面（图2-3）。

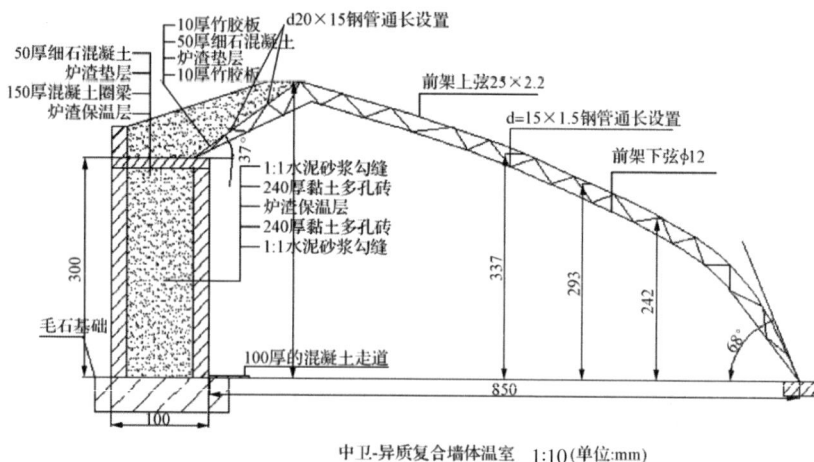

图 2-3　中卫市异质复合墙体日光温室结构

该日光温室墙体采用 2.4 砖墙与炉渣保温层的结合，温室结构稳定，具有良好的保温蓄热性能，成本适中，建造工艺不复杂，材料容易取得，同时也节约材料，耐久性能好。但是，温室一次性投资较大，炉渣吸湿性大，吸湿之后，其保温性能下降。

（4）苯板温室

温室脊高 3.8 m，长度 70 m，跨度 8 m，后墙高 2 m，厚度 40 cm 左右，后屋面厚度 40 cm 左右，两侧的山墙宽 45 cm。温室后墙内外均采用玻璃钢 3~4 cm 建材，中间是 40 cm 的苯板，后屋面的材料与后墙材料相同。距离温室前坡 50 cm 处，挖宽 30 cm、深 70 cm 的防寒沟，填充禽粪或柴苇。温室采用全钢架结构，间距 1 m（图 2-4）。

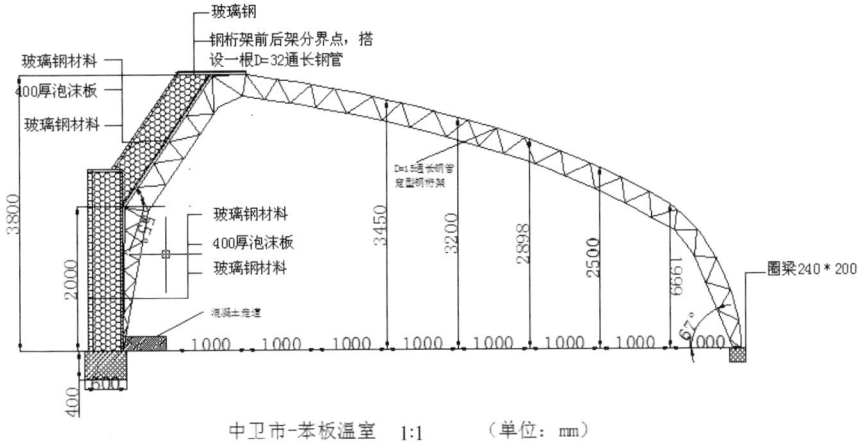

图 2-4 中卫市苯板墙日光温室结构

该日光温室的墙体为玻璃钢与苯板结合，玻璃钢具有轻质高强、耐腐蚀性能好、热性能良好等优点，与苯板结合具有良好的保温、抗风、防雨淋、结构稳定等效果，但是成本较高。

2.沙漠温室的效益分析

在沙漠农业科技示范园中，大部分的沙漠日光温室投资 7 万元左右，其中墙体（上泥、砖垛、基础）2.0 万~2.5 万元，骨架（成品钢架 300/个、棚膜、压膜线）2 万元，后屋面保温部分（填充草砌块、上泥、苇笆帘被、卷帘机）2 万元。

在园区中，各个温室配备防虫网、遮阳网、滴灌、升温储水罐、诱杀黄、篮板、二氧化碳施肥器、反光幕、温室娃娃、臭氧发生器等各种设备。种植技术主要采用无土沙垄栽培和膜下节水滴灌，以种植有机瓜菜为主。种植了硒砂瓜、桃树、辣椒等果蔬作物 40 余种。目前，瓜菜类年棚均纯收入 1.5 万元，花卉类年棚均纯收入 1.9 万元，果林年棚均纯收入 2.1 万元。例如，种植葡萄，采取人工控温、控光措施，可比大地葡萄提前两月或延后两月上市，进行反季节生产销售。每座日光温室自种植算起，第二年最低可获利 2 万元以上，两三年可收回投资成本。除此之外，每年还可安排2000 多个闲置劳动力就业，其社会效益可观。

3.优型沙漠日光温室结构

(1) 新型热镀锌全钢架温室

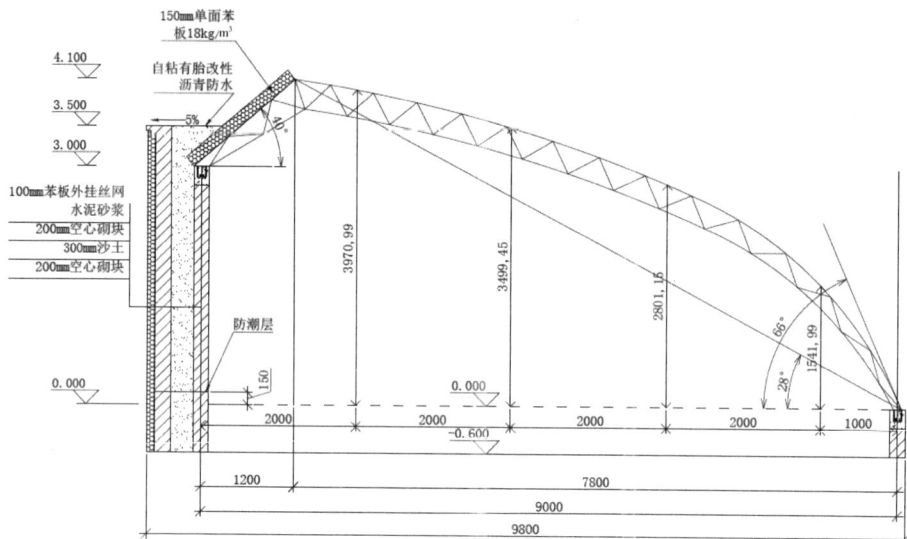

温室断面图1:50

图2-5 新型热镀锌全钢架日光温室结构

2013年11月非耕地课题组根据中卫沙漠地理区域现状、气候环境条件等因素，设计了中卫沙漠温室优型结构。温室采用落地全钢架结构，前屋面骨架采用热镀锌卡槽式钢骨架结构（U型，长25 mm×高25 mm×厚2 mm）或桁架结构（上弦 Φ25 mm厚壁钢管，下弦 Φ10~12 mm圆钢，拉花 Φ8 mm圆钢），骨架间隔1 m。后屋面水平投影长1.2 m，后屋面材料为150 mm单面苯板18 kg/m³，后屋面顶部铺设改性沥青防水层，两方向均自由排水。后墙采用异质结构墙体，后墙基部设150 mm防潮层，温室后墙厚度0.8 m，由内向外依次为200 mm空心砌块+300 mm沙土+200 mm空心砌块+100 mm苯板外挂丝网水泥砂浆。温室山墙及辅助用房部分墙体厚度340 mm（240 mm厚砖墙+100 mm厚膨胀聚苯板）。温室前屋面设下通风口，安装防虫网，采用手动卷膜方式。温室前屋面靠近屋脊位置设半自动通风系统。外保温设施采用保温被，安装自动卷帘机系统。

温室基本参数为温室跨度9 m，地面下沉0.6 m，前屋面角28°，后屋面角40°，室外地坪至屋脊高度4.1 m，后墙高度3 m，前走道宽度1.2 m。该类型温室适宜于宁夏中部干旱带沙漠地区，地理纬度38.48°，20年最低温度-27℃左右。种植户对温室环境的精准化水平及作业自动化程度具有一定要求。在冬季室外-20℃时，室内在不需要加热设施的条件下仍能满足果菜类的正常生长。

(2) 运用固沙剂技术改造宁夏沙漠草砖背炉渣砖日光温室后墙

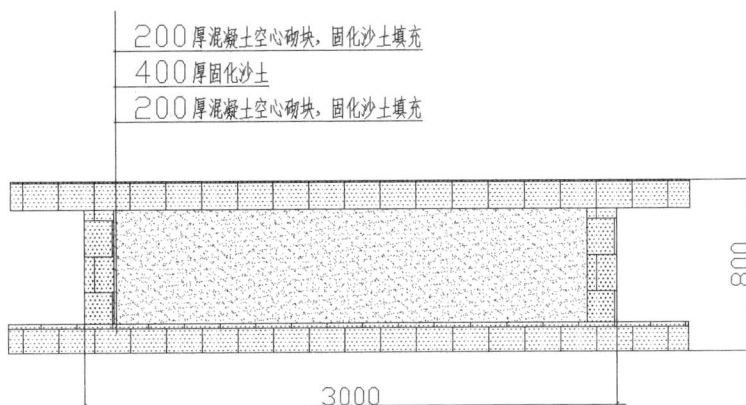

图2-6 宁夏中卫市沙漠示范园区固沙剂改造日光温室复合墙体构造平面示意

传统草砖背炉渣砖温室由于风蚀等作用，在沙漠干旱环境下使用较长时间后易变形。非耕地课题组利用非耕地丰富的沙漠资源，创新采用西北农林科技大学的固沙剂技术，于2016年7~8月对宁夏中卫沙漠园区草砖温室进行后墙改造，如图2-6。

日光温室墙体厚度在80 cm，主要构造为：温室内部和外部均采用200 mm厚混凝土空心砌块进行围护，规格400 mm×200 mm×200 mm，壁厚25 mm，孔内填充固化沙子；中间填充40 cm厚的固化沙子。固化沙子处理方式，母料处理：每袋固化剂配500 kg普通硅酸盐水泥、100 kg石灰（3:7灰土）之后用搅拌机搅拌，再将就地取材的细沙和母料以100:7混合，用小型气动夯实即可。日光温室墙体沿长度方向上，每隔3000 mm设置一道内外拉结用的混凝土空心砌块进行加固措施。温室采用全钢架框架式结构，保证了温室的抗风雪的能力，并减轻了后墙的承重。同时考虑墙体的保温、蓄热性能，又兼顾就地取材、降低成本、安全、实用的目的，为西北非耕地日光温室结构创新及发展奠定基础。

（3）卡槽型钢骨架水幕蓄放热日光温室

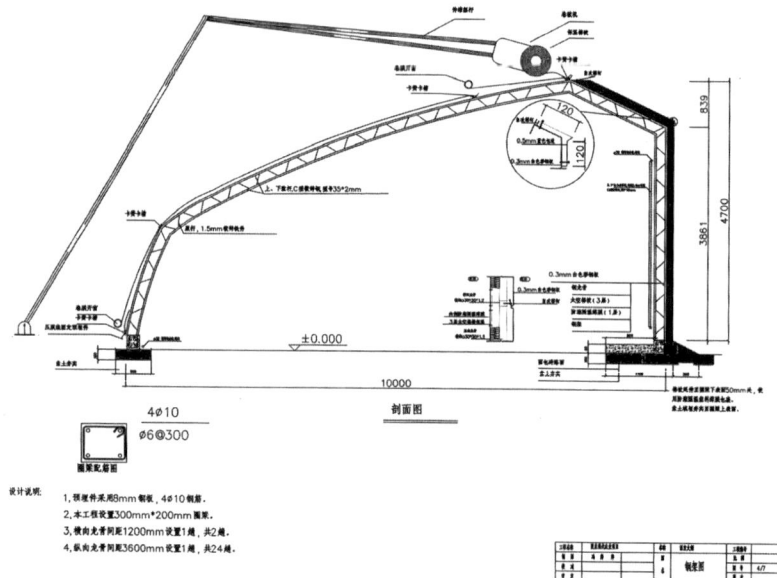

图 2-7　新建保温被蓄热日光温室结构剖面

非耕地课题组根据项目研究进展状况，2016 年 7 月于中卫沙漠园区新建该日光温室，采用组装式卡槽型热镀锌全钢架结构，取代了传统日光温室常用的卡槽和压膜线，防风、保温性能好，结构无焊点，防腐性能好，使用寿命长，标准化程度高。示范推广多功能组装式卡槽型钢设施农业骨架，推动设施骨架产业化生产，规范其生产、安装技术，实现大规模的推广应用，具有重要的现实意义。

后墙创新使用保温被与彩钢板复合结构，从内到外依次为钢架、1 层防潮隔温薄膜、3 层太空棉被、钢龙骨、0.3 mm 彩钢板，温室墙高 3.8 m，脊高 4.7 m，跨度 10 m。该结构减少了建筑耗材的使用，降低温室建造成本。温室内部使用面积大，利于装备现代化农机，实现作物现代化生产，提高效率。

温室内配置 11.42 m³ 蓄水池，后墙前增设水幕系统，温室内冬季白天热辐射较大，利用水幕循环系统对水体进行增温，夜间通过水幕循环系统将蓄水池内白天加热后水体进行再循环,实现夜间对温室内空气增温的作用,减少人工增温措施,降低成本。

二、吴忠市孙家滩山地阶梯式日光温室

(一) 园区概况

宁夏吴忠市孙家滩国家级现代农业科技示范区,距银川市 65 km,距吴忠市区约 30 km,距红寺堡开发区约 10 km。地理坐标为东经 106°6′26″ ~ 106°26′30″,北纬 37°57′10″ ~37°57′22″ 之间,海拔高度为 1130 m。它所处地区属中温带干旱气候区,具有明显的大陆性气候特征,冬寒长、夏暑短、春暖快、秋凉早;干旱少雨、蒸发强烈;日照充足、光热丰富、无霜期较短、春季多风沙。平均气温 8.8℃,昼夜温差 11℃~16℃;年均降水量 202.8 mm,蒸发量 1583.9 mm;年日照 2932 h,年均无霜期 170 d,高于 10℃有效积温 3300℃,20 年最低温度 -27℃左右,适合各种农作物生长。园区地势呈东高西低、南高北低,地貌为缓坡丘陵地貌。植被类型包括中温带干草原植被、荒漠草原植被、湿地植被、人工植被、人工林等,多为矮生草本植物,以耐旱的沙生植被为主。土壤类型主要为灰钙土、风沙土、新积土。园区在孙家滩属于新建扬黄灌区,是宁夏扶贫扬黄灌溉工程三干渠控制灌溉范围,水源充足,灌溉便利。园区土地总面积 $5.6×10^4$ hm²。已经建成经济林 98.1 hm²,湖泊湿地 156.5 hm²,红柳林 79.4 hm²,其余为未开发利用荒地。

(二) 山地阶梯式日光温室简介

1.山地日光温室结构参数

日光温室依托丰富的山地资源,围绕山形,依山而建,共建成标准化阶梯式日光温室 377 栋,占地面积 200 hm²。该项目区借鉴山东寿光第五代新式温棚设计经验,主要利用水泥立柱、钢架 (用作主拱梁)、竹木 (用作副拱梁) 混合结构,后墙利用的是外土墙,内部墙体用多孔砖和涂灰浆保护。日光温室脊高 5.3 m,平均高 5.5 m,长度有 65 m 和 70 m 两种,跨度有 10 m、12 m、15 m 三种。后墙高 3.5 m,墙体采用土打墙,下体厚 4.5 m,上顶厚 2.5 m,下挖 0.8 m,后屋面仰角 45°左右,种植地下挖 1 m,温室北面工

作通道以路代渠（图2-8）。

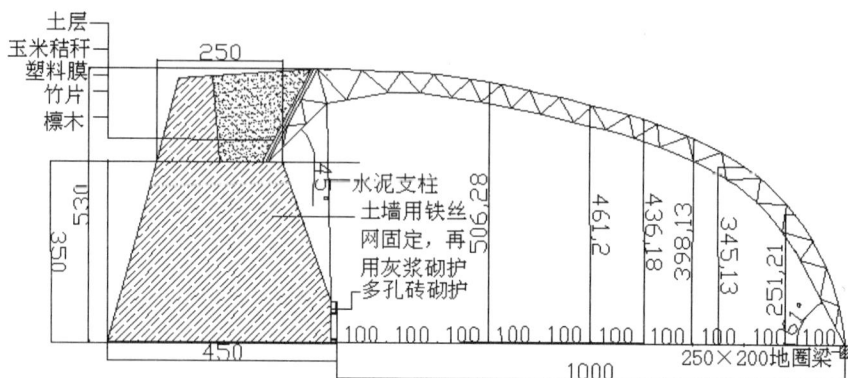

孙家滩-山地日光温室　1:10　　（单位：mm）

图2-8　吴忠市孙家滩山地日光温室结构

该温室具有墙体厚、棚体高、跨度大、蓄热性能好、保温能力强、节水高效、不占用耕地的特点。日光温室空间大,均采用高跨比大的温室结构,其温度和湿度的变化较为缓慢,室内空气均匀性好,通风状况良好,室内相对湿度较低,不利于病虫害的发生。但温室墙体厚度偏大,费工费力,施工速度慢,土墙表面很容易风化。

2.山地日光温室的效益分析

每个日光温室投入11万~12万元,其中每一个温棚的保温被价格在3万元左右,但是高投入同样有高效益。在种植模式上,突出设施园艺种植。目前已种植西红柿、茄子、辣椒、套种火龙果、草莓、桃、李、杏等数十个品种,并严格执行绿色无公害果蔬生产标准,杜绝使用化肥,杜绝农药残留,它与宁夏农林科学院林业科学研究所、生物技术中心、宁夏大学农学院、东北农业大学等建立了长期的技术协作关系,很多新技术得到了广泛的应用,例如引进智能化温室调控设备、加盖保温棉被、自动卷帘机应用技术、暖风炉应用、杀虫灯、防虫网及黄蓝板粘虫物理防虫技术、张挂反光幕技术、膜下滴灌设备应用技术、推广测土配方施肥技术、膜下沟灌温室控湿技术、蔬菜嫁接栽培技术、立体复合种植高效栽培技术等,这些高新技术的运用使孙家滩山地阶梯式日光温室的功能发挥到最大的效益。

3.优型山地阶梯式日光温室结构

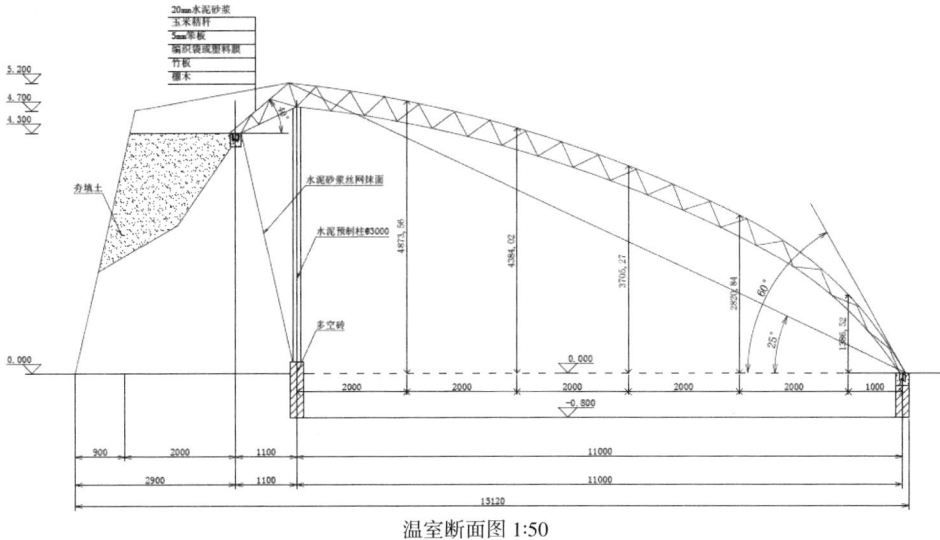

温室断面图 1:50

图 2-9　吴忠市孙家滩山地优型日光温室结构

2013 年 11 月非耕地课题组根据吴忠山地阶梯式地理区域现状、气候环境条件等因素，设计了吴忠山地阶梯式优型温室结构。该类型温室适宜于宁夏中部干旱带土质具有一定的黏结力的非耕地。

温室基本参数：温室跨度 11 m，地面下沉 0.8 m，前屋面角 25°，后屋面角 40°，室外地坪至屋脊高度 5.2 m，后墙高度 4.3 m，基部厚度 4 m，上收口 2 m，前走道宽度 1.2 m。土墙基部厚度 4 m、上口 2 m，填土夯实。温室山墙厚 2 m，辅助用房墙体厚度 340 mm（240 mm 厚砖墙+100 mm 厚膨胀聚苯板）。在冬季室外-20℃时，室内不需要加热设施的条件下仍能满足果菜类的正常生长。

温室前屋面骨架采用热镀锌卡槽式钢骨架或桁架结构，骨架间隔 1 m，下设通风口，安装防虫网，采用手动卷膜方式，靠近屋脊位置设半自动通风系统，外保温设施采用保温被安装自动卷帘机系统。室内后墙面采用水泥砂浆丝网挂面，采用夯填土。室内后屋面为钢结构拱架，立柱为 Φ3000 mm 水泥预制柱，水平投影长 1.1 m，材料为檩木+竹板+编织袋或塑料膜+5 mm 苯板+玉米秸秆+20 mm 水泥砂浆，面顶部铺设改性沥青防水层，两方向均自由排水。

三、石嘴山市大武口区星海镇示范基地

（一）项目区概况

它地处银川平原北部，光能资源丰富，热量资源较充足，一般年份冬春季节灾害少，晴天多，雨雪较少，气候干燥，属典型的大陆性气候，昼夜温差大。年日照时数 3000 h，日照百分率达 66%~76%，从前一年 11 月到下一年 5 月每天有效光照时数月 7.0~9.5 h，一般 10 月上旬早霜来临，但月平均气温仍可达到 9℃，最高气温可达 16℃，最低为 2.9℃，11 月份开始入冬，月平均降温至 1.5℃，12 月份露地气温明显下降，月平均气温 -6.7℃，最高气温 -0.3℃，最低气温 -11.6℃，12 月至 1 月是本地区最冷的季节，无霜期年均 170 d。充足的太阳辐射和较长的日照，有利于农作物的光合作用及有机物的积累；较大的日温差和相对干燥的空气，有利于香气发育完全和糖类、矿物质与色素物质的良好形成；丰富的土地资源，完善的农业生产条件，工业污染少，有利于发展无公害、绿色优质产品。

该地区地形属于碟形地貌，四周高，中间低。经过长期降水、山洪冲击，沉淀了大量的风化盐碱土。盐碱地类型为碱化龟裂土，pH 值在 10 左右，含盐量 0.25%~0.60%。星海镇现有 3333 hm² 土地中只有 2000 hm² 是耕地，属于中低产田，其他 1333 hm² 地属于重度盐碱地，春潮夏涝冬干，长期以来无法进行农业生产。

1998 年星海镇开始以客土拉沙垫地的方式，试验性地在盐碱地上不打地基直接建设二代日光温室 38 栋，当年种植成功，经济收入相当客观，后来又陆续建设 200 栋。2004 年 10 月，由石嘴山市农业技术推广服务中心利用台田建设三座新型的节能日光温室（面积 0.16 hm²），当年就获得收益。2006 年开始，星海镇采用客土拉沙垫地的办法，用石头砌地基建设二代节能日光温室，目前全镇日光温室达 2000 栋，共 267 hm²。

（二）台田日光温室简介

1.台田日光温室结构参数

在该示范区，采用银川二代节能日光温室建造技术，深挖 1 m 做基础，采用客土拉沙的方法克服盐碱浓度高的问题。温室脊高 3.5 m，长度 50 m，跨度 7 m，后墙高 2.4 m，厚度 1 m，后屋面水平投影 1.3 m，厚度在 40~60 cm，仰角 45°左右。温室后墙采用异质复合墙体结构，内外用规格 240mm×115mm×53mm 的红砖堆砌，中间有 50 cm 的苯板、炉渣，后屋面材料主要是圆木、麦草、土层、草泥等作为其保温材料，两侧的山墙用红砖垒砌，厚度在 50 cm 左右。温室内垫沙子 30~40 cm 厚，棚内的 pH 值 7.8~9.0，运用地下水进行灌溉。温室采用全钢骨架结构，1 m 一个钢架（图 2-10）但温室空间不大，环境调控能力一般，机械化操作程度低，使用 5~7 年需进行维修。

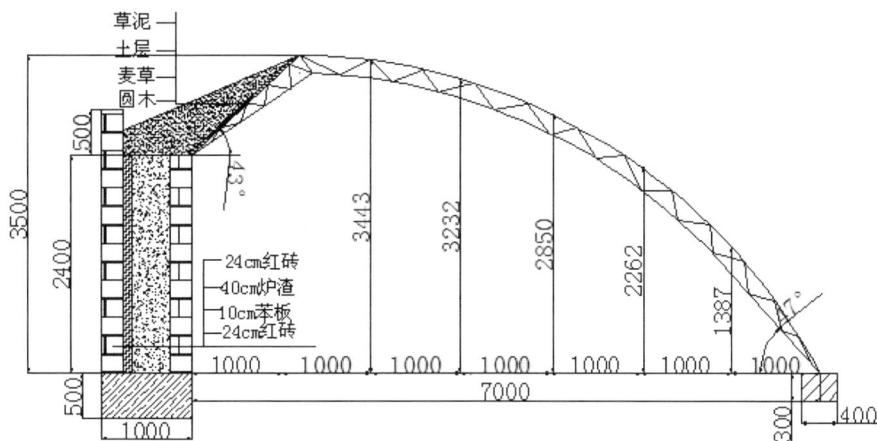

石嘴山市—台田日光温室 1:1　　（单位:mm）

图 2-10　石嘴山市台田日光温室结构

2.台田日光温室效益分析

在台田日光温室中，有的运用"有机生态型无土袋式栽培"、"无土槽式栽培"、"无土花盆式栽培"、"换土栽培"、"以色列微滴灌节水灌溉系统"和"自动卷帘机"等科技含量较高的农业新技术，充分利用设施内单位面积及无土空间，合理安排一大茬，二三茬果菜及配合相应的栽培技术措施，主要以茄果类为主，发挥最大的生产潜能，产生最大的经济效益，平均每栋温室的收益在8000~10000元之间，为当地老百姓创造极大的经济效益。

3.优型台田日光温室结构

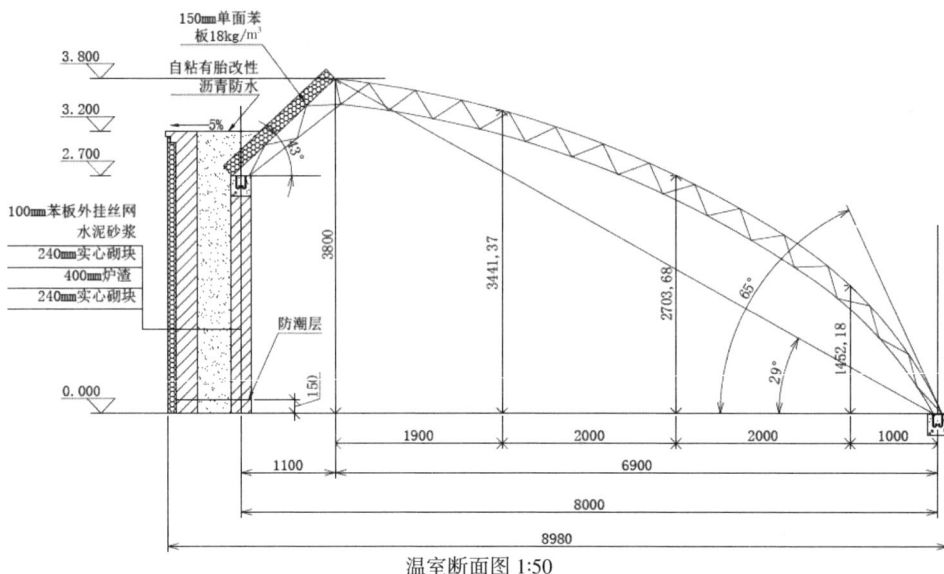

温室断面图 1:50

图2-11　优型台田日光温室结构

2013年11月非耕地课题组根据石嘴山盐碱地理区域现状、气候环境条件等因素，设计了石嘴山台田优型温室结构。该类型温室适宜于宁夏石嘴山市盐碱地区。

温室基本参数：温室跨度8 m，后墙厚度0.98 m，前屋面角29°，后屋面角43°，室外地坪至屋脊高度3.8 m，后墙高度2.7 m。

温室前屋面采用不上人坡屋面，热镀锌卡槽式钢骨架结构（U型，长25 mm×高25 mm×厚2 mm）或桁架结构（上弦φ25 mm厚壁钢管，下弦φ10~12 mm圆钢，拉花φ8 mm圆钢)，骨架间隔1 m，下设通风口，安装防虫网，采用手动卷膜方式，靠近屋脊位置设半自动通风系统。后墙采用异质结构墙体，基部设150 mm防潮层，由内向外依次为240 mm实心砌块+400 mm炉渣+240 mm实心砌块+100 mm苯板外挂丝网水泥砂浆。后墙每间隔3 m设一道内墙垛，后内外墙横、纵向梅花型布置内外拉筋，间距均为1 m，

钢筋规格 φ8 mm。温室辅助用房部分墙体厚度 340 mm（240 mm 厚砖墙+100 mm 厚膨胀聚苯板）。后屋面（北坡）为钢结构拱架，后屋面水平投影长 1.1 m，后屋面材料为 150 mm 单面苯板 18 kg/m³，后屋面顶部铺设改性沥青防水层，两方向均自由排水。在冬季室外-20℃时，室内不需要加热设施的条件下仍能满足果菜类的正常生长。

第三节　宁夏非耕地日光温室环境性能测试

宁夏非耕地日光温室的优化设计和建造，要依据其环境测试结果。我们对宁夏非耕地的大厚土墙日光温室、后墙主动蓄热日光温室和 PC 耐力板日光温室的环境性能进行测试。

一、宁夏地区非耕地新建大厚土墙日光温室环境测试

（一）试验简介

宁夏非耕地新建日光温室在兼顾墙体保温、蓄热性能基础上，就地取材、以降低建造成本、改善温室性能为目的，构建适宜非耕地设施农业生产的高效、实用非耕地温室。新建非耕地温室总长 100 m，温室内净长 85 m，跨度 15 m，棚内净种面积 1050 m²，高度 7.3 m，温室下沉 0.8 m，工作通道前移。采用新型镀锌全组装无焊接钢骨架构建外部结构，每隔 1.2 m 设置钢架，无立柱，温室结构见图 2-12。

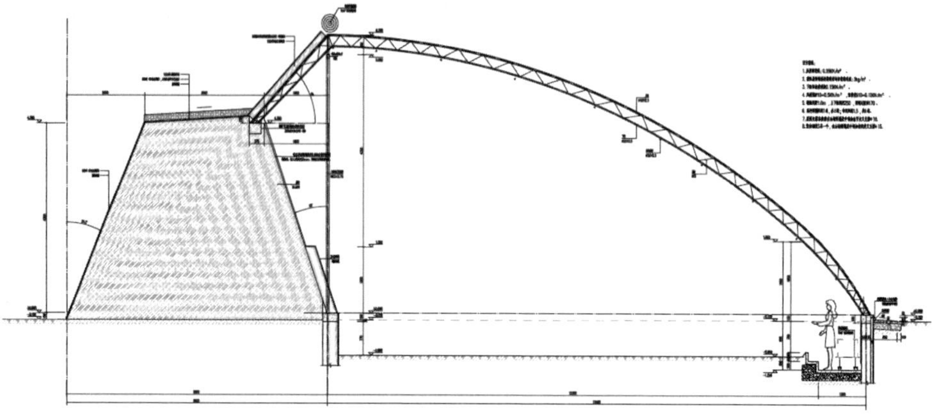

图 2-12 非耕地新建大厚土墙温室结构

非耕地传统山地温室设计借鉴山东寿光第五代新式温棚设计经验，采用水泥立柱、钢架（用作主拱梁）、竹木（用作副拱梁）混合结构，后墙为外土墙，内墙为多孔砖、水泥砂浆构建。传统非耕地山地温室长度 65 m，跨度 12 m，脊高 5.3 m，后墙高 3.5 m，墙体为夯土后墙，下体厚 4.5 m，上顶厚 2.5 m，下挖 0.8 m，后屋面仰角 45°，温室北面工作通道以路代渠。温室结构见图 2-13。

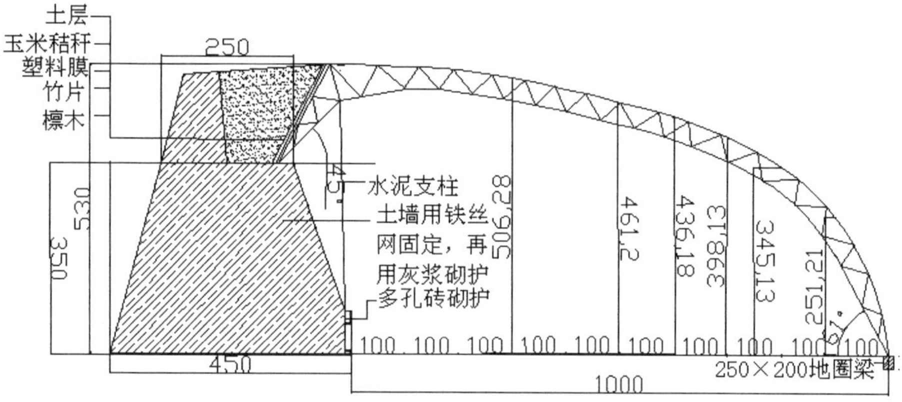

孙家滩—山地日光温室 1:10　　　（单位：mm）

图 2-13 非耕地传统山地温室结构

本试验开始于 2013 年 12 月 11 日，2014 年 3 月 15 日结束，选择非耕地新建温室为试验温室，以传统非耕地山地温室作对照，分析优化温室结构对空气温度、地温、湿度、光照强度等温室环境因子的影响。

（二）试验结果

1.非耕地新建温室与传统温室空气温度比较

试验测定 2013 年 12 月 11 日至 2014 年 3 月 15 日共计 95 d 非耕地新建温室与传统山地温室日均空气温度变化（图 2-14）。新建温室日均空气温度为 16.47℃，对照温室为 15.77℃，新建温室较对照日均空气温度增加 0.71℃。试验期间，最低空气温度出现在 2014 年 2 月 10 日，日均空气温度新建温室为 6.30℃，较对照增加 3.03℃，极端天气下，非耕地新建温室可有效降低冬季低温天气对设施生产的影响。不同温室结构间，空气温度日变化规律相似，呈"单峰"型曲线，日均最高温出现在 14:00，最低温出现在 8:00，新建温室较对照可较好维持温室夜间温度的稳定。

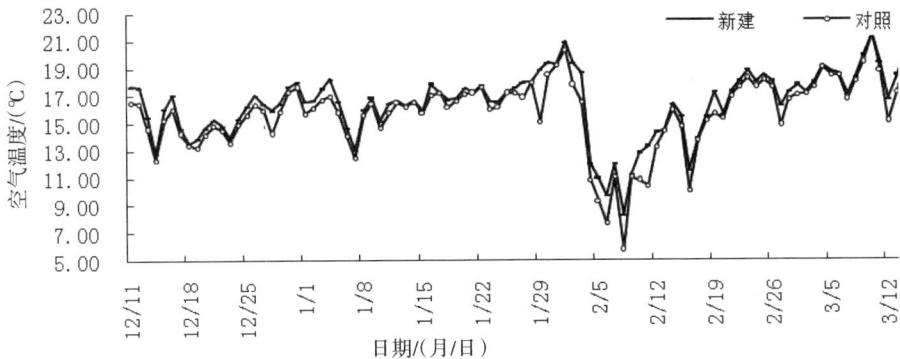

图 2-14　不同温室日均空气温度

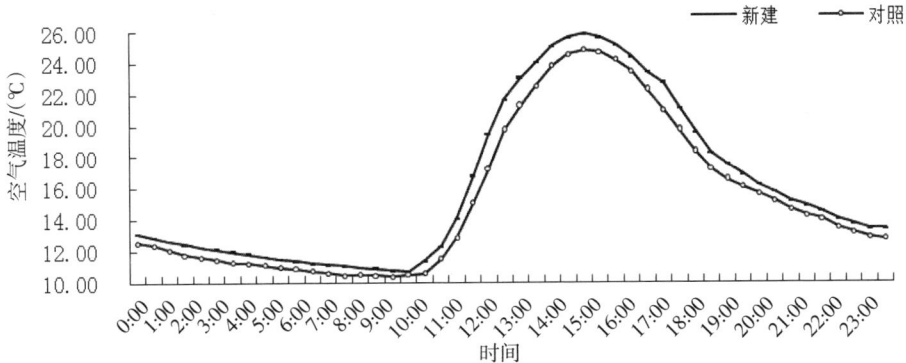

2-15　不同温室每小时空气温度比较

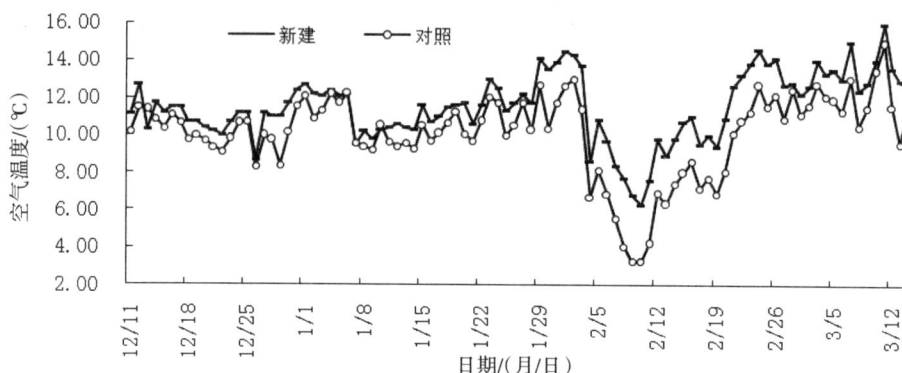

图 2-16　不同温室最低空气温度比较

2.非耕地新建温室与传统温室空气湿度比较

高湿是园艺设施环境的突出特定，温室内空气湿度对作物光合、蒸腾、病害发生及生理失调具有显著影响。高湿环境易导致设施内病菌繁殖，同时会使叶面水分凝结，造成叶面细胞破裂，植株软弱。不同温室内每小时空气湿度随空气温度的增加而降低，揭苫后 9:00~15:00，空气湿度由饱和状态逐渐降低，15:00 达到最低值，后因空气温度降低，空气湿度逐渐增加，放苫后 19:30 再次达到饱和状态。不同温室间日均空气湿度新建温室低于对照温室，非耕地新建温室通过降低温室湿度，可有效防治设施生产中病害的发生（图 2- 17，图 2-18）。

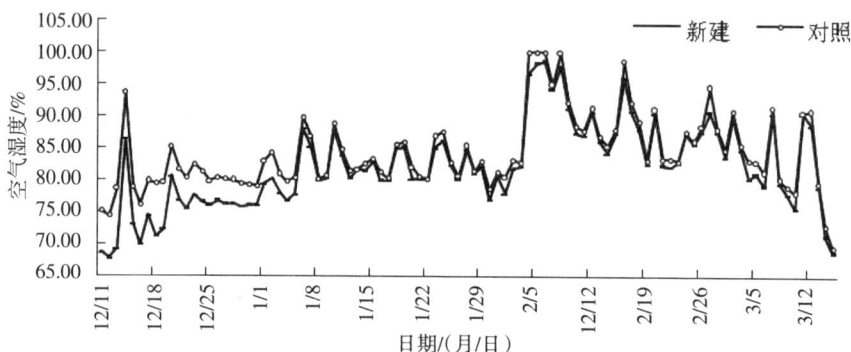

图 2-17　不同温室日均空气湿度比较

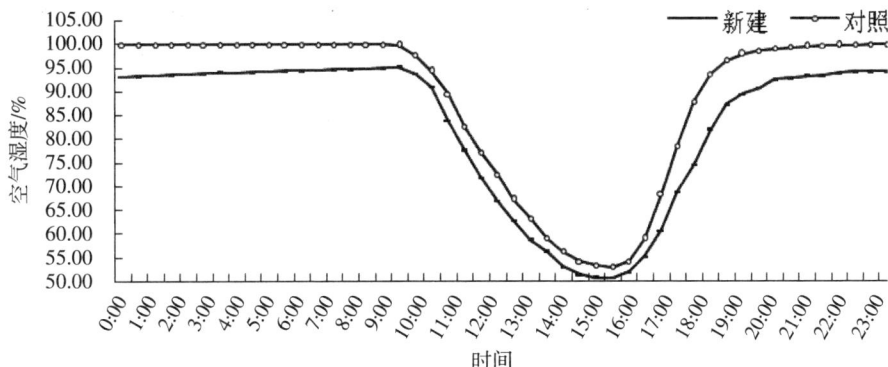

图 2-18　不同温室每小时空气湿度比较

3.非耕地新建温室与传统温室地温比较

温室内，地温变化随空气温度与光照强度的增加而增加，但日地温最高值较气温最高值稍有延后。温室内地温最高值出现在 15:00，温度新建温室为 21.81℃，对照温室为 20.91℃，新建温室日均地温最高值较对照增加 0.90℃。非耕地新建温室 95 d 地温平均值为 17.56℃，对照温室为 16.91℃，新建温室较对照地温增加 0.65℃。以典型晴天 2013 年 1 月 23 日为例，新建温室地温日均值高于对照 2.58℃，温室结构的改善，除可有效增加空气温度外，可明显提高温室地温（图 2-19，图 2-20）。

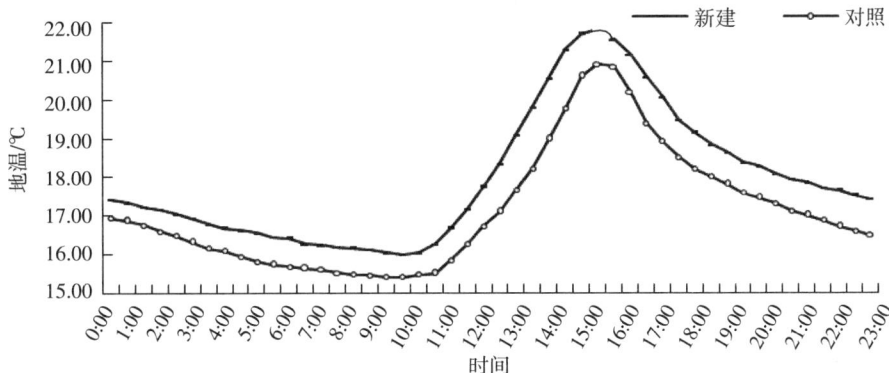

图 2-19　不同温室日均地温比较

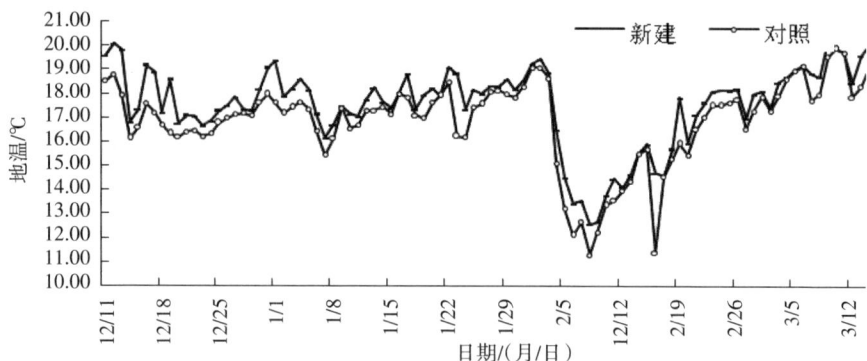

图 2-20 不同温室每小时地温比较

4.非耕地新建温室与传统温室光照比较

非耕地新建温室通过优化温室结构，改善后屋面角，去除水泥支柱，有效增加了温室采光面，较传统山地日光温室，光照强度明显增加。供试温室日均光照时间 9 h，非耕地新建温室 95 d 光照强度平均值较对照增加 4.51 klx，单日光照强度最大值增加 10.9 klx。

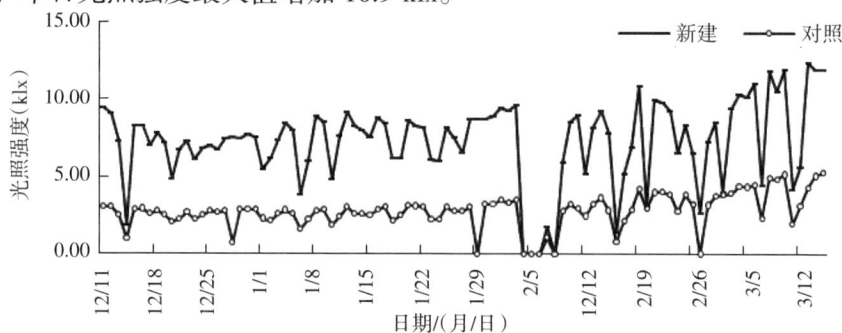

图 2-21 不同温室日均光照强度比较

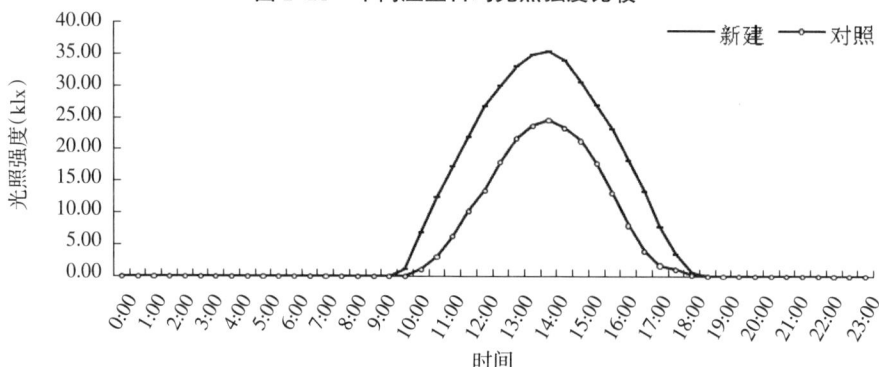

图 2-22 不同温室每小时光照强度比较

（三）结论

本试验充分考虑孙家滩坡地特征，通过将非耕地传统山地温室南部走道及种植区域下沉，将北部走道改为南部走道，利用本地沙土资源，后墙为"夯土后墙"，采用新型镀锌全组装无焊接钢骨架结构，完成非耕地新建温室设计与建设。非耕地新建温室较传统山地温室，可有效提高温室内空气温度与地温，降低空气湿度，改善温室光照环境，解决了传统温室南部种植区冬季气温低、温室防风性差等问题，为宁夏地区非耕地日光温室的构建提供了科学依据。试验过程中，冬季低温天气时温室南部区域易出现棚膜积水、室外渗水现象。大量积水影响正常行走，在今后的生产中可在前走道安装地面集水池或地漏装置，进一步优化非耕地新建温室的结构设计。

二、宁夏非耕地新型后墙主动蓄热日光温室

（一）试验简介

本试验于 2014 年 12 月 25 日至 2015 年 3 月 15 日在宁夏贺兰园艺产业园区内进行。以新建的热镀锌卡槽式钢骨架结构温室（图 2-23）为试验温室，以普通钢架结构温室为对照。该新型日光温室由宁夏黄河现代设施装备开发制造有限公司和宁夏大学联合负责开发，为 NDHH-Ⅲ型。两栋温室均采用 PO 膜作为前屋面覆盖材料，跨度均为 8 m，外覆保温被，对照温室与试验温室的方位均坐北朝南。新建日光温室采用全框架热镀锌钢骨架结构，该结构可减少对后墙承重力的要求，使得采用质地较松软的炉灰砖为材料的后墙也具有一定的抗风抗压能力，可应用于各类非耕地地区温室建造；后屋面采用 3 mm 拉力毡+园艺地布+10 cm 岩棉+15 cm 苯板、彩钢板+0.5 mm SBS 防水材料；后墙选用废旧材料炉渣进行构建并引入新型蓄热技术：在墙体内距地面 1.0 m、1.5 m、2.0 m 的蓄热层中埋设直径 75 mm 的 PVC 管道并铺设呈 S 形，PVC 管壁上按照间距 25 cm 打 4 排孔，之后用透气性好的无纺布缠绕管道两层，管道两端采用送风机和引风机相互配合，中午温室气温较高时两台机器自动开启，将热风吸入墙内，达到让墙体白天主动吸热、夜间自动放热的目的。对照温室结构参数与新建温室基本一致，但后墙材料不

同，详见图2-23。

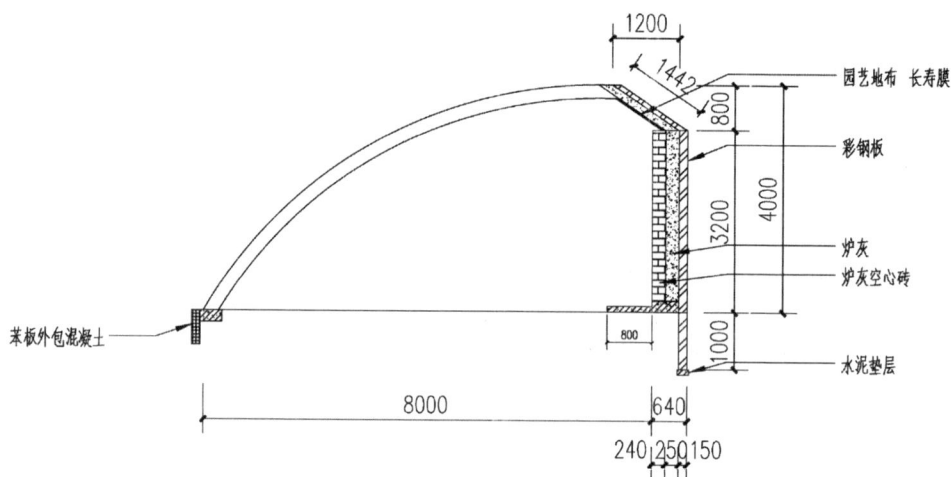

图 2-23　新型节能日光温室剖面（NDHH-Ⅲ型）

本试验对新型、对照温室北墙的热通量、温室内保温性能进行分析，探究新型温室墙体蓄热放热能力以及温室保温效果。

（二）试验结果

1.空气温度比较

从图2-24和图2-25可以看到，新建温室与对照温室在典型晴天、阴天下温度变化趋势一致。最低温度均出现在日出前后；新建温室日变化最低温度（晴天）为11℃，对照为8℃；揭苫后，随着环境温度升高，两温室温度逐步升高并在14:30前后达到最大值；在阴天下新建温室最低温度为11.9℃、最高达16.5℃，对照最低温度为9.8℃、最高温度为14.3℃，可以明显看到新建日光温室在太阳辐射较弱的情况下仍可保证室内最低温度10℃以上，以满足植物生长需要；新建温室晴天平均温度较对照温室高5.1℃，阴天高2℃。从图2-26可以看出，新建温室空气温度在79 d内测定的各时刻均值总体高于对照温室，新建温室较对照高出2.1℃，且在15:00左右达到峰值，新建温室峰值较对照高3℃。图2-27、图2-28为空气温度月变化，新建与对照温室月变化均温分别为19.66℃、17.68℃，新建较对照高1.98℃。

同时，对照温室最低温度总体低于新建温室，平均低 1.42℃。总体来看，不论晴天还是阴天，新建温室可以有效提高温室内空气温度。

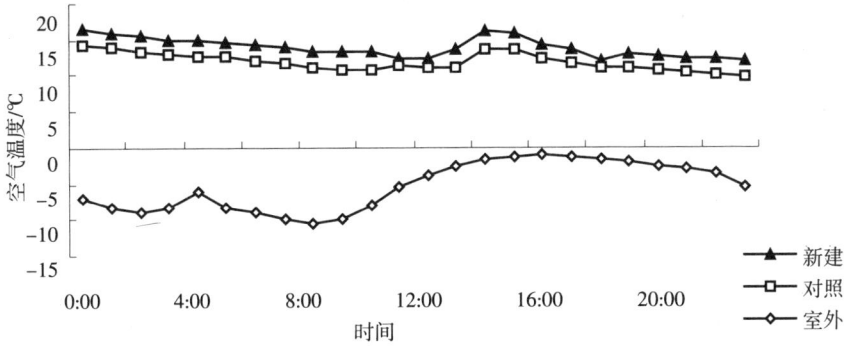

图 2-24　不同日光温室空气温度日变化（晴天）

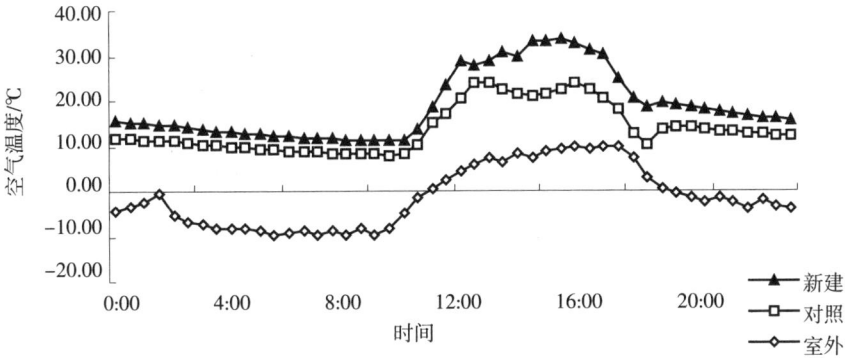

图 2-25　不同日光温室空气温度日变化（阴天）

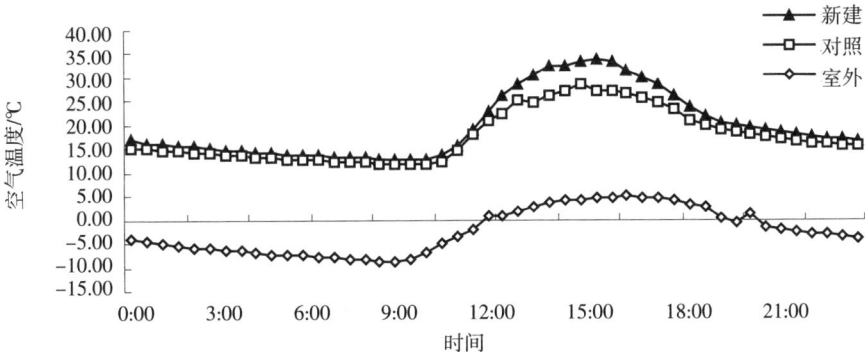

图 2-26　不同日光温室空气温度时刻平均变化

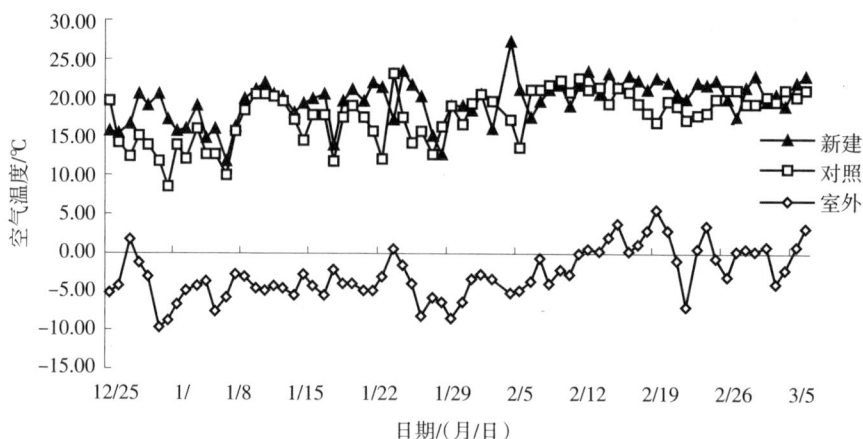

图2-27 不同日光温室空气温度月变化

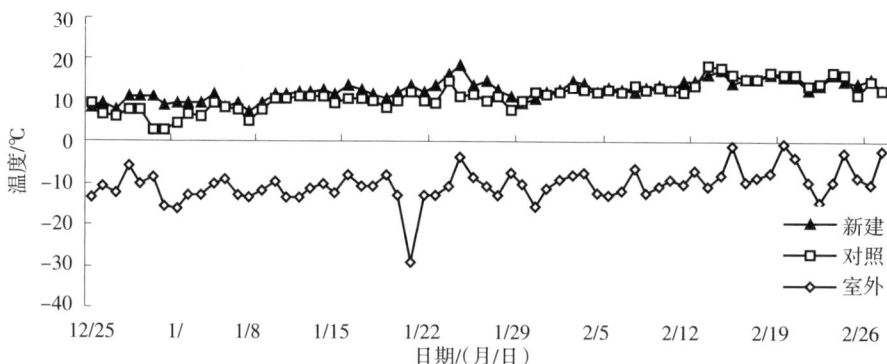

图2-28 不同日光温室最低空气温度月变化

2.空气湿度比较

从图2-29可以看出，新建温室和对照温室湿度变化趋势相同，在8:00揭苫后随着温室内温度升高空气湿度逐渐下降，在10:00左右空气湿度达到最大值：新建温室84.71%，对照温室88.82%；在15:00左右达到最小值：新建温室41.42%，对照温室达44.15%；新建与对照时刻湿度均值分别为71.71%、74.09%。室外空气湿度在温度较低时与温室内差别较大，随着室外空气温度升高，室内外湿度差异减小。由图2-30可知，对照与新建空气湿度月变化均值分别为74.62%、71.78%，对照平均高出2.84%；对照温室空气湿度月变化最高为91.32%、新建温室最高为88.10%。湿度较高不利于作物生长，而新建温室在一定程度上可降低室内湿度，但较对照温室差异不明显。

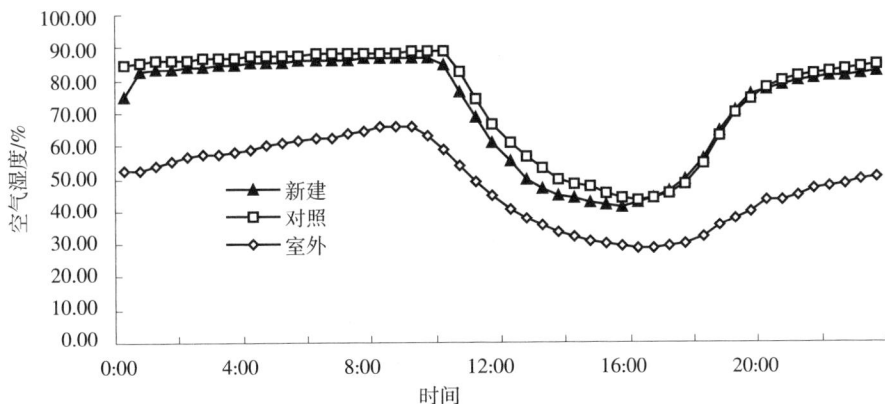

图 2-29 不同日光温室空气湿度时刻均值变化

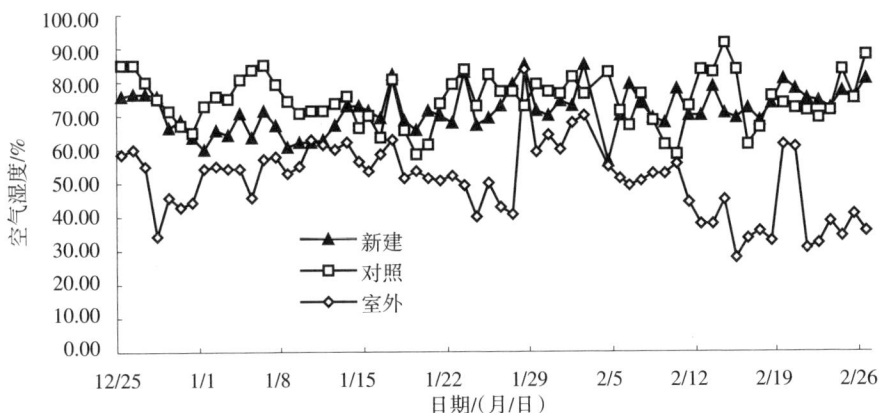

图 2-30 不同日光温室空气湿度月变化

3.光照强度比较

从图 2-31、图 2-32 可以看出，温室内外光照强度呈"单峰"型变化，白天随着太阳辐射增强而增大，并在 14:00 左右达到峰值。在 12 月 29 日典型晴天时，室外光照强度最大为 26.5 klx，对照温室与新建温室最大光照强度分别为 19.3 klx、25.5 klx。新建温室晴天平均光照强度为 14.52 klx，对照为 11.29 klx，晴天新建较对照有效提高光照强度 3.23 klx。阴天新建温室光照强度高出对照温室 2.02 klx。

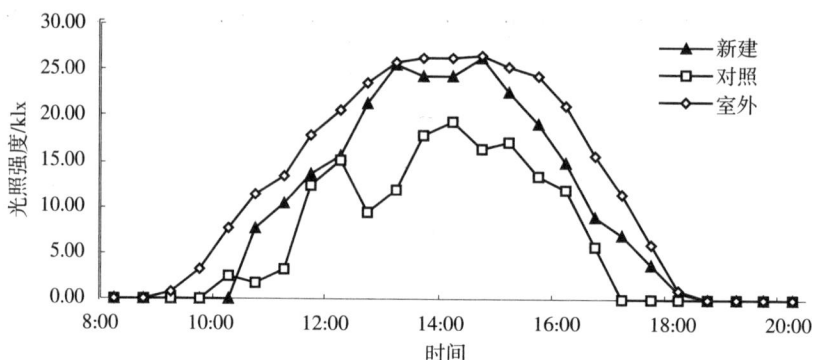

图 2-31　不同日光温室光照强度日变化（晴天）

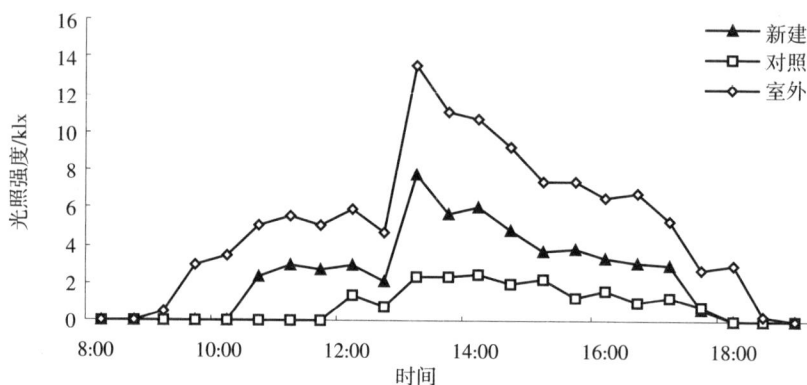

图 2-32　不同日光温室光照强度日变化（阴天）

对 79 d 内的光照强度时刻均值变化分析得到图 2-33，可以看到 14:00 左右室外光照强度达最大 26.98 klx 时，新建与对照温室分别为 22.02 klx、12.49 klx，新建较对照温室高 9.53 klx。从图 2-34 光照强度月变化可以看到，新建温室高于对照温室，新建光照强度平均为 15.26 klx，对照为 12.98 klx，新建温室平均提高光照强度 2.28 klx。总体看来，不论晴天还是阴天，新建温室内光照强度均大于对照温室，且在典型阴天环境下，透光性能较对照表现更佳。

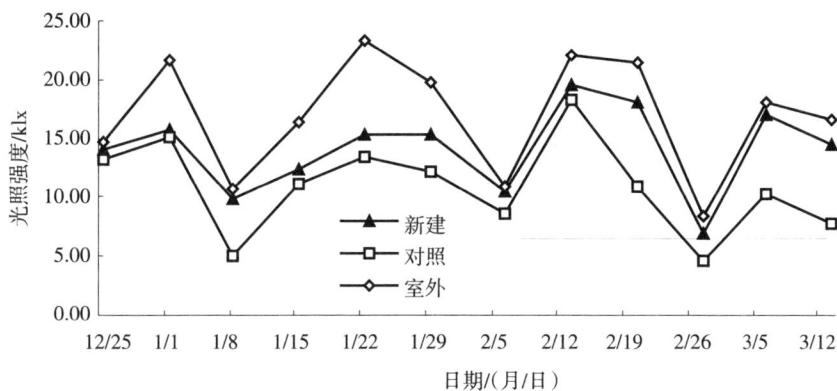

图 2-33　不同日光温室光照强度时刻均值变化

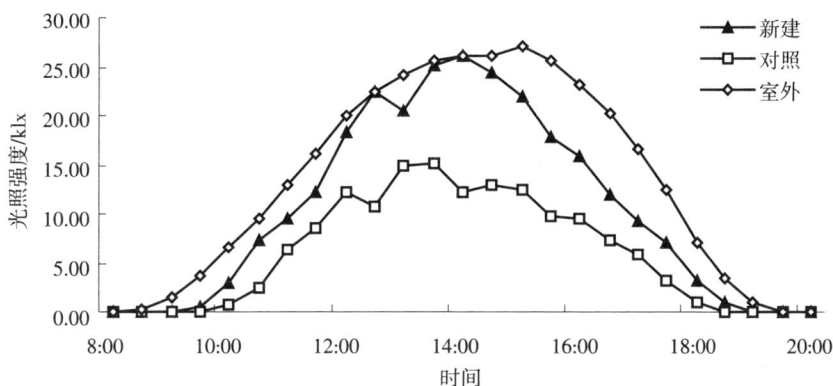

图 2-34　不同日光温室光照强度月变化

4.地温比较

从图 2-35、图 2-36 可以看出，温室内外地温变化随着空气温度变化而呈正相关变化，变化趋势均呈"单峰"型。由于新建日光温室较对照温室内空气温度高，可以看到新建温室地温明显高于对照温室。典型晴天下，新建温室和对照温室在 15:00~16:00 相继达到峰值。室外地温最先达到峰值为7.9℃时，对照温室地温为 17.8℃，新建温室地温为 21.0℃；在典型阴天环境下，地温峰值变化不明显，呈平滑曲线型走势；在该环境下新建温室平均地温较对照提高 4.54℃。

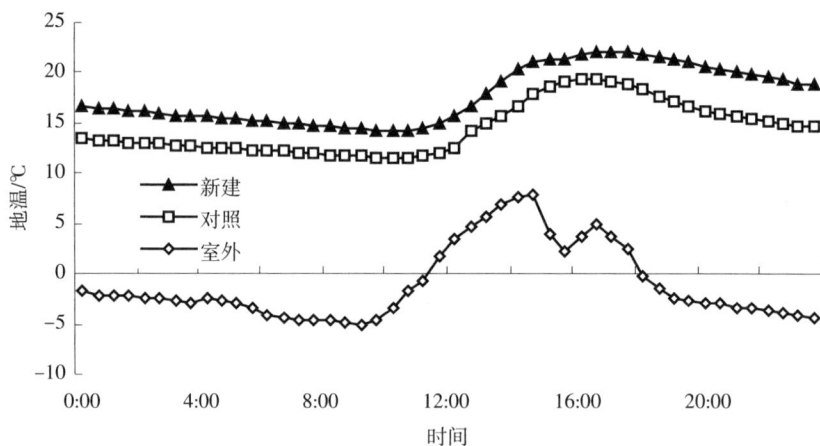

图 2-35 不同日光温室地温日变化（晴天）

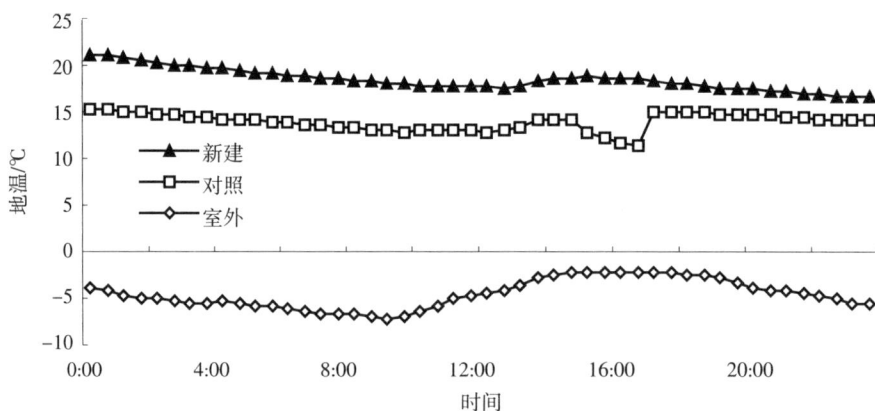

图 2-36 不同日光温室地温日变化（阴天）

为消除每天同一时刻值的变化差异，对 79 d 的地温时刻均值分析，结果（图 2-37）发现，新建温室平均地温高出对照 7.14℃。从图 2-38 可以看出，新建温室地温月变化均值较对照温室提高 2.45℃。室外温度较低时，新建温室也可有效提高室内地温；在室外日平均最低地温为-6.06℃时，新建温室日均值地温为 17.65℃，对照为 11.44℃，提高室内地温 6.2℃。

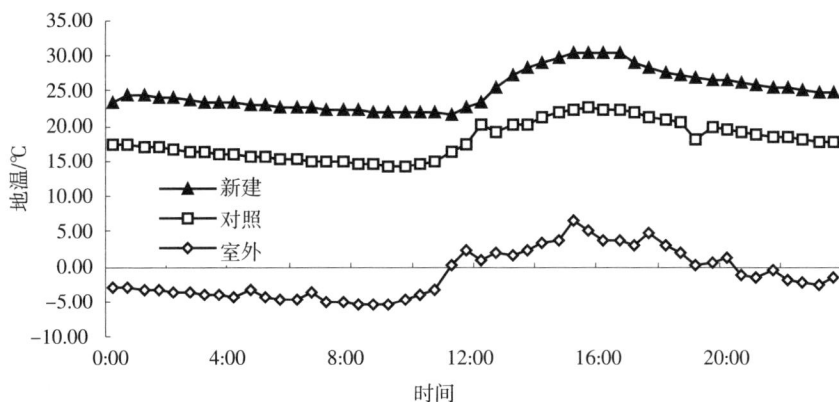

图 2-37　不同日光温室地温时刻

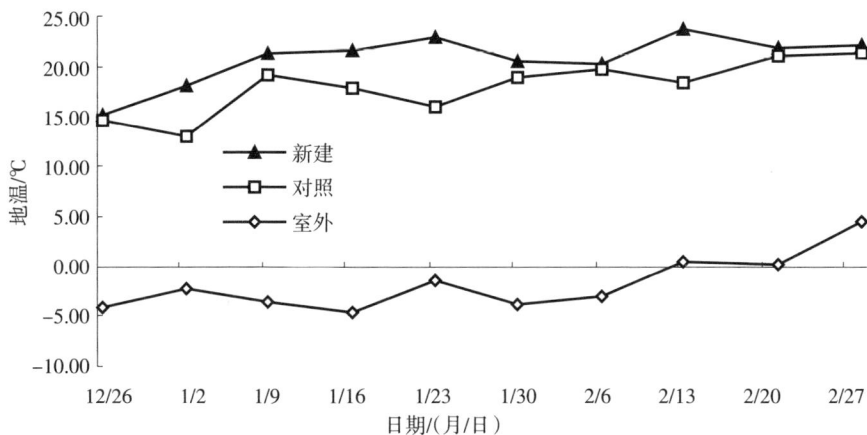

图 2-38　不同日光温室地温月变化

5.不同日光温室墙体蓄放热能力比较

从表 2-1 可以看出，新建温室墙体蓄热能力高于对照温室，平均蓄热总量达到 222.64 W/m²，比对照温室高出 155.74 W/m²，说明新建温室主动蓄热墙体较普通温室墙体吸收太阳辐射能力更强，白天可以起到良好的蓄热作用；同时，新建温室比对照温室放热量高出 52.98 W/m²，表明新建温室墙体较对照温室在室内环境温度降低后可以放出更多热量，起到室内增温保温的作用。

表 2-1 不同日光温室墙体蓄放热 (W/m²) 对比

温室	12月下旬		1月		2月		3月上旬		合计	
	平均蓄热通量	平均放热通量	平均蓄热通量	平均放热通量	平均蓄热通量	平均放热通量	平均蓄热通量	平均放热通量	蓄热总量	放热总量
新建温室	65.51	−29.65	55.70	−22.81	55.53	−27.12	45.9	−22.65	222.64	−102.23
对照温室	12.66	−10.44	19.23	−14.87	20.20	−13.28	14.81	−10.66	66.90	−49.25

（三）结论

本试验结果表明，该新型日光温室在保温性、透光性、墙体蓄放热能力等方面均明显优于对照温室；新型日光温室平均提高地温 2.45℃，平均增大光照强度 2.28 klx，平均提高室内空气温度 1.98℃，平均提高温室内最低温度 1.42℃，湿度与对照温室相比差异不明显，只减少了 2.84%。新型日光温室满足植物冷季节安全生产的要求。同时，该新型温室墙体采用的主动吸热技术使墙体蓄热能力大大提高，保证了夜间温室内空气温度不会过低，给植物提供适宜的生长环境。

日光温室骨架采用热镀锌卡槽式钢骨架结构，骨架构件采用现场组装形式，构建连接处无焊点，结构稳定，防腐性能好，使用寿命长；生产效率高，标准化程度高；新建日光温室取消了传统日光温室常用的卡槽和压膜线，使得温室内防风、保温性能好。且日光温室墙体采用工业废弃物炉灰为主要材料，节约成本且环保。该新型日光温室骨架轻便易运输、易装配，同时采用 PO 双层膜和温室墙体主动蓄热技术提高温室内空气温度和地温，在室外环境温度较低时也可保证室内空气温度在 10℃以上，可实现冷季节温室内安全生产。

三、宁夏非耕地 PC 耐力板日光温室

TOP130-PC 耐力板（聚碳酸酯）是新一代的透明覆盖材料，可在−40℃~120℃温度条件下使用，具有超强的抗冲击能力（为普通玻璃的 200 倍）与

透光性能（最大透光率 60%~92%），其保温性能为普通薄膜的 5 倍，寿命可达 12~15 年，并具有安装牢固、抗风雪能力强等特点。通过在 PO 涂层薄膜日光温室基础上，将前屋面采光部分采用新型 TOP130-PC 耐力板取代传统棚膜，实现日光温室"膜改板"。同时，将卷膜器由人工控制通风改造为机械通风，利于温室自动化控制，并具有节省管理用工、节约温室后期维护成本等优点。2013 年，我们对 PC 耐力板日光温室的环境性能进行测试。

（一）试验简介

本试验于 2013 年 11 月 1 日至 2014 年 1 月 31 日在宁夏银川市贺兰县国家级设施园艺产业园进行。TOP130-PC 标准厚度 10 mm，标准宽度 2.1 m，标准长度 30 m，克重 3.6 kg/m²，透光率 88%，最小弯曲半径 45 cm，60 元/m²，使用年限 12~15 年。明净华 PO 涂层膜，由宁夏禾家丰设施农业服务有限公司提供，标准厚度 0.1 mm，4 元/m²，使用寿命 1.5~2.0 年。

本试验以外覆盖 TOP130-PC 耐力板温室为试验温室，以外覆盖 PO 涂层膜温室为对照，两栋温室均为钢架结构，长度 70.0 m、跨度 13.5 m，外覆保温被，对照温室与试验温室坐北朝南，分列东西两侧。试验温室采光部分采用 TOP130-PC 耐力板，覆盖面积 490.0 m²（70.0 m×7.0 m），上下风口处覆盖 EVA 膜，面积 210.0 m²（70.0 m×3.0 m），对照温室全覆盖 PO 涂层膜，面积 700.0 m²。通过测定温室内空气温度、湿度、地面 1.5 m 处光照强度、0~20 cm 土层地温等环境因子，并观察室温室内集露状况、作物生长情况等，以评价"膜改板"温室保温性、透光率等方面的综合性能。

（二）试验结果

1.日光温室"膜改板"对空气温度的影响

由图 2-39 可知，日光温室每小时空气温度总体呈"单峰型"变化曲线，即在日照充足条件下，揭苫后 9:00~14:00 温室通过日间太阳辐射蓄热升温，14:00 达到当日空气温度最高值；14:00~17:00 蓄热作用逐渐降低，空气温度下降；放苫后 18:00~8:00 温室墙体、地面通过"贯流放热"释放日间蓄积热量，维持温室夜间空气温度稳定。日光温室"膜改板"处理后能够明显提高温室保温效果，减少热量散失。揭苫前 8:00 "膜改板"温室较对照温室日均空气最低温度提高 1.19℃。通过连续测定 92 d "膜改板"与对照温室空气温度变化，由图 2-40 可得，"膜改板"与对照温室日均空气温度分别为 17.09℃、15.83℃，采用 TOP130-PC 耐力板作为温室覆盖材料，较 PO 涂层膜能够增温 1.26℃。

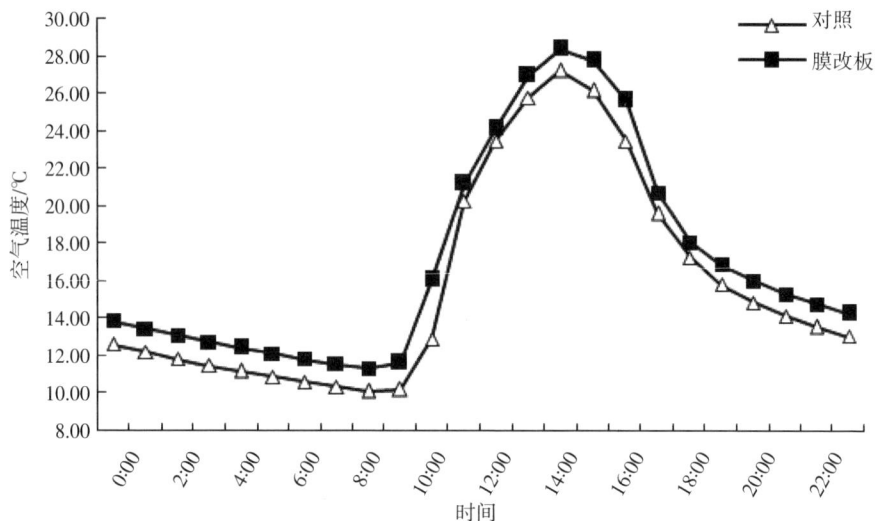

图 2-39　不同温室每小时空气温度比较

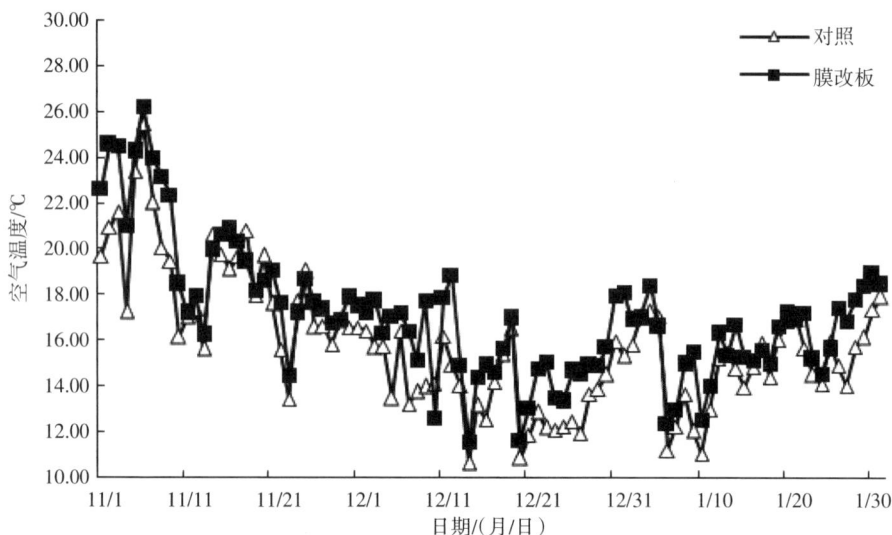

图 2-40　不同温室日均空气温度比较

2.日光温室"膜改板"对空气湿度的影响

高湿是园艺设施环境的突出特点，温室内空气湿度对作物光合、蒸腾、病害发生及生理失调具有显著影响。高湿环境易导致设施内病菌繁殖，同时会使叶面水分凝结，造成叶面细胞破裂，植株软弱。已有的无滴覆盖材料，可增加水滴与覆盖材料的亲和性，降低水雾在流滴材料表面的界面张力，并随覆盖材料表面流到地面，防止水滴形成。现有的无滴覆盖材料存在使用年限短，防雾、防滴效果减弱的缺点。采用"膜改板"处理后，在提高温室空气温度的同时，能够降低空气湿度。分析图 2-41、图 2-42 可知，单日空气湿度与空气温度变化呈相反趋势，随空气温度的升高，湿度下降；单日空气湿度最大值出现在揭苫前 9:00，"膜改板"温室为 87.67%，对照温室为 95.35%；日均空气湿度"膜改板"与对照温室分别为 78.44%、84.96%，"膜改板"较对照温室日均空气湿度降低 8.31%。

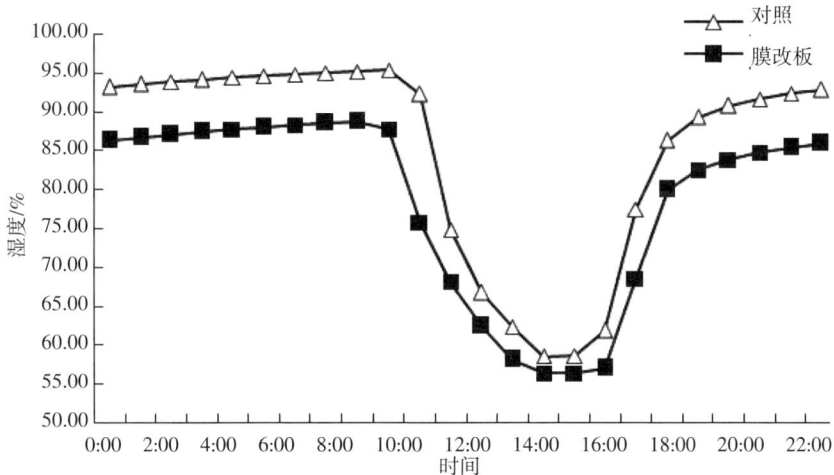

图 2-41　不同温室每小时空气湿度比较

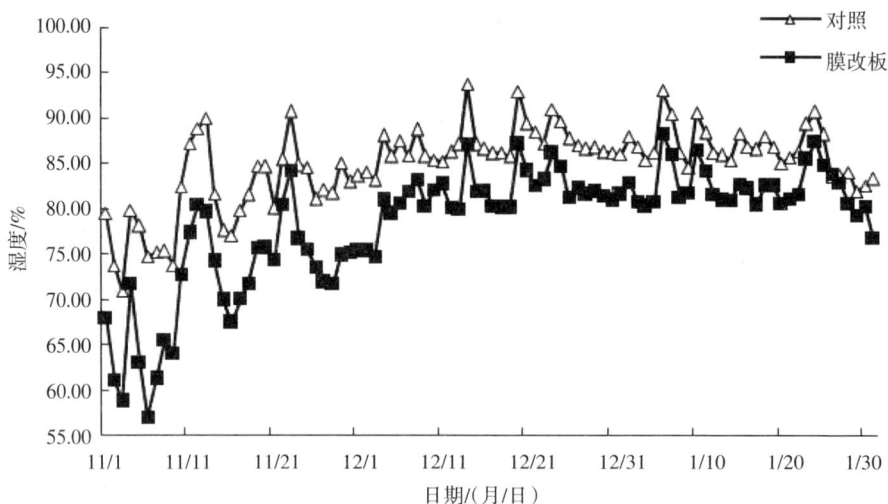

图 2-42   不同温室日均空气湿度比较

3.日光温室"膜改板"对光照强度的影响

温室覆盖材料的透光特性是衡量覆盖材料性能的重要指标之一。GB 4455 规定透光性棚膜透光率不低于 85%，GB/T 20202 规定不低于 87%；NY/T 1362 规定厚度 8 mm 与 10 mm PC 中空板透光率分别不应低于 78% 与 76%。通过比较 TOP130-PC 耐力板与普通 PO 膜温室光照强度变化，由图 2-43、图 2-44 可知，在日常温室管理一致条件下，冬季试验温室太阳有效辐射时长为 9 h，13:00 达到单日光照强度最大值，"膜改板"与对照温室分别为 30.57 klx、26.30 klx；2013 年 11 月 1 日至 2013 年 12 月 12 日，"膜改板"与对照温室日均光照强度分别为 8.30 klx、5.65 klx，2013 年 12 月 12 日至 2014 年 1 月 31 日，日均光照强度分别为 5.95 klx、5.57 klx。前期"膜改板"温室外表面清洁、无污垢，透光性高于对照温室，后期受沙尘大风天气影响，温室透光性有所降低，但总体呈现"膜改板"温室光照强度高于对照的规律。

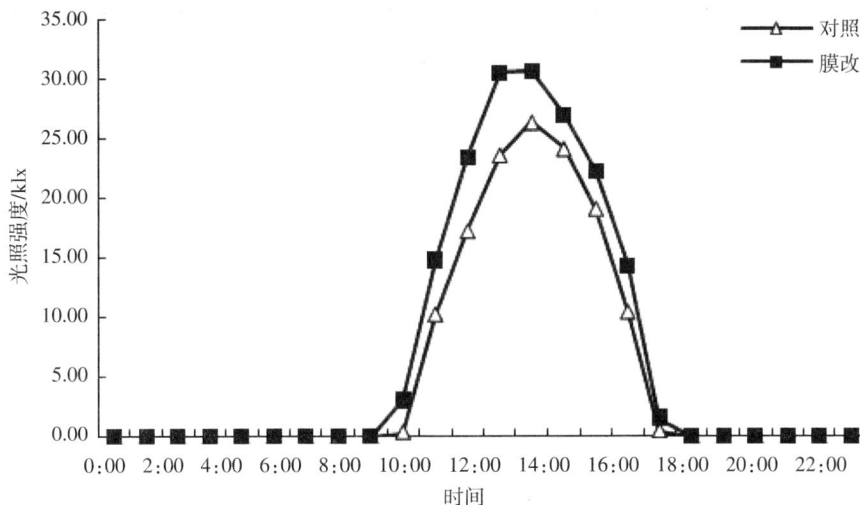

图 2-43　不同温室每小时光照强度比较

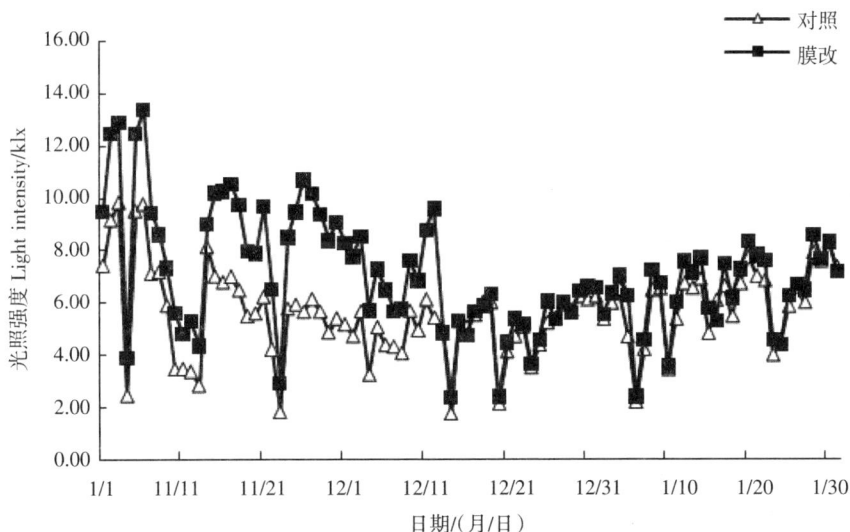

图 2-44　不同温室日均光照强度比较

4.日光温室"膜改板"对地温的影响

地温的高低直接决定作物根系的生长与对水肥的吸收，根系生长的好坏与吸收功能的强弱必然影响地上部的生长发育。影响温室地温的主要因素有温室的结构与覆盖材料、光照强度、灌溉制度等。由图 2-45、图 2-46 可知，"膜改板"温室 11 月至翌年 1 月平均地温分别为 20.55℃、16.21℃、

16.27℃，对照温室分别为 19.15℃、14.72℃、14.51℃，"膜改板"温室较对照平均地温增加 1.55℃；"膜改板"温室单日地温最低值出现在 10:00 为 16.09℃，最高值出现在 18:00 为 19.04℃，差值为 2.95℃，对照温室每小时地温变化差异不明显。

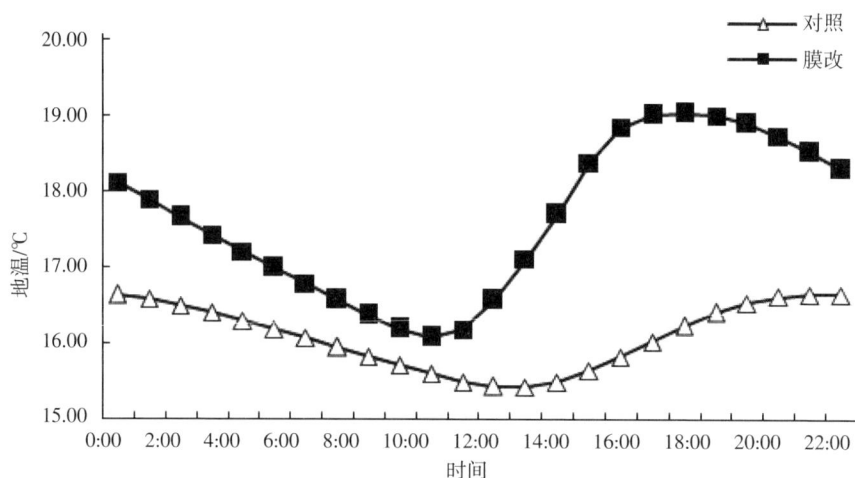

图 2-45　不同温室每小时地温比较

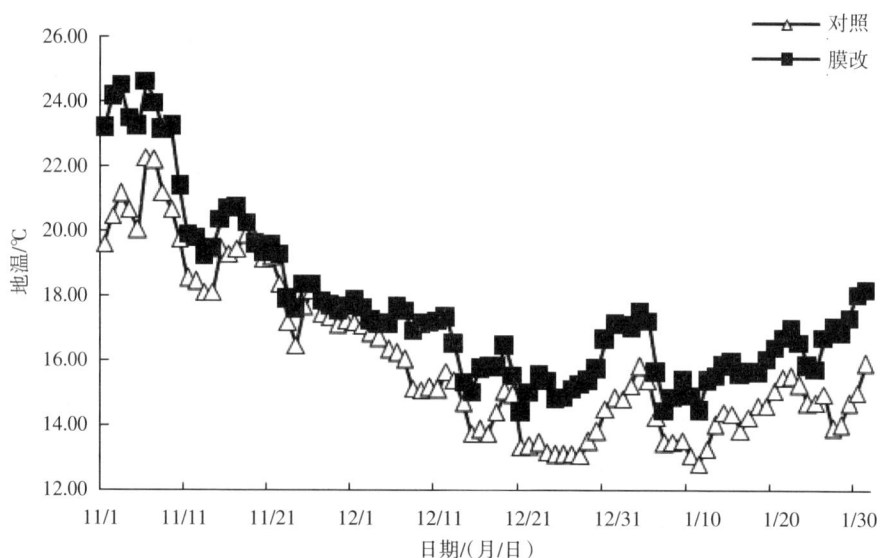

图 2-46　不同温室日均地温比较

5.经济效益

表 2-2　不同结构日光温室成本比较

T 处理	外覆盖材料	外覆盖面积（m²）	单价（元/m²）	人工成本（元）	使用年限（年）
试验温室	TOP130-PC 耐力板	490.0	60.0	400	12~15
	EVA 膜	210.0	2.8		2~3
对照温室	PO 涂层膜	700.0	4.0	400	2

在温室结构框架相同条件下，单栋温室所需外覆盖材料 700.0 m²。TOP130-PC 耐力板、PO 涂层膜、EVA 膜每平方米价格分别为 60.0 元、4.0元、2.8 元，合计人工成本，则"膜改板"温室改造成本为 30388.0 元，对照温室成本为 3200.0 元。"膜改板"温室每隔 12~15 年更换 PC 耐力板，2~3 年更换上下风口 EVA 膜，使用年限长，并具有抗风、雪能力强，易清洁等优势，正常使用条件下，对照温室则需每 2 年更换棚膜，管理繁琐，人工投入成本较高。对现有日光温室开展自动化、智能化改造是实现设施园艺产业现代化生产的有效途径。"膜改板"温室将卷膜器人工控制通风改造为机械通风，有利于温室内环境因子的调控，并具有节省管理用工、减轻工人劳动强度的优点，同时为日光温室的自动化、智能化控制提供了基础。

（三）结论

采用 TOP130-PC 耐力板作为日光温室外覆盖材料，较普通 PO 膜温室空气温度增加 1.26℃，地温增加 1.55℃，空气湿度降低 8.31%，同时能改善温室透光性；"膜改板"温室将卷膜器人工控制通风改造为机械通风，便于温室内环境因子的自动化控制，并具有节省管理用工、减轻工人劳动强度的优势；"膜改板"温室一次性投入成本较高，但长期考虑，损耗率与维护成本低，具有耐候性强等特点，符合未来宁夏地区设施园艺产业的发展需求，可作为新型日光温室保温覆盖材料推广应用。

四、宁夏沙漠非耕地内置保温被日光温室环境测试评价

（一）试验简介

试验于2015年12月4日至2016年3月17日在宁夏中卫市沙坡头区迎水桥镇姚滩村进行。

试验选用在本地普遍应用的日光温室结构为对照：后墙2.2 m高，材料为45 cm草垛+40 cm空心砖，跨度为8.5 m，脊高4 m。新建温室则是在该温室基础上进行结构创新：温室分为内外两部分结构，内层温室结构参数与普通温室基本相似，但后墙采用60 cm草垛进行围护；除此之外，加设外层钢架结构使温室前屋面保温被内置并实现双层薄膜覆盖，同时运用15 cm苯板彩钢板对后墙进行加高设计。外增设结构在白天接受太阳辐射同时，夜间起到二次增温保温作用。详细参数见图2-47、图2-48。

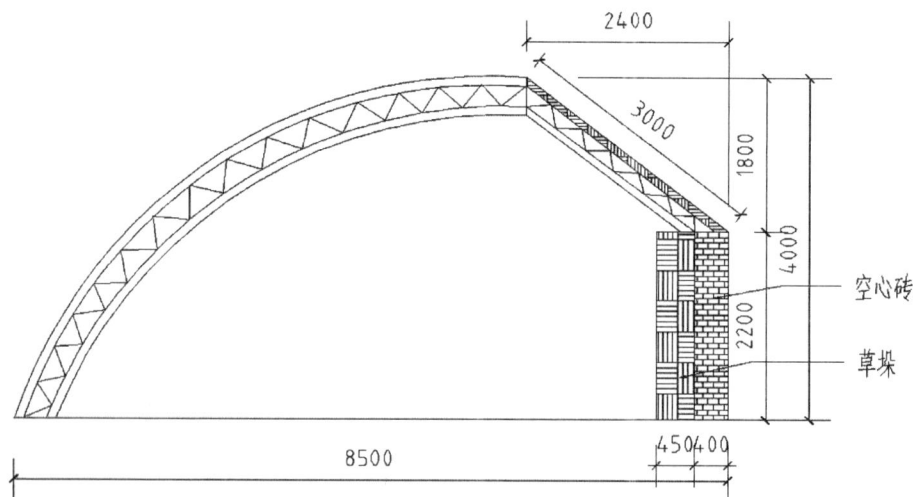

图 2-47 普通温室结构剖面

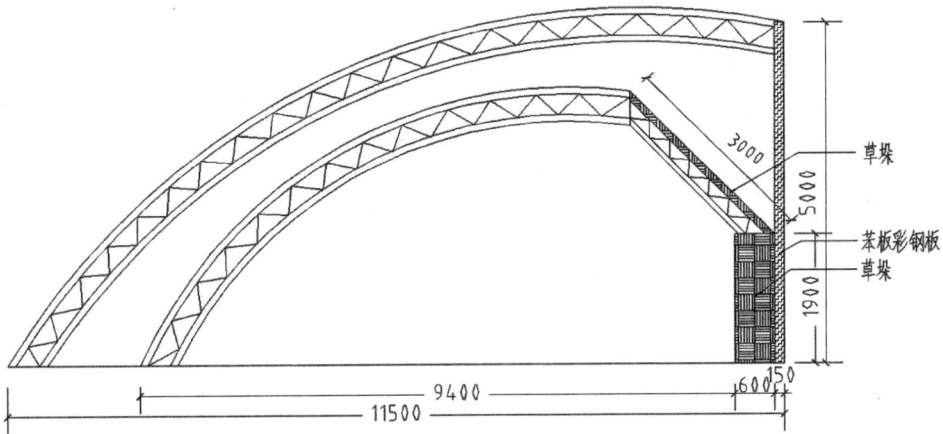

图 2-48　新建温室结构剖面

表 2-3　不同日光温室墙体材料组成

温室	墙体厚度/cm	墙体组成（由内往外）
新建温室	60	草垛+苯板彩钢板
普通温室	85	草垛+空心砖

　　试验测定温室内距地面 1.5 m 处空气温度、湿度、光照强度，土壤 10 cm 处温度等环境因子，运用 Excel 软件进行数据处理与分析。最终选取新建温室和普通温室典型晴天（1 月 24 日）和典型阴天（1 月 22 日）环境指标变化，并分析得到温室内环境指标日变化和月变化，得出新建温室与普通温室环境指标差异。

　　（二）试验结果

1.不同结构日光温室空气温度差异对比分析

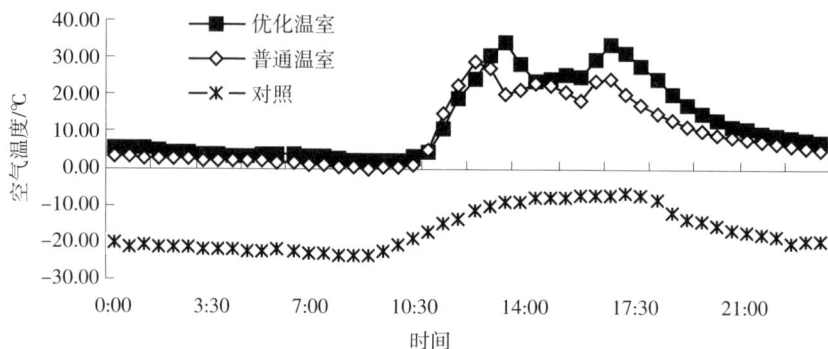

图 2-49　不同温室空气温度日变化（晴天 1 月 24 日）

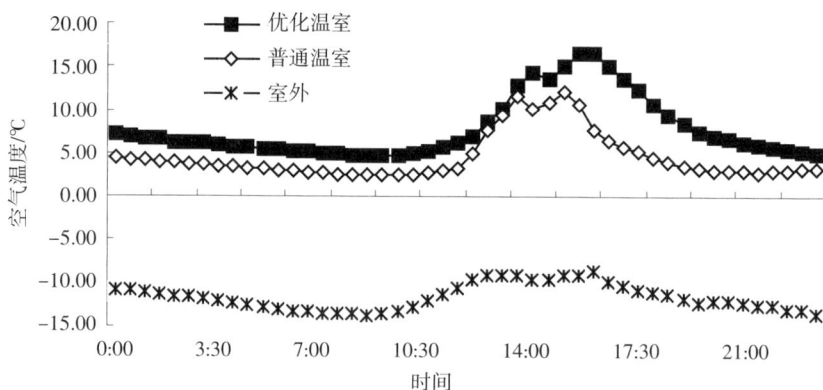

图 2-50　不同温室空气温度日变化（阴天 1 月 22 日）

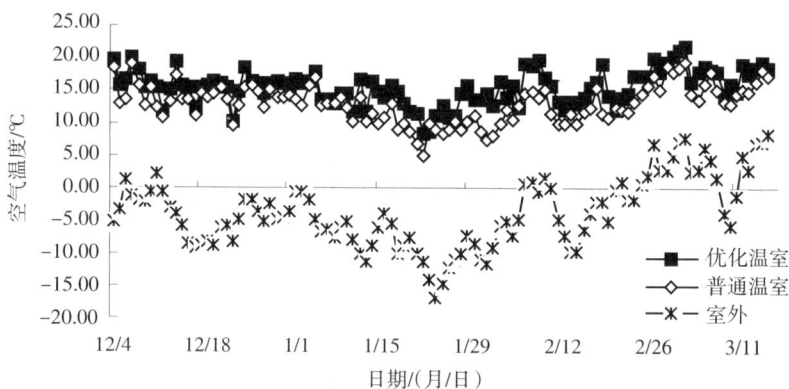

图 2-51　不同温室空气温度月变化

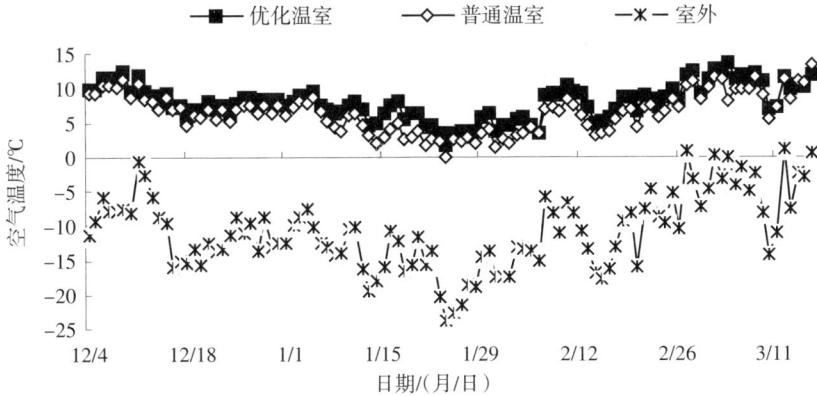

图 2-52　不同温室最低空气温度月变化

环境内空气温度差异达到 3℃ 左右会对作物的生理指标、产量、品质等产生较大影响。通过对新建温室和普通温室内环境温度测定发现，新建后温室较普通结构温室可有效提高空气温度 2.48℃，均温达到 15.54℃；在最低温度月变化中新建温室最低温度均高于普通温室，达到 7.93℃，较普通温室高 1.49℃。随着温室内通风口的开启环境温度逐渐下降，15:00 左右关闭通风口后环境温度出现小幅上升，之后随室外温度降低而降低，因此温室内温度日变化呈双峰型。典型晴天新建温室空气温度为 12.56℃，较普通温室高 3.21℃；典型阴天新建温室为 7.79℃，较普通温室高 3.20℃。

2.不同结构日光温室空气湿度差异对比分析

在图 2-53、图 2-54、图 2-55、图 2-56 中可以看到，由于普通温室温度较低、相对湿度表现较高，在空气湿度日变化中，其最大值出现在日出前后，随着太阳升起温度升高相对湿度逐渐降低，在正午达到谷值，之后随温度降低而逐渐升高，且晴天相对湿度低于阴天。典型晴天新建温室相对湿度为 77.24%，较普通温室低 2.81%；典型阴天新建温室相对湿度为 88.86%，较普通温室低 2.56%。室外由于空气含水量低，气温低导致饱和含水量低，相对湿度含量较温室内含量差异大，数值低。在空气湿度月变化中，新建温室相对湿度为 74.36%，较普通温室低 7.52%；最高空气湿度新建温室为 87.71%，较普通温室低 5.2%。

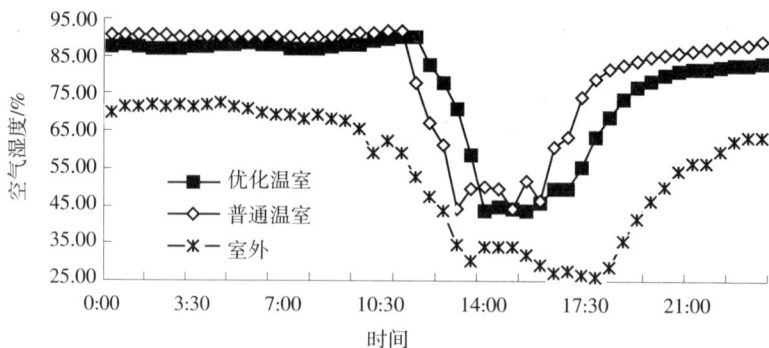

图 2-53　不同温室空气湿度日变化（晴天 1.24）

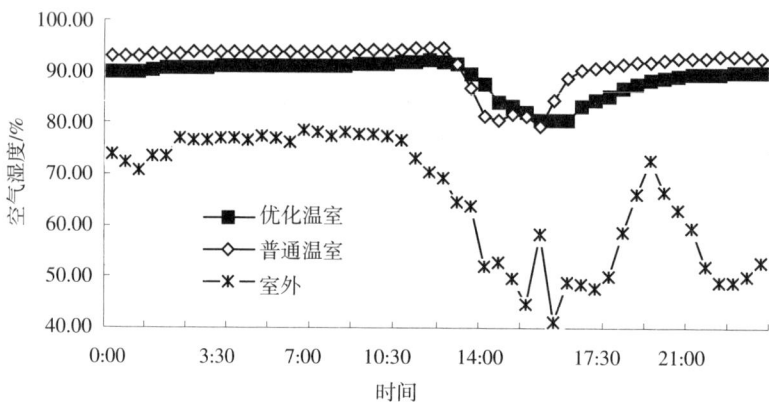

图 2-54　不同温室空气湿度日变化（阴天 1.22）

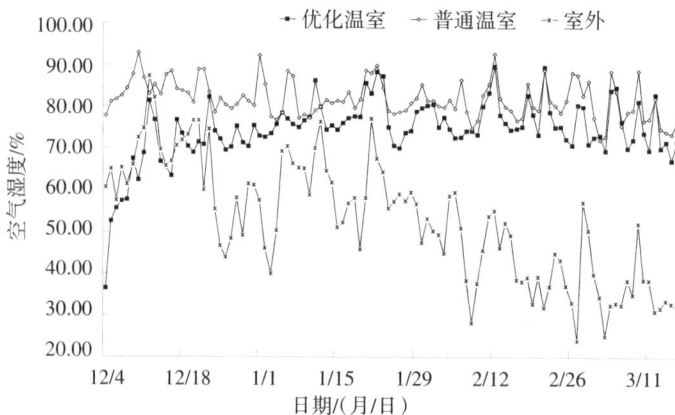

图 2-55　不同温室空气湿度月变化

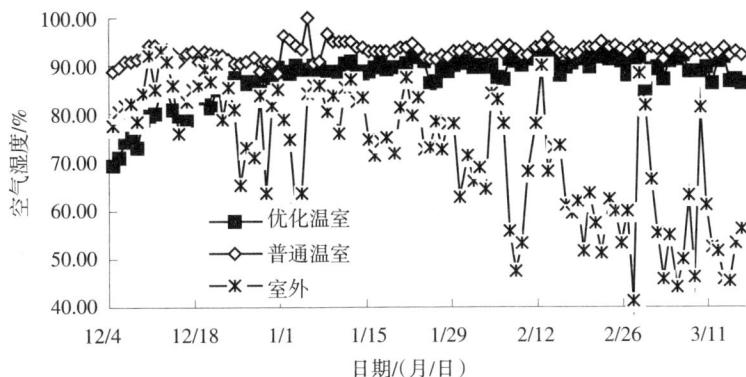

图 2-56 不同温室最高空气湿度月变化

3.不同结构日光温室露点温度差异对比分析

露点温度常与空气温度一起，来表示当前空气湿度的饱和程度。在图 2-57 至图 2-60 中可以看到，温室露点温度日变化和气温变化趋势基本一致，但新建温室露点温度高于普通温室，普通温室露点温度最小值在 0℃左右变化，此时较易形成霜冻危害作物生长。典型晴天下新建温室露点温度为 8.14℃，较普通温室高 2.5℃；典型阴天新建温室露点温度为 6.06℃，较普通温室高 2.76℃。在露点温度月变化图中看到，均值变化都在 0℃以上，新建温室月均值为 10.23℃，较普通温室高 1.96℃。但最低温月变化中普通温室露点温度在 0℃左右的天数较新建温室多；新建温室露点温度最低温均值为 5.22℃，较普通温室高 1.65℃。

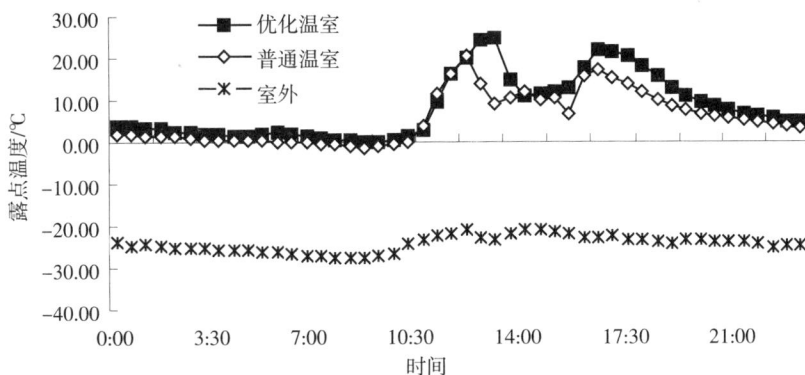

图 2-57 不同温室露点温度日变化（晴天 1 月 24 日）

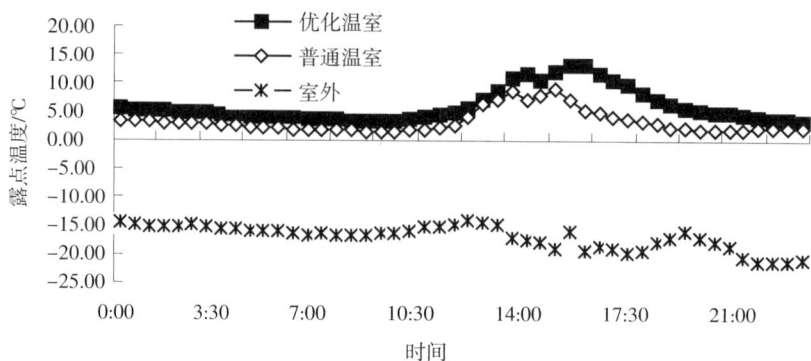

图 2-58　不同温室露点温度日变化（阴天 1 月 22 日）

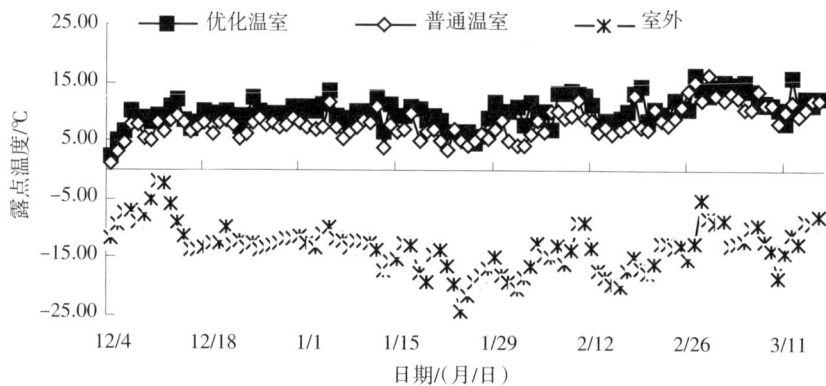

图 2-59　不同温室露点温度月变化

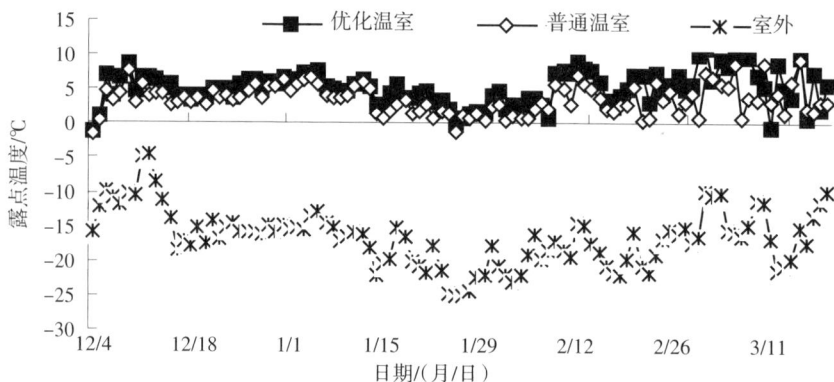

图 2-60　不同温室最低露点温度月变化

4.不同结构日光温室土壤温度差异对比分析

根系作为作物吸收水分和营养物质的重要器官，对作物生长起着至关重要的作用。土壤温度的高低影响着作物的水分代谢和光合作用、影响着矿物质离子的代谢吸收和激素代谢、同时影响着作物的产量和品质。图中可以看到，三条曲线变化趋势基本一致，不论日变化还是月变化，新建温室土壤温度均高于普通温室。新建温室土壤温度月均值达 16.84℃，较普通温室高 2.03℃；新建温室的最低土壤温度为 13.26℃，较普通温室高 1.38℃。土壤温度日变化则呈现典型的单峰型。土壤温度随着外界环境温度升高而升高，在正午达峰值后随空气温度降低而降低。典型晴天下新建温室土壤温度为 12.70℃，较普通温室高 2.32℃；典型阴天下新建温室土壤温度为 11.16℃，较普通温室高 2.64℃。新建温室较普通温室可有效提高土壤温度。

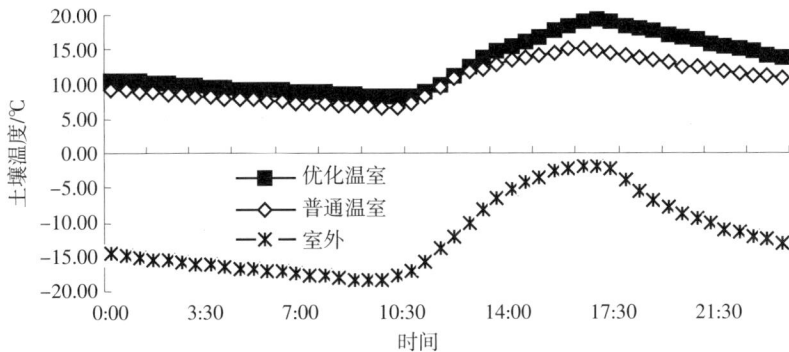

图 2-61　不同温室土壤温度日变化 （晴天 1 月 24 日）

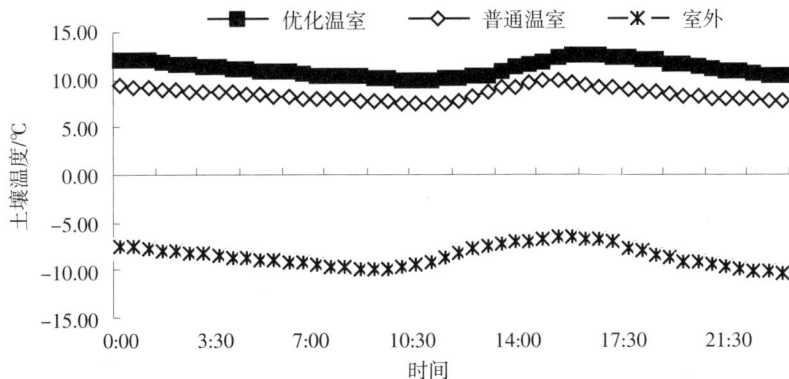

图 2-62　不同温室土壤温度日变化（阴天 1 月 22 日）

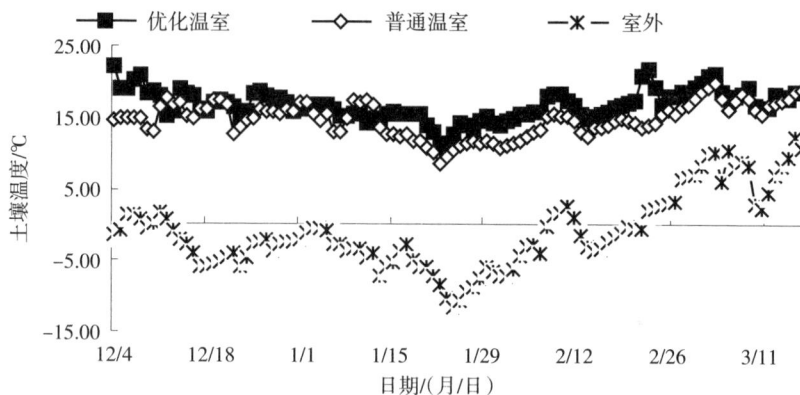

图 2-63　不同温室土壤温度月变化

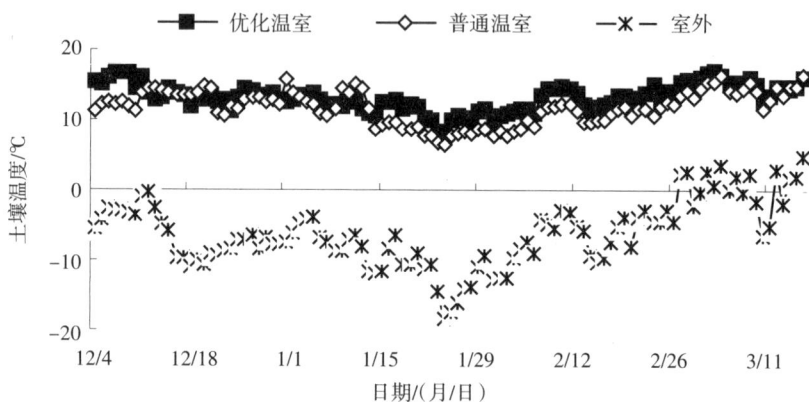

图 2-64　不同温室最低土壤温度月变化

5.不同结构日光温室光照强度差异对比分析

由图 2-65 至图 2-68 中可以看到，室外月均光强为 13.95 klx，由于新建温室较普通温室前屋面覆盖层数多一层，对光的透过率不如普通温室，月均透光率为 56.70%，较普通温室低 13.55%；最大光照强度月变化普通温室透光率为 65.09%，较新建温室高 20.43%。在典型晴天下新建温室透光率为 58.15%，较普通温室低 15.72%；典型阴天下新建温室透光率为 36.45%，较普通温室低 19%。尽管新建后温室透光率整体较普通温室低，但光照强度值仍可满足作物的正常生长，为作物良好生长奠定基础。

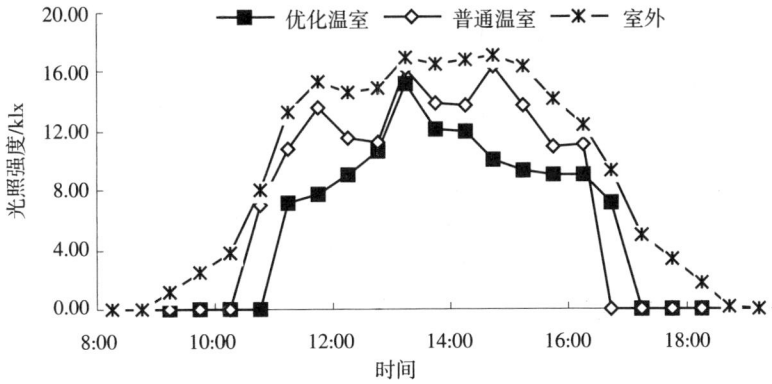

图 2-65　不同温室光照强度日变化（晴天 1 月 24 日）

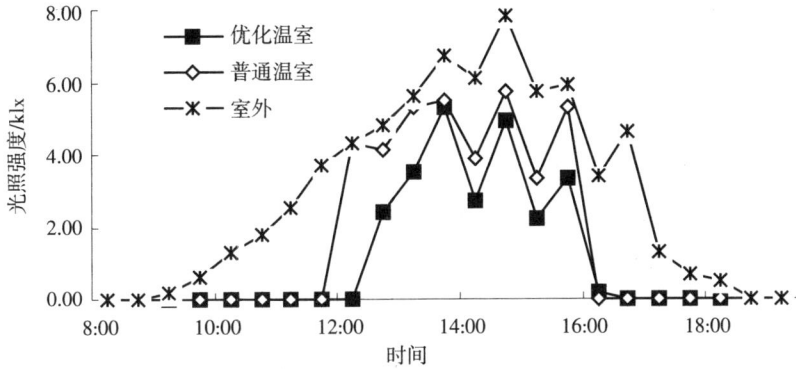

图 2-66　不同温室光照强度日变化（阴天 1 月 22 日）

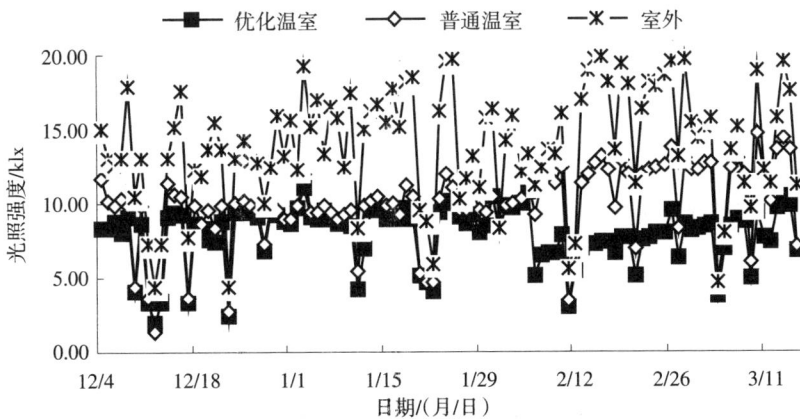

图 2-67　不同温室光照强度月变化

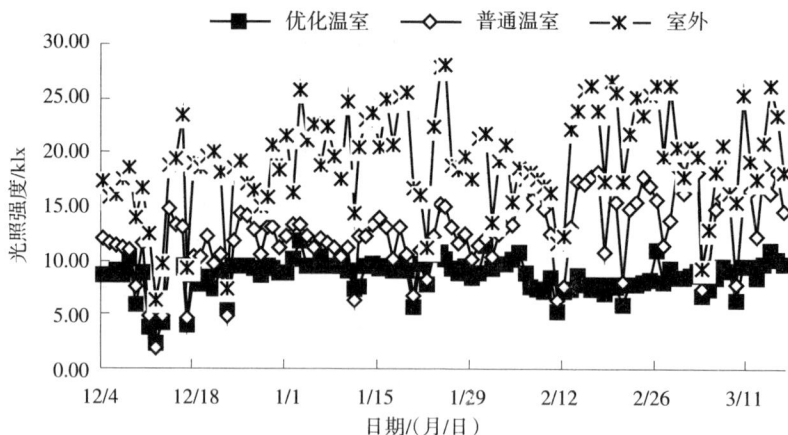

图 2-68　不同温室最大光照强度月变化

（三）结论

新建温室较普通结构温室可有效提高空气温度 2.48℃，较普通温室提高最低空气温度 1.49℃；相对湿度较普通温室低 7.52%；最高空气湿度较普通温室低 5.2%。露点温度较普通温室高 1.96℃。新建温室露点温度最低温均值为 5.22℃，较普通温室高 1.65℃。

新建温室土壤温度月均值达 16.84℃，较普通温室高 2.03℃；室外土壤温度月均值则为 -1.03℃，差异较大；新建温室的最低土壤温度为 13.26℃，较普通温室高 1.38℃。新建温室月均透光率为 56.70%，较普通温室低 13.55%。

综合以上五个环境指标，新建温室可有效提高室内空气温度和土壤温度，有效保障 0℃ 以上的露点温度，避免作物发生冻害。因此，对普通日光温室外围增设结构，在沙漠非耕地冬季环境下，可有效提高温室内温度，为作物良好生长提供适宜环境。

第四节　宁夏非耕地日光温室配套设施研究

目前，针对宁夏非耕地日光温室自动化、智能化改造不断深入，与之对应配套设施的研发已成为改善设施园艺作物生长环境、提高生产效率、降低劳动强度、提高机械化水平的有效途径。宁夏地区非耕地资源丰富，非耕地生产区具有光照强烈、风沙大、冬季气温低等气候特点，探索适宜宁夏地区非耕地环境特征的日光温室模式及其配套设施是宁夏非耕地日光温室结构优化和建造的重要部分。

一、非耕地新建日光温室的地热和植物补光灯

针对宁夏吴忠市孙家滩非耕地坡地特征，依据本地区地理纬度与合理采光角，精确规划温室结构，通过将传统温室南部走道及种植区域下沉 95 cm，将北部走道改为南部走道，并采用新型镀锌全组装无焊接钢骨架构建外部结构，完成跨度 13.4 m 非耕地新建温室设计与建造，并通过配置地热保温管，利用抽风机将空气热量传导至土壤，不加温条件下，日间蓄热升温，夜间保温放热，遇冬季极端天气，可有效平衡温室内气温、地温，降低灾害天气损失；通过配置植物生长补光灯，晴天拉苫前补光，雾、雪、阴天等极端天气全天候补光，改善非耕地设施园艺作物生长的光环境，从而完成非耕地新建温室建设与配套设施的建造。

（一）试验简介

本试验于 2013 年 12 月至 2014 年 2 月进行。选择非耕地新建温室 2 栋，设置 2 个处理，分别为补光灯+地热管、地热管。试验温室内整体安置地热管，温室东半部 50 m 安装植物生长补光灯，西半部 50 m 未安装，以不安装地热管、补光灯非耕地新建温室作对照。试验温室地面下挖 30 cm，建立宽 80 cm 栽培槽，走道宽 120 cm，槽内铺设长 11 m，直径 110 mm PVC 管，地热保温管呈"几"字形排放并连成一体，北部后墙每隔 30 m 安装抽风机，设置进风口，距地面高度 3.5 m，共计安装 3 套，南部每隔 24 m 设置出风口（下设渗水口）构成非耕地新建温室地热系统。补光灯+地热管处理植物生长补光灯呈"品"字形摆放，分 3 排放置，每排安放 10 盏，每排相距 3 m，同排间每盏相距 4 m，离地面高度 2 m，补光灯采用定时器智能控制，揭苫前自动开启，揭苫后关闭，遇雾、雪、阴等不能正常揭苫天气人工控制延时

补光。

（二）试验结果

1.不同配套设施对非耕地新建温室空气温度的影响

非耕地新建温室地热系统利用抽风机日间蓄积温室内空气热量，通过地下管道传到并存于土壤，夜间保温释放热量，以提升温室内空气温度与土壤地温。由图 2-69、图 2-70、图 2-71 可知，不同配套设施对非耕地新建温室空气温度有明显影响。补光灯+地热、地热、对照处理日均空气温度分别为 17.83℃、17.06℃、16.47℃，采用非耕地地热系统较对照日平均空气温度增加 1.36℃、0.59℃。不同配套设施新建温室 24 h 空气温度变化呈"单峰型"曲线，14:00 达到当日空气温度最大值，采用地热增温系统，能明显提升温室内 0:00~9:00 揭苫前空气温度。通过测试试验与对照温室 95 d 最低空气温度变化，最低温出现在 2014 年 2 月 10 日，补光灯+地热、地热、对照处理最低空气温度分别为 6.50℃、6.30℃、6.00℃，采用非耕地地热系统，可在宁夏非耕地生产区冬季低温天气下维持温室内空气温度的稳定。

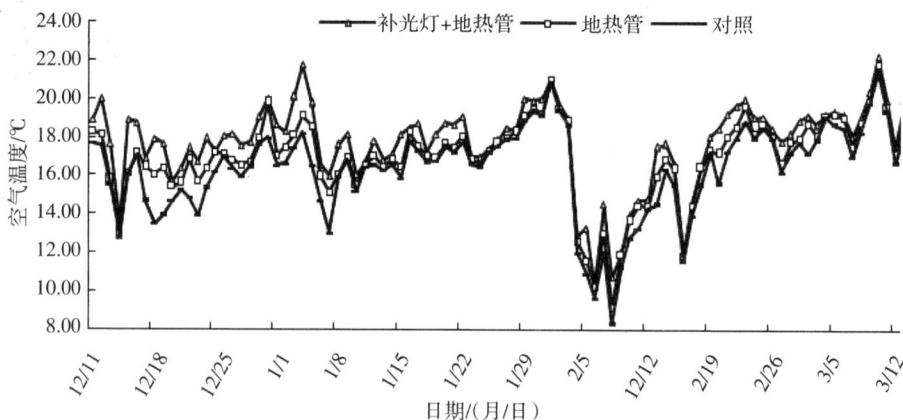

图 2-69　不同配套设施日均空气温度比较

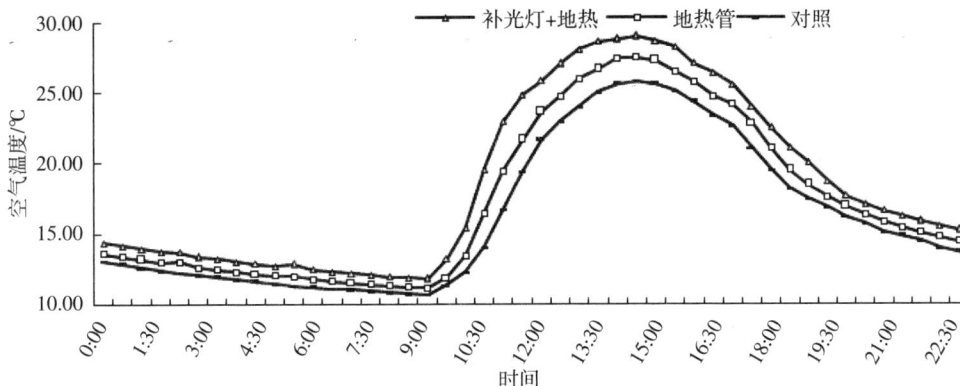

图 2-70　不同配套每小时空气温度比较

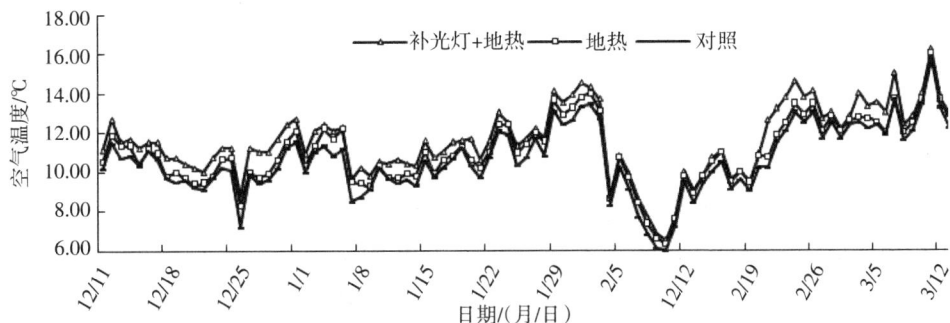

图 2-71　不同配套设施最低空气温度比较

2.不同配套设施对非耕地新建温室地温的影响

宁夏非耕地地区光照资源丰富，冬季日间地面加热迅速，夜间热量易流失，昼夜地温变化极大。通过在非耕地温室内配置地热增温系统，不加温条件下，白天利用地热管在太阳辐射下蓄热升温，夜间保温释放热量，从而提高温室内土壤环境温度，以满足园艺作物生长发育对温度的需求。由图 2-72、图 2-73 可知，非耕地新建温室不同配套设施对地温有明显影响，补光灯+地热、地热、对照处理 95 d 地温平均值分别为 19.26℃、18.45℃、17.60℃，补光灯+地热、地热处理较对照日均地温增加 1.66℃、0.85℃。不同处理地温最低值出现在 2014 年 2 月 8 日，补光灯+地热、地热、对照处理日均地温最低值分别为 14.05℃、12.90℃、12.57℃，通过配置地热增温系统能够增加温室内土壤环境温度。非耕地新建温室不同配套设施 24 h 地温最高值出现在 14:30，补光灯+地热、地热、对照处理在 14:30 时地温值分别为 23.34℃、22.55℃、21.69℃。地温最低值出现在揭苫前 9:30，补光灯+地热、地热、对照处理在 9:30 时地温值分别为 17.11℃、16.79℃、16.04℃，地热系统能够通过地热管日间蓄热提高夜间土壤温度。

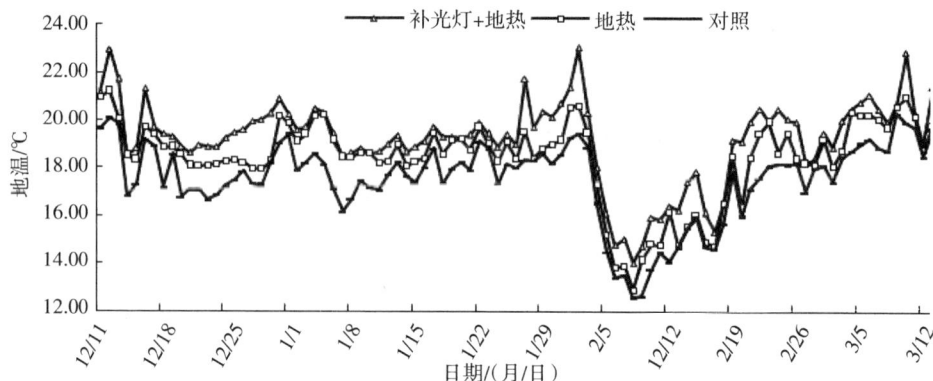

图 2-72　不同配套设施日均地温比较

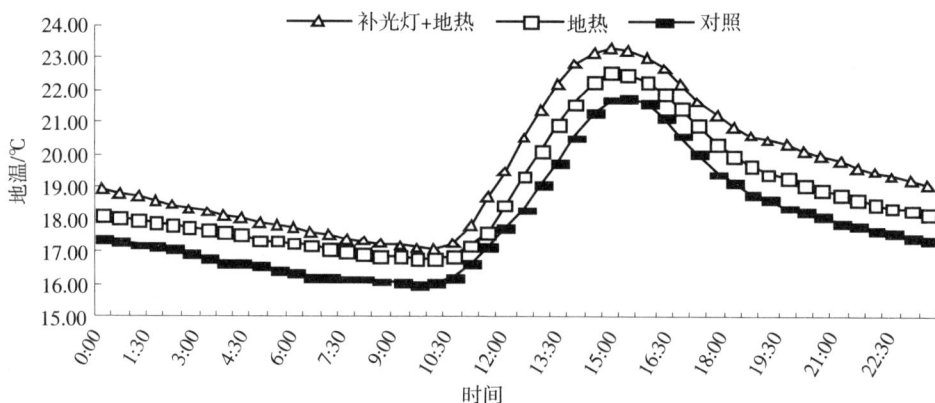

图 2-73　不同配套设施每小时地温比较

3.不同配套设施对非耕地新建温室空气湿度的影响

由图 2-74、图 2-75 可知不同配套设施非耕地新建温室空气湿度呈现随空气温度的增加而降低的规律，各处理日均空气湿度补光灯+地热>地热>对照。分析非耕地新建温室不同配套设施每小时空气湿度，结果表明：0:00~9:00、20:00~23:00 各处理温室内空气湿度均达到饱和状态，10:00~19:00 空气湿度呈现先降低后增加趋势，14:30 左右达到空气湿度最低值，补光灯+地热、地热、对照最低空气湿度分别为 45.60%、47.70%、50.80%。

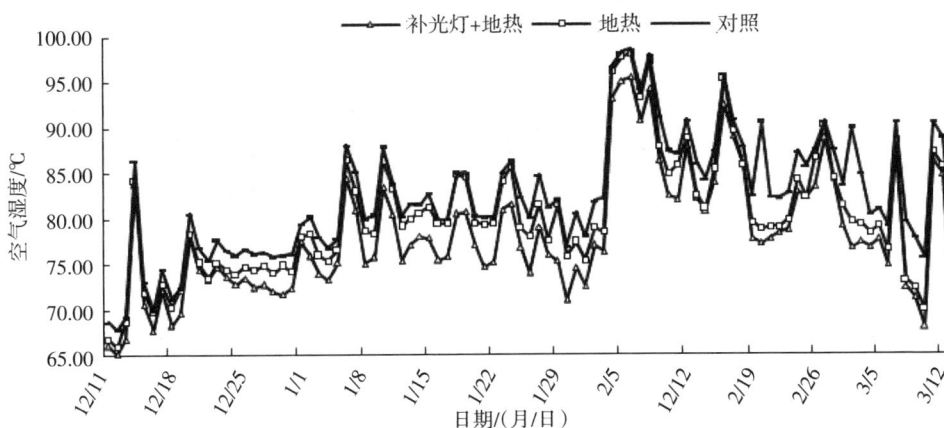

图 2-74　不同配套设施日均空气湿度比较

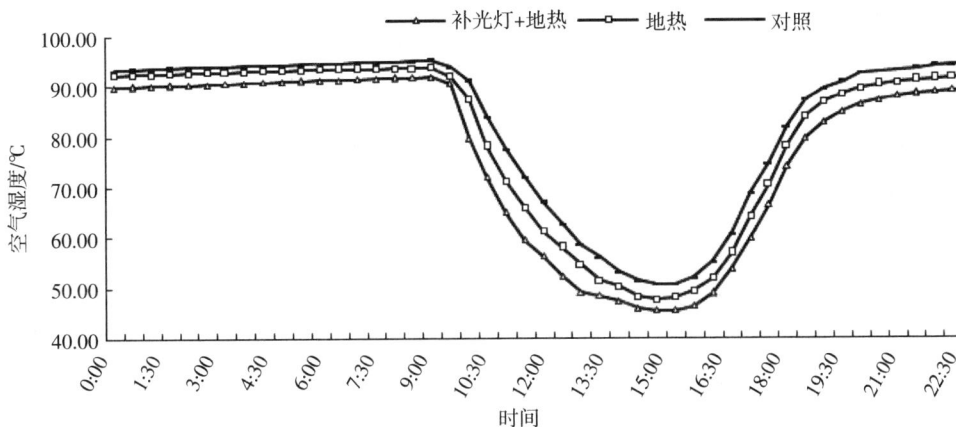

图 2-75　不同配套设施每小时空气湿度比较

4.不同配套设施对非耕地新建温室光照强度的影响

试验利用"温室娃娃"光感应探头测定每小时光照强度变化，由图 2-76、图 2-77 可知，冬季非耕地设施园艺作物日照时间 10~12 h，光照强度最高值出现在 14:00 左右，早 9:30 揭苫，晚 6:30 放苫，光照时间较短。通过在非耕地新建温室内配置植物生长补光灯，揭苫前、揭苫后额外补光，较对照每日延长光照 3 h，能够增加植物光合作用时间，提高有机物累积。2014 年 2 月 4 日至 2014 年 2 月 10 日遭遇低温极端天气，不能正常揭苫，通过日间人工补光，极端天气下，可改善设施园艺作物生长的光环境，有利于冬季非耕地新建温室的反季节生产。

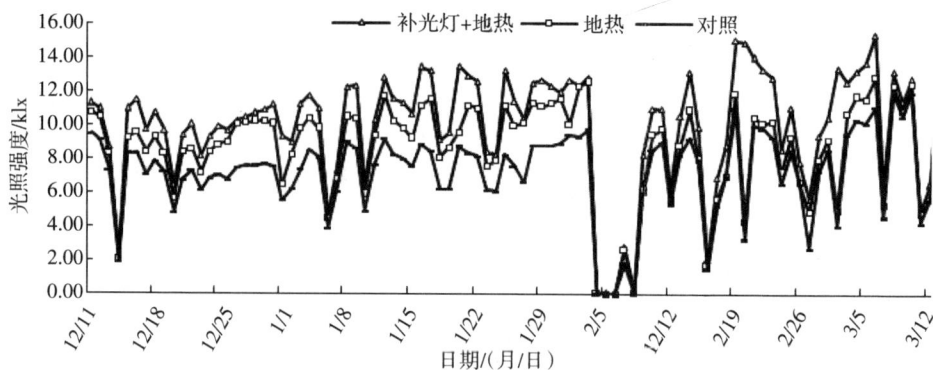

图 2-76 不同配套设施日均光照强度比较

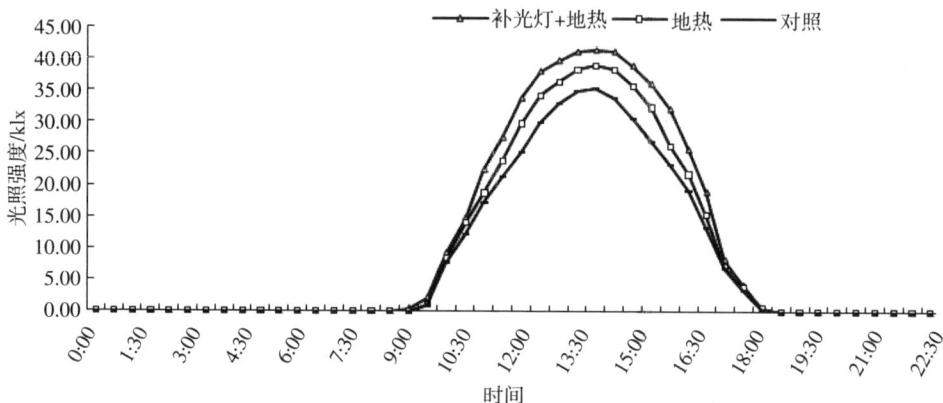

图 2-77 不同配套设施每小时光照强度比较

（三）结论

针对宁夏吴忠市孙家滩非耕地坡地特征及气候特点，完成跨度 13.4 m 非耕地新建温室设计与建造，将传统温室北部走道设计为南部走道，有利于非耕地日光温室的机械化操作，将种植区域下沉 60~80 cm，可改善日光温室的保温性能；通过采用新型镀锌无焊接钢骨架构建外部结构，便于施工建造，可延长温室使用寿命，全组装结构利于后期维护；结合宁夏地区非耕地光热资源优势，配置非耕地新建温室地热增温、植物补光系统，得出：补光灯+地热的配套设施能够明显提高温室内空气温度、土壤温度，并可改善冬季设施作物生长的光环境，如冬季遭遇极端天气，通过延长补光时间，可保证非耕地新建温室的反季节正常生产。

二、宁夏非耕地日光温室的蓄热保温水袋与植物补光灯

宁夏地区太阳辐射量年均为 4950~6100 MJ/m²，年日照时数为 2250~3100 h，日照百分率 50%~69%，光照资源丰富。因此冬季宁夏地区非耕地日光温室内日间地面加热迅速，夜间温室内热量易流失，昼夜气温、地温变化极大。通过在非耕地温室内配置蓄热保温水袋，利用水的热容量大的特点，在不加温条件下，白天在太阳辐射下蓄热升温，夜晚保温放出热量，从而提高温室内空气温度与地温，满足园艺作物生长发育对温度的需求。如遇冬季极端天气，还具有平衡温室内气温、降低低温冻害损失、保证设施园艺作物安全越冬的优势。我国农业生产极大程度上依然按照高成本、低效率、投入高、产值低的传统模式生产，这些特征使得农业成为国民经济中亟待发展的环节。利用科学植物补光方法是提高农产品产量与质量，实现现代化农业生产的有效途径。冬季设施农业生产，为保证温室内温度，通常晚揭苫、早放苫，造成冬季设施作物日照时间缩短、光合作用降低、生长发育缓慢、病虫害发生严重。通过在非耕地日光温室内安装植物补光灯，可以改善植物生长的光照环境，延长光照时间，加快园艺作物生长进程、促进花芽分化、防止畸形果、缩短种植周期。通过在非耕地日光温室内配置蓄热保温水袋与植物补光灯，探讨非耕地条件下温室内空气温度、湿度、地温、光照强度等物候因子的变化，为非耕地日光温室蓄热保温水袋与植物补光灯今后的推广应用提供科学的理论依据。

（一）试验简介

本试验于 2013 年 1 月 13 日在宁夏回族自治区银川市贺兰县洪广镇欣荣村非耕地日光温室内进行。试验温室长度 75 m，跨度 6.5 m，钢架结构，外覆保温被。"棚鲜"植物生长补光灯，采用节能型 E27 灯头（国家专利号：201120089281.4），32 W，220 V，有效照射半径 2.5 m，由河北万佳技术中心提供。非耕地日光温室蓄热保温水袋，由宁夏大学农学院自主研发，宽0.16 m，每米容水量 0.007 m³。

选择相邻非耕地温室 4 栋，分别安装 A1-植物补光灯、A2-蓄热保温水袋、A3-蓄热保温水袋+植物补光灯、CK 温室均不安装。单个保温水袋长 5.5 m，注水 0.0385 m³（为防止长期放置滋生绿藻，特注入净化水，注水后迅速塑封）。每板中间呈南北方向放置 1 个，共放置 52 个，温室前风口由西向东摆放 13 个，单栋温室总计放置蓄热保温水袋 65 个，总注水量为 2.50 m³。植物补光灯呈"品"字安装，分 2 排放置，每排安放 20 盏，单栋温室安放 40 盏，每排相距 2.0 m，同排间每盏补光灯相距 3.5 m，离地面高度 1.5 m。采用自动定时器控制，早 7:30~9:00 揭苫前开启，揭苫后关闭，如遇连阴天、雨雪天等不能正常揭苫天气，视气候状况适当延长植物补光灯工作时间。安放示意图见图 2-78。每栋温室内安装"温室娃娃"一套，每隔 1 h 自动测定温室内空气温度、地温、湿度、光照强度等物候因子，同时记录蓄热保温水袋水温变化，7~10 d 提取数据一次，分析比较各项指标差异。

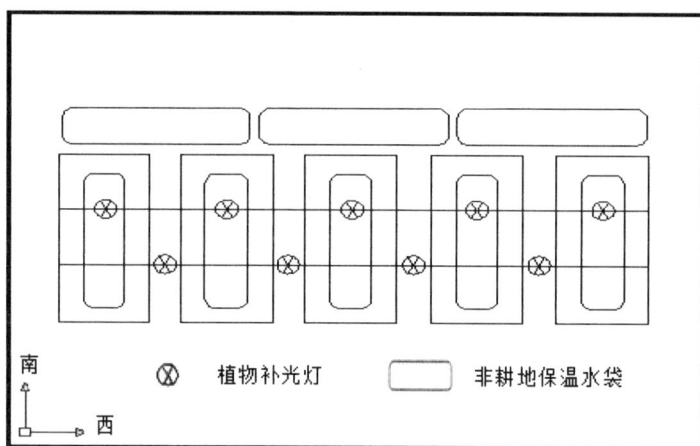

图 2-78 蓄热保温水袋与植物补光灯安装示意

（二）试验结果

1.蓄热保温水袋与植物补光灯对非耕地温室空气温度的影响

分析图 2-79、图 2-80 可知，通过在非耕地日光温室内安装蓄热保温水袋，能够提高 17:00 到翌日 10:00 平均空气温度。即在日照充足条件下，揭苫前保温水袋通过太阳辐射蓄热升温，揭苫后夜间逐渐放出热量，从而提升

温室内平均空气温度。揭苫后 1 h，A2、A3 处理较 A1、CK 温室内升温现象
不明显，水袋水温呈明显上升趋势。比较不同温室内不同日期平均空气温度
变化，在低温天气下，如 2013 年 2 月 7 日、2013 年 2 月 11 日、2013 年 2 月
18 日、2013 年 3 月 1 日，日平均空气温度 A3>A2>A1>CK，安放蓄热保温水
袋，能够满足设施园艺作物在极端天气下对温度的需求，保证其正常生长。

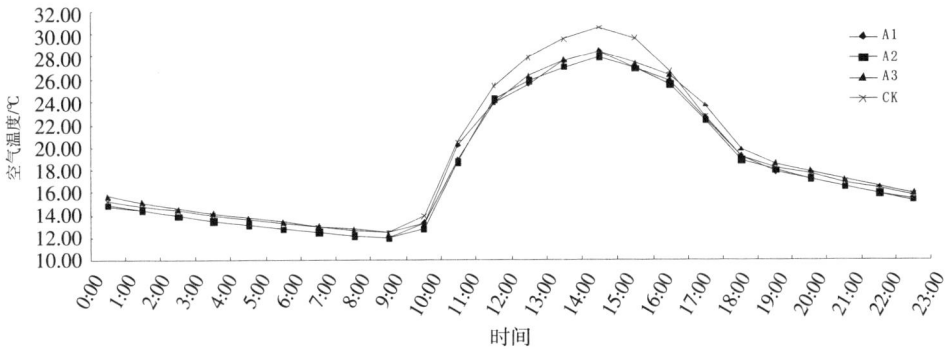

图 2-79　不同温室内每小时平均空气温度日变化

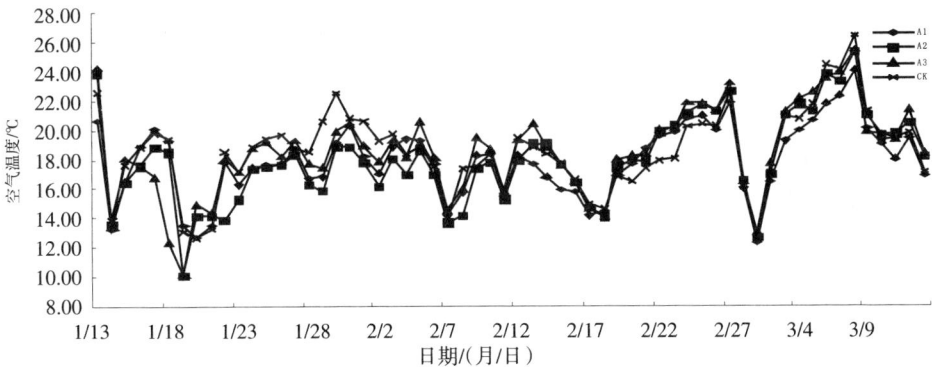

图 2-80　不同温室内日平均空气温度变化

2.蓄热保温水袋与植物补光灯对非耕地温室地温的影响

地温的高低直接影响植物根系的生长和对肥水的吸收。根系生长的好坏
和吸收功能的强弱必然影响到地上部分的生长发育。所以保持适当的地温，
是培育健壮植株的重要环节。分析图 2-81、图 2-82，蓄热保温水袋能够增
加 0:00~8:00，5:00~23:00 温室内地温，其中 5:00~23:00 增温效果明显，表明
水袋通过蓄积作用吸收一定热量后，随温室内空气温度的降低，缓慢释放热

量，最终达到平衡值。9:00~14:00，CK 温室地温高于安放保温水袋温室，表明水袋的蓄热作用影响了土壤对热量的吸收。通过测定 2013 年 1 月 13 日至 2013 年 3 月 13 日不同温室内平均地温，安放保温水袋温室日平均地温高于未安放温室。2013 年 3 月 1 日大雪降温天气时，蓄热保温水袋能够提高地温，降低早春温度急剧变化对园艺作物造成的伤害。

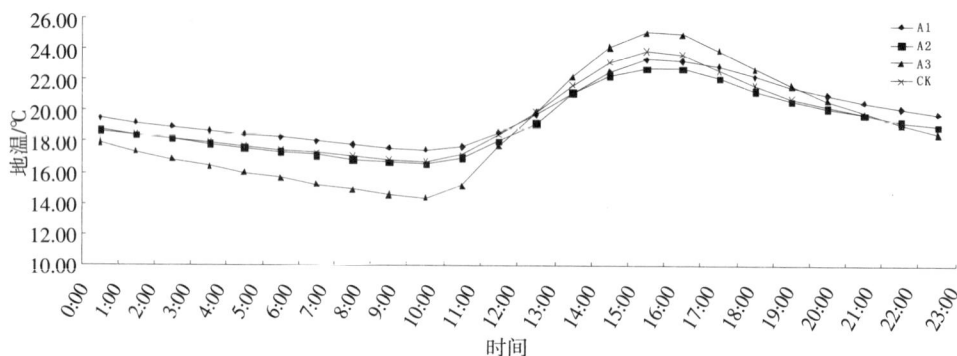

图 2-81　不同温室内每小时平均地温日变化

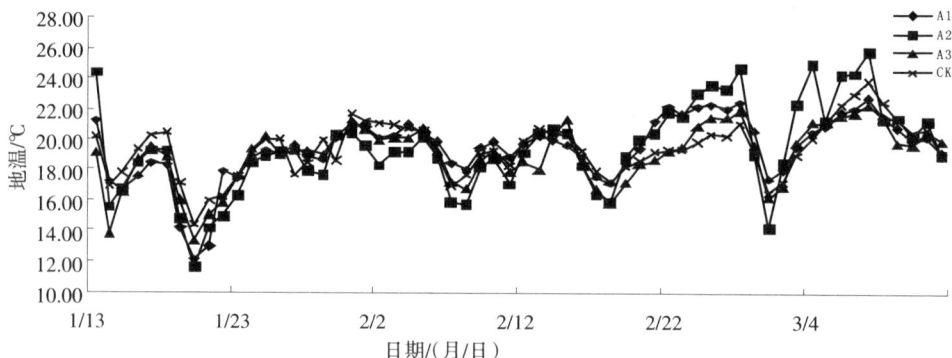

图 2-82　不同温室内日平均地温变化

3.蓄热保温水袋与植物补光灯对非耕地温室光照强度的影响

利用"温室娃娃"光感应探头测定每小时光照强度变化，由图 2-83、图 2-84 可知：冬季非耕地设施园艺作物生产光照时间在 10~12 h，最高光照强度在 13:00 左右，早 8:00 揭苫，晚 6:00 放苫，光照时间较短，不能满足作物需求。通过增加植物补光灯，在揭苫前 7:30~9:00 额外补光，较对照每日延长光照时间 1.5 h，能够提高植物的光合作用，延长光照时间，加快设施作物生长进程，缩短种植周期。2013 年 1 月 20 日与 2013 年 3 月 1 日低温天气时，不能正常揭苫，通过延长植物补光灯工作时间，可改善在极端天气时植物生长的光照环境，有利于冬季设施园艺作物的生产。

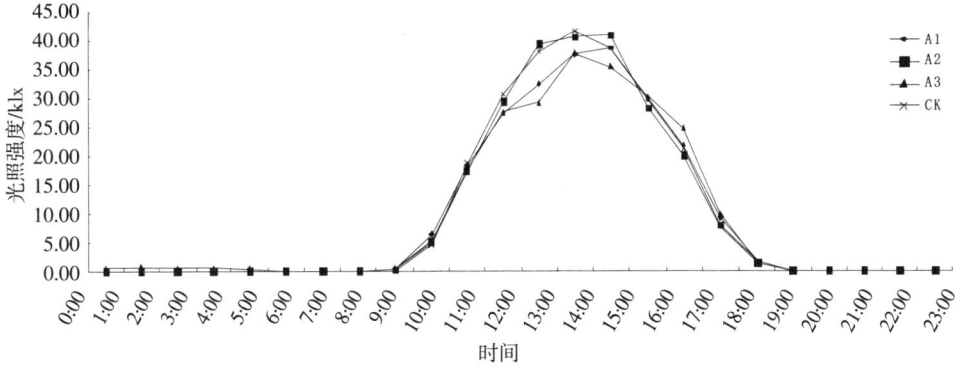

图 2-83　不同温室内每小时平均光照强度日变化

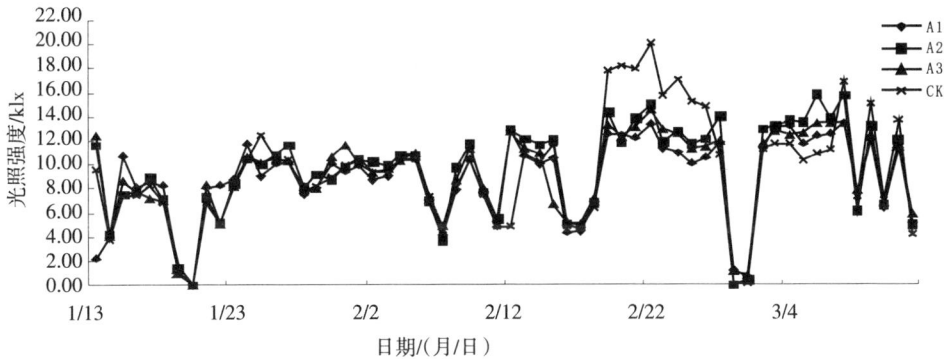

图 2-84　不同温室内日平均光照强度变化

4.非耕地日光温室蓄热保温水袋水温变化

通过在蓄热保温水袋中安放温度传感探头，测定水袋内水温变化，由图 2-85、图 2-86 可知，蓄热保温水袋每小时平均水温日变化呈"单峰"曲线，早 8:00 时水温最低，15:00 时水温达到最高值，0:00~8:00、16:00~23:00 蓄热保温水袋呈放热状态，水温逐渐降低，8:00~15:00 呈蓄热状态，水温逐渐升高。日平均水袋水温为 19.5℃，高于日平均空气温度 18.0℃，蓄热保温作用明显。水袋水温随外界空气温度变化而变化，在弱光条件下，不能有效接受太阳辐射，水温较低，作用不显著。

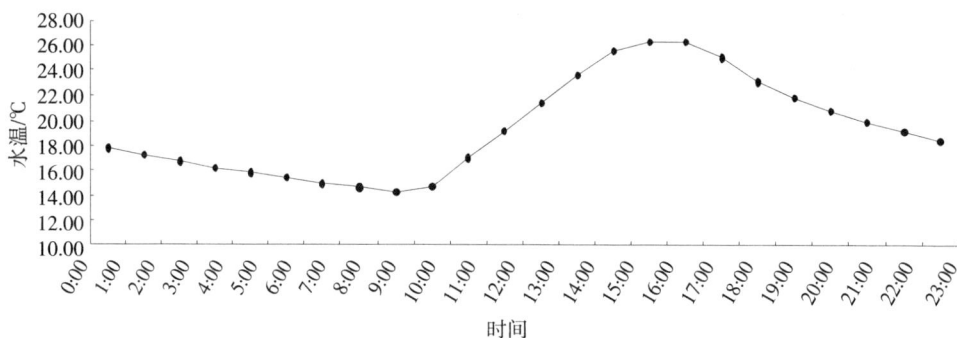

图 2-85　不同温室内每小时平均水袋水温日变化

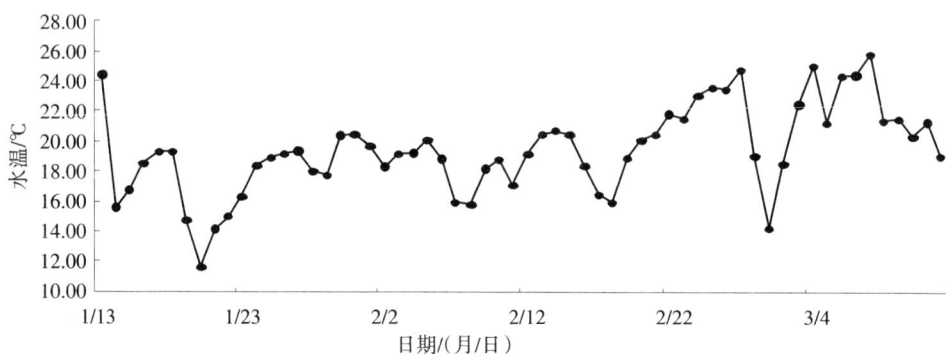

图 2-86　日平均水袋水温变化

（三）结论

非耕地蓄热保温水袋能够明显提高非耕地温室内空气温度与地温，在冬季极端天气下，能够满足设施园艺作物对温度的需求，保证其正常生长。非耕地植物补光灯可改善植物生长的光照环境，延长光照时间，加快设施作物生长进程，缩短种植周期。非耕地日光温室蓄热保温水袋与植物补光灯可在设施园艺作物冬季生产中推广应用。

三、比例施肥灌溉系统

西北地区水资源相对匮乏，劳动力相对较少，开发利用节省人工，节约用水量，降低劳动成本和劳动强度的温室灌溉系统迫在眉睫。在宁夏吴忠孙家滩农业示范基地的非耕地日光温室中，本团队以黄瓜栽培为具体实例，详细地介绍一种高效、节水的温室灌溉系统——比例施肥灌溉系统，供相关技术人员参考。

1.比例施肥泵组成和安装

比例施肥灌溉系统主要由比例施肥泵和膜下滴灌袋两部分组成。比例施肥泵（图 2-87）是提高灌溉农作效率、降低劳动强度的关键，它由放气阀、水动力部件、进水口、出水口、添加剂进入口和调节液体添加剂的比例部件6 部分组成。比例施肥泵以流动压力水为动力，将设定比例的高浓度营养液均匀地添加到水中，而不受系统压力和流量的影响。比例施肥泵有直接安装（图 2-88）和旁路安装（图 2-89）两种安装方式。直接安装顾名思义就是把比例施肥泵直接安装在水管上，而旁路安装是把比例施肥泵安装在支路水管上。旁路安装有两个优点，一是减小主管道的水压，二是避开使用比例施肥泵，直接灌溉清水，这样可以延长比例施肥泵的使用寿命。

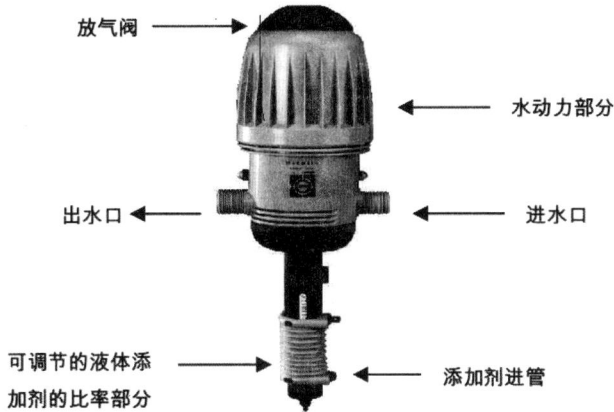

图 2-87　比例施肥泵的组成

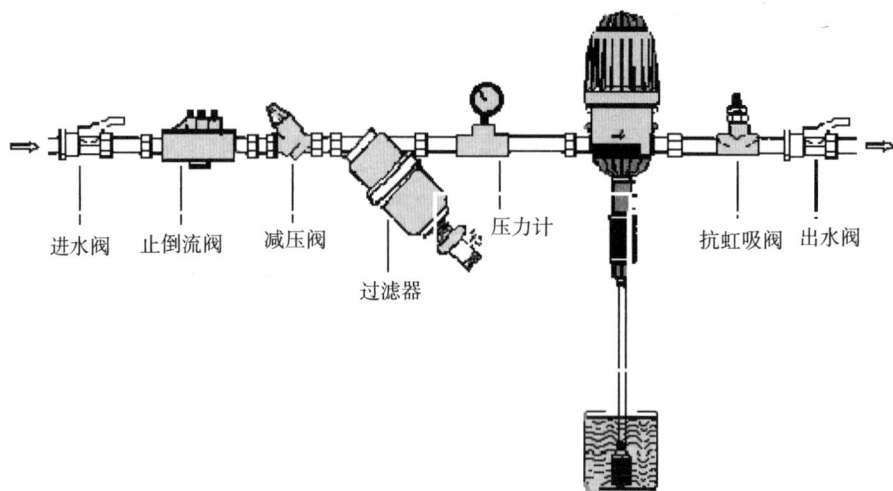

图 2-88　比例施肥泵直接安装示意

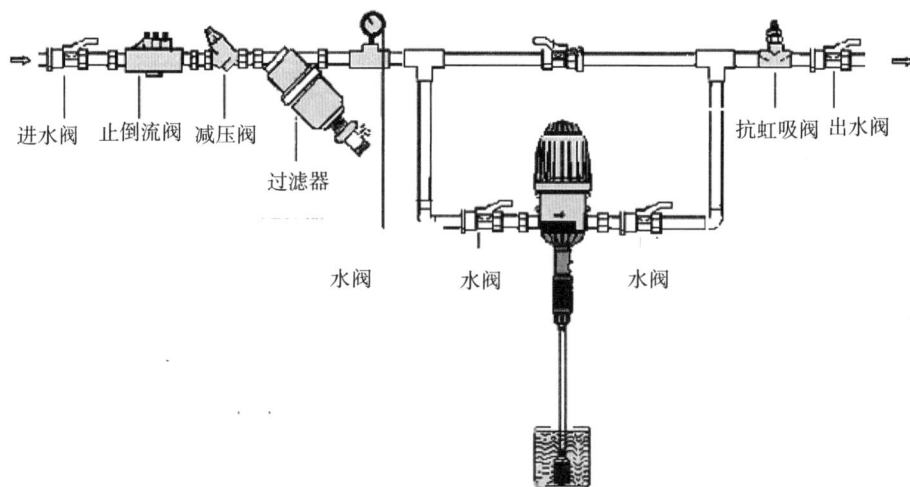

图 2-89　比例施肥泵旁路安装示意

　　在建筑面积为 600 m²（长 60 m×宽 10 m）日光温室中，我们安装由以色列生产的，型号为 MixRite 2504 的自动比例施肥泵 2 台。首先，2 台比例施肥泵应安装在温室的中间位置，使灌溉水源与各个栽培槽距离达到最短；然后，2 台比例施肥泵采用旁路安装法（图 2-89）固定，其中一个控制 A 肥料罐，另一个控制 B 肥料罐，这样不仅使肥料罐的体积增大了一倍，减少配肥次数，还可以使 A 罐 B 罐组合施肥调控蔬菜生长。更重要的是，MixRite 2504 的自动比例施肥泵可以调节液体添加剂（肥液）和水的比例，从而能自动调节到适合不同蔬菜生长的营养液浓度。

2.膜下滴灌袋的铺放

膜下滴灌是节水省肥的核心步骤。首先，在温室里挖取栽培槽（宽 55 cm×深 30 cm），栽培槽之间距离 95 cm，同时将栽培槽连同走道铺盖黑色园艺地布（这里地布代替苯板，减少了初期资金投入）；然后，用商品栽培基质将栽培槽填满；最后，每个栽培槽铺设两根滴灌带并覆盖白色地膜，该温室总共挖取 40 个栽培槽，铺放 80 根滴灌带。此时，膜下滴灌系统铺放完成。以黄瓜栽培为实例，按照行距 75 cm，株距 25 cm，每个栽培槽内双行定植品种为"德尔 99"的黄瓜，随后将 MixRite 2504 的自动比例施肥泵的比例调到 3%，定时、定量浇灌宁夏大学自主研发的营养液。

3.效益分析

安装一个温室的比例施肥灌溉系统需要 1 万元；而春茬黄瓜产量为 8338 kg/667 m²，黄瓜平均单价 2 元/kg，通过一茬黄瓜的种植可以赚回一套比例施肥系统的投资。

4.应用结论

近一年，在对比例施肥灌溉系统的使用过程中，得出如下结论：

（1）在春茬 6 个月的黄瓜种植中，常规营养液滴灌方式下配营养液达 10 次，而比例施肥灌溉系统下只配营养液 1 次，减少了劳动量和劳动强度。

（2）在春茬 6 个月的黄瓜种植中，膜下滴灌比普通滴灌节水 30%，降低了用水量，提高水肥利用效率；同时，减少杂草生长，减少农作劳动。

四、温室全塑吊蔓装置（钩）

现有的温室（大棚）挂蔓钩有很多种，使用钢丝或粗铁丝制作的吊蔓钩粗糙，制作慢并且不标准，并不能长期使用；滚轮式挂钩不耐用，易损坏，重新绕线比较麻烦。而一座蔬菜温室大棚需要上千个挂钩，工作量大，进口的制作成型的铁钩，有点滑动，重复使用时绕线并不方便，耗时长。

2016 年 3 月本课题组通过实地调研，发明了一种新型吊蔓钩（专利号：ZL2016 2 0234836.2），该吊蔓钩使用优质塑料制作，具有传统吊蔓器的优点，同时具有固定、使用方便，可多次重复利用，不解扣、不抽绳，对瓜果无害，吊蔓绳绕制方便等特点，并且降低吊蔓器更新换代频率。

（一）温室吊蔓器的组成

主要包括吊蔓器、吊蔓绳固定钉（下文简称固定钉）和吊蔓绳。吊蔓器和固定钉使用新型塑料加工成型，吊蔓线一端连接挂钩，另一端连接固定钉，预留的多余吊蔓线绕在吊蔓器上，如图 2-90。

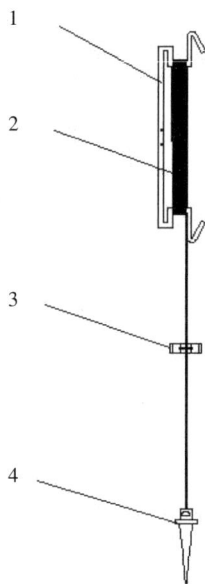

图 2-90　吊蔓器整体效果

1 为吊蔓器，2 为吊蔓绳，3 为吊蔓夹，4 为吊蔓绳固定钩。

吊蔓器上端挂在温室（大棚）顶端拉丝（铁丝）上；吊蔓绳一端固定在吊蔓器上，在吊蔓器的凹陷处绕圈，如图 2-90 所示，另一端固定在吊绳固定钩上；吊绳固定钩插入泥土中；藤蔓使用吊蔓夹固定（本图中吊蔓夹为黄瓜类专用型，可用别的类型固定夹替换）。需要落蔓时可取下吊蔓器的半周或半周的整数倍长度，精准自由落蔓，吊蔓器会很牢固的卡在拉丝上，不会滑动，使用塑料制作不会因大棚内湿度大、温度高和铁制吊蔓器一样生锈、变形。吊蔓绳可采用尼龙或渔网线，根据需要自由选择。

（二）效益分析

安装一个全塑吊蔓装置需要 1.5 元，按常用行距 1.2 m、株距 30 cm 计算，平均每温室需要 1112 个吊蔓钩，共计 1667 元。而春茬黄瓜产量为 8338 kg/667 m²，黄瓜平均单价 2 元/kg，一茬黄瓜的种植足以支付吊蔓装置的费用。

该吊蔓装置为植物生长提供良好的生长环境并降低劳动强度，减少人工费用，降低传统吊蔓易出现的伤苗、断头等现象，减少经济损失，可以在有限的大棚的空间种植出更多更棒的蔬菜瓜果。

第三章　宁夏非耕地日光温室
蔬菜品种筛选研究

品种筛选是宁夏非耕地日光温室蔬菜高产、优质、高效和节水栽培研究的重要内容。近年来，本团队对番茄、黄瓜、辣椒和甜瓜四种蔬菜进行了品种筛选研究，筛选出的优良蔬菜品种已在宁夏非耕地日光温室中大面积种植。

第一节　宁夏非耕地日光温室番茄品种筛选研究

一、番茄品种筛选

番茄作为宁夏非耕地日光温室的主栽蔬菜作物之一，在蔬菜花色品种和食物结构中占有重要位置。番茄富含多种生物活性物质及矿物质，广受人们喜爱。2008~2009 年，对硬果番茄品种（73-446、73-448、宝罗塔、倍盈、好维斯特、870、1420、印第安）进行筛选试验，得到如下结果。

1.长势比较

73-446、73-448、宝罗塔、倍盈、好维斯特 5 个品种长势强，870、1420 和印第安 3 个品种属中等长势。73-446、73-448 品种开花较早，870、1420 品种开花较晚。倍盈和印第安始花节位最低，而 73-446、73-448 和1420 的始花节位较高。从单果质量看，好维斯特质量达 140 g，宝罗塔最轻，其余品种平均单果质量为 12.0~13.3 g。从抗病性看，好维斯特、宝罗塔、倍盈表现为果实整齐度高、耐低温性较好，对早疫病、晚疫病（自然诱发) 抗性较强, 同时耐低温性也较好, 因此产量也较其他品种高 (表3-1)。

表3-1 不同番茄品种主要性状比较

品种	现蕾期	始花期	始花节位	长势	茎粗/cm	平均单果重/ g	抗性
73-446	09~25	09~29	7.3	强	1.8	120	中
73-448	09~24	09~28	7.5	强	2.0	120	强
宝罗塔	09~23	09~29	6.4	强	2.1	110	强
倍盈	09~24	09~29	5.5	强	2.3	133	强
好维斯特	09~23	10~01	7.0	强	2.4	140	强
870	09~25	10~03	6.2	中	1.7	127	中
1420	09~26	10~02	7.3	中	1.7	131	中
印第安	09~24	09~30	5.7	中	1.6	131	弱

2.果形果色

8 个供试品种均为大红色, 其中倍盈和好维斯特为圆形果, 1420 果形为高圆形, 其余品种果形均为扁圆形。宝罗塔和印第安心室数都为 4 个, 其余品种为 2.5~3.0 个心室。从果实硬度看宝罗塔、倍盈、好维斯特超过3 kg/cm², 属于硬果型, 倍盈果实最硬, 1420 相比果实较软。宝罗塔 Vc 质量分数最高为 0.019 mg/g, 其次为印第安、870、73-446 和好维斯特, 1420Vc 质量分数最低。可溶性糖以 1420 质量分数最高, 其次为 73-446、宝罗塔、好维斯特, 870 可溶性糖质量分数最低。8 个供试品种可滴定酸差异不显著。糖酸比表现较好的品种为 1420、73-446、宝罗塔、73-448 和好维斯特 (表3-2)。

3.产量

产量在 5000 kg/667 m² 以上, 丰产性较好的共有 4 个品种, 其中产量最高的是好维斯特, 其他依次为倍盈、宝罗塔和870, 产量最低的为印第安 (表3-3)。

4.结论

从本试验结果看, 各供试品种中综合评价较好的, 即丰产性好、抗性强、果实硬度高、耐贮运的品种首推好维斯特，其次为倍盈和宝罗塔。
1420 的总糖质量分数和糖酸比最高，品质最好，但产量却较低，丰产潜力
较差。

表 3-2　不同番茄品种果实性状比较

品种	果色	果形	果肉厚/cm	心室数/个	果实硬度/kg/cm²	Vc 质量分数/(10⁻³mg/g)	总糖质量分数/%	总酸质量分数/%
73-446	红	扁圆	0.65	3.0	2.85	13.7	2.52	0.43
73-448	红	扁圆	0.85	3.0	2.92	12.4	2.08	0.36
宝罗塔	红	扁圆	0.75	4.0	3.05	19.2	2.36	0.40
倍盈	红	圆形	1.15	2.5	3.45	13.0	2.04	0.40
好维斯特	红	圆形	1.10	3.5	3.30	13.4	2.25	0.41
870	红	扁圆	0.75	3.0	293	15.1	1.89	0.36
1420	红	高圆	1.05	2.5	2.53	11.4	2.60	0.40
印第安	红	扁圆	0.80	4.0	2.70	16.1	2.02	0.40

表 3-3　不同番茄品种产量比较

品种	小区产量/kg	折合产量/(kg/667m²)	差异显著性5%
73-446	76.3	4846.9	d
73-448	77.6	4929.4	cd
宝罗塔	81.1	5151.8	b
倍盈	87.2	5539.3	a
好维斯特	89.6	5691.7	a
870	79.4	5043.8	bc
1420	74.3	4719.8	d
印第安	72.7	4618.2	e

二、黑果番茄品种筛选

黑番茄原产南美洲，是番茄家族的珍品，因其果色和果实均为红黑色而得名。其果实具有浓郁的水果香味、酸甜适度的口感，营养价值高，特别适合鲜食；含有大量的茄红素和丰富的 Vc 及抗氧化剂，可药食兼用。2012年，我们对宁夏日光温室基质培黑番茄品种（蓝果、黑斑马、黑美人、黑梨、黑珍珠）进行了筛选研究，得到如下结果。

1.长势

黑梨与黑美人的株高长势高于其他品种，蓝果的株高低于其他品种；黑斑马茎粗高于其他品种，其他品种间茎粗差异不大；黑斑马叶片数高于其他品种，蓝果的叶片数最低；黑美人叶面积最小，蓝果叶片数相对保持较高的水平。总之，黑斑马的植株长势较好，蓝果长势较弱，其他品种中等（图3-1）。

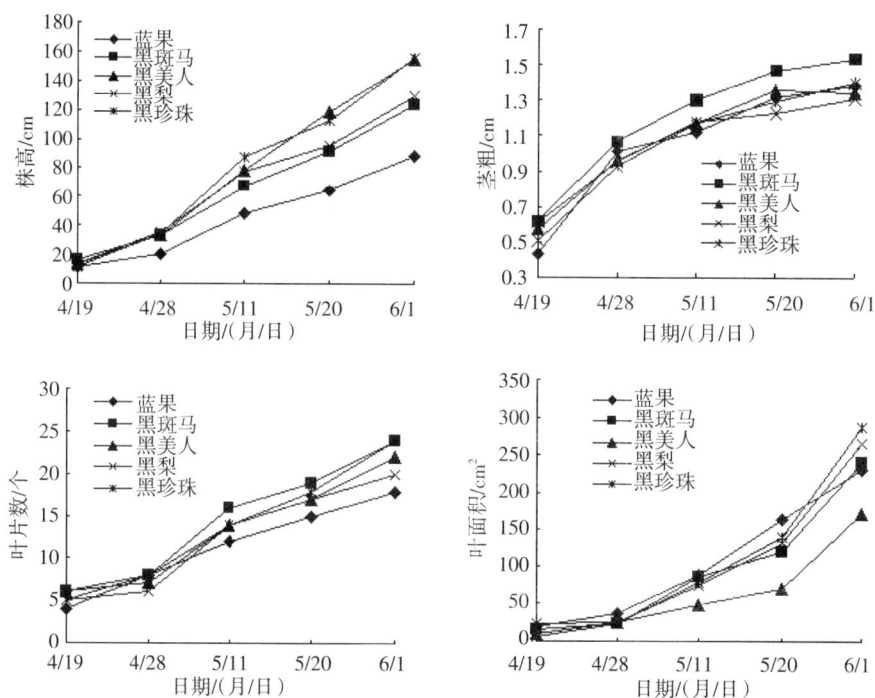

图3-1　供试番茄品种株高、茎粗、叶片数、叶面积变化

2.始花节位

黑梨的始花节位最低，为 11.7，蓝果始花节位仅高于黑梨，黑珍珠的始花节位最高。在相同时间将不同番茄品种摘心，黑梨和黑珍珠的总花序数最高，分别为 6 个，黑斑马和黑美人的总花序均为 5，蓝果的总花序最小为 4。黑斑马和黑梨的始花期最早，为 4 月 24 日，蓝果和黑美人的始花期较晚，为 5 月 2 日，黑珍珠的最晚，蓝果的果实成熟初期最晚，其他品种均为 6 月 25 日（表 3-4）。

3.果形

黑斑马和黑美人为扁圆形果形，其他都为圆形，黑珍珠的果形指数最大，为 0.92，黑斑马果形指数最小，为 0.77；黑珍珠因为是樱桃番茄，单果重最小，为 23.78 g，大果型番茄中蓝果单果重最大，为 262.02 g，其他的均在 150 g 左右；黑斑马和黑珍珠没有果尖，蓝果果肉、心室数、果实含水量均为最高，黑斑马心室数最小、果皮薄，黑美人果肉较厚、果皮薄，黑梨心室数、果肉、果皮厚均为中等，黑珍珠果肉厚最小，心室数最少，果皮薄，果实含水量最小（表 3-5）。

表 3-4　供试番茄品种植物学性状

品种	第一穗花高度(cm)	总花序数	始花期(月/日)	果实成熟初期(月/日)
蓝果	13.84	4	5/02	7/03
黑斑马	21.56	5	4/24	6/25
黑美人	23.04	5	5/02	6/25
黑梨	11.70	6	4/24	6/25
黑珍珠	25.88	6	5/07	6/25

表 3-5　供试番茄果实性状

品种	果形指数	果形	单果重/g	果脐	果肉厚/mm	心室数	果皮厚	含水量
蓝果	0.88	圆	262.02	大	7.78	8	中	0.95
黑斑马	0.77	扁圆	176.63	大	7.76	3	薄	0.90
黑美人	0.83	扁圆	152.46	大	6.69	6	厚	0.91
黑梨	0.89	圆	176.72	大	7.17	5	中	0.91
黑珍珠	0.92	圆	23.78	小	4.55	2	薄	0.88

4.营养

黑珍珠 Vc 含量最高，显著高于蓝果和黑斑马，黑斑马 Vc 含量最低；可溶性固形物含量为黑珍珠>黑斑马>黑梨>黑美人>蓝果，且各品种间差异显著；可溶性糖含量为黑珍珠>黑斑马>黑梨>黑美人>蓝果，有机酸含量为黑珍珠>黑斑马>黑梨>蓝果>黑美人；果实硬度为黑斑马>黑珍珠>蓝果>黑梨>黑美人；黑梨、黑斑马、黑美人产量间无差异，但显著高于蓝果和黑珍珠，蓝果与黑珍珠间差异不显著（图 3-2）。

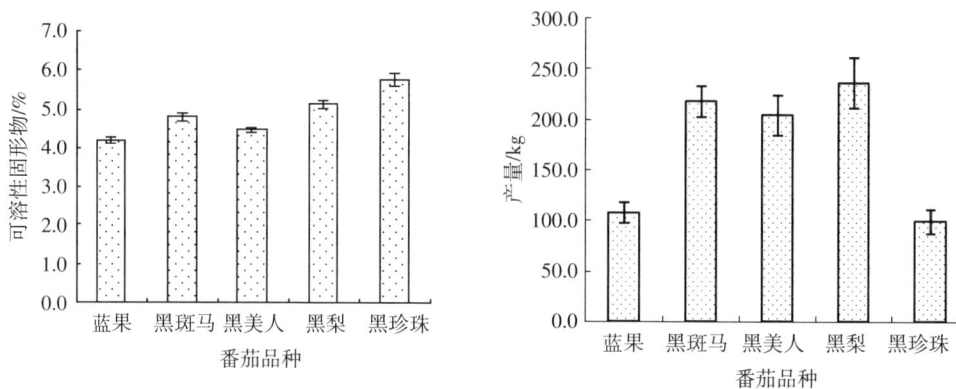

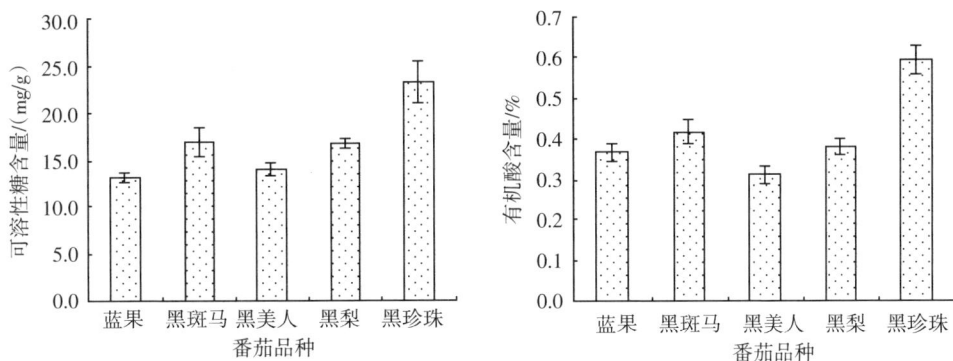

图3-2　供试番茄品种果实品质和产量变化

5.结论

蓝果植株长势较弱，第一穗花高度较低，但总花序数最少，始花期中等，果实上市最晚，蓝果果实性状一般，其果实果肩大，果脐大，蓝果 Vc 含量、可溶性糖、可溶性固形物、有机酸含量均处于中等水平，其产量与黑珍珠一样显著低于其他品种；黑斑马植株长势较强，其与黑美人一样第一穗花高度较高，总花序均为5，果实上市时间均较早，果型较好，果实硬度最高，但黑斑马果皮较薄，Vc 含量最低，其他品质含量均处于中等，产量相对较高；黑美人果实硬度最低，可溶性糖和有机酸含量均最低，产量较高；黑梨植株长势中等，第一穗花高度最低，大果型中总花序数最高，始花期较早，果实性状较好，黑梨在大果型中果实品质较好，产量较高，但果实硬度较低；黑珍珠植株长势中等，第一穗花高度最高，但总花序也是6，始花期最晚，果皮较薄，可溶性固形物、有机酸、可溶性糖含量均最高，但产量较低，因此综合分析得出，大果型品种黑梨和黑斑马适合作为特色品种推广，小果型品种黑珍珠因其较优的品质也适合作为特色品种推广。

第二节　宁夏非耕地日光温室黄瓜品种筛选研究

一、黄瓜品种筛选

黄瓜是以其幼嫩果实为产品的蔬菜，在世界上无土栽培面积仅次于番茄，在我国也是设施栽培中的主要蔬菜之一。2010 年，我们对黄瓜品种（亮黄瓜、白黄瓜、新玉 1 号、108、11-1、津冬 5 号、德尔 99）进行筛选试验，得到如下结果。

1.果实形态

亮黄瓜、白黄瓜、新玉 1 号的瓜色均为白色，其他均为深绿色；白色黄瓜中新玉 1 号和白黄瓜瓜条长、瓜条粗、单瓜重、瓜把长、瓜把宽均大于亮黄瓜，而中腔却低于亮黄瓜，亮黄瓜的口感较甜；深绿色黄瓜中德尔 99 的瓜条长、瓜把长、瓜把宽均最大，而瓜条粗、中腔均较小，口感较甜，108 瓜条长、瓜条粗、单瓜重、中腔均最小，口感一般，11-1 和津冬 5 号的瓜条长和单瓜重较大，均口感一般（表 3-6）。

表 3-6　供试黄瓜果实性状调查及口感评价

品种	瓜条长/cm	瓜条粗/mm	单瓜重/kg	瓜色	种子腔/cm	瓜把长/cm	瓜把宽/mm	口感
亮黄瓜	33.18b	36.80a	0.27b	白色	1.76a	6.26c	22.71a	皮厚、脆、甜、水分少
白黄瓜	35.56a	37.93a	0.31a	白色	1.68a	7.82a	23.86a	皮厚、脆、较甜、水分一般
新玉 1 号	35.56a	37.93a	0.31a	白色	1.68a	7.82a	23.86a	皮厚、脆、不甜、水分一般
108	32.10b	30.58c	0.19c	深绿色	1.50b	6.92b	20.07b	皮厚、一般脆、甜、水分一般
11-1	35.98a	34.33b	0.27b	深绿色	1.58ab	6.88b	21.70ab	皮薄、一般脆、微甜、水分大
津冬 5 号	35.88a	33.55b	0.27b	深绿色	1.74a	6.98b	22.45a	皮厚、不脆、不甜、水分大
德尔 99	36.04a	31.91bc	0.26b	深绿色	1.52b	7.34b	22.46a	皮厚、脆、甜、水分少

2.节间及雌花

亮黄瓜和白黄瓜的节间最大，新玉1号、11–1、津冬5号、德尔99次之，108的节间最短；白黄瓜的第一雌花高度最大，为47.62 cm，新玉1号、108、德尔99次之，亮黄瓜、11–1、津冬5号第一雌花高度最低；新玉1号的雌花间节位数最高为3.6个，白黄瓜、亮黄瓜、11–1、津冬5号的次之，德尔99的雌花间节位最少为1.6个（表3–7）。

表3–7　供试黄瓜的节间和雌花位点

品种	节间/cm	第一雌花高度/cm	雌花间节间数/个
亮黄瓜	13.98 a	13.32 c	3.0 b
白黄瓜	13.02 a	47.62 a	3.0 b
新玉1号	11.88 b	17.70 b	3.6 a
108	9.18 c	22.04 b	2.4 c
11–1	10.62 b	14.46 c	3.0 b
津冬5号	10.06 b	13.00 c	3.0 b
德尔99	10.16 b	20.68 b	1.6 d

3.营养

各黄瓜品种水分含量间无显著差异；108、11–1、白黄瓜可溶性糖含量显著高于其他品种，分别为7.85 mg/g、7.79 mg/g、7.59 mg/g，亮黄瓜的可溶性糖含量为7.16 mg/g，新玉1号的为6.48 mg/g，津冬5号和德尔99的最低，分别为5.41 mg/g和5.69 mg/g；11–1、亮黄瓜的有机酸含量显著高于其他品种，108有机酸含量最低为0.11%；津冬5号和德尔99的Vc含量显著高于其他品种，亮黄瓜、新玉1号、108、11–1次之，白黄瓜的最低（表3–8）。

表3-8 不同黄瓜主要营养成分的变化

品种	水分含量/%	可溶性糖含量/(mg/g)	有机酸含量/%	Vc 含量/(mg·100gFW^{-1})
亮黄瓜	89.34 a	7.12 b	0.18 a	20.11 b
白黄瓜	89.79 a	7.59 a	0.15 b	18.41 c
新玉 1 号	92.66 a	6.48 c	0.14 b	21.06 b
108	91.39 a	7.85 a	0.11 c	20.08 b
11-1	92.01 a	7.79 a	0.20 b	20.20 b
津冬 5 号	88.16 a	5.41 d	0.14 b	24.04 a
德尔 99	90.21 a	5.69 d	0.14 b	24.02 a

4.产量

德尔 99 产量显著高于其他品种，667 m² 产量为 5470.28 kg；108 产量次之，为 4330.53 kg，显著低于德尔 99 产量 26.32%；新玉 1 号和 11-1 产量无显著差异，均为 3000 kg 左右，亮黄瓜、白黄瓜、津冬 5 号产量最低，产量分别为 2535.33 kg、2138.64 kg、2608.96 kg（表 3-9）。

表3-9 不同沙培黄瓜产量变化

品种	小区产量/kg	折合产量/(kg/667m²)
亮黄瓜	43.33 d	2535.33 d
白黄瓜	36.55 d	2138.64 d
新玉 1 号	52.44 c	3068.05 c
108	74.02 b	4330.53 b
11-1	52.07 c	3046.26 c
津冬 5 号	44.59 d	2608.96 d
德尔 99	93.50 a	5470.28 a

5.结论

从试验结果看，各供试品种中综合评价较好的，即丰产性好，果实口感好首推德尔 99，其次为 108，白黄瓜和亮黄瓜糖含量虽然较高但产量较低，丰产潜力差。

二、水果黄瓜品种筛选

水果黄瓜又称迷你黄瓜，具有精巧的外形、脆甜的口感和丰富的营养，已成为百姓餐桌重要的蔬菜品种之一。无土栽培是作物高产、优质、无公害、集约化程度高的一种栽培新技术，许多国家和地区已广泛用于生产。砂培可以避免根部土传病害的发生，且具有省水、省肥、省工、病虫害少、易获得高产优质的蔬菜产品等优点。宁夏具有丰富的沙漠资源，占宁夏土壤面积的 15%，砂培与其他基质栽培相比，具有省工、节本、增效的优势，同时沙培具有有效利用沙荒地、工矿废弃地、盐碱地等非耕地，开拓农民就业途径、增加农民收入，解决与粮争地的矛盾的特点，为谋求发展开发宜农沙漠荒地则显得尤为必要。因此，该试验旨在筛选出适合宁夏地区温室砂培的水果黄瓜品种，为生产实践提供参考依据。

1.果实形态

玉脂瓜色为白色，其他均为绿色；津美 3 号和津美 4 号口感好，玉脂口感较好；津美 3 号的瓜条最长，苏菲和申绿 3 号瓜条最短；津美 3 号瓜条最粗，苏菲黄瓜瓜条最细；单瓜重为玉脂=申绿 3 号=津美 3 号=津美 4 号>苏菲；中腔为玉脂=津美 4 号≥津美 3 号（表 3–10）。

表 3–10 供试水果黄瓜果实性状调查及口感评价

品种	瓜条长/cm	瓜条粗/cm	单瓜重/kg	瓜色	种子腔/cm	口感评价
玉脂	16.90 ab	3.38 ab	0.14 a	白色	1.78 a	甜、脆、皮薄、水分一般
苏菲	15.98b	3.20 b	0.11 b	绿色	1.56 b	微甜、不脆、皮薄、水分一般
申绿 3 号	15.96 b	3.56 a	0.14 a	绿色	1.54 b	甜、不脆、皮厚、水分多
津美 3 号	17.10 a	3.57 a	0.14 a	绿色	1.62 ab	甜、脆、皮薄、水分多
津美 4 号	16.16 ab	3.42 ab	0.13 a	绿色	1.76 a	甜、脆、皮薄、水分多

2.植株形态

不同水果黄瓜品种株高、茎粗、叶片数、叶面积均随栽培时间的延长而呈增加的趋势。在5月30日盛瓜期,津美4号的株高、茎粗、叶片数、叶面积均最高,玉脂各项指标均居中,而苏菲株高、叶片数、叶面积均最低(图3-3)。

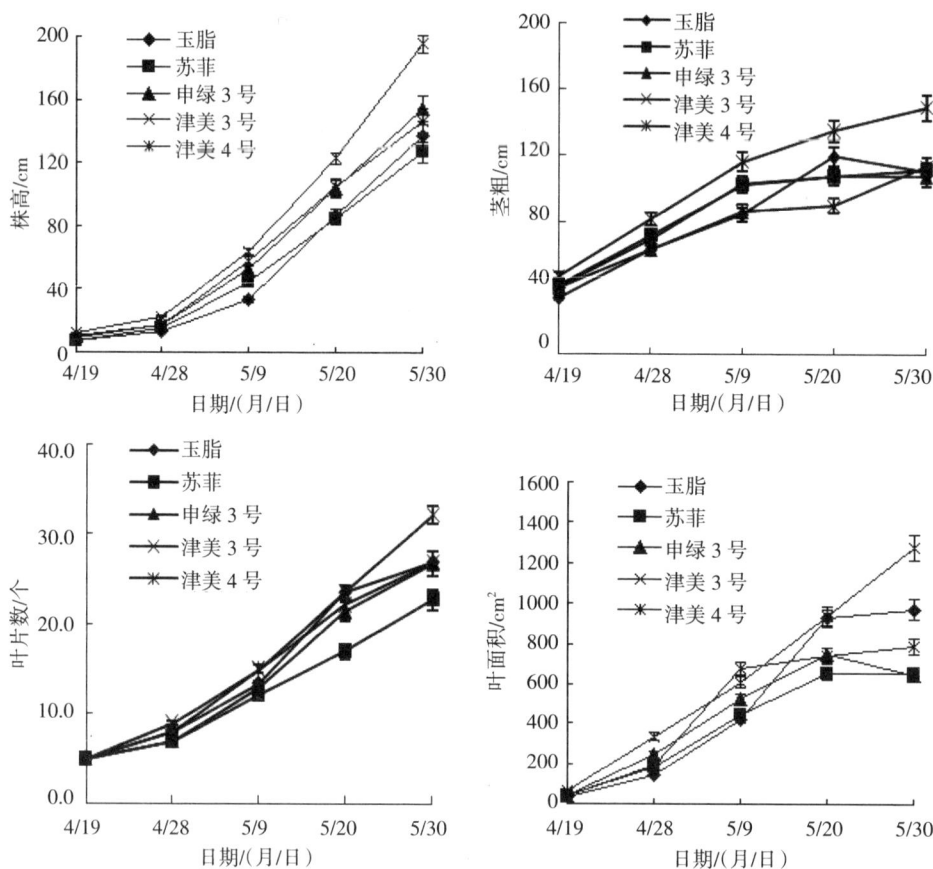

图3-3 不同水果黄瓜株高、茎粗、叶片数、叶面积变化

3.节间及雌花

津美3号第一雌花高度最高,玉脂、申绿3号次之,苏菲和津美4号的最低;津美3号节间长最长,玉脂、苏菲、申绿3号、津美4号次之,且品种间无差异,玉脂的节间长最小;各品种间的雌花间节间数均为1(表3-11)。

表 3-11　不同水果的节间和雌花位点

品种	第一雌花高度/cm	节间长/cm	雌花间节间数/个
玉脂	13.84 b	7.42 bc	1
苏菲	6.16 d	7.66 bc	1
申绿 3 号	11.28 b	8.12 b	1
津美 3 号	16.62 a	8.34 b	1
津美 4 号	6.7 d	7.44 c	1

4.营养

各水果黄瓜品种的果实水分含量间无显著差异；玉脂、申绿 3 号可溶性糖含量显著高于其他品种，苏菲与津美 4 号可溶性糖含量最低；申绿 3 号的有机酸含量最高，为 0.20%，其他品种间无显著差异，有机酸含量为 0.10~0.11 之间；各品种间 Vc 含量为津美 4 号>玉脂>津美 3 号>苏菲>申绿 3 号，津美 4 号 Vc 含量达 15.57 mg·100gFW^{-1}，申绿 3 号为 3.42 mg·100gFW^{-1}（表3-12）。

表 3-12　不同水果黄瓜主要营养成分的变化

品种	水分含量/%	可溶性糖含量/(mg/g)	有机酸含量/%	Vc 含量/(mg·100gFW^{-1})
玉脂	87.15 a	8.25 a	0.11 b	11.39 b
苏菲	88.94 a	7.09 b	0.10 b	6.40 c
申绿 3 号	87.01 a	8.04 a	0.20 a	3.42 d
津美 3 号	89.09 a	7.65 ab	0.10 b	7.48 c
津美 4 号	87.06 a	7.24 b	0.11 b	15.57 a

5.产量

津美 4 号产量显著高于其他处理，小区产量为 103.46 kg，折合 667m² 产量为 6053.03 kg；津美 3 号的产量次之，667m² 产量为 4948.84 kg，显著低于津美 4 号 22.29%；玉脂和苏菲产量无显著差异，且最低，产量为 4000 kg 左右；申绿 3 号产量为 4373.68 kg，其产量仅次于津美 3 号（表 3-13）。

表 3-13　不同水果黄瓜产量

品种	小区产量/kg	折合产量/(kg/667m²)
玉脂	66.77 c	3906.47 c
苏菲	71.34 bc	4174.02 bc
申绿 3 号	74.75 bc	4373.68 c
津美 3 号	84.60 b	4949.84 b
津美 4 号	103.46 a	6053.03 a

6.结论

玉脂单瓜最重，为 0.14 kg，中腔最大，为 1.78 cm，皮薄、脆、口感较好，节间长最短，可溶性糖含量最高，小区和 667m² 产量居中，品种独特为白皮黄瓜，适宜满足宁夏高端市场。苏菲瓜条粗最小，单瓜重和中腔最小，第一雌花高度最低，可溶性糖和有机酸含量最低，Vc 含量居中，小区和 667m² 产量居中，但其口感一般，不适宜大面积推广种植。申绿 3 号瓜条最长，第一雌花高度和节间长居中，有机酸含量最高，Vc 含量最低，667m² 产量居中，为 4373.68 kg，但因为口感和营养含量低，也不适宜大面积推广。津美 3 号在果品性状方面优于津美 4 号，但津美 4 号植株长势优于津美 3 号；津美 3 号和 4 号可溶性糖含量和有机酸含量均居中，且津美 4 号 Vc 含量最高；津美 4 号亩产最高，津美 3 号次之。因此，玉脂白色水果黄瓜、津美 3 号和 4 号绿色水果黄瓜适宜宁夏大面积推广。

第三节　宁夏非耕地日光温室辣椒品种筛选研究

辣椒是人们十分喜爱的蔬菜之一，具有丰富的营养价值。辣椒中维生素 C 的含量在蔬菜中居第一位，其还含有 β-胡萝卜素、叶酸、镁及钾元素。近年来，宁夏非耕地日光温室辣椒种植面积不断增大，为辣椒周年供应起到了重要的促进作用。但随着连年种植出现了一系列的问题，主栽品种抗病性差，容易感染辣椒疫病，造成栽培面积逐年减少，在生产中由于品种选择不当而造成病害重、产量低，严重影响日光温室辣椒种植的效益。本团队优化辣椒品种结构，筛选出抗病丰产、耐低温、耐光照，适宜宁夏非耕地日光温室种植的辣椒品种。

一、供试辣椒的生育期比较

从门椒开花时间看，110 的门椒开花时间为 9 月 18 日，明显早于其他品种，比最迟的品种 105 门椒开花时间早 9 d，其他 8 个品种门椒开花时间相差不大，满天星开花时间 110 比最迟的 105 早 8 d，比其他的早 3~6 d 不等，门椒和满天星结果时间说明 110 是早熟品种，101、104、108、107、109 结果时间相隔不大，居于早熟和迟熟中间，102、103、105 是迟熟品种。从早熟性考虑，选用 110 品种，也可选择 101、104、108、107、109 等品种（3-14）。

表 3-14　供试辣椒的生育期　　　　　　　　（月/日）

品种	定植时期	门椒开花时间	满天星开花时间	门椒结果时间	满天星结果时间
101	8/27	9/24	11/01	10/08	11/29
102	8/27	9/25	11/04	10/15	12/03
103	8/27	9/24	11/03	10/09	11/28
104	8/27	9/21	10/31	10/06	11/23
105	8/27	9/27	11/05	10/17	12/02
106	8/27	9/23	10/31	10/08	11/28
107	8/27	9/24	10/29	10/06	11/25
108	8/27	9/22	10/28	10/06	11/27
109	8/27	9/22	10/28	10/05	11/27
110	8/27	9/18	10/27	10/03	11/18

二、辣椒引种不同品种形态指标分析

随着时间的推移,植株表现出先快速后稳定的生长特性。104的株高在10月20日后与其他品种表现差异较大,植株生长速度放缓,11月20日时104株高仅为63 cm,102株高达到最高80 cm,植株的高低决定植株的受光面积,植株越高,受光越好,但植株越高越易倒伏,所以选取适宜高度的辣椒品种较好。104较其他品种较矮小,受光会受到影响,不适宜光照较少的地方或相对光照较少的地方种植。宁夏的光照虽好,但温室的光照明显减少,所以宜选择植株相对高的品种。104品种茎粗明显低于其他品种,茎粗大,不易倒伏,对植株的固定越好。尤其在素沙地栽培,更应选择茎粗相对粗的品种(图3-4)。

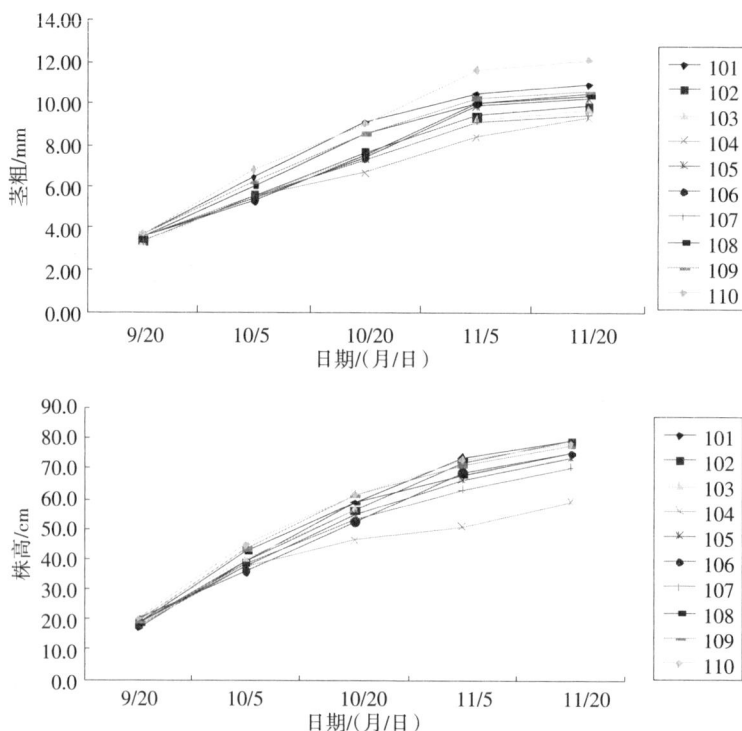

图3-4 不同品种辣椒株高茎粗的比较分析

三、不同品种辣椒叶绿素含量的比较分析

辣椒整个生长过程中,叶绿素呈现先增高后降低的趋势,9月20日到

10 月 5 日，植株生长迅速，叶绿素含量增加，10 月 5 日后叶绿素含量增加缓慢。110 品种 10 月 20 日后叶绿素含量与其他品种叶绿素含量有差异，110 叶绿素含量较高，102 叶绿素含量最低，11 月 5 日 110 品种的叶绿素含量最高，与其他 9 个品种叶绿素含量相比均达到显著差异（图 3-5）。

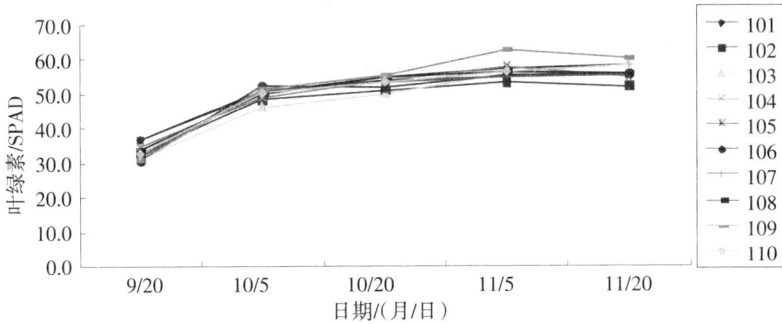

图 3-5　不同品种辣椒叶绿素的比较分析

四、不同品种的产量比较

101、109、110 品种的产量基本相等，且比其他品种产量高，103 产量相对较小，以 109 折合产量最高，为 1049.73 kg/667 m²，较 103 产量高223.01 kg/667 m²；101、109、110 的产量与其他品种有显著差异均达到 5%显著水平，从产量上选择应选择产量较高的品种（表 3-15）。

表 3-15　不同品种产量比较

品种	果型	小区产量/kg	平均 667 m² 产量/kg
101	牛角	16.26	1004.14
102	牛角	14.46	803.98
103	牛角	13.79	766.72
104	牛角	14.52	885.15
105	牛角	13.73	799.81
106	牛角	14.75	819.82
107	牛角	15.05	888.49
108	牛角	14.34	850.68
109	牛角	18.05	1049.73
110	牛角	17.98	999.69

五、不同品种的抗病性比较

107 品种发病率为 22%，108 品种的发病率为 17%，103、104 品种的发病率仅为 8%，相对其他品种抗疫病能力强，101、110、109 及其他品种的发病率都介于这两者之间。辣椒疫病是生产中最常见和危害严重的病害，尤其在湿度较高的温室，发病率相对较高，所以应该选择抗病性好的品种，结果表明：101、105、106、109、110 品种的抗病率较好（表 3-16）。

表 3-16　不同品种抗病性比较

品种	调查株数/株	发病株数/株	发病率/%
101	36	4	11
102	36	5	14
103	36	3	8
104	36	5	14
105	36	4	11
106	36	3	8
107	36	8	22
108	36	6	17
109	36	4	11
110	36	4	11

六、不同品种的品质比较

辣椒 101、102、105、109、110 的 Vc 含量较高。抗坏血酸（Vc）是维持机体正常生理功能的重要维生素之一。辣椒中的 Vc 的含量相对较高，它广泛参与机体氧化、还原等复杂代谢过程。抗坏血酸是水果蔬菜中的一项非常重要的营养指标，是当今辣椒引种的重要指标之一（表 3-17）。

表 3-17　不同品种品质比较

品种	总糖/%	Vc 含量/（mg/100gFW）	有机酸/%
101	38.03	280.42	2.71
102	31.80	301.21	2.56
103	51.71	246.41	3.03
104	84.63	244.52	3.01
105	52.32	301.21	3.53
106	59.53	255.86	3.17
107	85.43	229.40	3.01
108	77.73	253.97	2.94
109	65.33	284.20	2.55
110	58.86	335.22	3.46

本试验通过辣椒的综合变化并从生长指标、早熟性、丰产性、抗病性、产量等分析，通过对 10 个辣椒品种的对比试验，得出在早熟性上，宜选用 101、104、106、107、108、109、110 品种；植株的形态分析选择上宜选用，101、105、106、108、109、110 品种；从丰产性能上比较选择 101、109、110 品种；在抗病性上宜选择 101、105、106、109、110 品种；在品质上宜选择 101、102、105、109、110 品种。综合试验结果表明：中寿 12号（101）、澳雷（109）、金泽长椒（110）三个品种的生长指标、早熟性、丰产性、抗病性、产量均较优，适宜在宁夏地区日光温室中推广种植。

第四节　宁夏非耕地日光温室甜瓜品种筛选研究

宁夏非耕地日光温室薄皮甜瓜栽培通常选择春茬和秋冬茬，春茬集中在 1 月下旬至 2 月下旬定植，5 月中下旬上市，秋冬茬选择 8 月下旬至 9 月上旬定植，12月中、下旬上市。随着宁夏地区生活水平的不断提高，对薄皮甜瓜的需求量也日益增加，针对宁夏地区薄皮甜瓜实际生产过程中存在种植茬口安排单一，不能满足园艺产品周年均衡供应等问题，本团队通过2个类型13个薄皮甜瓜品种（冰美人、白山蜜1号、白山蜜4号、特甜白甜宝、美人甜、高糖勇士、真甜大王、冰糖子、芝麻蜜、绿明珠、冰翡翠、香酥公主、浪潮大青玉）采用营养液-基质栽培模式，筛选出适宜宁夏非耕地日光温室夏秋茬栽培的优良甜瓜品种。

一、甜瓜长势

白（黄白）色系列中特甜白天宝、白山蜜1号、白山蜜4号生长势较强，高糖勇士、美人甜生长势较弱；在5%显著水平下，7个品种茎粗差异不显著；传统系列中绿明珠、冰糖子生长势较好，芝麻蜜较差，在5%显著水平下，冰糖子与芝麻蜜、绿明珠、冰翡翠、香酥公主、浪潮大青玉茎粗存在显著差异（表3-18）。

表3-18 13个甜瓜品种的生长指标调查

类型	品种	主蔓长/cm	茎粗/mm	节数	平均坐果节位	最大叶/cm		
						叶柄长	叶宽	叶长
白（黄白）色	美人甜	225.9b	6.7a	31bc	19	14.3b	20.6bc	19.5bcd
	高糖勇士	227.6b	7.2a	31b	20	15.1b	20.4bc	17.8d
	真甜大王	232.5ab	7.0a	33b	19	15.4b	20.1c	18.6cd
	冰美人	235.0ab	6.4a	28cd	14	16.5ab	20.4bc	19.6bc
	白山蜜1号	236.5ab	7.1a	31b	16	18.7a	23.2a	20.6ab
	白山蜜4号	241.9a	6.6a	27d	19	18.7a	22.0ab	21.8a
	特甜白甜宝	228.2b	7.0a	37a	17	18.3a	21.9abc	17.7d
传统	冰糖子	249.8a	7.7a	31b	16	17.6a	24.5a	20.5bc
	芝麻蜜	256.0a	6.6c	37a	15	15.4b	21.8b	19.3cd
	绿明珠	256.0a	7.1b	32b	18	17.4ab	24.9a	21.3b
	冰翡翠	215.7c	6.7bc	28c	18	17.4ab	24.6a	20.8b
	香酥公主	214.7c	6.8bc	26c	15	16.6ab	24.3a	23.1a
	浪潮大青玉	227.4b	6.7bc	30b	16	15.4b	21.6b	18.1d

二、生育期

通过比较 7 个白（黄白）色品种，白山蜜 1 号全生育期天数最短为 82 d，美人甜生育期最长为 91 d，两品种生育期相差 9 d，7 个品种全生育期天数由长到短依次为白山蜜 4 号>美人甜>特甜白甜宝>冰美人、高糖勇士>真甜大王>白山蜜 1 号；比较 6 个传统品种，芝麻蜜生育期最短为 84 d，冰糖子、香酥公主最长为 90 d，6 个品种生育期天数排序为冰糖子、浪潮大青玉>冰翡翠>香酥公主>绿明珠>芝麻蜜（表 3-19）。

表 3-19　13 个甜瓜品种的生育期调查

类型	品种	播种期	定植期	授粉期	成熟期	果实发育期/d	全生育期/d
白（黄白）色	美人甜	6/20	7/25	8/22	10/21	60	88
	高糖勇士	6/20	7/25	8/19	10/18	60	85
	真甜大王	6/20	7/25	8/21	10/17	57	84
	冰美人	6/20	7/25	8/20	10/18	59	85
	白山蜜 1 号	6/20	7/25	8/18	10/15	58	82
	白山蜜 4 号	6/20	7/25	8/24	10/24	61	91
	特甜白甜宝	6/20	7/25	8/21	10/20	60	87
传统	冰糖子	6/20	7/25	8/23	10/23	61	90
	芝麻蜜	6/20	7/25	8/21	10/17	57	84
	绿明珠	6/20	7/25	8/20	10/19	60	86
	冰翡翠	6/20	7/25	8/21	10/22	62	89
	香酥公主	6/20	7/25	8/22	10/21	60	88
	浪潮大青玉	6/20	7/25	8/23	10/23	61	90

三、产量

通过比较 7 个白（黄白）薄皮甜瓜品种，结果表明：真甜大王单果质量最高为 820 g，在 5% 水平下，与美人甜差异不显著，与高糖勇士、冰美人、白山蜜 1 号、白山蜜 4 号、特甜白甜宝存在显著差异；白山蜜 1 号折合 667

m² 产量最高为 3449.6 kg，与真甜大王、特甜白甜宝存在显著差异。比较 6 个传统品种，冰糖子平均单果质量最高为 523 g，在 1%水平下，冰糖子与芝麻蜜、绿明珠、冰翡翠、香酥公主、浪潮大青玉单果质量存在极显著差异；香酥公主折合 667 m² 产量最高为 3402.7 kg，浪潮大青玉最低为 1940.7 kg（表 3-20）。

表 3-20　13 个甜瓜品种的小区产量比较

类型	品种	单果质量/g	小区产量/kg				折合产量/(kg/667m²)	位次
			I	II	III	平均		
白(黄白)色	美人甜	631ab	40.13	52.13	35.42	42.56abA	2837.3	3
	高糖勇士	493bc	38.02	31.97	52.13	40.71abA	2713.6	5
	真甜大王	820a	42.05	26.21	37.15	35.14bA	2342.4	6
	冰美人	334c	57.22	50.40	41.09	49.57abA	3304.5	2
	白山蜜 1 号	542b	52.32	36.10	36.58	41.67abA	2777.6	4
	白山蜜 4 号	586b	50.11	58.75	46.37	51.74aA	3449.6	1
	特甜白甜宝	328c	31.68	25.44	44.45	33.86bA	2257.1	7
传统	冰糖子	524a	65.28	38.78	40.70	48.25aA	3217.1	2
	芝麻蜜	310bc	33.60	30.05	41.09	34.91abA	2327.5	5
	绿明珠	362bc	34.94	41.47	57.98	44.80abA	2986.7	3
	冰翡翠	294c	56.45	36.96	35.04	42.15abA	2854.4	4
	香酥公主	391b	45.60	58.46	49.06	51.04aA	3402.7	1
	浪潮大青玉	320bc	30.91	23.81	32.16	28.96bA	1930.7	6

四、营养

通过分析 2 个类型薄皮甜瓜品种的果肉厚度、糖度等指标，得出特甜白甜宝在 7 个白（黄白）品种中果肉厚度最低为 17.01 mm，但中心糖度最高为 15.75%，在 5%水平下，特甜白甜宝与美人甜、真甜大王中心糖度差异不显著，与白山蜜 1 号、白山蜜 4 号、高糖勇士、冰美人中心糖度存在显著差异；比较 6 个传统品种，在 5%水平下，6 个品种果肉厚度、中心糖度差异不显著，在 1%显著水平下，浪潮大青玉与冰糖子、芝麻蜜、绿明珠、冰翡翠、香酥公主边缘糖度存在极显著差异（表 3-21）。

表 3-21　13 个甜瓜品种的果实品质测定

类型	品种	纵径/cm	横径/cm	果型指数	果肉厚/mm	中心糖度/%	边缘糖度/%	肉色
白(黄白)色	美人甜	16.66	9.46	1.76	24.25abA	15.60aA	9.25aA	白
	高糖勇士	9.99	8.68	1.15	21.85abA	13.20bcCD	4.55bA	淡黄
	真甜大王	14.68	10.02	1.47	25.65aA	15.05aAB	8.30abA	白
	冰美人	8.71	8.30	1.05	18.45abA	12.40cD	7.80abA	白
	白山蜜 1 号	10.27	9.45	1.09	23.18abA	13.25bcCD	8.80aA	淡黄
	白山蜜 4 号	11.97	9.33	1.28	22.50abA	13.95bBC	9.80aA	淡黄
	特甜白甜宝	4.66	8.52	0.55	17.01bA	15.75aA	7.60abA	淡黄
传统	冰糖子	12.24	9.21	1.33	18.27aA	13.25aA	8.10bB	橘黄
	芝麻蜜	10.73	7.48	1.43	20.19aA	13.00aA	6.10bcB	橘黄
	绿明珠	9.63	8.56	1.13	17.08aA	13.30aA	5.30cB	金黄
	冰翡翠	8.54	8.13	1.05	17.19aA	13.30aA	5.20cB	绿
	香酥公主	25.95	6.15	4.22	13.29aA	12.55aA	8.05bB	白
	浪潮大青玉	8.18	8.40	0.97	18.08aA	14.90aA	12.30aA	淡黄

五、抗病性

通过调查 2 个类型薄皮甜瓜叶斑病发病情况，白（黄白）色类型中高糖勇士发病情况较严重，病情指数最高为 10.00，特甜白甜宝 9.08 次之，白山蜜 4 号、白山蜜 1 号、美人甜对叶斑病抗性较强，病斑较少，叶片无发黄脱落现象。传统品种中浪潮大青玉病情指数 9.69 最高，香酥公主 4.92 最低。总体分析，白（黄白）色甜瓜类型对叶斑病抗性优于传统类型（表 3-22）。

表3-22　13个甜瓜品种叶斑病调查

类型	品种	病情指数
白(黄白)色	美人甜	3.90
	高糖勇士	10.00
	真甜大王	5.08
	冰美人	4.38
	白山蜜1号	3.69
	白山蜜4号	3.38
	特甜白甜宝	9.08
传统	冰糖子	4.92
	芝麻蜜	7.69
	绿明珠	9.54
	冰翡翠	8.77
	香酥公主	3.38
	浪潮大青玉	9.69

六、结论

综合比较7个白（黄白）类型薄皮甜瓜品种，其中白山蜜4号667 m²产量3000 kg以上，果型美观、肉厚多汁且抗病性较强；美人甜果型大、甜度高、口感最佳；冰美人生育期短，可在夏秋茬提早上市。以植株生长势、产量、抗病性、果实品质及外观等作为评价指标，白山蜜4号、美人甜、冰美人3个品种可在宁夏地区设施条件下夏秋茬推广种植。综合比较6个传统薄皮甜瓜品种，冰糖子、香酥公主、绿明珠表现最优。其中冰糖子、绿明珠果型小巧、甜度适中、颜色鲜绿为传统薄皮甜瓜优势品种；香酥公主果型奇特，对叶斑病抗性较强。因此，冰糖子、绿明珠、香酥公主3个品种可在宁夏地区设施条件下夏秋茬推广种植。

第四章　宁夏非耕地日光温室
蔬菜栽培模式研究

作物生长发育归根到底是作物与环境相互适宜和同一的结果。日光温室蔬菜栽培就是在外界环境不适宜蔬菜生长发育的季节或地区，人为在日光温室环境内创造适宜蔬菜生长发育的环境，进行蔬菜栽培的一种模式。日光温室蔬菜栽培的目的是淡季上市，获得优质高产高效的产品。然而，宁夏地区的自然环境和资源特点影响着日光温室内的环境，进而影响蔬菜的生长发育，因此，针对宁夏非耕地日光温室环境特点和市场需求，需要有相适应的蔬菜栽培模式。

十年来，本团队以充分利用光热、土地和生物等自然资源为核心，以蔬菜高产优质安全节水生产为目标，在研制出宁夏非耕地日光温室及其配套设施、日光温室环境变化规律、高品质高产量蔬菜品种筛选等基础上，对宁夏非耕地日光温室蔬菜沙培模式、黄瓜容器栽培模式、番茄高密度栽培模式、番茄限根栽培模式和生菜雾培模式进行研究，经大面积推广应用，取得了显著的经济和社会效应。

第一节　宁夏非耕地日光温室蔬菜沙培模式研究

沙砾最早被植物营养学家和植物生理学家用来栽培作物，通过浇灌营养液及施用普通化肥来研究作物生长特性以及养分的吸收、转化以及在植株体内的代谢规律等。1933 年，美国新泽西农业试验场利用沙子做栽培基质，进行沙培玫瑰获得成功后，沙培也迅速在世界各国发展起来。1969 年，美国人研发了一种完全使用沙作为基质，适于沙漠地区的无土栽培系统，并应用于生产中。

沙作为栽培基质，不仅是支持植物，而且沙粒之间的孔隙能供给植物需要的氧，且不存在土壤板结问题。沙子中含有少量植物生长所需的微量元素，以及较强的尿酶活性和硝化作用等使沙成为良好的栽培基质。

一、沙培番茄，辣椒，黄瓜，甜瓜和非洲菊的营养液配方研究

（一）沙培番茄营养液配方筛选研究

本试验采用三因素五水平二次通用旋转组合设计，设计出 NO_3^--N、P、K 三因素的上、下限及零水平（表 4-2），共 20 个处理，微量元素采用无土栽培通用配方（表 4-1）。

以试验的经济产量为目标函数 Y，NO_3^--N、P、K 三种元素的浓度为因变量建立回归模型，进行回归系数的显著性检验，在回归方程有可行性的基础下对产量模型进行解析并确定 NO_3^--N、P、K 的最优组合。

表 4-1　营养液微量元素通用配方浓度

元素	Fe	B	Mn	Zn	Cu	Mo
浓度/(mg/L)	3	0.5	0.5	0.05	0.02	0.01

表 4-2　番茄试验因子及水平编码值

因　素	零水平	变化间距△i	无量纲编码 /（mmol/L）				
			+r	1	0	−1	−r
NO_3^--N	8	4	16	12	8	4	0
P	0.9	0.45	1.8	1.35	0.9	0.45	0
K	5.0	2.50	10.0	7.50	5.0	2.50	0

根据设计原理，试验的期望回归数学模型为：

$$Y = b_0 + \sum_{j=1}^{3} b_j x_j + \sum_{i \langle j}^{3} b_{ij} x_i x_j + \sum_{j=1}^{3} b_{jj} x_j^2$$

以产量为目标函数 Y，营养液中 NO_3^--N、P、K 三种元素的摩尔浓度为决策变量 X_1、X_2、X_3（表4-3），对试验数据进行计算机处理，根据结果建立番茄产量与三个肥料因子的回归方程。沙培番茄营养液配方的回归方程为：

$Y_{（番茄）} = 2123.13 + 130.60x_1 + 97.95x_2 + 84.24x_3 - 306.57x_1^2 - 105.69x_2^2 - 214.88x_3^2 + 130.65x_1x_2 + 68.45x_1x_3 + 25.77x_2x_3$

表 4-3　番茄试验处理方案及对应产量

处理	X_1	X_2	X_3	产量（g/株）
Tr1	1(12)	1(1.35)	1(7.5)	1956.05
Tr2	1(12)	1(1.35)	−1(2.5)	1849.75
Tr3	1(12)	−1(0.45)	1(7.5)	1586.32
Tr4	1(12)	−1(0.45)	−1(2.5)	1284.60
Tr5	−1(4)	1(1.35)	1(7.5)	1472.91
Tr6	−1(4)	1(1.35)	−1(2.5)	1341.92
Tr7	−1(4)	−1(0.45)	1(7.5)	1327.28
Tr8	−1(4)	−1(0.45)	−1(2.5)	1597.85
Tr9	−2(0)	0(0.90)	0(5.0)	924.89
Tr10	2(16)	0(0.90)	0(5.0)	1428.45
Tr11	0(8)	−2(0.00)	0(5.0)	1592.28
Tr12	0(8)	2(1.80)	0(5.0)	1897.41
Tr13	0(8)	0(0.90)	−2(0.0)	1173.81
Tr14	0(8)	0(0.90)	2(10.0)	1698.22
Tr15	0(8)	0(0.90)	0(5.0)	2194.37
Tr16	0(8)	0(0.90)	0(5.0)	2202.72
Tr17	0(8)	0(0.90)	0(5.0)	2021.07
Tr18	0(8)	0(0.90)	0(5.0)	2324.89
Tr19	0(8)	0(0.90)	0(5.0)	2110.54
Tr20	0(8)	0(0.90)	0(5.0)	1912.42

回归方程本身就已经过无量纲编码代换，其偏回归系数已经标准化，所以可以直接从一次项系数绝对值的大小来判断各因素对目标函数的相对重要性。氮磷钾三因素对番茄产量的影响主次的线性项均为 $X_1 > X_2 > X_3$，即 $NO_3^- -N > P > K$。

根据回归方程在计算机上的优选结果，番茄最高产量达 2123.13 g/株，此时影响产量的三个因素 $NO_3^- -N$、P、K 在营养液中的浓度分别为 8.0 mmol/L、0.9 mmol/L、5.0 mmol/L。

（二）沙培黄瓜营养液配方筛选研究

本试验采用三因素五水平二次通用旋转组合设计，设计出 $NO_3^- -N$、P、K 三因素的上、下限及零水平（表 4-4），共 20 个处理，微量元素采用无土栽培通用配方（表 4-1）。

以试验的经济产量为目标函数 Y，$NO_3^- -N$、P、K 三种元素的浓度为因变量建立回归模型，进行回归系数的显著性检验，在回归方程有可行性的基础下对产量模型进行解析并确定 $NO_3^- -N$、P、K 的最优组合。

表 4-4　黄瓜试验因子及水平编码值

因　素	零水平	变化间距 △i	无量纲编码 /(mmol/L)				
			+r	1	0	-1	-r
$NO_3^- -N$	10	5	20	15	10	5	0
P	1	0.5	2	1.5	1	0.5	0
K	6	3	12	9	6	3	0

根据设计原理，试验的期望回归数学模型为：

$$Y = b_0 + \sum_{j=1}^{3} b_j x_j + \sum_{i<j}^{3} b_{ij} x_i x_j + \sum_{j=1}^{3} b_{jj} x_j^2$$

以产量为目标函数 Y，营养液中 $NO_3^- -N$、P、K 三种元素的摩尔浓度为决策变量 X_1、X_2、X_3（表 4-5），对试验数据进行计算机处理，根据结果建立黄瓜产量与三个肥料因子的回归方程。沙培黄瓜营养液配方的回归方程为：

$$Y_{(黄瓜)}=1377.81+198.11x_1+115.93x_2+78.93x_3-179.96x_1^2-151.05x_2^2$$
$$-156.79x_3^2+35.17x_1x_2+31.15x_1x_3-4.734x_2x_3$$

表 4-5　黄瓜试验处理方案及对应产量

处理	X₁	X₂	X₃	产量（g/株）
Tr1	1(15)	1(1.5)	1(9)	1421.00
Tr2	1(15)	1(1.5)	−1(3)	1183.33
Tr3	1(15)	−1(0.5)	1(9)	1054.25
Tr4	1(15)	−1(0.5)	−1(3)	985.70
Tr5	−1(5)	1(1.5)	1(9)	775.00
Tr6	−1(5)	1(1.5)	−1(3)	850.00
Tr7	−1(5)	−1(0.5)	1(9)	737.00
Tr8	−1(5)	−1(0.5)	−1(3)	605.00
Tr9	−2(0)	0(1.0)	0(6)	476.25
Tr10	2(20)	0(1.0)	0(6)	1087.70
Tr11	0(10)	−2(0.0)	0(6)	645.00
Tr12	0(10)	2(2.0)	0(6)	1082.50
Tr13	0(10)	0(1.0)	−2(0)	635.00
Tr14	0(10)	0(1.0)	2(12)	1060.00
Tr15	0(10)	0(1.0)	0(6)	1195.00
Tr16	0(10)	0(1.0)	0(6)	1363.33
Tr17	0(10)	0(1.0)	0(6)	1466.67
Tr18	0(10)	0(1.0)	0(6)	1341.67
Tr19	0(10)	0(1.0)	0(6)	1421.25
Tr20	0(10)	0(1.0)	0(6)	1508.75

回归方程本身就已经过无量纲编码代换，其偏回归系数已经标准化，所以可以直接从一次项系数绝对值的大小来判断各因素对目标函数的相对重要

性。氮磷钾三因素对黄瓜产量的影响主次的线性项均为 $X_1 > X_2 > X_3$，即 $NO_3^- - N > P > K$。

根据回归方程在计算机上的优选结果，黄瓜最高产量达 1395.97 g/株时，影响产量的三个因素 $NO_3^- - N$、P、K 在营养液中的浓度分别为 15.0 mmol/L、1.0 mmol/L、6.0 mmol/L。

（三）沙培甜瓜营养液配方筛选研究

本试验通过测定试验地水质的基本成分,在园试配方及花卉通用配方的基础上,利用三因素五水平二次回归通用旋转组合设计,设计出本试验 $NO_3^- - N$、P、K 的上、下限及零水平（表4-6），共 20 个处理，微量元素采用通用配方（表4-1）。

表 4-6　甜瓜试验因子及水平编码值

因素	零水平	变化间距△i	无量纲编码/(mmol·L⁻¹)				
			+r	1	0	−1	−r
$NO_3^- - N$	10	5	20	15.95	10	4.05	0
P	1	0.5	2	1.59	1	0.41	0
K	6	3	12	9.57	6	2.43	0

根据设计原理，试验的期望回归数学模型为：

$$Y = b_0 + \sum_{j=1}^{3} b_j x_j + \sum_{i < j}^{3} b_{ij} x_i x_j + \sum_{j=1}^{3} b_{jj} x_j^2$$

以产量为目标函数 Y，营养液中 $NO_3^- - N$、P、K 三种元素的摩尔浓度为决策变量（X_1、X_2、X_3），建立甜瓜产量与三个肥料因子的回归方程（表4-7）。

表 4-7　甜瓜试验处理方案及对应产量

处理	$X_1(NO_3^--N)$ (mmol/L)	$X_2(P)$ (mmol/L)	$X_3(K)$ (mmol/L)	产量(g/株)
Tr1	1(15.95)	1(1.59)	1(9.57)	597.02
Tr2	1(15.95)	1(1.59)	−1(2.43)	530.22
Tr3	1(15.95)	−1(0.41)	1(9.57)	453.93
Tr4	1(15.95)	−1(0.41)	−1(2.43)	441.73
Tr5	−1(4.05)	1(1.59)	1(9.57)	566.59
Tr6	−1(4.05)	1(1.59)	−1(2.43)	517.12
Tr7	−1(4.05)	−1(0.41)	1(9.57)	417.54
Tr8	−1(4.05)	−1(0.41)	−1(2.43)	374.24
Tr9	2(20.00)	0(1.00)	0(6.00)	515.42
Tr10	−2(0.00)	0(1.00)	0(6.00)	868.22
Tr11	0(10.00)	2(2.00)	0(6.00)	434.12
Tr12	0(10.00)	−2(0.00)	0(6.00)	539.16
Tr13	0(10.00)	0(1.00)	2(12.00)	494.29
Tr14	0(10.00)	0(1.00)	−2(0.00)	684.87
Tr15	0(10.00)	0(1.00)	0(6.00)	796.39
Tr16	0(10.00)	0(1.00)	0(6.00)	647.54
Tr17	0(10.00)	0(1.00)	0(6.00)	757.04
Tr18	0(10.00)	0(1.00)	0(6.00)	795.95
Tr19	0(10.00)	0(1.00)	0(6.00)	892.6
Tr20	0(10.00)	0(1.00)	0(6.00)	773.4

沙培甜瓜营养液配方的回归方程为：

$$Y_{(甜瓜)} = 780.08046 + 54023991x_1 + 51.26782x_2 + 36.04681x_3 - 49.30020x_1^2 - 121.84317x_2^2 - 85.44750x_3^2 - 7.54375x_1x_2 - 1.72125x_1x_3 + 7.59625x_2x_3$$

由于回归方程本身就已经过无量纲编码，其偏回归系数已经标准化，所以可以直接从一次项系数绝对值的大小来判断各因素对目标函数的相对重要性。N、P、K 三因素对甜瓜产量的影响主次的线性项为 X_1（54.24）>X_2（51.27）>X_3（36.05），即均为 NO_3^--N>P>K。

根据方程在计算机上进行优选的结果，甜瓜最高产量 Y=785.02 g/株。最高产量时三个因子的取值，即营养液的最优配方：NO_3^--N、P、K 三个元素在营养液中的浓度分别是 15.95 mmol/L、1 mmol/L、6 mmol/L。

（四）沙培非洲菊营养液配方筛选研究

本试验通过测定试验地水质的基本成分，在园试配方及花卉通用配方的基础上，利用三因素五水平二次回归通用旋转组合设计，设计出本试验 NO_3^--N、P、K 的上、下限及零水平（表 4-8），共 20 个处理，微量元素采用通用配方（表 4-1）。

表 4-8　非洲菊试验因子及水平编码值

因素	零水平	变化间距△i	无量纲编码/（mmol·L^{-1}）				
			+r	1	0	−1	−r
NO_3^--N	8	4	16	12.76	8	3.24	0
P	1	0.5	2	1.59	1	0.41	0
K	4	2	8	6.38	4	1.62	0

根据设计原理，试验的期望回归数学模型为：

$$Y=b_0+\sum_{j=1}^{3}b_jx_j+\sum_{i<j}^{3}b_{ij}x_ix_j+\sum_{j=1}^{3}b_{jj}x_j^2$$

以产量为目标函数 Y，营养液中 NO_3^--N、P、K 三种元素的摩尔浓度为决策变量（X_1、X_2、X_3），建立非洲菊产量产量与三个肥料因子的回归方程（表 4-9）。

表 4-9　非洲菊试验处理方案及对应产量

处理	X_1(NO_3^-–N) /(mmol/L)	X_2(P) /(mmol/L)	X_3(K) /(mmol/L)	产量/(枝/株)
Tr1	1(12.76)	1(1.59)	1(6.38)	7.0
Tr2	1(12.76)	1(1.59)	–1(1.62)	6.0
Tr3	1(12.76)	–1(0.41)	1(6.38)	4.3
Tr4	1(12.76)	–1(0.41)	–1(1.62)	6.7
Tr5	–1(3.24)	1(1.59)	1(6.38)	6.0
Tr6	–1(3.24)	1(1.59)	–1(1.62)	5.0
Tr7	–1(3.24)	–1(0.41)	1(6.38)	5.7
Tr8	–1(3.24)	–1(0.41)	–1(1.62)	5.5
Tr9	2(16.00)	0(1.00)	0(4.00)	4.0
Tr10	–2(0.00)	0(1.00)	0(4.00)	10.0
Tr11	0(8.00)	2(2.00)	0(4.00)	5.7
Tr12	0(8.00)	–2(0.00)	0(4.00)	9.0
Tr13	0(8.00)	0(1.00)	2(8.00)	4.0
Tr14	0(8.00)	0(1.00)	–2(0.00)	4.5
Tr15	0(8.00	0(1.00)	0(4.00)	6.3
Tr16	0(8.00)	0(1.00)	0(4.00)	7.3
Tr17	0(8.00)	0(1.00)	0(4.00)	9.0
Tr18	0(8.00)	0(1.00)	0(4.00)	8.0
Tr19	0(8.00)	0(1.00)	0(4.00)	7.7
Tr20	0(8.00)	0(1.00)	0(4.00)	8.7

沙培非洲菊营养液配方的回归方程为：

$$Y_{(非洲菊)} =7.84380+0.87312x_1+0.54473x_2+0.04937x_3-0.36304x_1^2$$
$$-0.24519x_2^2-1.33531x_3^2+0.27083x_1x_2-0.31250x_1x_3+0.52083x_2x_3$$

由于回归方程本身就已经过无量纲编码，其偏回归系数已经标准化，所以可以直接从一次项系数绝对值的大小来判断各因素对目标函数的相对重要性。N、P、K三因素对非洲菊产量的影响主次的线性项为 X_1（0.873）$>X_2$（0.545）$>X_3$（0.363）。

根据方程在计算机上进行优选的结果，非洲菊最高产量 Y=8.65 枝/株。最高产量时三个因子的取值，即营养液的最优配方：NO_3^--N、P、K 三个元素在营养液中的浓度分别是 12.0 mmol/L，1.5 mmol/L，4.0 mmol/L。

（五）小结

1.营养液对试验用水的要求

基质栽培作物所需的养分主要靠营养液来提供，基质的选择是关键，氮营养液的配制更重要。营养液的配制首先要考虑水源，自制的营养液配置水源是蒸馏水或去离子水，但生产中用量较大，所以一般采用雨水、井水、黄河水、自来水或者泉水。水源的选择必须考虑当地的特点，南方地区多雨，可收集雨水做营养液的水源，且可以减低成本；宁夏地处西北，干旱少雨，夏季以黄河水灌溉，冬季黄河水无法利用，自来水造价高，只能因地制宜，就地取材，利用地下水做营养液水源。试验地属于北方硬水地区，地下水中 Ca^{2+}、Mg^{2+}、HCO_3^-离子含量较高，为了充分利用水中各离子、降低肥料的投入，在试验中不添加钙镁肥料，以达到最高的经济效益。试验地深20m处水质检验报告中，水中 Ca^{2+}含量为 82 mg/L、Mg^{2+}含量为 211 mg/L、HCO_3^-含量为 528 mg/L，可以满足作物的生长需要。本实验中，考虑到肥料的成本投入、水质特点以及作物对各种元素的需求，只进行氮磷钾的筛选。而钙镁由于水中含量较高，能满足生长需要，不再添加。将其配置、使用简单化，更有利于向广大农户的推广。

2.营养液配方中肥料因子选择

本研究采用的沙培进行营养液浇灌，植物的根系从沙子中以离子的形态吸收养分，因此，营养液中肥料均为水溶性较好，且各个离子间不产生拮抗沉淀，能够较好的保持各离子的稳定性与有效性，最大限度的发挥肥料的增产效益。因此，在营养液配置时肥料的选择尤为重要。

一般营养液中大量元素通常使用的：1）氮——四水硝酸钙、硝酸钾、硝酸铵、尿素等，肥料种类不同起作用也各不相同。**硝酸钙**是一种生理碱性盐，极易吸水潮解，储藏时应密闭放置阴凉处，作物根系吸收硝酸根离子的大于吸收钙离子。由于钙离子也被吸收，其生理碱性表现不强烈，随着钙离子的吸收生理碱性会逐渐减弱。硝酸钙是无土栽培中使用最为广泛的氮源和钙源肥料，绝大多数营养液配方中都由硝酸钙来提供钙源。**硝酸钾**具有助燃与爆炸性，储藏时不易与易燃易爆物放在一块，不能用铁锤等敲击。硝酸钾也是一种生理碱性盐，它能同时提供氮源与钾源，溶解性好，但价格较贵。**硝酸铵**中含有 50% 的铵态氮和 50% 的硝态氮，由于多数作物加入硝酸铵初始时的一段时间内铵离子的吸收速率大于硝酸根离子，易产生强的生理酸性，但当硝态氮和铵态氮都被作物吸收之后，其生理酸性逐渐消失。同时在较高时，对于铵态氮较敏感的作物会影响到其他养分的吸收和植株生长，因此，在使用硝酸铵作为营养液氮源时要特别注意其用量。**尿素**含氮量高达 46.6%，易溶于水，属于生理酸性盐，无土栽培水培中少数配方使用其作为氮源，目前很多研究用不同比例的尿素替代硝态氮，取得了突破性进展。2）磷——过磷酸钙、磷酸二氢钾、磷酸二氢铵等。**过磷酸钙**是一种水溶性磷肥，当其吸湿后，会与 Fe、Al 形成难溶性的磷酸铁和磷酸铝等化合物，这时磷酸的有效性就降低了，所以储藏时要放在干燥处以防吸湿降低过磷酸钙的肥效。过磷酸钙的溶解度较小，配制营养液时一般不使用过磷酸钙。**磷酸二氢钾**，易溶于水，性质稳定，由于磷酸二氢钾溶于水中时，磷酸根解离有不同的价态，因此对溶液 pH 值的变化有一定的缓冲作用。它可同时提供钾和磷两种营养元素，被称为磷钾复合肥，是无土栽培中重要的磷源。**磷酸二氢铵**易溶于水，水溶性呈中性，对基质及 pH 值也有一定的缓冲作用，是无土栽培营养液配制中大量使用的肥料。3）钾——硫酸钾、氯化钾，硝酸钾、磷酸二氢钾等。**硫酸钾**较易溶于水，但溶解度低，物理性状良好，水溶性呈中性，属于生理酸性肥料。**氯化钾**，易溶于水，属于生理酸性肥料，在无土栽培中可作为钾源来使用。由于氯化钾含有较多的氯离子，对忌氯作物不宜使用，所以应慎重使用氯化钾。根据前人的研究，本试验中氮素由硝酸钾、硝酸铵以及酰胺态尿素来提供，一方面为减少硝态氮大量使用，防止在果实中大量积累；另一方面是硝酸钾较贵，生产中肥料成本较高，且铵态氮对硝酸盐的积累有一定的抑制作用。微量元素采用的通用配方，由于用量较少，均为化学试剂。芬兰等国家在著名配方的基础上，研制出高浓度的复合肥，氮磷钾比例适宜，肥效高、易溶解、使用方便的水溶肥。宁夏大学李建设等人研制出果蔬专用肥，肥料氮磷钾比例适中，含有微量元素，且易溶解、使用方便，降低了营养液配制的难度与繁杂，特别适合生产中应用，有利于进一步推广与普及。

3.关于盐积累问题

土壤次生盐渍化是设施栽培中的普遍问题，由于设施内缺少酷暑严寒、雨淋、暴晒等自然因素的影响，再加上蔬菜栽培时间长、施肥多、浇水少、连作障碍严重等原因，设施内土壤理化性状易发生恶化。本研究采用盆栽沙培技术，对作物进行了限根栽培。以素沙作为基质，不施任何基肥，整个生育期均要营养液浇灌。另外，以地下水作为营养液水源。宁夏属于硬水区，地下水钙镁离子含量高、含盐量高等，更易产生盐害。

主要是基质中硫酸根和氯离子浓度增大，造成次生盐渍化，会使植物缺素而生长发育受到抑制。因此，解决盐积累问题是很有必要的。本研究中，为避免次生盐渍化的发生，在营养液的浇灌过程中，定期浇灌清水进行洗盐。在大面积的沙培栽培中，一方面可以通过水淹洗盐，另一方面可以进行轮作，选择耐盐碱的植物品种进行栽培，同时要根据作物的种类、生育时期、肥料种类及作物需肥规律等进行合理的施肥，不要盲目的加大施肥量。这些都能有效的解决盐积累问题。

4.沙培在我国西北地区的发展前景

我国西北地区土地广袤，面积 3.45×10^6 km²，占全国国土面积的 35.9%，而全国难利用的土地有 52.75% 分布在西北，包括沙漠、戈壁、盐碱地等。

针对这一现状，一方面可以在沙子资源比较充足的地区直接发展沙培种植；另一方面在盐碱化程度严重的地区采用人工运沙铺沙抬田，避免作物与盐碱土直接接触，结合滴灌措施来提高成活率。这样不仅能控制沙尘暴，优化环境，还可解决耕地紧张、改良盐碱土的难题，带动当地农业的发展。在我国西北地区，沙培有着广阔的应用前景。

本研究比较复杂、要求精准度高，受多种因素限制，试验规模、面积较小，但经过研究得到了番茄、黄瓜、甜瓜和非洲菊沙培营养液最优配方组合，在此基础上进行简单化并进行大面积的推广。西北地区土地面积广阔，属于干旱半干旱气候，年降雨量小，干旱缺水地较多，其中还有面积较大的难以进行耕种的非耕地。面对这一现状，可以充分发挥无土栽培的优势，结合滴灌、营养液等利用基质进行栽培，充分地利用土地资源。在试验研究的基础上，将营养液的使用、配制由复杂简单化，操作方便，便于推广。这样不仅有效地利用了土地资源，而且带动当地的农业发展。

二、沙培甜椒养分吸收规律

(一) 甜椒不同生育期养分吸收、运转规律

1.甜椒不同生育期各器官养分吸收、运转特点

沙培甜椒在不同生育期不同器官对氮的吸收量是不同的。根的含氮量呈先升高后降低的趋势，在门椒坐果期含氮量最大，随后逐渐降低，在对椒成熟期和四母斗成熟期达到最小值 0.13%、0.24%。门椒开花期茎和叶片的含氮量都为最大值。随着生育期的变化，植株体内的氮逐渐向果实转移，茎和叶片含氮量逐渐降低，到门椒成熟期和对椒成熟期达到最小值，茎含氮量为 0.25%、0.19%，叶片含氮量 1.07%、1.05%。果实含氮量在门椒坐果期最大，随着果实成熟需要更多氮素供应，因此果实含氮量在果实膨大期到门椒成熟时降为最低 0.49%，随着果实成熟期不再膨大，需氮量下降，因此果实内含氮量又逐渐上升 (图 4-1)。

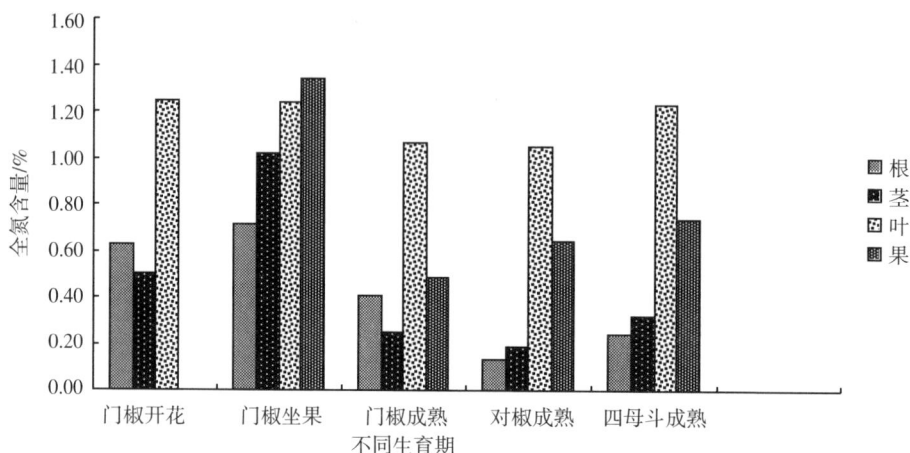

图4-1　甜椒不同生育期各器官全氮含量动态变化

图4-2中可以看出，甜椒根和叶片含磷量在整个生育期呈先升高再降低又升高的变化趋势，由于磷素控制了甜椒植株的花芽分化，因此在开花期和坐果期植株根和叶片含磷量增大促进甜椒坐果率。在门椒成熟期，果实生长需要大量养分，因此植株体内的磷向果实转移，根和叶片含磷量突然降低至最小。植株茎的含磷量在门椒开花期为最大，甜椒从营养生长转为生殖生长后，茎含磷量向果实转移，果实的含磷量在门椒坐果期达到最大。在四母斗成熟期，茎含磷量降低为最小。看来果实中含磷量主要来自于植株茎的供应。

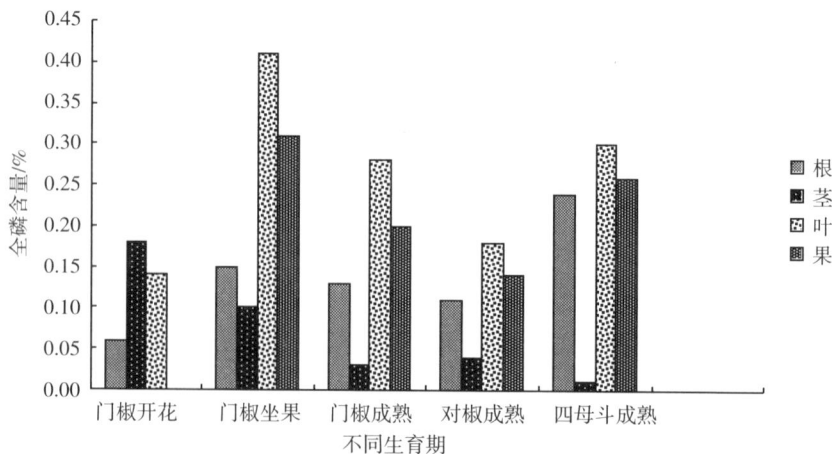

图4-2　甜椒不同生育期各器官全磷含量动态变化

　　由图 4-3 可知，甜椒根茎叶果全钾含量变化幅度最小。根含钾量在门椒开花期最大，随着坐果期的到来，甜椒需钾量上升，根部全钾向甜椒果实转移，在门椒成熟期和对椒成熟期降低为最小值 1.99%、1.60%。茎部含钾量在门椒开花期和门椒坐果期没有明显变化，随后逐渐降低，在门椒成熟期和对椒成熟期甜椒茎含钾量最低，分别为 3.19%、3.18%。叶片和果实含钾量变化趋势与根含钾量变化趋势一致，在四母斗成熟期又重新上升。

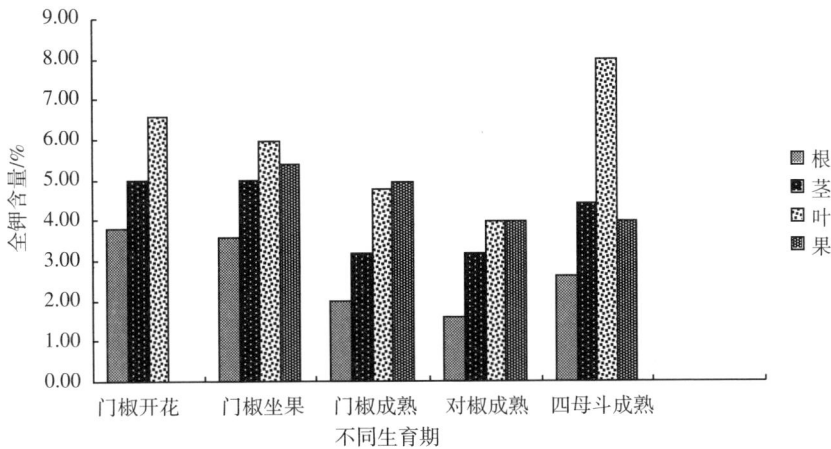

图 4-3　甜椒不同生育期各器官全钾含量动态变化

　　甜椒植株根和茎的含钙量在整个生育期内表现为先降低后升高的趋势，在门椒开花期根和茎的含钙量都为最大值，随着开花期结束，门椒坐果期根和茎含钙量向果实转移，使果实含钙量达到最大。叶片与果实含钙量均呈上升趋势，在四母斗成熟期上升至最大。由此可以看出在植株体内木质部钙含量较高，在整个生育期全钙含量依次为叶>茎>根>果（图 4-4）。

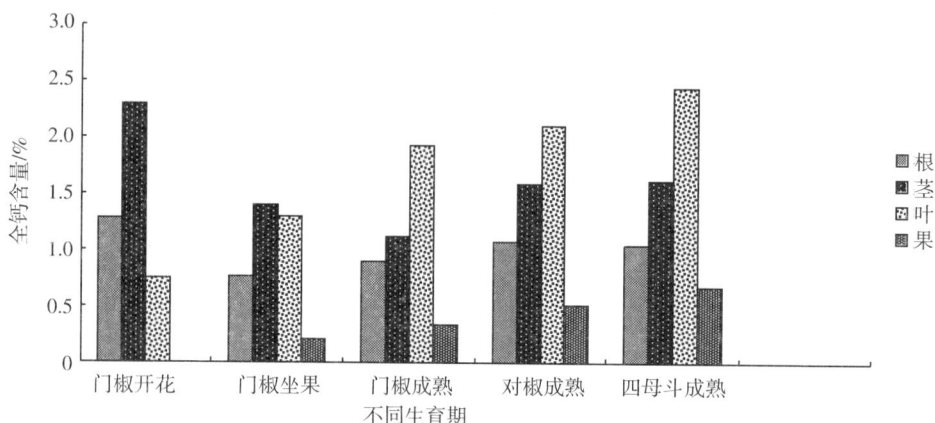

图4-4 甜椒不同生育期各器官全钙含量动态变化

由图4-5可得，甜椒根、叶片与果实含镁量总体呈上升趋势，根在对椒成熟期达到最大，叶片与果实全镁含量在四母斗成熟期上升至最大。茎含镁量呈先降低后升高趋势，在四母斗成熟期达到最大。在门椒坐果期，茎和叶片中的镁素营养向果实转移，使果实含镁量迅速升高，随着果实成熟期到来，茎和叶片吸收更多镁保证供给果实生长所需足够的镁素营养。以上结果表明，沙培甜椒植株体内全镁含量分布为叶>茎>根>果。

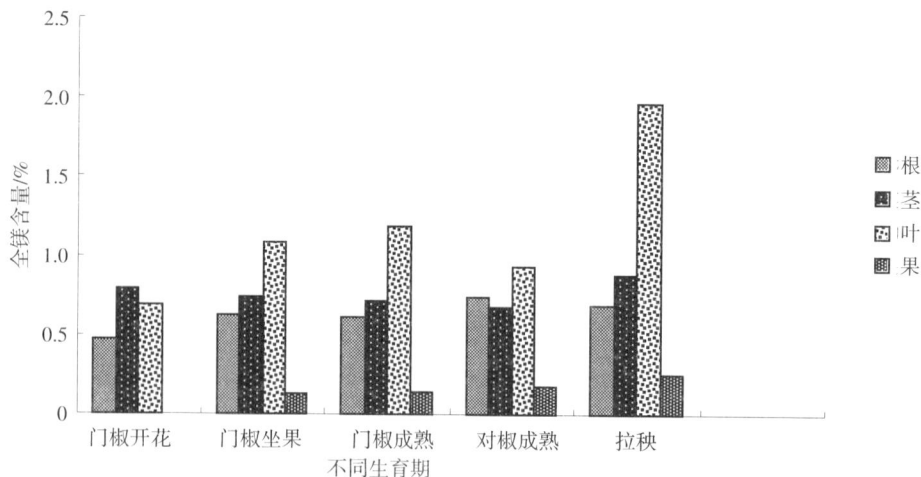

图4-5 甜椒不同生育期各器官全镁含量动态变化

2.沙培甜椒各器官不同养分含量动态变化特点

试验结果表明，沙培甜椒根中氮、磷含量呈先升高后下降再回升的趋势，从门椒开花期到门椒坐果期根含氮量上升至整个生育期最大，之后开始降低，到对椒成熟期根含氮量降至最低，之后含量开始增加。根中磷含量变化较为平缓，门椒成熟期根含磷量最低，之后开始升高，四母斗成熟期根中磷含量升至最大。甜椒根中钾和钙含量呈先下降后升高趋势变化，门椒开花期，根中钾和钙含量最大。镁含量随着生育期的变化总体呈上升趋势，在对椒成熟期上升为最大，在四母斗成熟期开始缓慢降低。整个生育期，氮磷钾钙镁的变化范围分别为 0.13%~0.71%、0.01%~0.24%、1.6%~3.79%、0.77%~1.28%、0.47%~0.74%，平均分别为 0.43%、0.12%、2.77%、1.03%、0.67%，变异系数分别为 0.59、0.84、0.37、0.28、0.17。

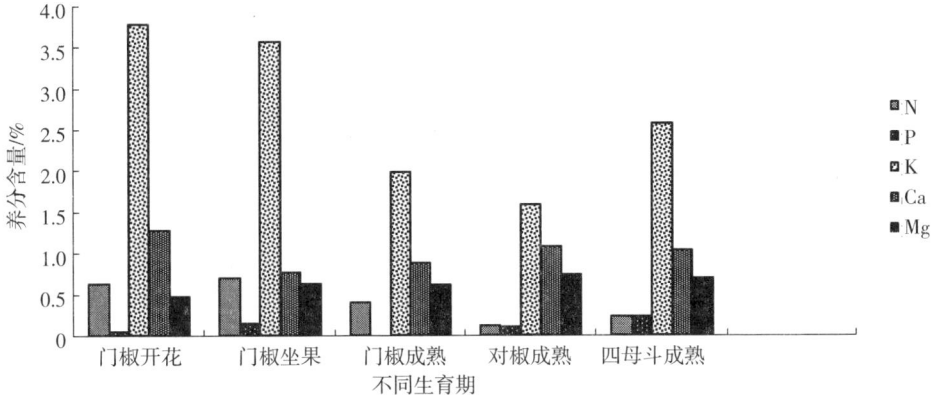

图 4-6　甜椒不同生育期根养分含量动态变化

由图 4-7 可知，沙培甜椒茎内氮、钾含量呈先升高后降低再升高的变化趋势，在门椒坐果期升至最大，之后开始降低，在对椒成熟期降至最小。甜椒茎中磷含量变化趋势为先降低后升高再降低，门椒开花期茎含磷量最大，到四母斗成熟期降低至最小。钙镁含量均呈先降低后升高趋势变化，门椒开花期茎中钙含量为最大，而镁含量是在四母斗成熟期升至最大。整个生育期氮磷钾钙镁的变化范围分别为 0.19%~1.02%、0.01%~0.18%、3.18%~4.99%、1.12%~2.29%、0.67%~0.88%，平均分别为 0.47%、0.08%、4.21%、1.71%、0.83%，变异系数分别为 0.79、1.03、0.23、0.32、0.09。

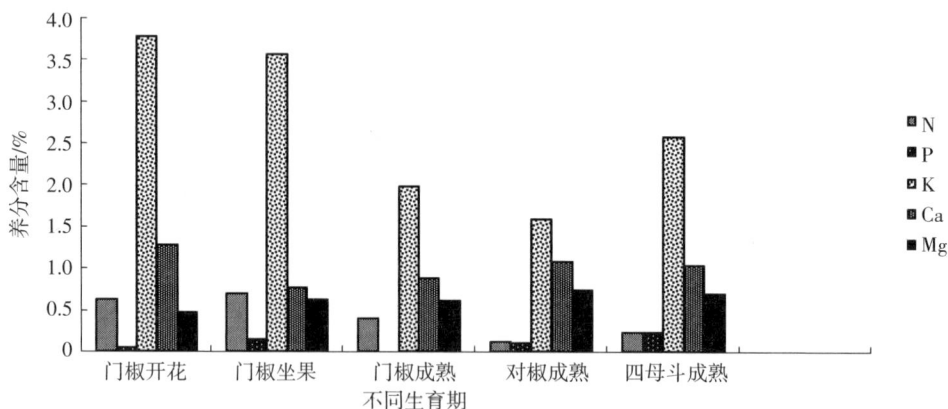

图 4-7　甜椒不同生育期茎养分含量动态变化

由图 4-8 可知，沙培甜椒叶片内全氮含量变化缓慢，总体呈下降趋势，由门椒开花期的最大含氮量降至对椒成熟期的最小含氮量，之后略有回升。甜椒叶中磷和镁含量在整个生育期呈先升高后降低再升高的变化趋势，磷含量从门椒开花期的最小值上升至门椒坐果期的最大值，镁含量在四母斗成熟期上升为最大。甜椒叶钾含量在整个生育期呈先下降后升高的趋势，在对椒成熟期下降至最低，之后开始回升，到四母斗成熟期升至最大。钙含量从门椒开花期的最小值上升至四母斗成熟期的最大值。从整个生育期来看，氮磷钾钙镁的变化范围分别为 1.05%~1.25%、0.14%~0.41%、3.98%~7.98%、0.75%~2.44%、0.69%~1.96%，平均分别为：1.22%、0.29%、6.01%、1.70%、1.19%，变异系数分别为 0.09、0.44、0.27、0.41、0.45。

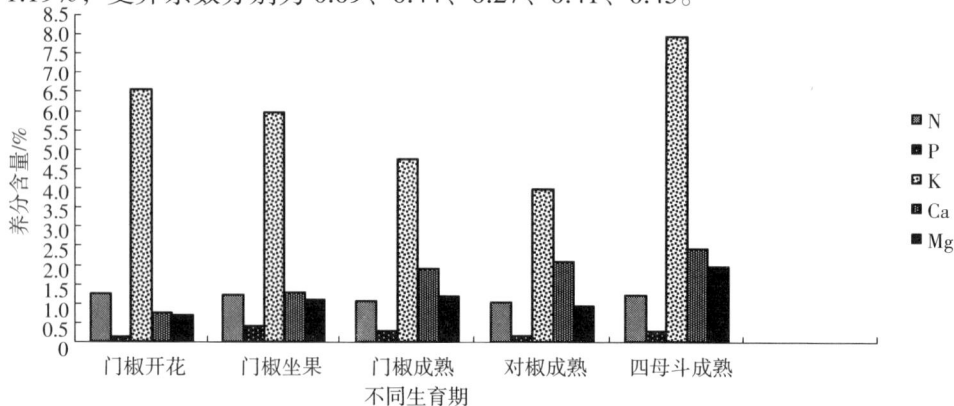

图 4-8　甜椒不同生育期叶片养分含量动态变化

试验结果表明，沙培甜椒果实内氮磷钾含量在整个生育期均呈先下降后升高的变化趋势，在门椒坐果期果实中氮磷钾含量均为最大，之后开始降低。甜椒果实中钙镁含量呈上升趋势，在门椒坐果期钙镁含量最小，四母斗成熟期上升为最大。全生育期氮磷钾钙镁含量的变化范围分别为0.49%~1.34%、0.14%~0.31%、3.98%~5.4%、0.2%~0.68%、013%~0.25%，平均分别为0.79%、0.23%、4.62%、0.47%、0.18%，变异系数分别为0.51、0.28、0.14、0.49、0.33（图4-9）。

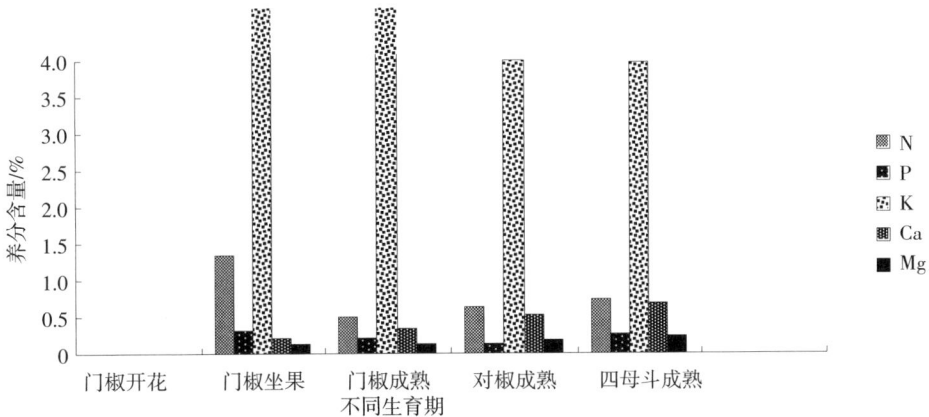

图4-9 甜椒不同生育期果实养分含量动态变化

（二）甜椒不同生育期沙子养分含量动态变化特点

氮磷钾三要素决定了土壤肥力的丰缺，是植物生长发育不可缺少的营养元素。三种元素直接影响了植物生长发育、产量及品质。测定沙子氮磷钾三要素的供应水平和吸收外来营养的量，为沙培合理施肥提供科学依据。

1.不同时期沙子速效氮、磷、钾含量变化特点

由图4-10可知，沙子速效氮磷钾在整个生育期呈先升高后降低的变化趋势。植株从开花期到成熟期生长对养分的需求量大，营养液浇灌量也逐渐增大，甜椒植株生长前期沙子积累营养较多。因此，沙子所含养分逐渐增大。对椒成熟到四母斗成熟期，甜椒生长进入结果盛期，门椒开花期到对椒成熟期消耗了大量养分，因此，沙子的养分开始缓慢减少。

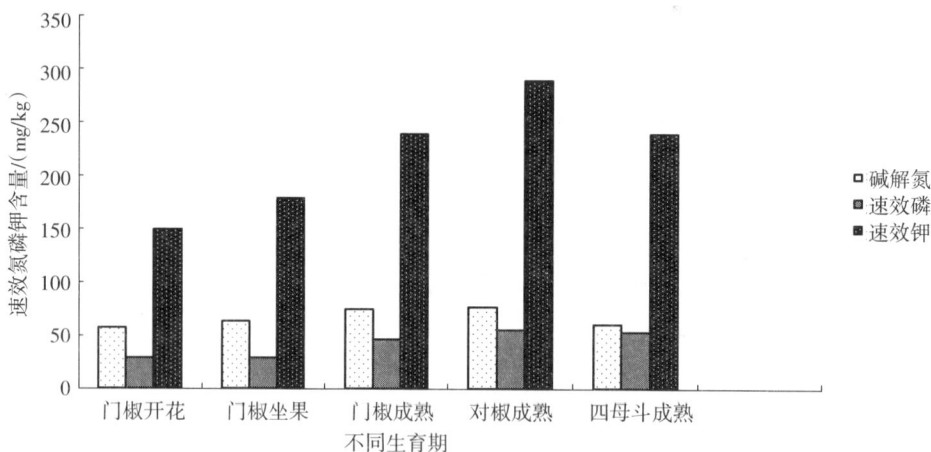

图 4-10 不同生育期沙子速效氮磷钾含量动态变化

2.不同时期沙子全氮、磷、钾含量变化特点

沙子全氮磷钾含量动态变化随着营养液的浇灌和不同的生育期表现出先升高后降低的变化趋势。沙子全氮含量总体呈下降趋势，由门椒开花期的 0.73% 下降到对椒成熟期的 0.63%，各生育期平均下降 0.02%。沙子全磷含量总体呈上升趋势，由门椒开花期的 0.24% 上升至四母斗成熟期的 0.35%，各生育期平均升高 0.022%。全钾含量总体也呈上升趋势，由门椒开花期的 2.17% 上升至对椒成熟期的 3.37%，各生育期平均升高 0.24%。这种变化趋势有可能是因为甜椒从开花期到成熟期所需氮素营养较多，使沙子含全氮量降低，而营养液供应磷素和钾素营养足够甜椒植株吸收，沙子中所含磷钾营养不降反升（图 4-11）。

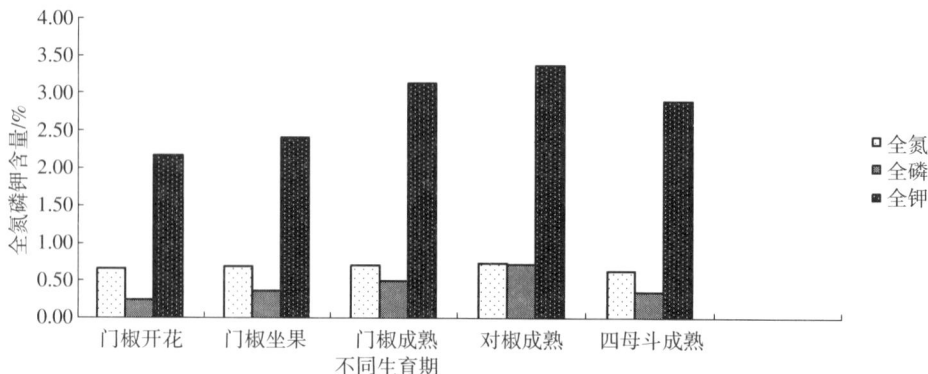

图 4-11 不同生育期沙子全氮磷钾含量动态变化

3. 不同时期沙子钙镁离子含量变化特点

沙子钙镁离子含量随着生育期不同而不同，钙镁离子含量均呈下降趋势，钙离子由门椒开花期的 5.16% 下降至四母斗成熟期的 4.54%，各生育期平均下降 0.122%。镁离子由门椒开花期的 3.78% 降低至四母斗成熟期的 3.18%，各生育期平均下降 0.12%（图 4-12）。

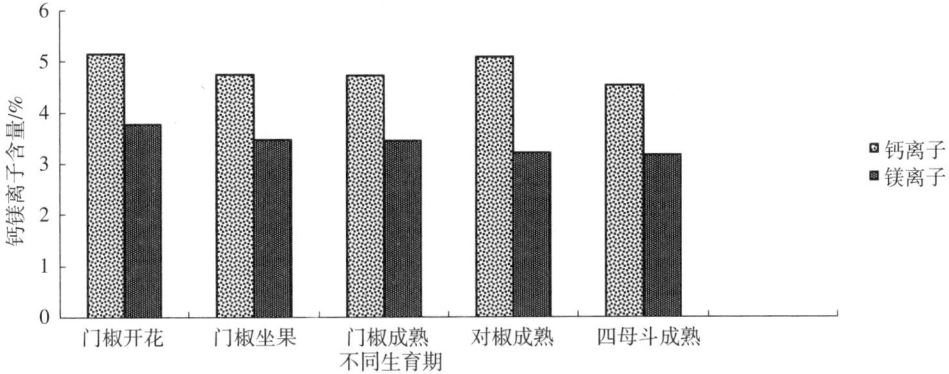

图 4-12　不同生育期沙子钙镁离子含量动态变化

三、沙培甜椒钾素有效性研究

（一）不同处理甜椒各器官养分吸收特点

1. 不同处理甜椒根部养分吸收特点

由图 4-13 可得，甜椒根部氮含量动态变化随着施肥水平和生育周期的不同表现出的变化趋势也不相同。总体看来，随着生育期的变化，各处理植株根部的全氮含量大致呈反 "S" 形曲线降低趋势。门椒开花期各处理全氮含量最高，在门椒成熟期降低为最小值，从门椒成熟期到四母斗成熟期根部全氮含量变化平缓，说明在果实成熟期，根部全氮均向果实转移。在四母斗成熟期，各处理甜椒根部含氮量之间无显著差异。

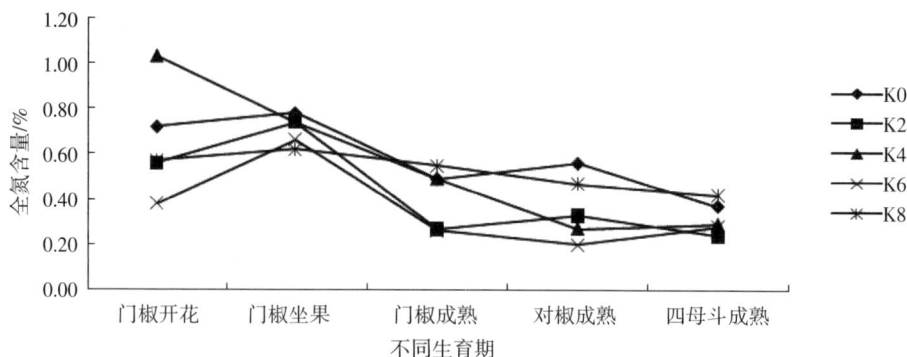

图 4-13　不同处理甜椒根全氮含量动态变化

由图 4-14 可知，甜椒根部全磷含量变化较为复杂，总体呈上升趋势。在四母斗成熟期时，K_2 处理根部全磷含量上升到最大，与其他处理均有显著差异，而 K_0 与 K_8 之间无显著差异，全磷累积量均次于 K_2 处理，K_4 处理与 K_6 处理间无显著差异，根部吸收磷量均小于其他处理。这种变化可能是因为不断浇施营养液为甜椒供给足够磷素营养，因此在植株根部，全磷积累量越来越多。然而当营养液钾素浓度过高或过低，都会影响甜椒植株其他部位对磷素营养的吸收，甜椒其他部位对磷素营养吸收量较少，因此根部的全磷积累量较多。

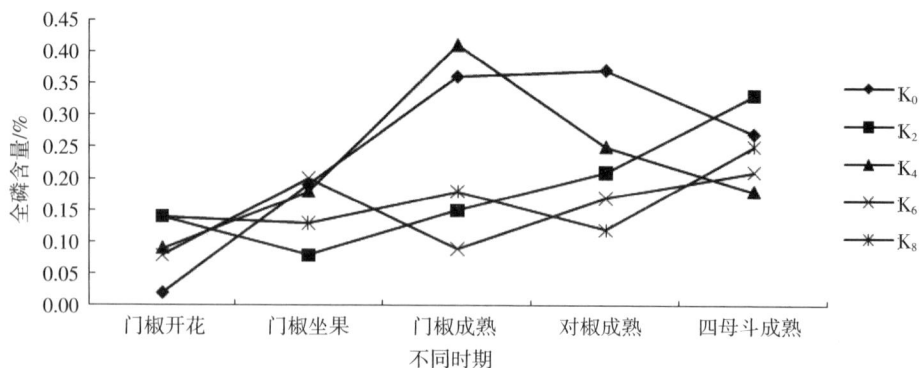

图 4-14　不同处理甜椒根全磷含量动态变化

从图 4-15 中可以看出，甜椒根部钾含量动态变化随着施肥水平和生育周期的不同表现出不同的变化趋势。总体看来，全生育期植株根部全钾含量变化施钾肥比不施钾肥要高。随着生育期的变化，植株根部的全钾含量大致呈"S"曲线降低趋势。在门椒开花期，甜椒根部全钾含量 K_4、K_6、K_8 三个处理间无显著差异，均高于 K_2、K_0 两个处理，到四母斗成熟期时，甜椒根部全钾含量随着甜椒成熟向果实转移，使根部全钾含量降低，而营养液钾素浓度越高，根部剩余全钾量越高。

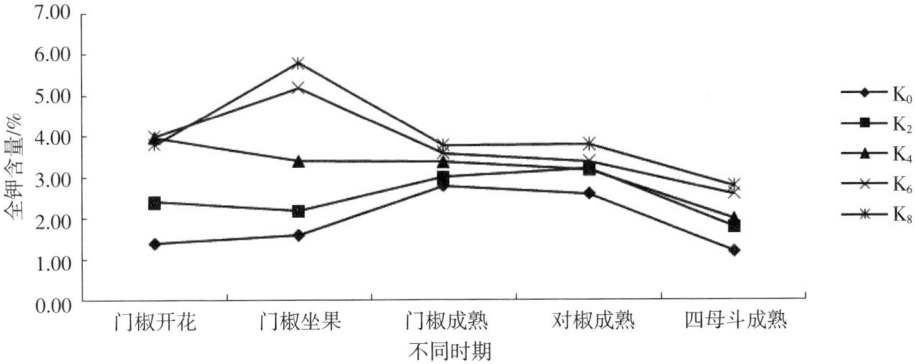

图4-15　不同处理甜椒根全钾含量动态变化

2.不同处理甜椒茎养分吸收特点

由图4-16可得，甜椒茎部全氮含量随着生育期的变化呈反"S"形曲线降低趋势。门椒成熟期到四母斗成熟期整个过程中，各处理甜椒茎部全氮含量变化趋势平缓，在四母斗成熟期时，K_8 与 K_6 两个处理间无显著差异，与其余处理差异显著，K_4、K_2、K_0 间无显著差异。当果实成熟时，茎部含氮量向果实转移以供果实生长发育，提高营养液钾素浓度可使甜椒茎部吸氮量增加。

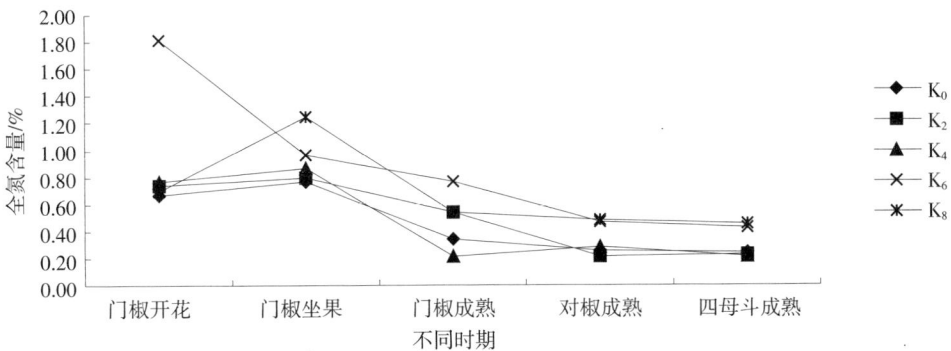

图4-16　不同处理甜椒茎全氮含量动态变化

由图 4-17 可知，不同处理甜椒茎部全磷含量随着生育期的变化而变化，除 K_2 处理呈升高状态外，其余各处理均呈下降趋势。在门椒开花期，K_6 与其他处理差异显著，其他处理间均无显著差异，当甜椒进入结果期，茎部磷素营养向果实转移，使茎部含磷量下降，但果实在茎部吸收的磷素营养较少，因此在四母斗成熟期，茎部含磷量下降并不明显，K_2 与其他处理间差异极显著，K_8、K_6 无显著差异，与 K_4、K_0 差异显著。

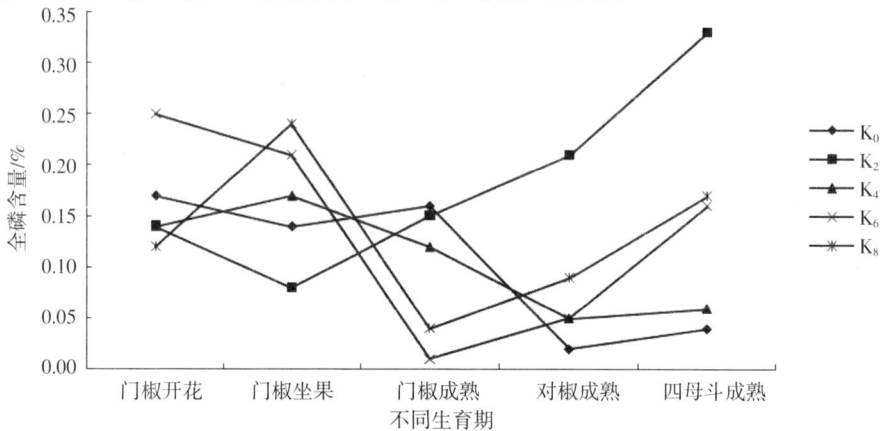

图 4-17　不同处理甜椒茎全磷含量动态变化

营养液不同钾素浓度对甜椒茎部全钾含量的影响随着甜椒生育期变化而变化。总体看来，甜椒全生育期全钾含量呈反"S"降低趋势，但总体变化较小。随着甜椒果实生长，茎部全钾含量向果实转移，各生育期营养液中钾素浓度高的处理茎部吸收全钾含量高。在四母斗成熟期，K_8 处理含钾量最高，与其他处理差异显著，K_6 与 K_4 间差异不显著，其他处理间均有显著性差异（图 4-18）。

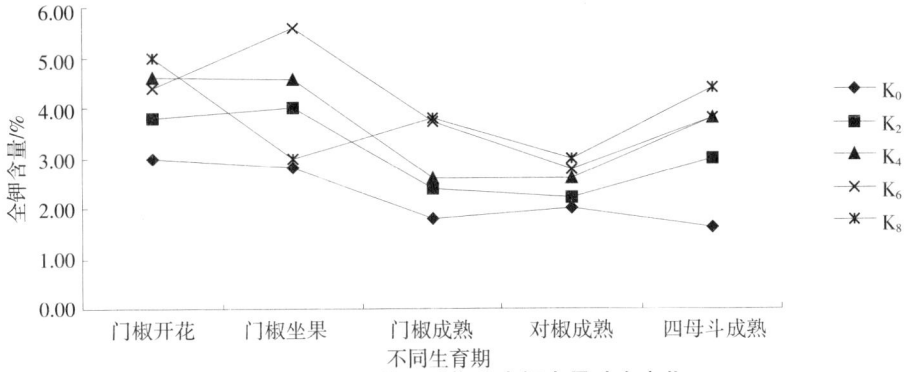

图 4-18　不同处理甜椒茎全钾含量动态变化

3.不同处理甜椒叶片养分吸收特点

由图 4-19 可得，不同处理甜椒叶片全氮含量随着生育期的变化呈反"S"形曲线下降趋势，在整个生育期过程中变化较为平缓。在门椒成熟期，叶片全氮含量降低至最低点，之后开始平稳上升，在四母斗成熟期表现为，各处理间无显著性差异，钾素浓度升高能够促进植株叶片对氮素营养的吸收，但当钾素浓度升高到一定时，叶片吸氮量不会再上升。

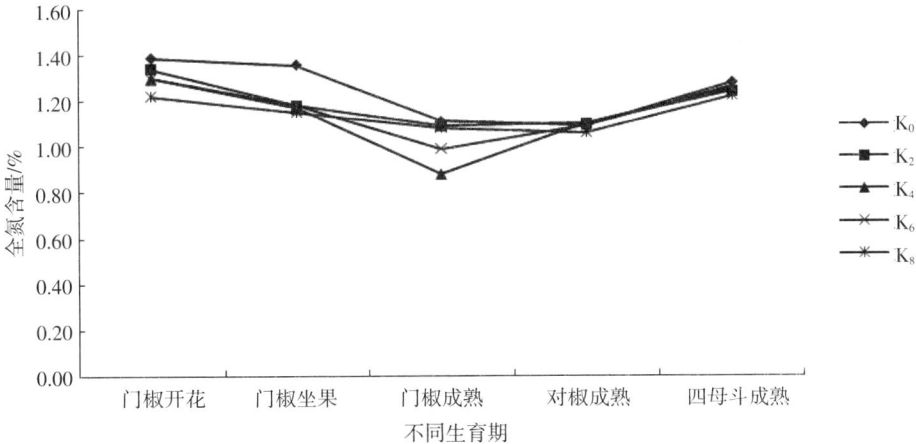

图 4-19　不同处理甜椒叶片全氮含量动态变化

由图 4-20 可知：甜椒叶片全磷含量随着施肥水平和生育周期的不同表现出的变化趋势也不相同，总体呈"S"形曲线先降低后升高再降低趋势。当门椒开花期到门椒成熟期过程中需要更多的磷素营养，甜椒植株叶片全磷含量向果实转移，对椒成熟期由于不断供应营养使叶片含磷量又开始上升，在四母斗成熟期，可能由于甜椒植株其他部位全磷含量有所升高，使得叶片含磷量较低，K_4 与 K_8 处理间没有显著性差异，与 K_0、K_2 处理差异性显著。

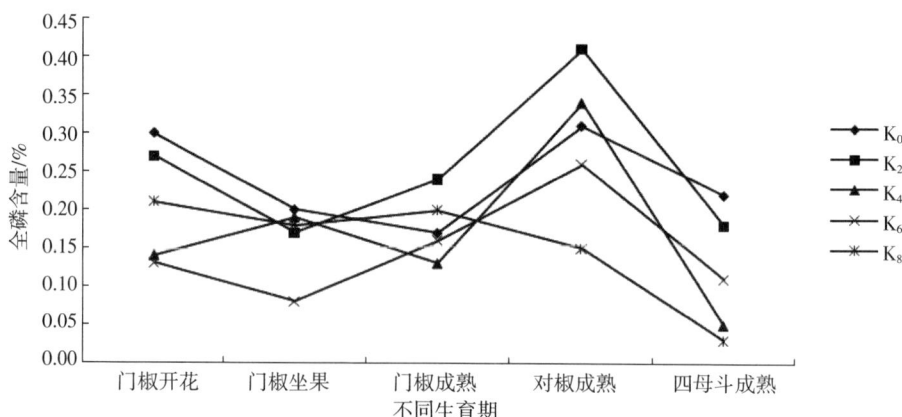

图 4-20　不同处理甜椒叶片全磷含量动态变化

由图 4-21 可知，甜椒叶片全钾含量随着生育期的变化大致呈反"S"形曲线变化趋势，但整体变化不大。在门椒坐果期到门椒成熟期过程中，甜椒叶片全钾含量各处理均处于下降状态，由于果实生长需钾量增大，叶片中钾素营养向果实转移，当果实成熟后，随着营养液的不断累积，叶片中全钾含量开始上升。到四母斗成熟期时，甜椒叶片中全钾含量各处理间均有显著差异，钾素浓度越高的处理，四母斗叶片全钾含量越大。

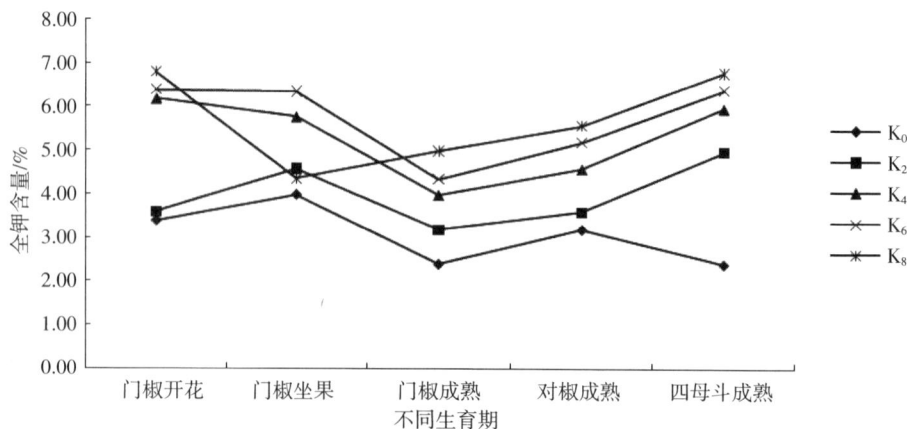

图 4-21　不同处理甜椒叶片全钾含量动态变化

4.不同处理甜椒果实养分吸收特点

甜椒果实全氮含量动态变化随着施肥水平和生育周期的不同表现出的变化趋势也不相同，全生育期植株果实全氮含量变化随着生育期的变化呈"L"形曲线降低趋势。甜椒成熟过程中，全氮含量从植株其他器官转移到果实，当门椒坐果期到门椒成熟期时，甜椒果实生长需要大量氮素营养，因此果实内含氮量降低，当门椒成熟后，果实中含氮量也随之上升。在四母斗成熟期，当钾素浓度为 4 mmol/L 和 6 mmol/L 时，果实全氮含量最高，当钾素浓度为 8 mmol/L 时，甜椒果实全氮含量下降至最低，并且与其他处理间均有显著性差异（图 4-22）。

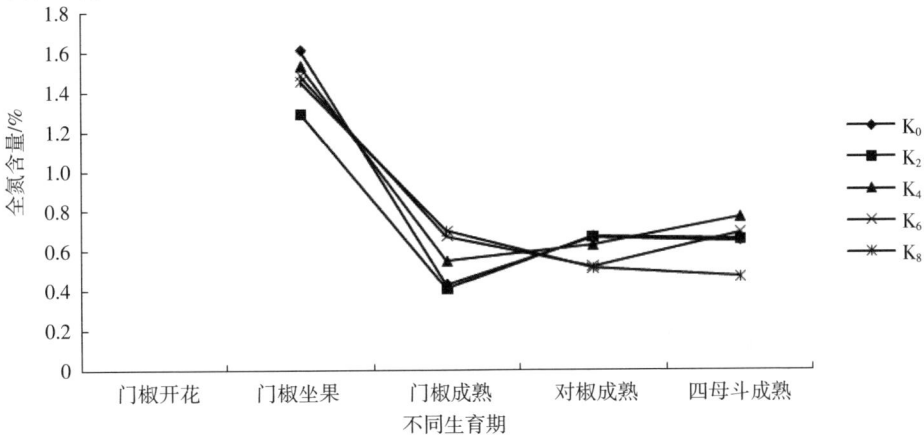

图 4-22　不同处理甜椒果实全氮含量动态变化

不同处理甜椒果实全磷含量动态变化随着生育期的变化总体呈降低趋势，共出现一个波谷，但在整个生育期降低趋势不明显。在门椒坐果期到门椒成熟期，甜椒果实的含磷量由甜椒果实膨大而有所下降，到门椒成熟期到四母斗成熟期开始上升。在四母斗成熟期，各处理甜椒果实含磷量施钾肥处理均高于不施钾肥处理，当钾素浓度为 4 mmol/L 和 6 mmol/L 时，果实吸收全磷量最高，与其他处理全磷含量均有显著性差异，与 K_0、K_8 处理有极显著差异（图 4-23）。

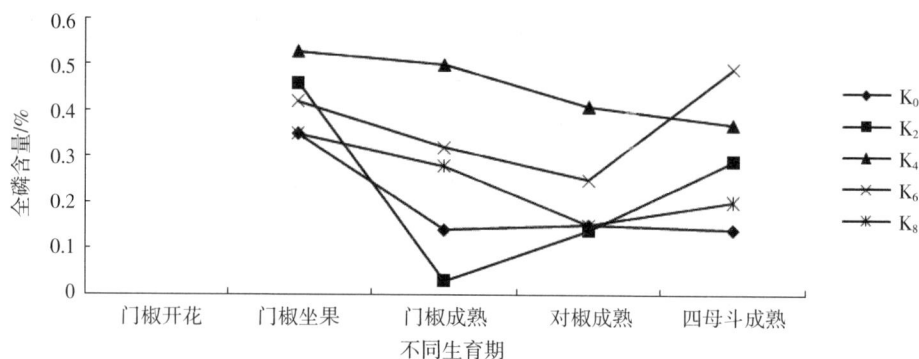

图 4-23　不同处理甜椒果实全磷含量动态变化

甜椒果实全钾含量动态变化随着施肥水平和生育周期的不同表现出不同的变化趋势。全生育期植株果实全钾含量呈下降趋势，但变化不大。在果实成熟期，由于果实膨大需钾量增加，因此果实含钾量降低。由图可知，在四母斗成熟期施肥处理全钾含量均高于不施钾肥处理，钾素浓度为 4 mmol/L 和 6 mmol/L 时，果实全钾含量最高，与其他处理均有显著性差异（图 4-24）。

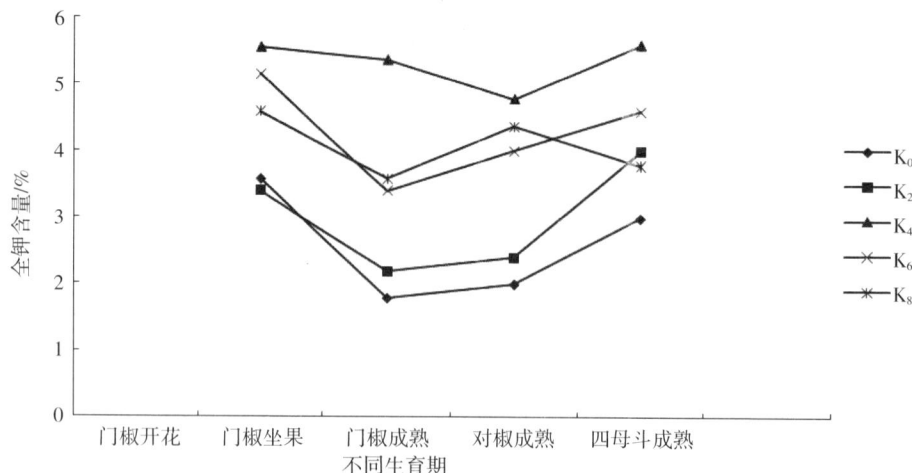

图 4-24　不同处理甜椒果实全钾含量动态变化

（二）不同处理对沙子养分含量变化的影响

1.不同处理对沙子速效养分含量变化的影响

土壤全氮以有机态氮和无机态氮的形式存在。土壤速效氮是有机态氮中比较易分解的部分。图 4-25 显示，沙子不同处理随着生育期的变化沙子中碱解氮的含量呈"S"形曲线变化。整体看来不施钾肥的处理沙子中碱解氮含量明显低于其他处理，且不同施钾水平之间碱解氮含量变化也是不相同的。在整个生育期钾素浓度为 4 mmol/L 和 6 mmol/L 时，整体表现为碱解氮含量最高。在对椒成熟期到四母斗成熟期开始降低。

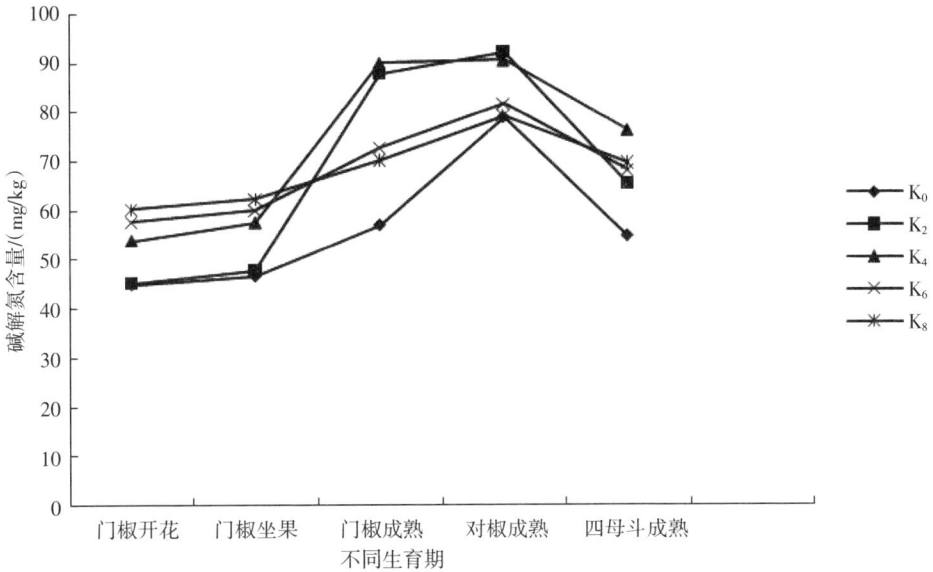

图 4-25 不同处理沙子碱解氮含量动态变化

土壤中的有效磷也称为土壤中的速效磷，其含量占土壤全磷的1%，能够被植物直接吸收利用。磷素的丰缺直接影响植物的生长发育和产量品质的优劣。甜椒各生育期沙子速效磷含量各不相同，总体变化呈"S"曲线上升趋势。不施钾肥处理在整个生育期整体表现为速效磷含量最低。磷素对植株花芽分化有很大影响，因此甜椒门椒开花期到门椒坐果期沙子中速效磷被植株大量吸收，使沙子中速效磷含量降低。在甜椒整个成熟期，沙子速效磷含量均呈上升趋势，其中营养液钾素浓度为 4 mmol/L 和 6 mmol/L 时，沙子速效磷在整个生育期含量最高，可为植株供应充足的磷素营养（图 4-26）。

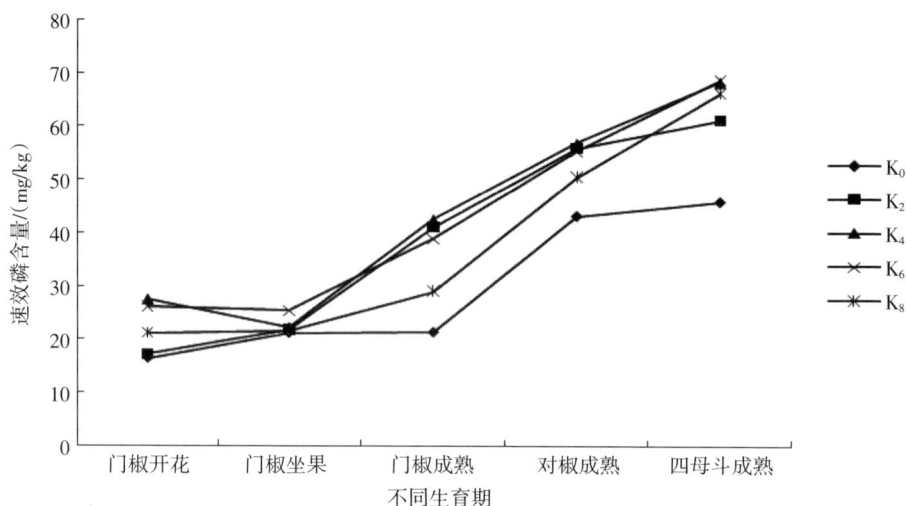

图 4-26　不同处理沙子速效磷含量动态变化

土壤速效钾的丰缺度直接影响植物对钾素营养吸收。试验结果表明，沙子速效钾含量在整个生育期均呈"S"形曲线上升趋势，这是由于营养液中养分在沙子里积累，甜椒植株能够吸收充足的钾素营养。在四母斗成熟期表现为速效钾含量最高。不施钾肥的处理沙子速效钾含量表现为整个生育期低于其他处理。营养液钾素浓度为 8 mmol/L、6 mmol/L、4 mmol/L 的处理沙子速效钾含量较高，可以看出，营养液中钾素浓度越大，沙子含速效钾量越大（图 4-27）。

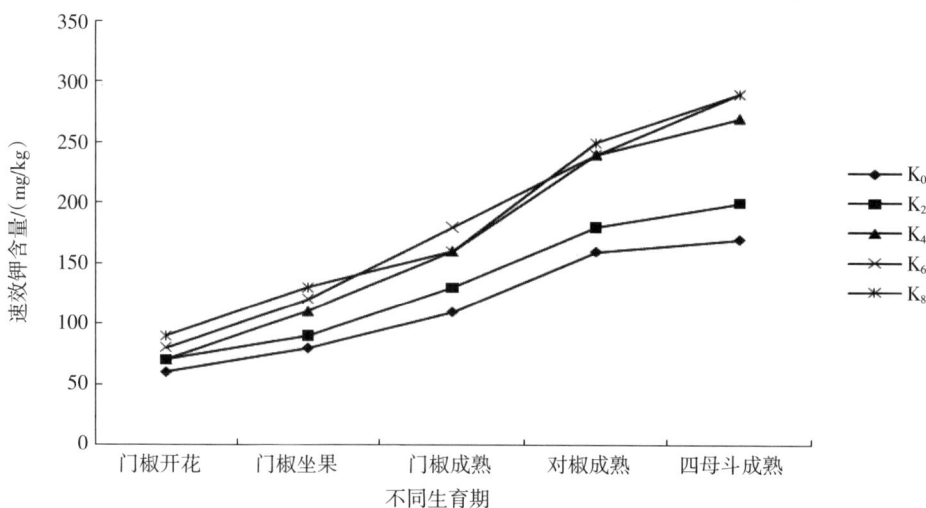

图 4-27　不同处理沙子速效钾含量动态变化

2.不同处理对沙子全氮、磷、钾含量变化的影响

土壤氮素是土壤肥力决定性因素之一，在植物生长中起重要作用。土壤全氮与土壤有效氮呈正相关关系。测定土壤全氮含量可以了解沙子全氮含量的丰缺，为合理施肥提供科学依据。

图 4-28 中显示，不同处理沙子随着生育期不同全氮含量也不相同。在整个生育期全氮含量呈"W"形曲线上升趋势，出现一个波峰和两个波谷。其中，不施钾肥的处理沙子中全氮含量均小于其他处理全氮含量。各处理在门椒开花期到门椒坐果期沙子全氮含量均下降，这是由于甜椒生长开花期到坐果期需要大量营养，而前期沙子中营养液养分积累较少，因此，沙子中氮素营养被植株吸收，使全氮含量下降。在门椒成熟期全氮含量最大。从对椒成熟期到四母斗成熟期沙子全氮含量再次上升。在整个生育期中营养液钾素浓度为 4 mmol/L 和 6 mmol/L 的处理，沙子全氮含量均较其他处理高。

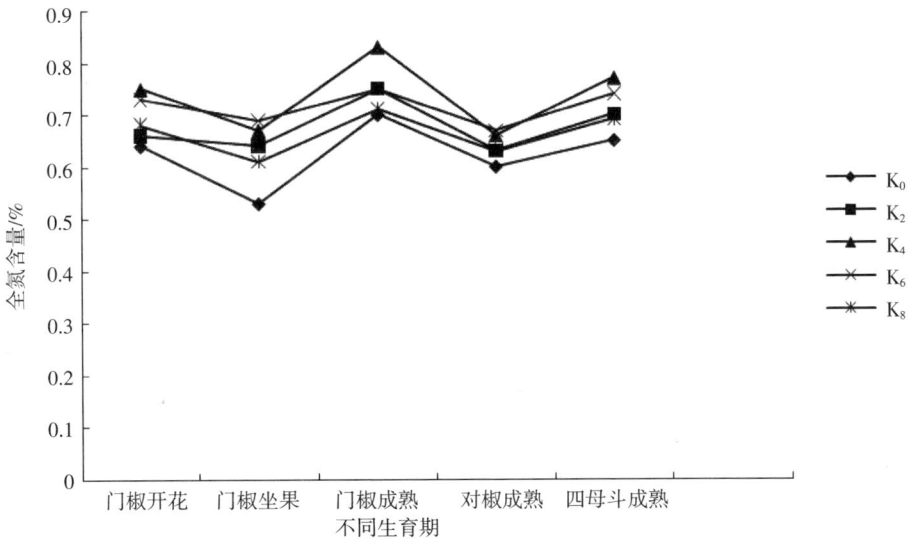

图 4-28　不同处理沙子全氮含量动态变化

土壤全磷含量标志着土壤贮备磷的情况。虽然土壤全磷与速效磷的关系不大，可土壤全磷含量大小也决定着植株能否吸收足够的磷素营养供其生长发育。

在图 4-29 中可以看出，沙子全磷含量在整个生育期整体呈反"S"形曲

线下降趋势，出现一个波峰和一个波谷。但在整个生育期过程中不施钾肥和营养液钾素浓度为 8 mmol/L 的处理较其他处理全磷含量低。其中，营养液钾素浓度为 4 mmol/L 和 6 mmol/L 的处理沙子全磷含量在对椒成熟期到四母斗成熟期时同时上升，其他处理仍然呈下降趋势。

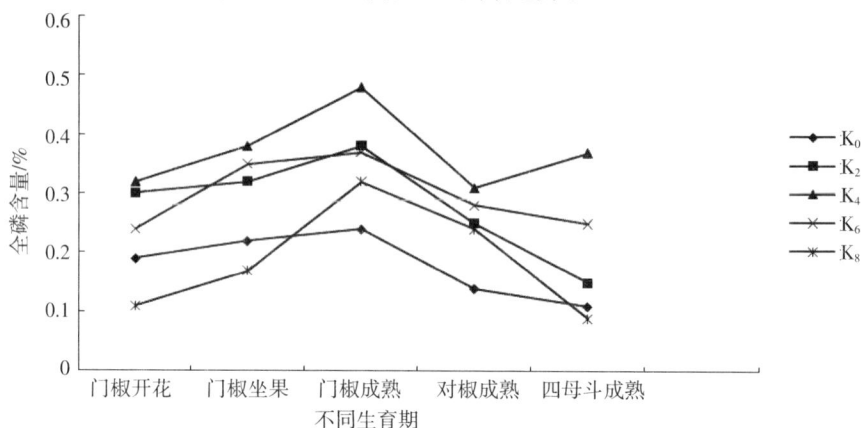

图 4-29　不同处理沙子全磷含量动态变化

土壤全钾是影响土壤钾素生物有效性的一个主要因素。不同土壤由于受成土母质、土壤质地、施肥措施的影响，土壤钾素含量差异很大。许多研究表明，土壤钾素含量高，钾的生物有效性就高。

图 4-30 显示，不同处理沙子全钾含量随着生育期的变化而变化，在整个生育期过程中呈现"M"形曲线升高趋势，出现一个波峰和两个波谷。其中不施钾肥处理沙子全钾含量均小于其他处理。营养液钾素浓度为 4 mmol/L 和 6 mmol/L 处理沙子全钾含量在整个生育期表现最大。

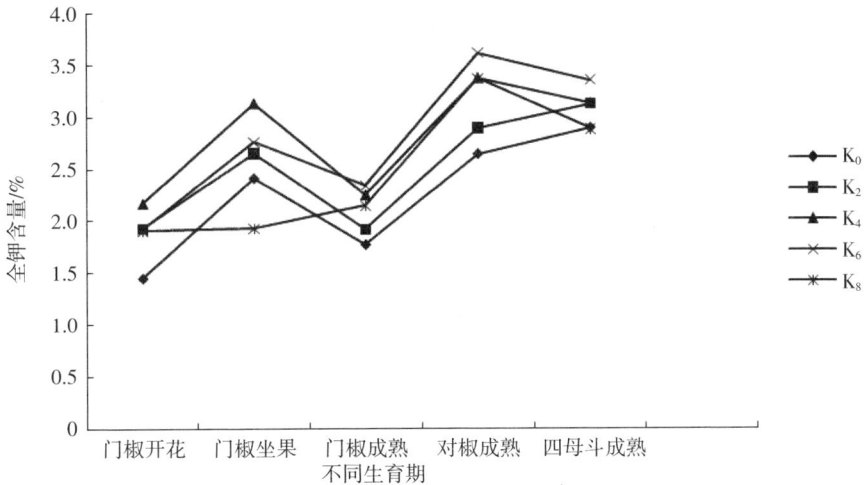

图 4-30　不同处理沙子全钾含量动态变化

（三）不同处理甜椒植株整个生育期吸收养分量

由表 4-10 可以看出，增加营养液钾素浓度可以提高植株对氮、磷、钾素营养的吸收量，但当钾素浓度为 8 mmol/L 时，植株吸收氮、磷量不增反降，由此可以得出：适当增加营养液钾素浓度，可以提高植株对氮、磷养分的吸收，当钾素浓度过高时，会抑制植株对氮、磷养分的吸收。不同处理甜椒植株吸收氮、磷养分量没有显著性差异。不同处理对全钾吸收量 K_8 最高，K_0 最低，并且吸收的所有钾素营养都来自于沙子本身。K_8、K_6、K_4 三个处理间无显著性差异，三者与 K_2 处理差异性显著，与 K_0 处理有极显著差异。

表 4-10　不同处理沙培甜椒吸收养分量

处理	整个生育期植株吸收养分量/%		
	全氮	全磷	全钾
K_0	2.54	0.67	8.19
K_2	2.36	1.13	13.76
K_4	2.52	0.66	17.36
K_6	2.65	0.97	17.36
K_8	2.56	0.65	17.75

（四）不同处理对甜椒生长参数的影响

表4-11结果表明，营养液不同钾素浓度浇灌甜椒对甜椒的株高，茎粗，开展幅，单果重均有影响。随着钾素浓度不同，株高，茎粗，开展幅，单果重随着营养液钾素浓度增加而增加，当钾素浓度达到8 mmol/L时，株高，茎粗，开展幅，单果重都不再上升，反而下降。这与前面得出养分吸收量结果一致，表明适宜的钾素浓度会促进甜椒植株对养分的吸收及生长。不施钾肥的处理株高，茎粗，开展幅均小于其他处理。其中各处理植株株高K_0与K_8处理间有显著差异，与K_2、K_4、K_6处理有极显著差异；各处理植株茎粗K_0与K_4、K_6有显著差异；K_0处理植株单果重与K_4、K_6处理有极显著差异，与K_8处理有显著差异，K_8与K_4、K_6处理之间差异极显著。

表4-11 不同处理对甜椒生长参数的影响

处理	株高/cm	茎粗/cm	开展幅/cm×cm	单果重/g
K_0	62.4±3.28bB	12.4±1.83bA	58.9×52.9	139.8±1.25bcB
K_2	72.7±4.53aA	14.2±2.16abA	66.3×61.4	156.1±7.79bB
K_4	73.5±8.50aA	14.7±1.48aA	66.9×61.6	159.5±0.86aA
K_6	74.8±3.88aA	14.8±0.93aA	67.4×61.5	164.1±5.72aA
K_8	71.6±2.61aAB	13.1±1.15abA	61.1×53.5	135.7±3.86cB

（五）不同处理对甜椒植株叶绿素含量的影响

钾素营养含量高低直接影响植物叶绿素合成，叶绿素是光合作用的场所，因此对植株生长及产量有直接作用。由图可知，随着采样时间不同，不同处理沙培甜椒植株叶绿素含量均呈上升趋势。其中，叶绿素含量大小依次为$K_4>K_6>K_2>K_8>K_0$。钾素度越高，甜椒植株叶绿素含量越高，但达到一定浓度时，叶绿素含量不再升高，反而会有所下降。

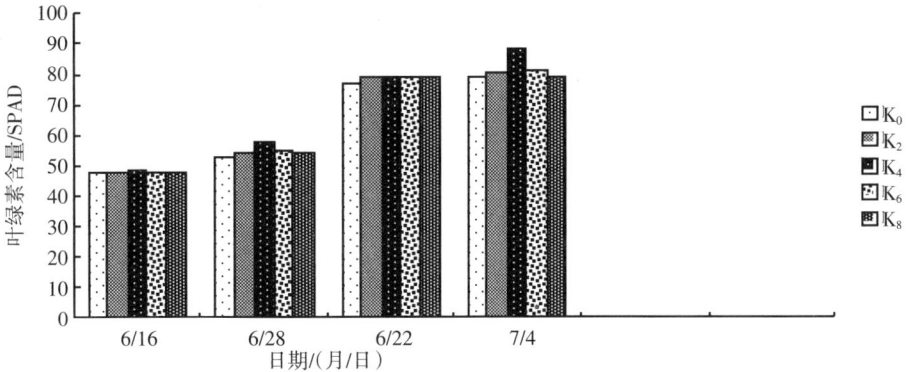

图 4-31 不同处理对甜椒植株叶绿素含量的影响

（六）不同处理对沙培甜椒全生育期干鲜重的影响

1.不同处理对沙培甜椒根干鲜重的影响

在不同施钾水平下，甜椒根干鲜重积累在整个生育期均呈上升趋势。门椒开花期干鲜重较少，四母斗成熟期达到积累高峰。不同生育时期，均表现为随施钾水平的提高甜椒根干鲜重增加，表明施钾促进了甜椒根系的快速生长，以贮存更多的营养供植株吸收。不施钾肥时，根系生长最慢，根干鲜重在整个生育期为最小。但当钾素浓度过高时，甜椒根系生长速度减缓，并且仅仅高于不施钾肥的处理。在四母斗成熟期根系干鲜重总体表现为 $K_6 > K_4 > K_2 > K_8 > K_0$，各处理都与 K_0 有显著性差异。

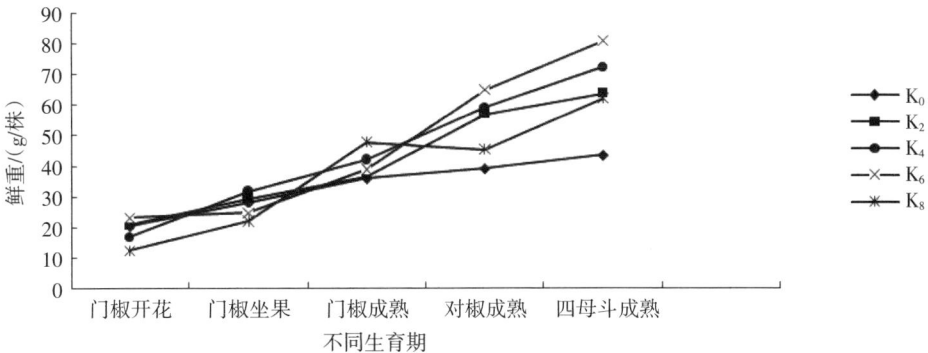

图 4-32 不同处理对沙培甜椒根鲜重的影响

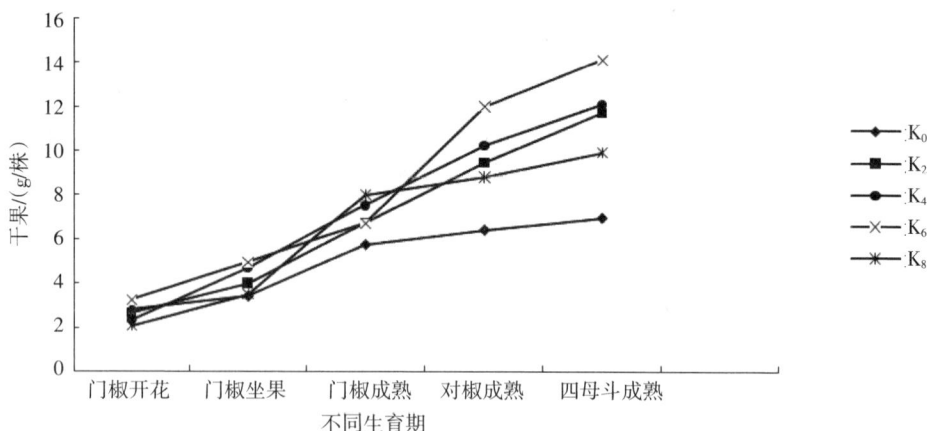

图 4-33　不同处理对沙培甜椒根干重的影响

2.不同处理对沙培甜椒茎干鲜重的影响

在甜椒生育期间，不同施钾水平下茎的干鲜重大致呈"W"形曲线增加趋势（图 4-34，图 4-35），并且随着施钾量的增加，甜椒茎干鲜重增加较快。门椒开花期各处理茎干鲜重在整个生育期为最小，在四母斗成熟期达到最大值。其中,不施钾肥的处理茎干鲜重与其余各处理相差较大，均有极显著差异。但当钾素浓度为 8 mol/L 时，甜椒茎干鲜重虽然呈升高趋势，但增大速度小于 K_6 和 K_4。因此，从试验田沙子含钾量来看，施钾量在 $K_2 \sim K_6$ 之间均有利于甜椒茎的生长。茎干鲜重各处理表现为 $K_6 > K_4 > K_2 > K_8 > K_0$。

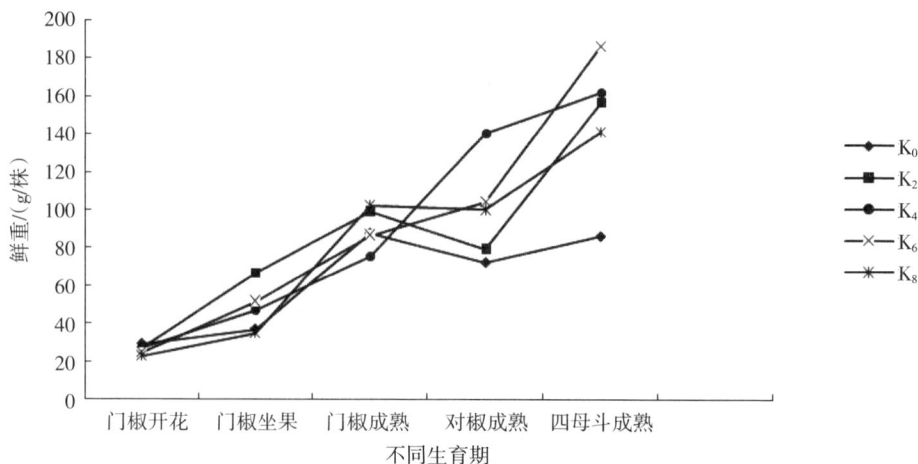

图 4-34　不同处理对沙培甜椒茎鲜重的影响

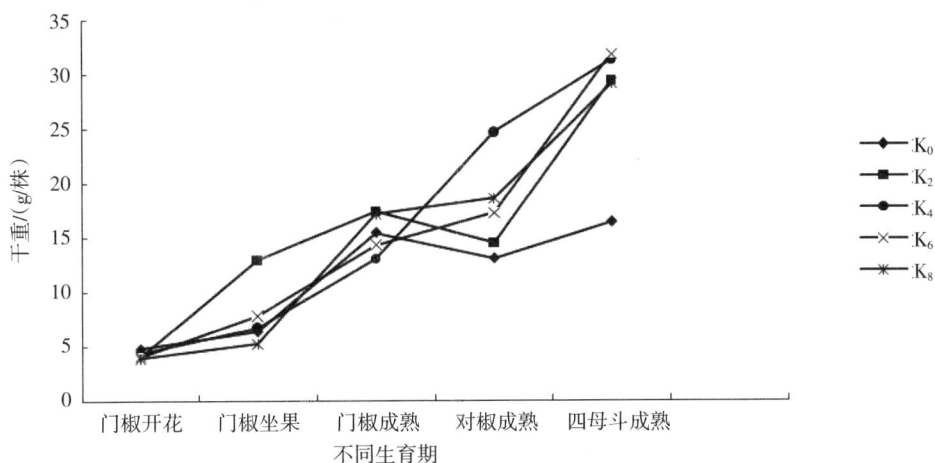

图 4-35　不同处理对沙培甜椒茎干重的影响

3.不同处理对沙培甜椒叶片干鲜重的影响

不同施钾水平下甜椒叶片的干鲜重大致呈"W"形曲线变化。由图 4-36、图 4-37 可以看出，随着施钾水平增加，叶片干鲜重随之增加，由门椒开花期的最小值增加到四母斗成熟期的最大值。在整个生育期过程中，不施钾肥的处理叶片干鲜重表现最低，可见，施钾有利于甜椒叶片生长发育，增大叶面积，促进光合作用的进行，有利于后期光合产物的生成和运转。在四母斗成熟期，甜椒叶片干鲜重各处理总体表现为 $K_4 > K_6 > K_2 > K_8 > K_0$。$K_0$ 处理与 K_4、K_6 处理间有极显著差异，与 K_2、K_8 处理间差异显著。

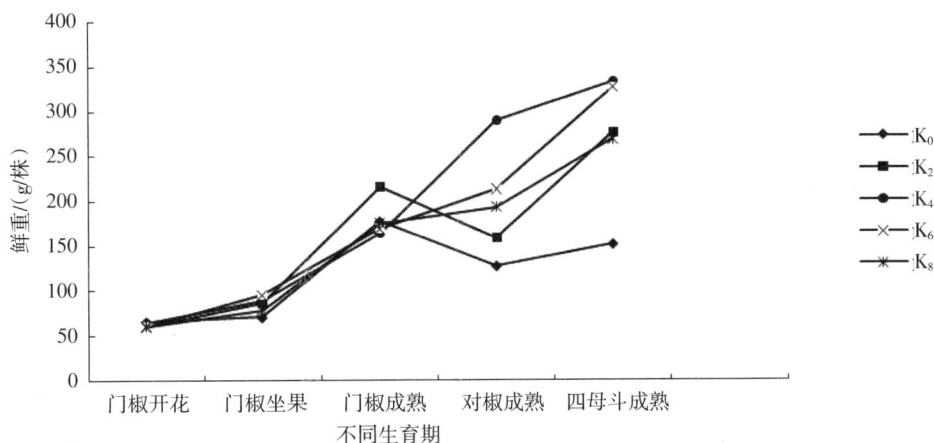

图 4-36　不同处理对沙培甜椒叶片鲜重的影响

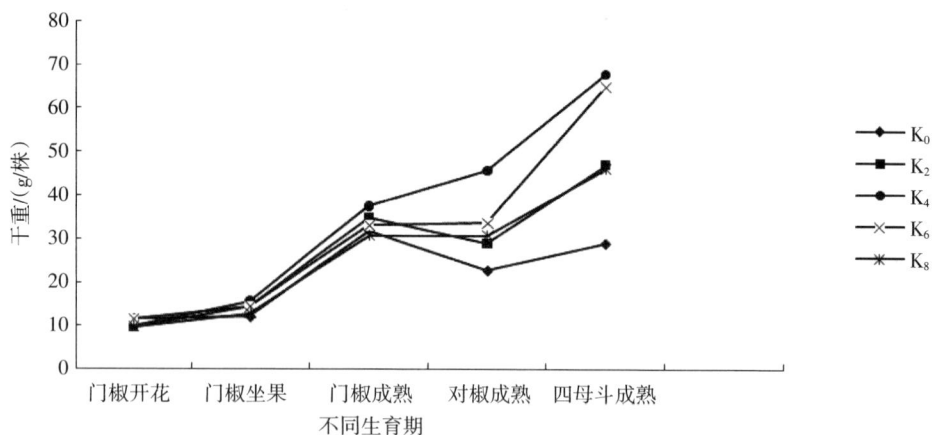

图4-37 不同处理对沙培甜椒叶片干重的影响

4.不同处理对沙培甜椒果实干鲜重的影响

试验结果表明，沙培甜椒在不同施钾水平下，干鲜重在整个生育期基本呈"Z"形曲线上升趋势。各处理在门椒坐果期甜椒果实干鲜重均表现为最小，之后开始迅速上升，在四母斗成熟期上升为最大。在整个生育期过程中，当钾素浓度为 8 mol/L 时，甜椒果实干鲜重小于不施钾肥处理，其他处理随施钾水平升高而升高。因此可以看出，当营养液钾素浓度过高时，抑制甜椒果实生长，从而降低甜椒产量。在四母斗成熟期甜椒果实干鲜重表现为 $K_4 > K_6 > K_2 > K_0 > K_8$。甜椒鲜重各处理间无显著性差异，干重表现为 K_0、K_8 处理与其余各处理间有极显著差异。

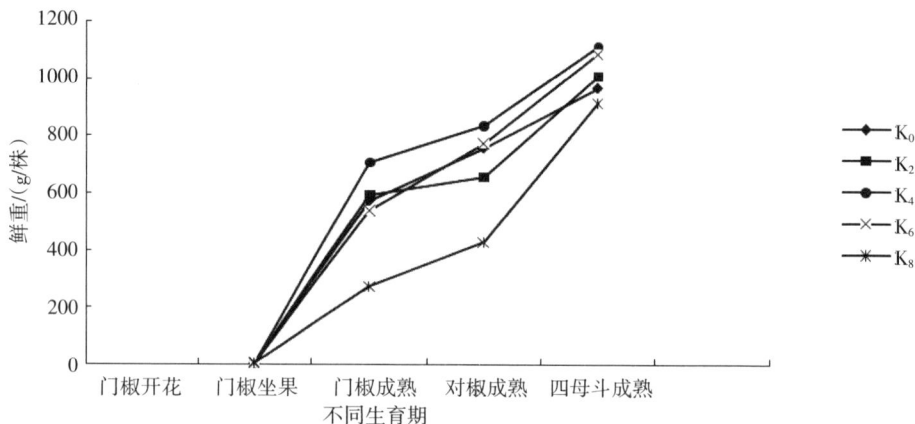

图4-38 不同处理对沙培甜椒果实鲜重的影响

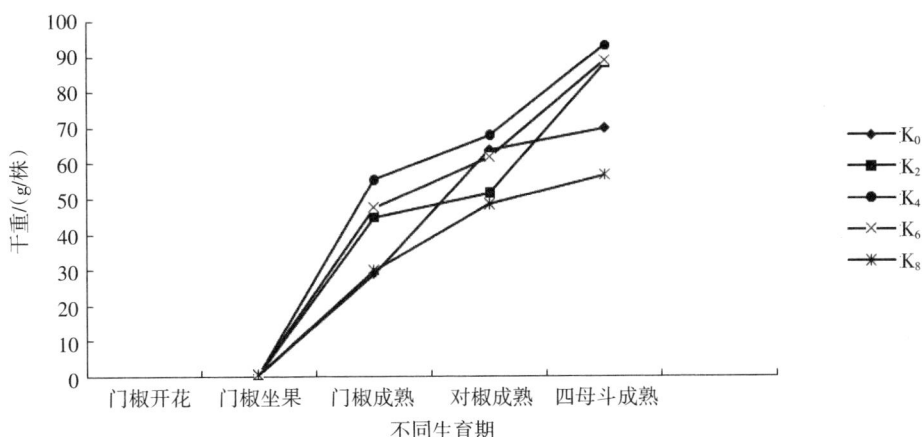

图 4-39　不同处理对沙培甜椒果实干重的影响

（七）不同处理对甜椒产量的影响

甜椒每 667 m² 种植 2382 株，产量结果表明：不施钾肥时，平均单产 2300.9 kg/667 m²。钾素浓度为 2 mmol/L 时，平均单产 2397.5 kg/667 m²，比不施钾肥增产 96.6 kg/667 m²，增产率为 4.2%。钾素浓度为 4 mmol/L 时产量最高，平均单产 2651.5 kg/667 m²，比不施钾肥增产 350.6 kg/667 m²，增产率为 15.2%。钾素浓度为 6 mmol/L 时，平均单产 2585.7 kg/667 m²，比不施钾肥增产 284.8 kg/667 m²，增产率为 12.4%。钾素浓度为 8 mmol/L 时产量最低，平均单产 913.1 kg/667 m²。比不施钾肥减产 52.8 kg/667 m²，减产率为 2.3%。根据产量结果进行方差分析，结果表明，各处理间差异不显著 F=1.101<F_{0.05}，其中钾素浓度为 4 mmol/L 产量最高，$N_{10}P_1K_4$ 的营养液配方最适宜沙培甜椒生长。

表 4-12　不同处理对甜椒产量的影响

处理	产量/（g/株）				平均产量/（kg/667m²）
	I	II	III	平均	
K_0	868.13	920.33	1109.24	965.9aA	2300.9
K_2	869.70	992.81	1156.99	1006.5aA	2397.5
K_4	1080.53	1004.12	1254.95	1113.2aA	2651.5
K_6	1001.55	1106.53	1148.42	1085.5aA	2585.7
K_8	944.49	838.88	955.93	913.1aA	2174.8

（八）结论

1.沙培甜椒养分吸收运转特点

沙培甜椒各器官氮磷钾钙镁含量动态变化因生育期不同表现出不同变化趋势。在整个生育期各器官吸氮量依次为叶>果>茎>根；吸磷量依次为叶>果>茎>根；吸钾量依次为叶>茎>果>根；吸钙量依次为叶>根>茎>果；吸镁量依次为叶>茎>根>果。根据试验所得甜椒平均单果重为973.8g/株，沙培甜椒每形成100kg果实，所需 N 4.36kg、P_2O_5 0.44kg、K_2O 2.8kg、Ca 0.34kg、Mg 0.78kg，N: P_2O_5:K_2O:Ca:Mg 为 1:0.1:0.64:0.34:0.18。

沙培甜椒在整个生育期根内养分含量钾>钙>镁>氮>磷；茎内养分含量钾>钙>镁>氮>磷；叶片内养分含量钾>钙>镁>氮>磷；果实内养分含量钾>氮>钙>磷>镁。这与前人研究的土培覆膜甜椒养分吸收量顺序基本一致。由此可以看出，在甜椒生长过程中，钾的含量在每个器官中均含量较高，而磷在植物体中较为稳定，因此在整个生育周期内含量变化较小，由于果实生长需要氮素营养，因此在果实成熟期根、茎、叶中氮含量转移到果实，使果实中含较多全氮，而根、茎、叶中氮含量相对较少，由于钙镁养分在植物体内移动性差，因此果实吸收钙镁含量均小于其他器官。这就导致甜椒果实易缺钙引发脐腐病，植株易缺镁引发叶片变成灰绿色，叶脉间发生黄化，茎上叶片发生脱落，直接影响果实产量。

沙培甜椒在整个生育过程中，根对氮的吸收旺盛期是门椒坐果期，对磷的是四母斗成熟期，对钾和钙是门椒开花期，对镁的是对椒成熟期；茎对氮的吸收旺盛期是门椒坐果期，对磷和钙是门椒开花期，对钾的是门椒坐果期，对镁的是四母斗成熟期；叶片对氮的吸收旺盛期是门椒开花期，对磷的是门椒坐果期，对钾、钙、镁的是四母斗成熟期；果实对氮、磷、钾的吸收旺盛期都是门椒坐果期，对钙、镁的吸收旺盛期是四母斗成熟期。

2.甜椒整个生育期沙子养分变化特点

沙培甜椒沙子速效养分含量在整个生育期表现为速效钾>碱解氮>速效磷。速效养分均在门椒开花期到对椒成熟期为上升趋势，从对椒成熟期到四母斗成熟期开始下降，主要原因可能是对椒成熟到四母斗成熟消耗养分量大于其他生育期，植株吸收大量养分供甜椒果实膨大，使沙子养分含量开始降低。

沙子全效养分含量在甜椒整个生育期表现为全钾>全氮>全磷。全氮、全磷均在门椒开花期到对椒成熟期上升为最大，之后开始下降，而全钾表现为先升高后下降再升高的趋势，在四母斗成熟期含量最大。产生这个结果的原因可能是沙子本身含钾量就大于氮磷含量，沙子本身含有的钾素营养和营养液供应钾素营养使植株一直保持在充足的钾素供应条件下，因此不会因为甜椒果实生长需要更多养分而使沙子内全钾降低。

沙子钙镁离子含量在甜椒整个生育期表现为钙离子>镁离子。沙子中钙离子呈先下降后升高再下降的趋势变化，镁离子呈下降趋势，二者在门椒开花期均为最大，四母斗成熟期钙镁离子含量最小。这是因为在甜椒生长过程中，随着果实的成熟，植株需要从沙子中吸取足够的钙镁养分保证果实正常生长。

3.不同钾素浓度沙培甜椒生理指标的变化

施钾水平的不同对沙培甜椒植株株高，茎粗，最大叶片长×宽，单果重均有影响，并且对甜椒体内叶绿素含量也有一定影响。当钾素浓度为 4 mmol/L 和 6 mmol/L 时，甜椒生理指标都表现为最大，其中，不施钾肥处理生长参数及叶绿素含量均比其他处理低。由此可得，适宜的钾素营养可以促进甜椒植株株高、茎粗、最大叶片长×宽、叶绿素含量的增长，同时促进果实发育，提高单果重。但是当钾素浓度过高时，会抑制植株生长。

4.不同钾素浓度沙培甜椒各器官氮磷钾含量动态变化

沙培甜椒各器官氮磷钾含量动态变化因施钾水平和生育期的不同表现不同的变化趋势。甜椒根全氮含量依次为 $K_8>K_0>K_4>K_6>K_2$，全磷含量依次为 $K_2>K_0>K_8>K_6>K_4$，全钾含量依次为 $K_8>K_6>K_4>K_2>K_0$；甜椒茎全氮含量依次为 $K_8>K_6>K_0>K_2>K_4$，全磷含量依次为 $K_2>K_8>K_6>K_4>K_0$，全钾含量依次为 $K_8>K_6>K_4>K_2>K_0$；甜椒叶片全氮含量依次为 $K_0>K_6>K_4>K_2>K_8$，全磷含量依次为 $K_0>$

$K_2>K_6>K_4>K_8$，全钾含量依次为 $K_8>K_6>K_4>K_2>K_0$；甜椒果实全氮含量依次为 $K_4>K_6>K_2>K_0>K_8$，全磷含量依次为 $K_6>K_4>K_2>K_8>K_0$，全钾含量依次为 $K_4>K_6>K_2>K_8>K_0$。由此可以看出，缺钾可以促进甜椒植株对氮磷的吸收，当钾素浓度上升到一定值时，植株吸钾量不再上升，反而有所下降，导致吸氮量和吸磷量也随之降低。

甜椒植株生长过程中，各器官养分含量随着生育期的不同向不同的器官转移，在果实成熟过程中，甜椒根、茎、叶养分均向果实转移，以促进果实生长膨大。因此，果实氮磷钾含量最大的处理为钾素浓度 4 mmol/L。

5.不同钾素浓度沙培甜椒植株干鲜重及产量变化

沙培甜椒植株干鲜重及产量随施钾水平不同而不同。甜椒根、茎干鲜重表现为 $K_6>K_4>K_2>K_8>K_0$，叶片干鲜重依次为 $K_4>K_6>K_2>K_8>K_0$，果实干鲜重依次为 $K_4>K_6>K_2>K_0>K_8$。随着施钾水平不同各处理甜椒产量也不相同，甜椒四母斗成熟期，测定甜椒产量依次为 $K_4>K_6>K_2>K_0>K_8$，这与甜椒果实干鲜重各处理顺序一致。由此可以看出，当钾素浓度为 4 mmol/L 时，甜椒植株能够吸收供应自身生长最大的养分含量；而当不施钾肥和钾素浓度为 8 mmol/L 时，甜椒生长各指标无显著差异，证明沙子中含有供应甜椒生长所需的钾素营养，而营养液中钾素浓度过高，反而会抑制植株生长。

6.不同钾素浓度处理沙培甜椒不同生育期沙子速效养分含量变化

通过试验可以看出，不施钾的处理碱解氮、速效磷、速效钾的含量均小于其他处理。碱解氮、速效磷和速效钾含量均呈"S"形曲线上升变化。在四母斗成熟期表现最大，其中碱解氮含量依次为 $K_4>K_8>K_6>K_2>K_0$，速效磷含量依次为 $K_6>K_4>K_8>K_2>K_0$，速效钾含量依次为 $K_6>K_8>K_4>K_2>K_0$。当钾素浓度增加，不断供应营养液使养分在沙子中累积量也随之增大。

7.不同钾素浓度处理沙培甜椒不同生育期沙子全效养分含量变化

不同处理对沙培甜椒全氮、全磷、全钾含量在不同生育期变化趋势各不相同。不同处理沙培甜椒全氮含量呈"W"形曲线变化，共出现一次波峰和两次波谷，各处理全氮含量依次为 $K_4>K_6>K_2>K_8>K_0$；各生育期沙子中全磷含量变化趋势呈反"S"形曲线下降趋势，各处理全磷含量依次为 $K_4>K_6>K_2>$ $K_0>K_8$；在整个生育期过程中，沙子全钾含量变化呈"M"形曲线上升趋势，共出现两次波峰一次波谷，在四母斗成熟期上升为最大。每个处理沙子全钾含量依次为 $K_6>K_4>K_2>K_0>K_8$。

8.不同钾素浓度处理沙培甜椒植株整个生育期养分吸收量

本试验条件下，不同处理沙培甜椒植株养分吸收量也不相同。在不施钾肥水平下，植株吸收的钾素营养来自沙子本身含钾量，钾素浓度不同处理沙培甜椒产得出不同钾素浓度处理沙培甜椒最高产量施肥氮磷钾配比为 1:0.26:6.89。

（九）讨论

本试验分析了沙培甜椒的养分吸收状况、沙子养分变化及钾素有效性等，初步掌握了在营养液滴灌条件下，沙培甜椒的养分吸收运转规律以及钾素对甜椒的影响。但是，在试验中也发现了一些有待继续研究的问题。

在试验过程中，甜椒植株各部分氮、钾、钙、镁含量变化在整个生育期都有一定规律，可是全磷含量变化复杂，在同一时期变化不一，没有一定的变化规律，其原因还需要进一步研究。

不同钾素浓度营养液处理沙培甜椒不同器官（根、茎、叶、果）中氮磷钾养分分布不同，这也是值得进一步研究的。

在研究过程中，甜椒植株对氮磷钾的吸收以及株高等生长指标 K_6 最高，可是产量却低于 K_4，这需要我们进一步研究分析其中原因。

在本试验中，我们得出低钾浓度和高钾浓度栽培甜椒都与不施钾处理的产量相近，甚至低于不施钾处理。因此，我们建议可以根据宁夏不同地区沙子状况继续对不同作物进行沙培营养液筛选研究，确定钾肥使用量，以减少由于盲目施钾造成的钾肥浪费。

第二节　宁夏非耕地日光温室黄瓜栽培容器研究

　　容器栽培作为无土栽培的一种简易的种植模式，可以有效地解决土地利用率、土壤连作障碍及土传病害等问题，另外还能够最大限度地降低栽培前准备的劳动强度，节约人力成本。目前，针对不同栽培容器的选择已有众多研究，栽培容器类型主要有普通营养钵、控根容器、塑料编织袋、聚乙烯袋、无纺布袋、塑料花盆、塑料网筐、陶瓷盆等。栽培容器的优缺点明显：陶瓷盆、无纺布袋、聚乙烯袋成本较高且不方便基质填装搬运，无法推广使用；普通营养钵、塑料编织袋、塑料网筐由于制作材料限制使用年限普遍较短，无法长期重复利用。本团队以聚苯乙烯发泡颗粒为材料的长方形白箱栽培容器为主要研究对象，进行黄瓜栽培试验，旨在筛选出适合宁夏非耕地日光温室蔬菜优质高产、低成本且便于推广使用的栽培容器，为基质培蔬菜生产提供生产依据。

一、夏秋茬黄瓜栽培容器研究

（一）试验简介

　　本试验以黄瓜品种京丰 298 为材料，设 4 个处理。其中，处理 A：有盖苯板泡沫栽培箱。上方开有两个定植孔，定植孔直径为 10 cm，容器长为 55 cm、宽为 29 cm、高为 26 cm、容器壁厚度为 2 cm。处理 B：无盖苯板泡沫栽培箱。长、宽、高、容器壁厚度与处理 A 相同。处理 C：塑料栽培槽。长为 66 cm、宽为 26 cm、高为 21 cm、容器壁厚度为 0.5 cm。处理 D：内黑外白塑料栽培袋。长为 90 cm、宽为 38 cm、袋厚度为 0.2 mm。

1.生长变化

　　处理 A 的黄瓜在生长中后期株高大于其他 3 个处理。定植前 25 d，4 个处理黄瓜株高没有明显差异。定植 40 d 后，处理 A 的株高为 179.92 cm，比处理 B、处理 C 和处理 D 分别高出 6.5 cm、5.71 cm、17.29 cm。随黄瓜生育期的延长，茎粗也在不断增大。定植后 25~40 d，处理 A 生长速度明显高于其他 3 个处理，定植40 d后，处理C进入生长旺盛期，生长速度最大（图2-1）。

　　植物叶片是进行光合作用和蒸腾作用的主要器官，叶面积的大小及其动态变化是植物生长发育研究中的重要指标。随着生长期延长，黄瓜叶面积逐渐增大。定植10~25 d时，处理C>处理A>处理B>处理D，此时黄瓜处于营养生长期，处理D与处理C有明显差异；定植25~40 d时，黄瓜叶面积迅速增大，处理D叶面积增速明显；定植55 d时，处理A的叶面积最大，但各处理间差异不明显；定植70 d后，处理A>处理C>处理B>处理D，各处理间差异明显（图4-40）。

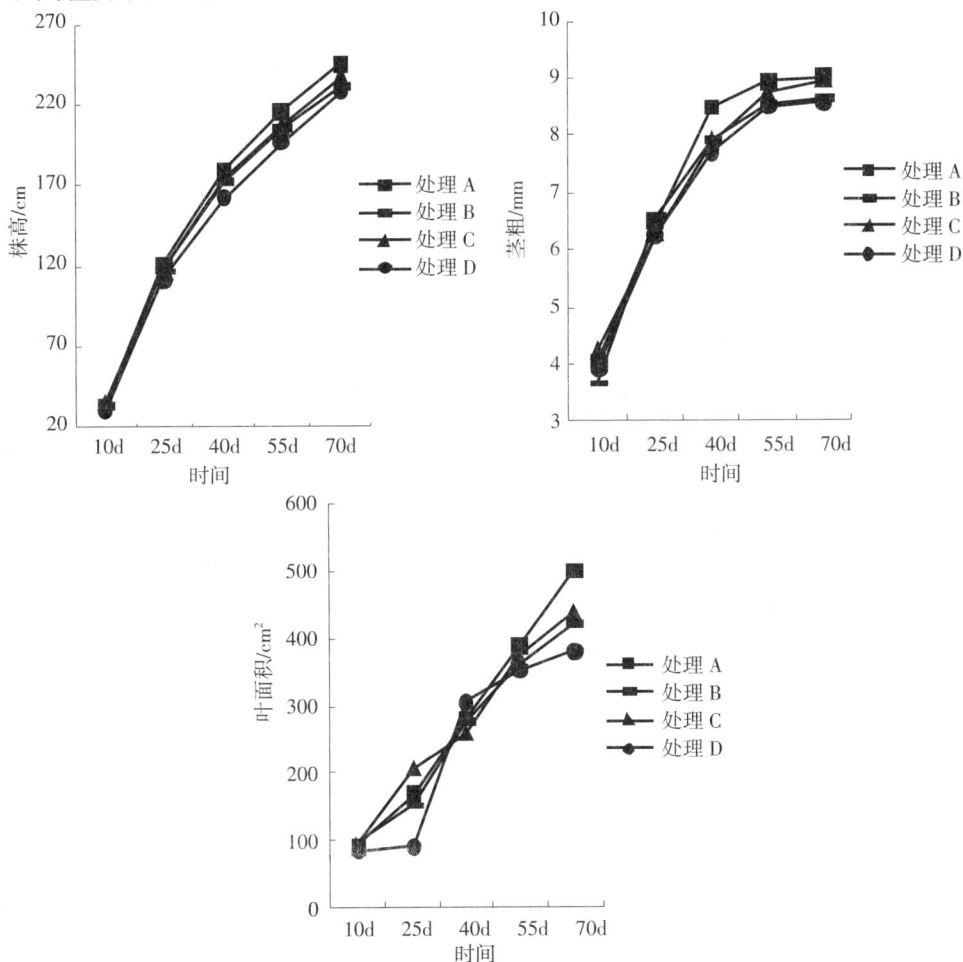

图4-40　不同处理对黄瓜株高、茎粗和叶面积的影响

2.根系变化

根系作为植株吸收和运输水分、养分的主要器官，其生长和代谢影响着植株地上部的生长和产量。植物根系的形态特征，如根系的体积、几何形态、长度及分布状态，根毛数量和根的结构特征等参数对养分的吸收都有重要作用。

处理 A 栽培的黄瓜在根长、根表面积和根体积方面明显高于其他各处理，且各处理间存在显著差异；而处理 C 和处理 D 的根系平均直径较大，与处理 A、B 间存在极显著差异（表 4-13，图 4-41）。

表 4-13　不同处理黄瓜根系整根参数

处理	根长	根表面积/cm²	平均直径/mm	单株根体积/cm³
A	995.31aA	355.36aA	1.04bB	7.88aA
B	674.15cC	269.36cC	1.07bB	5.88cC
C	706.11bB	327.19bB	1.13aA	6.76bB
D	506.79dD	212.83dD	1.18aA	4.64dD

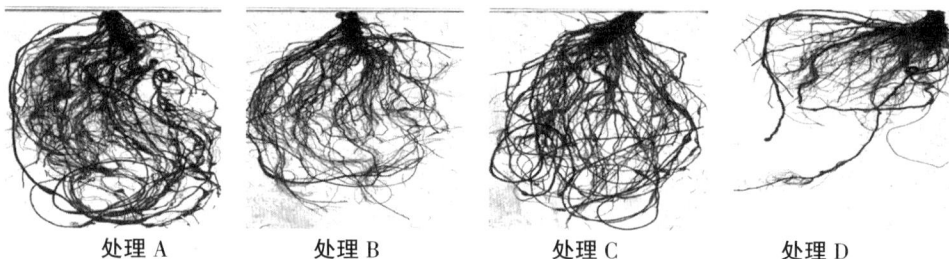

处理 A　　　处理 B　　　处理 C　　　处理 D

图 4-41　不同处理根系形态扫描

3.光合特性的影响

不同处理黄瓜叶片光合速率的日变化如图 4-42 所示。黄瓜叶片净光合速率日变化显示出双峰曲线形。在 11:00 和 15:00 左右出现峰值，上午黄瓜叶片的光合强度较大，下午叶片光合速率逐渐下降。不同容器处理之间的黄瓜叶片净光合速率存在差异。定植后 25 d，各处理双峰形态明显，处理 A 的净光合速率较高。定植后 65 d，处理 A、B、C 在 11:00~15:00 的净光合速率均高于处理 D。

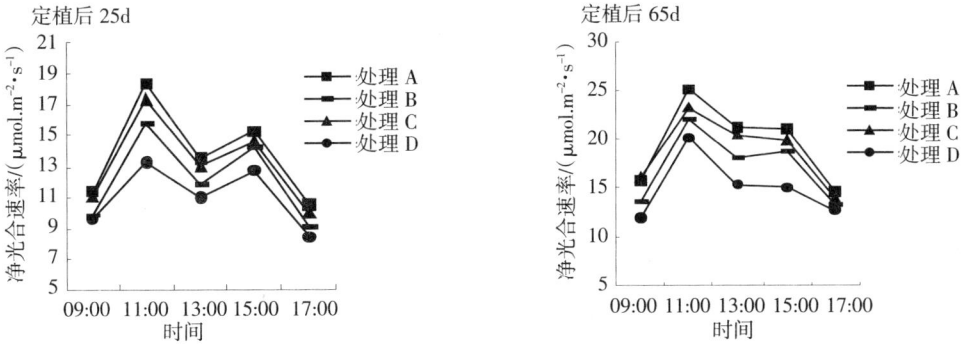

图 4-42　不同处理对黄瓜叶片净光合速率（Pn）的影响

从图 4-43 可以看出，各处理黄瓜叶片的蒸腾速率日变化趋势基本一致，定植 25 d、65 d 时有较为明显的单峰。定植 25 d 时，处理 A 在 11:00 时出现峰值，其中处理 A>处理 C>处理 B>处理 D。定植 65 d 时，处理 A 峰值出现时间在 11:00，其他 3 个处理均呈单峰形态，处理 B、C、D 出现峰值的时间分别为 11:00、11:00 和 13:00。

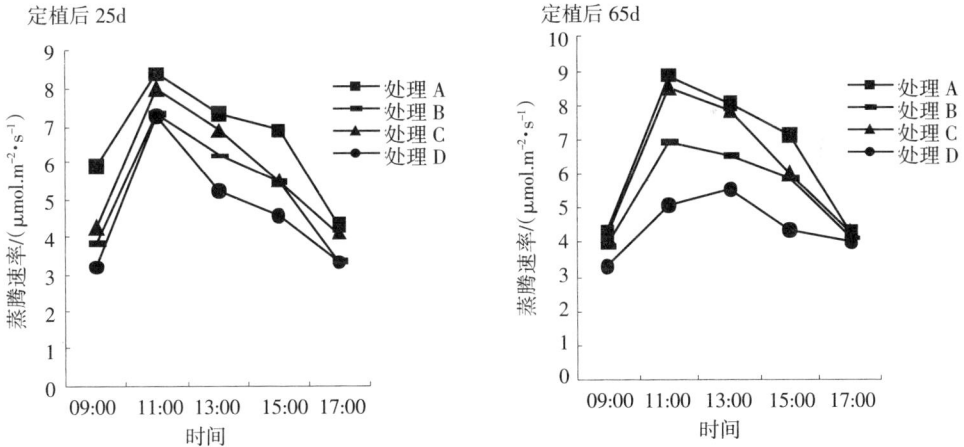

图 4-43　不同容器对黄瓜叶片蒸腾速率（E）的影响

植物叶片上的气孔是植物与外界进行气体交换的主要通道。不同处理不同时期（25 d、65 d）黄瓜叶片气孔导度的变化见图 4-44，由图可知，各处理在各时期黄瓜叶片的气孔导度变化趋势基本一致，随着一天内时间的变化呈先升高后降低趋势，峰值出现在 11:00。在一天的变化中，处理 D 明显低

于其他各处理。定植 25 d 时，处理 A 的黄瓜叶片气孔导度明显高于其他各
处理，且在 11:00 点时出现峰值，处理 D 的气孔导度最低。定植 65 d 时，
在 11:00 时处理 A 的气孔导度为 556 mmol·m^{-2}·s^{-1}，比处理 B、C、D 分别高
出 11.65%、7.54%、26.65%。

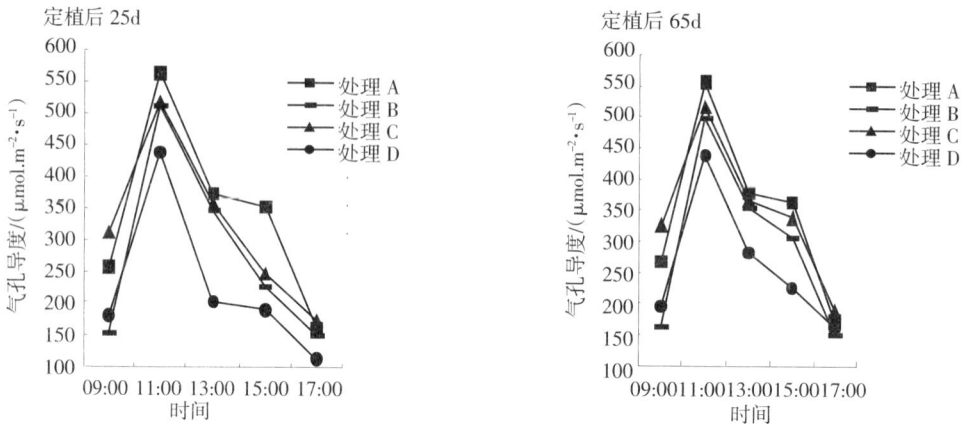

图 4-44 不同处理对黄瓜叶片气孔导度 (Gs) 的影响

4.基质理化性质变化

孔隙直接影响根际基质的气体交换，是基质吸水和容纳空气能力的重要
指标，理想基质的总空隙度多在 40%~75% 之间。4 个处理的总孔隙都在理
想的孔隙范围内。定植初期总孔隙度均有所下降，定植后 40 d，各处理总
孔隙度呈现升高的趋势，定值后 60 d，各处理总孔隙度达到最大，分别为
74%、73%、75% 和 70%，此后各处理总孔隙度缓慢降低，其中处理 D 在整
个生育期总孔隙度处于较低水平，明显低于其他 3 个处理，而处理 C 基质
总孔隙度在定植 20 d 后始终高于其他处理（图 4-45）。

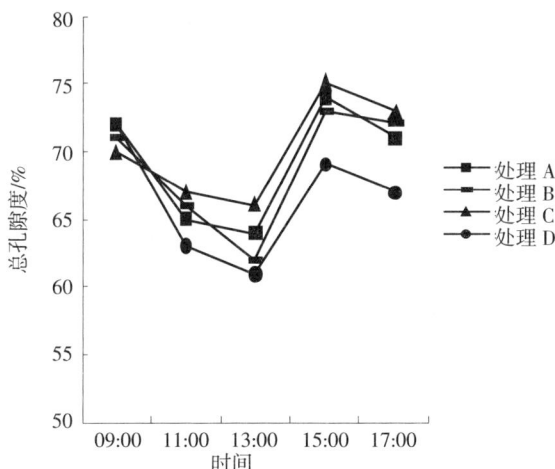

图 4-45　不同处理对基质总孔隙度的影响

在黄瓜的整个生育期各处理的持水孔隙度变化趋势基本一致，定植 20 d 后呈逐渐上升到缓慢降低趋势。处理 C 在定植 20 d 持水孔隙最小为 47%。由图可知，在生育期内，各通气孔隙度在定植 0~40 d 缓慢降低，而处理 D 始终处于较低状态且下降幅度明显，定植 80 d 后出现最低值 13.52%。定植后 40 d 通气孔隙度开始增大，处理 D 仍旧呈下降趋势，在黄瓜的整个生育期，各处理通气孔隙基本保持在 15%~20%，处理 D 最低。

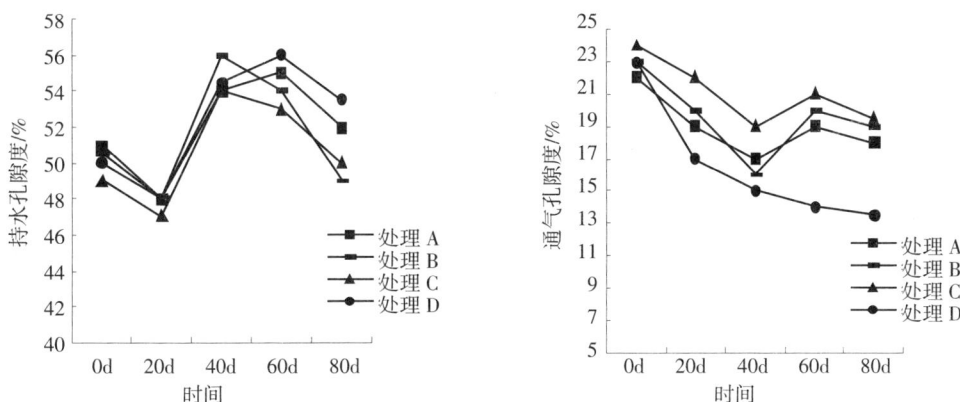

图 4-46　不同处理对基质持水孔隙度和通气孔隙度的影响

EC 值是基质水溶液的例子总浓度指标，理想基质的 EC 值应小于 2.5 ms/cm。定植 20 d 后，处理 A 和其他 3 个处理有显著差异，处理 A 的 EC 值最大为 1.77 ms·cm⁻¹，处理 C 的 EC 值最小 1.65 ms·cm⁻¹，各处理的 EC 值呈现下降趋势。处理 A 的 EC 值整个生育期都高于其他 3 个处理（图 4-47）。

各处理基质在栽培过程中 pH 在 6.6~7.0 之间，接近黄瓜适宜的 pH 值范围（5.5~7.6）。在定植 40~60 d 各处理差异比较明显，其中处理 B>处理 D>处理 A>处理 C。定植 40 d 时 pH 值>7，基质略偏碱性，随着黄瓜的生长而降低的变化趋势，这可能是由于植株根系在碱性条件下吸收阳离子的量多于阴离子，根系周围富集 H⁺，基质内微生物分解碳水化合物，呼吸释放 CO_2，产生的多种有机酸降低了基质内的 pH 值（图 4-47）。

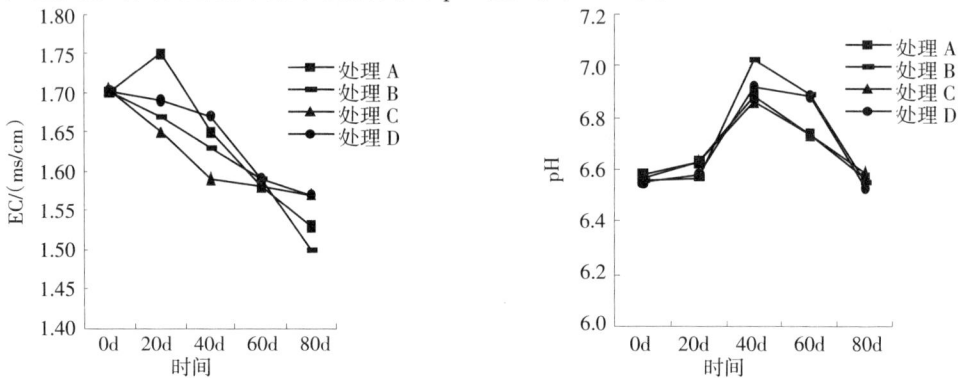

图 4-47 不同处理对黄瓜基质 EC 值和 pH 值的影响

5.基质环境变化

温度在植物生长发育过程中扮演着十分重要的角色。适宜、稳定的根际温度更是植物生长代谢的重要保证。不同容器处理下，黄瓜根际基质温度的变化如图 4-48（a）所示，4 个处理的根际基质温度在一天内的变化趋势基本一致，均呈先下降后上升再下降的形态。晴天时，处理 D 的基质温度在 0:00~8:00 和 16:00~23:00 时始终高于其他 3 个处理；8:00~16:00 时，处理 A、处理 B 的基质温度逐渐升高但变化幅度较为平缓，处理 D 温度则有明显升高，处理 C 的温度在 11:00 时达到最高，为 23.5℃。阴天时，处理 D 的温度最高且与其他各处理存在显著差异；在 0:00~18:00 时，处理 D>处理 B>处理 A>处理 C；处理 D 在 10:00 时出现一天内的最低温 19.2℃，而处理 A、处理 B 和处理 C 的最低温在 9:00 时出现，分别为 18.1℃、18.3℃和 17.9℃。

图 4-48 (b) 为黄瓜整个生育期内 2:00、8:00、14:00、20:00 的平均温度。由图可见，各处理的基质温度变化趋势基本一致，在 8:00~20:00 时总体呈现先升高后逐渐趋于平缓的形态。其中，处理 A 基质的温度变化则最为稳定，在 8:00~14:00 空气温度升高最为明显的阶段斜率仅为 1.1，明显小于空气和其他各处理的斜率 10.26、1.43、2.56 和 1.31。说明不同容器处理可以有效缓解高温带来的不良影响，处理 A 的效果最为明显。

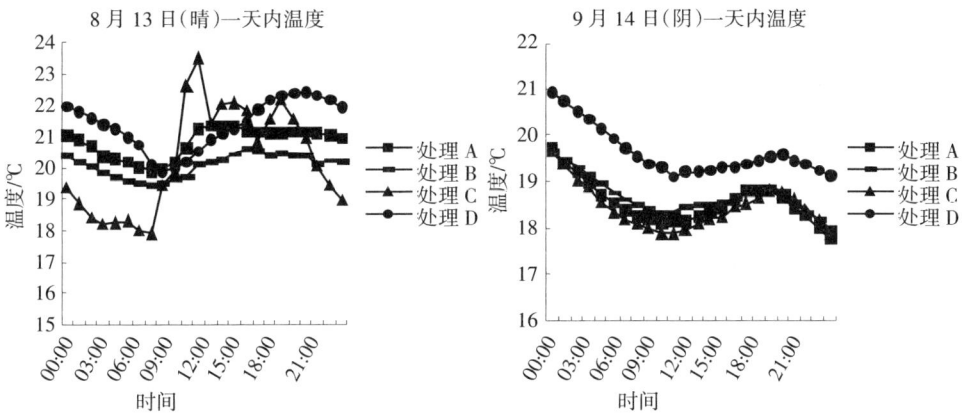

图 4-48 （a）　不同处理对黄瓜根际基质温度的影响

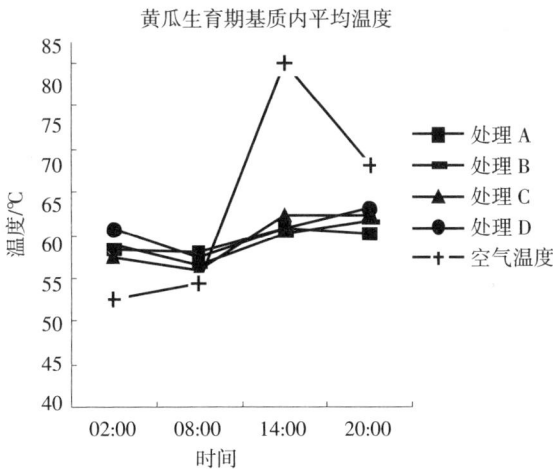

图 4-48 （b）　不同处理对黄瓜根际基质温度的影响

在黄瓜不同生育期（7 月 2 日、7 月 18 日、8 月 8 日）开始后的 10 d 内于每日清晨浇水之后测定基质内湿度值。从图 4-49 中可以看出，各处理基质湿度的变化在一天内呈现逐渐降低趋势，处理 A 和处理 B 基质湿度变化差异不大，在 13:00 时湿度处理 D>处理 A>处理 B>处理 C，处理 C 在 9:00~11:00 时湿度有明显降低，而处理 D 在一天当中湿度始终最大，水分蒸发速率最小，且与其他各处理存在显著性差异，说明存在通气不良现象。

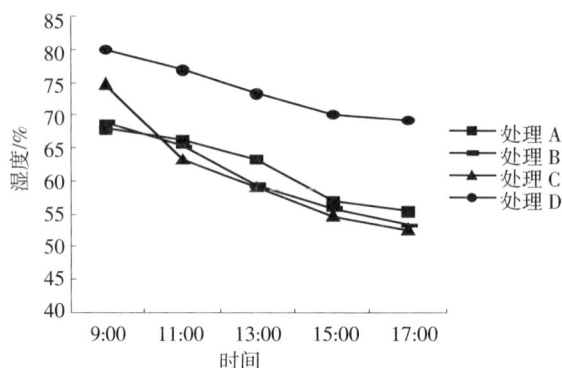

图 4-49　不同处理对基质湿度的影响

6.基质养分含量变化

不同容器栽培条件下，基质内的养分含量在不断变化。由表 4-14 可见，不同处理下基质中速效养分含量随生长期的延长逐渐降低。盛瓜期时，不同容器处理基质中处理 A 的碱解氮含量显著高于其他 3 个处理；不同处理基质中速效磷含量处理 A>处理 C>处理 B>处理 D，处理 A、C 与处理 B 和处理 D 间存在显著差异；处理 A、B、C 基质中速效钾的含量均显著高于处理 D。拉秧期时，不同处理基质中碱解氮的含量相较于结瓜前均有所降低，处理 A 的降低幅度更为明显；基质中速效磷含量处理 C>处理 A>处理 B>处理 D，说明处理 A 在生长期吸收了较多的速效磷；处理 D 的速效钾含量最少且与处理 A、C 间存在显著差异。由此可见，不同容器处理对基质中的养分含量有关键影响，容积大小适中且温度变化更为稳定的有盖苯板泡沫栽培箱更有利于黄瓜植株基质养分的供应。

表 4-14　不同处理对不同时期基质速效养分含量的影响

处理	盛瓜期			拉秧期		
	碱解氮	速效磷	速效钾	碱解氮	速效磷	速效钾
A	660.91a	232.73a	2369.60a	528.73a	124.63a	2193.57a
B	618.54b	191.43b	2127.80ab	493.91a	104.47b	1938.53b
C	624.38b	215.06a	2252.60b	504.93a	136.52a	2113.47a
D	565.84c	188.15b	1886.00c	450.33b	87.01c	1705.07b

注：表中单位均为 mg/kg

7.不同处理对基质栽培夏秋茬黄瓜基质微生物数量的影响

土壤微生物是组成土壤生态系统最重要的部分，土壤生态系统的各个功能过程都离不开它，其不仅能够促进土壤养分的转化，维持生态系统的稳定，而且在土壤可持续发展中起到主导性作用。如图 4-50 可知，在黄瓜的整个生育期内基质中微生物的组成存在一定变化，生长前期基质中细菌数量最多，处理 C 的含量最大，较处理 D 高出 $5.17 \times 10^6 \cdot g^{-1}$；8 月 31 日后，基质中细菌数量出现变化，处理 A 的基质中细菌数量最多，处理 D 基质细菌数量最少，这与根系大小和根际范围密切相关；随黄瓜生育期延长，细菌数量呈先增后降趋势；不同生育期不同容器处理黄瓜基质微生物数量有显著差异，真菌数目在整个生育期内先升高后降低，在黄瓜生长后期数量保持稳定。进行方差分析可知，8 月 11 日处理 A、B 真菌数量无显著性差异但都与处理 C 和处理 D 间差异显著。8 月 31 日，处理 C 的真菌数量最少，与其他 3 个处理存在显著差异，处理 A、B 则差异不显著。放线菌的数量在 8 月 31 日达到最大值，此时处理 A 比其他处理分别高出 $0.93 \times 10^6 \cdot g^{-1}$、$1.15 \times 10^6 \cdot g^{-1}$、$3.0 \times 10^6 \cdot g^{-1}$，此后放线菌数量开始降低。

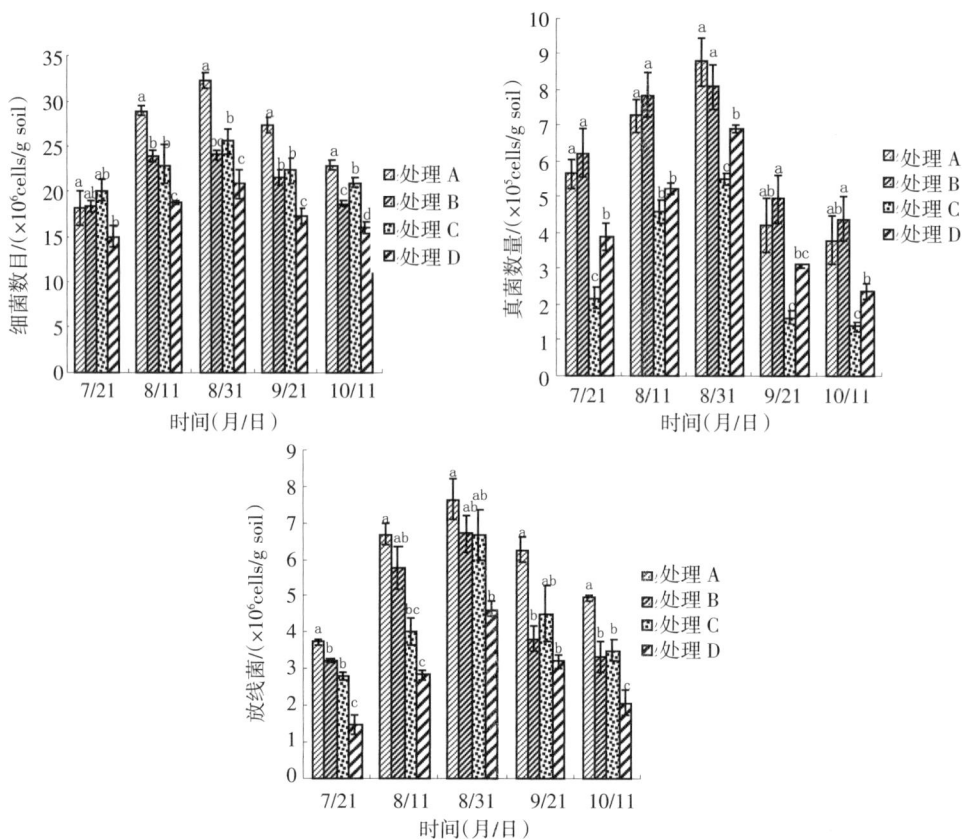

图4-50 不同处理对黄瓜基质微生物活性的影响

8.黄瓜果实性状、产量和品质变化

从表4-15中可以看出，在单株结瓜数和平均单瓜质量方面，处理A>处理C>处理B>处理D；处理A的瓜长明显高于其他处理且各处理间存在显著差异；黄瓜果实横径方面，处理A>处理D>处理C>处理B，但各处理间不存在显著差异。定植后第30 d以各处理的重复为单位开始测定黄瓜产量，处理A的总产量、平均单株产量都明显高于其他处理，且与各处理间存在显著差异；处理A比各处理分别增产16.88%、9.09%、21.62%。由此可见，不同容器处理对黄瓜产量有一定影响，处理A的产量最高。

表 4-15　不同处理对黄瓜果实性状和产量的影响

处理	单株结瓜数	平均单瓜质量	瓜长	横径	平均单株产量	总产量/（kg/667m²）
A	11.70	188aA	31.57aA	33.06aA	2.20aA	6102.40aA
B	10.78	180aA	28.19cBC	32.40aA	1.94bcB	5408.72bcB
C	11.20	183aA	29.86bAB	32.46aA	2.05bAB	5702.20bAB
D	10.74	176aA	26.32dC	32.85aA	1.89cB	5248.64cB

由表 4-16 可以看出，处理 D 的可溶性固形物含量最高且与其他各处理间存在极显著差异；处理 C、D 的可溶性糖含量显著高于处理 A；处理 A、C 黄瓜果实的可溶性蛋白含量则显著高于其他 2 个处理，且与处理 B 之间存在极显著差异；处理 C 的有机酸含量最大为 0.42%；在果实 Vc 含量方面，处理 A 的含量最高，但都与其他各处理之间没有显著性差异。

表 4-16　不同处理对黄瓜品质的影响

处理	可溶性固形物/%	可溶性糖/%	可溶性蛋白/%	有机酸/%	Vc 含量/(mg·kg)
A	3.07bB	0.082cA	2.14aA	0.39aA	36.71aA
B	3.02bB	0.085bcA	1.51cB	0.32aA	35.32aA
C	2.53cC	0.097abA	2.13aA	0.42aA	36.05aA
D	3.31aA	0.099aA	1.86bAB	0.27aA	32.67aA

9.不同容器的栽培成本比较

使用不同容器栽培黄瓜过程中，不包括营养液、水电、人工和农药费用的情况下，有盖苯板泡沫栽培箱和无盖苯板泡沫栽培箱单株栽培成本最低，按照可定植 10 茬计算，每 667 m² 投入 2502 元；根据不同容器栽培黄瓜平均单株产量计算可得，有盖苯板泡沫栽培箱生产每 kg 黄瓜成本仅为 0.41元，无盖苯板泡沫栽培箱生产每 kg 黄瓜成本为 0.46 元；有盖苯板泡沫栽培箱较塑料栽培槽和塑料栽培袋分别节省了 0.61 元、0.85 元。由此可见，使用有盖苯板泡沫栽培箱生产黄瓜成本最低，且在夏秋茬栽培中产量最高，因此在黄瓜夏秋茬试验中建议使用（表 4-17）。

表 4-17 不同容器的栽培成本比较

处理	有盖苯板泡沫栽培箱	无盖苯板泡沫栽培箱	塑料栽培槽	塑料栽培袋
项目	A	B	C	D
单个容器成本/元	8	8	25	10
预计使用年限/年	5	5	4	2
可定植茬数/茬	10	10	8	4
每个容器使用基质成本/元	9.9	9.9	8.4	9.0
每 667 m² 定植株数/株	2780	2780	2780	2780
每 667m² 投入成本/元	2502	2502	5810	6616
单株栽培成本/元	0.90	0.90	2.09	2.38
平均单株产量/kg	2.20	1.94	2.05	1.98
生产每 kg 黄瓜成本	0.41	0.46	1.02	1.20

注:(1) 每袋基质0.05 m³ 按 15 元计算,处理 A、B 可装基质 0.033m³;处理 C 可装基质 0.028 m³;处理 D 可装基质 0.030 m³。
  (2) 表中单株栽培成本根据各容器可循环使用茬数计算所得。

(三) 小结

在黄瓜的夏秋茬栽培试验中,处理 A 栽培黄瓜的株高、茎粗和叶面积高于其他 3 个处理;不同容器处理对黄瓜根系生长指标有显著影响,处理 A 栽培的黄瓜在根长、根表面积和根体积方面明显高于其他各处理,根系生长表现最好。不同容器处理下的黄瓜在可溶性固形物、糖和可溶性蛋白含量方面存在显著差异,处理 D 栽培的黄瓜可溶性固形物显著高于其他 3 个处理;各处理在瓜长方面各处理间存在显著差异;处理 A 栽培的黄瓜的单株结瓜数和总产量明显高于其他 3 个处理。

不同容器处理黄瓜根际基质温、湿度存在显著差异,处理 A 的根际基质温度变化更为稳定,处理 D 的根际基质湿度最大;各处理的总孔隙都在理想的孔隙范围内,处理 D 的持水孔隙度始终最高,通气孔隙最低且与其他 3 个处理差异显著。处理 A 基质内速效养分含量明显高于其他 3 个处理，且与处理 D 中基质碱解氮的含量存在极显著差异；随黄瓜生育期延长，微生物数目呈先增后降趋势，在黄瓜生长后期数目保持稳定。

总之，有盖苯板泡沫栽培箱较其他各处理对黄瓜生长和产量有明显促进作用，在夏秋茬种植试验中生产每 kg 黄瓜成本最低，推荐使用。

二、早春茬黄瓜栽培容器研究

在春茬黄瓜的栽培试验中，使用处理 D 栽培的黄瓜在生长中后期的株高、茎粗高于其他 3 个处理，黄瓜在根表面积、平均直径和根体积方面明显高于其他各处理，处理 A 的根长显著高于其他 3 个处理，且各处理间存在显著差异。不同容器处理黄瓜叶片光合速率的变化趋势基本一致，黄瓜生长前期处理 D 的叶绿素含量最高，处理 B 叶绿素含量次之，后期保持稳定。不同容器处理下黄瓜根际基质温度存在显著差异，7:00 时处理 C 的根际基质温度最低为 16.07 ℃，处理 D 内基质白天温度最高 18.38℃，在春季栽培中有明显根际温度优势，处理 A 的基质温度在 11:00~23:00 时最低，处理 D 内基质温度在 00:00~13:00 时显著高于其他 3 个处理；处理 C 的基质湿度最低，在 17:00 时出现最小值，处理 D 的湿度最大，通气孔隙度在适宜范围内变化。处理 D 基质内速效养分含量较高，且与处理 C 中基质碱解氮的含量存在显著差异。这与基质内微生物的分解作用关系密切。此外，温度较高有利于微生物数目的增多，对养分分解有促进作用。不同容器处理下的黄瓜在可溶性固形物、糖和可溶性蛋白含量方面存在显著差异。处理 D 栽培的黄瓜可溶性固形物显著高于其他 3 个处理；处理 A 栽培的黄瓜的单株结瓜数明显高于其他 3 种容器；在瓜长方面各处理间存在显著差异，处理 D 栽培黄瓜的总产量显著高于其他 3 种容器，其总产量为 5928.52 kg/667m²，比处理 C 和处理 D 增产 28.26%。

由此可见，在春季黄瓜种植试验中，处理 D，即塑料栽培袋在黄瓜生育前期温度条件更加适宜，黄瓜根系处于相对适宜的生长环境中更有利于植株地上部的生长和发育，有利于产量的提高。但综合黄瓜种植成本可知，使用塑料栽培袋每 667 m² 投入成本为 6616 元, 比无盖苯板泡沫栽培箱高 4114 元, 虽然其春季栽培平均单株产量较高但不适合大面积生产使用。在春季种植试验中无盖苯板泡沫栽培箱的栽培成本最低, 生产每 kg 黄瓜仅需 0.47 元, 推荐使用。

第三节　宁夏非耕地日光温室番茄栽培密度模式研究

一、 日光温室番茄高密度栽培模式研究

（一）试验简介

供试番茄品种为"普锐斯和惠丽"（均为无限生长型品种, 中熟, 丰产性好, 耐储存性好)。

试验设计: 采用双行定植, 行距 90 cm, 株距设 17 cm（4500 株/667 m²)、19 cm（4000 株/667 m²)、21 cm（3500 株/667 m²)、25 cm（3000 株/667 m²)、30 cm（2500 株/667 m²)、37 cm（2000 株/667 m²), 6 个处理, 每处理重复 4 次。小区面积: 5.22 m²（1.8 m×2.9 m), 6 穗果打顶。

（二）结果与分析

1.番茄生育期

CK 处理各开花时间均稍早于其他处理的开花时间, E1 处理的开花时间迟于其他较低密度的开花时间, 开花期延后 1~4 天, 第一花序开花时, A1、B1、C1、D1 处理分别比 CK 迟 2 d、2 d、1 d、1 d。第五花序开花时间上, A1 处理比 CK 早 1 d, B1、C1、D1、E1 处理分别比 CK 迟 1 d、2 d、3 d、5 d, 第一花序坐果时间上, B1、C1 处理均比 CK 早 1 d, 而 E1 处理比 CK 迟 1 d, 第五花序坐果时间上, B1、C1、D1、E1 处理分别比 CK 迟 2 d、1 d、4 d、6 d, 可见 A1、B1、C1 处理与 CK 开花时间、坐果时间上相差较小, 基本是在 CK 左右摆动 1~2 d, 而 D1、E1 处理与 CK 开花时间、坐果时间上相差相对较大, 与 CK 相差 3~6 d（表 4–18）。

表 4-18　高密度栽培番茄（普锐斯）生育时期记载

处理号	定植时期	普锐斯各花序开花时间/（日/月）						各花序坐果时间/（日/月）					
		第一	第二	第三	第四	第五	第六	第一	第二	第三	第四	第五	第六
CK	18/2	10/3	30/3	14/4	23/4	30/4	–	9/4	17/4	25/4	2/5	11/5	–
A1	18/2	12/3	2/4	14/4	22/4	29/4	–	9/4	15/4	24/4	4/5	11/5	–
B1	18/2	12/3	3/4	14/4	24/4	1/5	–	8/4	15/4	25/4	2/5	13/5	–
C1	18/2	11/3	2/4	14/4	24/4	2/5	–	8/4	15/4	25/4	2/5	12/5	–
D1	18/2	11/3	2/4	15/4	25/4	3/5	–	9/4	16/4	26/4	2/5	15/5	–
E1	18/2	10/3	1/4	16/4	27/4	5/5	–	10/4	17/4	27/4	5/5	17/5	–

由表 4-19 可知，第一花序开花时，A2、B2、D2、E2 处理均比 CK 早 1 d，第五花序开花时间上，B2、D2、E2 处理分别比 CK 早 2 d、3 d、1 d，E2 处理比 CK 迟 1 d，第一花序坐果时间上 C2 处理比 CK 早 1 d，A2、B2、D2 处理分别比 CK 迟 2 d、1 d、1 d，第五花序坐果时间上，A2、D2、E2 处理均比 CK 早 2 d，B2、C2 处理均比 CK 早 2 d，可见惠丽品种提高密度后能影响的植株的生育期，但影响较小。

表 4-19　高密度栽培番茄（惠丽）生育时期记载

处理号	定植时期	惠丽各花序开花时间/（日/月）						各花序坐果时间/（日/月）					
		第一	第二	第三	第四	第五	第六	第一	第二	第三	第四	第五	第六
CK	18/2	16/3	7/4	19/4	30/4	7/5	–	8/4	18/4	28/4	6/5	16/5	–
A2	18/2	15/3	7/4	17/4	28/4	7/5	–	10/4	19/4	28/4	6/5	18/5	–
B2	18/2	15/3	7/4	15/4	26/4	5/5	–	9/4	18/4	27/4	5/5	14/5	–
C2	18/2	16/3	7/4	14/4	25/4	4/5	–	7/4	17/4	27/4	6/5	14/5	–
D2	18/2	15/3	7/4	18/4	27/4	6/5	–	9/4	21/4	2/5	8/5	18/5	–
E2	18/2	15/3	7/4	19/4	28/4	8/5	–	8/4	19/4	29/4	11/5	18/5	–

2.高密度栽培对番茄形态指标的影响

（1）高密度栽培对番茄株高的影响

图 4-51 是番茄株高在测定时间内的生长过程，其生长速率表现出先慢后快的特性，即定植至第一花序开花（3 月 15 日）生长缓慢，第一花序开花至第四花序开花生长逐渐加快，且此阶段达到生长速度增长最高时期，5月 10 号基本全部摘心，摘心后基本停止生长。

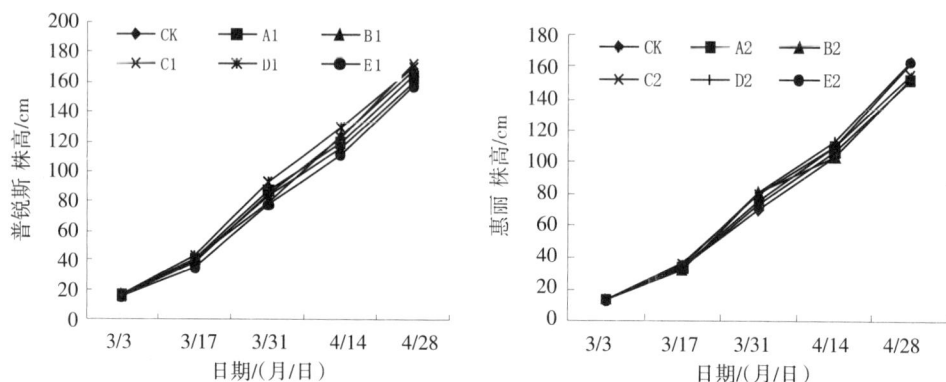

图 4-51　高密度栽培对番茄株高的影响

由表 4-20 可见 3 月 3 日普锐斯品种株高多重比较显示，5 个处理均比 CK 稍矮，但差异不显著，这是因为定植两周各个处理还未完全表现不相同。4 月 14 日的株高基本是随着密度的增加而增高，A1、B1、C1、D1 处理比 CK 分别增加 3.0 cm、7.1 cm、6.3 cm、12.4 cm，D1 处理株高最高，而 E1 处理株高比 CK 少 6 cm，多重比较表明，A1、B1、C1、D1、E1 与 CK 差异不显著，而 D1 处理与 E1 处理差异显著。4 月 28 日的株高基本是随着密度的增加先增高后降低，A1、B1、C1、D1 处理比 CK 分别增加 4.1 cm、7.2 cm、12.7 cm、10.4 cm，C1 处理株高最高，而 E1 处理下株高比 CK 少 2.5 cm，多重比较结果表明 A1、B1、C1、D1、E1 处理与 CK 差异不显著，而 C1、D1 处理与 E1 处理差异显著。4 月 14 日和 4 月 28 日是番茄营养生长旺盛中后期，株高基本是随着密度的增加先增加后降低，从番茄整个生长过程中株高变化情况看，在一定范围内密度低的株高显著低于高密度各处理，这是因为增加种植密度后，番茄植株生长旺盛，导致群体迅速纵向生长，但在过高密度下，个体得到的营养相对低密度的少，导致植株生长较慢，密度增加在生长早期表现不出来，4月14日和4月28日的多重比较显示密度增加到3500株/667 m²后，植株株高又有下降趋势，所以密度在3500株/667 m²下株高最为合理。

表 4-20　高密度栽培对番茄（普锐斯）各时期株高的影响

时期/（月/日）	3/3	3/17	3/31	4/14	4/28
CK	16.4aA	39.2abA	83.9abA	116.7abA	159.8abA
A1	16.2aA	41.1abA	86.6abA	119.7abA	163.9abA
B1	15.8aA	40.2abA	79.2abA	123.8abA	167.0abA
C1	15.5aA	38.0abA	84.5abA	123.0abA	172.5aA
D1	15.8aA	43.1aA	92.8aA	129.1aA	170.2aA
E1	15.4aA	34.9bA	86.2bA	110.8bA	157.3bA

由表 4-21 可见，3月3日、4月14日、4月28日惠丽品种株高多重比较结果表明，三个生育期 A2、B2、C2、D2、E2 处理与 CK 差异不显著，但 C2、D2 处理的株高均比 CK 处理高，这说明密度的增加会使株高增高，和普锐斯的多重比较结果基本一致。综合两品种多重比较结果可见，只考虑株高因素密度增加到3500株/667 m²时，株高最为合理。密度过高，个体得到营养相对低密度的少，导致植株生长较慢。

表 4-21　高密度栽培对番茄（惠丽）各时期株高的影响

生长时期/（月/日）	3/3	3/17	3/31	4/14	4/28
CK	12.5aA	34.5aA	70.3aA	103.3aA	153.4aA
A2	13.6aA	33.4aA	73aA	106.6aA	152.0aA
B2	13.4aA	31.8aA	81.1aA	103.1aA	152.6aA
C2	13.1aA	35.8aA	79.3aA	110.1aA	154.9aA
D2	12.9aA	34.9aA	80.5aA	113.4aA	165.0aA
E2	12aA	33.8aA	75.4aA	109.9aA	163.5aA

（2）高密度栽培对番茄茎粗的影响

由图 4-52 可见，各处理生育期内茎粗的基本变化规律为：自 2 月 18 日定植到 4 月 28 日茎粗呈增加趋势。普锐斯的茎粗从 4 月 14 日到 4 月 28 日平缓上升，差异也慢慢变大，A1 处理在此阶段茎粗最大，而惠丽这段时间上升较慢，D2 处理突然上升至最大，与其他密度下的茎粗不一致，在 3 月 31 日 E2 处理的茎粗最小。

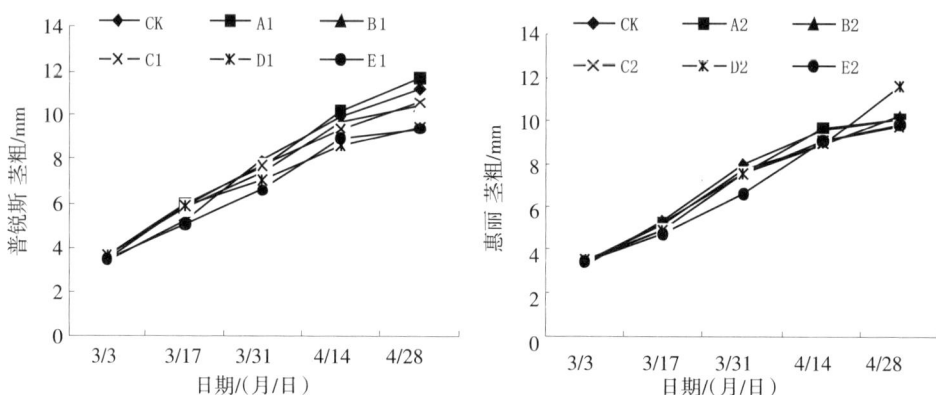

图 4-52　高密度栽培对番茄茎粗的影响

综合茎粗这一指标，两个品种表现有一定的差异，前期两品种表现基本完全相同，即密度基本不影响植株的茎粗，后期普锐斯表现的差异较大，特别是密度到 3500 株/667 m² 后差异表现明显，而惠丽表现出的差异性相对较小，但随着密度的增加其茎粗也有减小的趋势。这是因为，植株个体得到的营养减少，加上植株纵向生长，茎粗较小。综合两品种来说，3500 株/667 m² 密度下茎粗最为合理。

（3）高密度栽培对番茄第一至第二花序节间长的影响

由图 4-53 示，高密度栽培下番茄第一至第二花序节间长有不同程度的增加，普锐斯品种增加幅度较小，惠丽品种增加幅度大，普锐斯最大节间长是 E1，最小节间长是 B1，极差相差 6 cm，惠丽最大节间长是 E2，最小节间长是 CK，极差相差 13.2 cm。

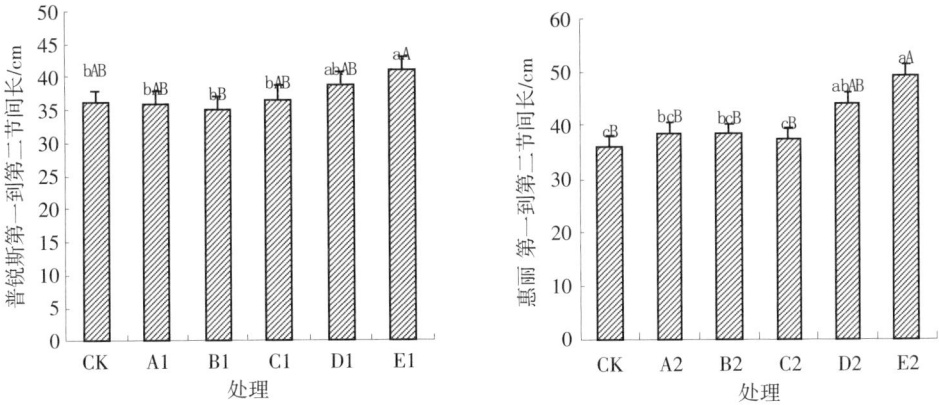

图 4-53　高密度栽培番茄第一至第二花序节间长

（4）高密度栽培对番茄根体积的影响

由图 4-54 可以看出，普锐斯的根体积中，CK 的根体积最大，达到 25.4 cm³，E1 的根体积最小为 15.8 cm³，极差达到 9.8 cm³。根体积整体随栽培密度的增加而减小，普锐斯的根体积多重比较表明，A1、B1、C1 处理与 CK 的根体积差异不显著，而 D1、E1 处理与 CK 的根体积差异显著；惠丽的根体积多重比较表明，A2、B2、C2、E2 与 CK 的根体积差异不显著，D2 与 CK 的根体积差异显著。两品种根体积多重比较结果基本相同，当密度增加到 4000 株/667 m² 时根体积明显减小，因此不能再增加密度，增加密度会使得根体积明显减小，从而导致吸收水肥面积减小，植株的生物学性状及产量都会受到影响。综合考虑，密度在 3500 株/667 m² 时最为合理。

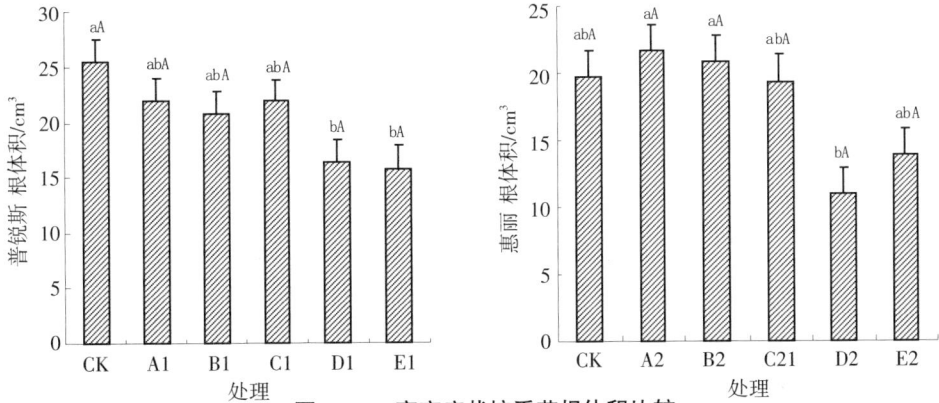

图 4-54　高密度栽培番茄根体积比较

3.高密度栽培对番茄光合指标的影响

（1）高密度栽培对番茄叶绿素的影响

由图 4-55 所示，番茄在整个生长过程中，两个品种叶片中叶绿素含量变化不一致，普锐斯叶片叶绿素含量随植株的生长含量总体呈上升趋势。从 3 月 3 日到 3 月 17 日叶绿素含量缓慢上升，3 月 17 日到 3 月 31 日叶绿素含量缓慢下降，3 月 31 日到 4 月 14 日的叶绿素含量恢复上升趋势。3 月 3 日的叶绿素含量最低，因为此时植株缓慢生长，基本是新叶，所以叶绿素含量较低。3 月 17 日的叶绿素含量大幅提高。3 月 31 日的叶绿素含量小幅回落，此时间段内，植株快速生长，新生叶较多，所以叶绿素含量又下降。从 3 月 31 日到 4 月 14 日叶绿素含量上升，4 月 14 日到 4 月 28 日不同密度的叶绿素含量变化较大，CK、B1 的叶绿素含量呈上升趋势，A1 的叶绿素含量基本不变，而 C1、D1、E1 的叶绿素含量基本呈下降趋势，CK 的叶绿素含量最多，D1 的叶绿素含量最少，5 个时期以 3 月 3 日、3 月 17 日和 4 月 14 日的叶绿素含量变化较小，3 月 31 日和 4 月 28 日的叶绿素含量变化较大。惠丽品种的叶绿素含量变化幅度较大，3 月 3 日、3 月 31 日、4 月 28 日 6 个密度下的叶绿素含量变化较大，3 月 3 日的叶绿素含量以 E2 处理最大，A2 处理最小，3 月 31 日的叶绿素含量以 A2 处理最大，4 月 28 日的叶绿素含量又以 CK 最大，而 3 月 17 日 6 个密度下的叶绿素含量基本相同。

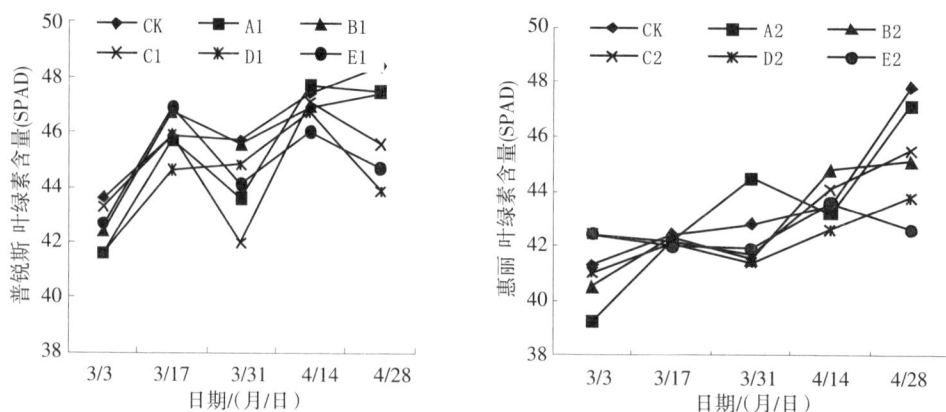

图 4-55　高密度栽培对番茄叶绿素的影响

（2）高密度栽培对番茄单株叶面积的影响

图 4-56 反映了番茄自定植后各密度单株叶面积的动态变化，从定植到 3 月 17 日，此阶段叶面积增加缓慢，从 3 月 17 日到 4 月 14 日单株植株叶面积迅速增加，是番茄营养生长旺盛时期，番茄叶片迅速伸长，叶面积增大；4 月 14 日后，叶面积在图上表现为增加量降低或不增加，但实际上叶面积还在迅速增长，只是此时的病叶、老叶较多，所以把下部叶片打掉，在图上表现为叶面积无变化。

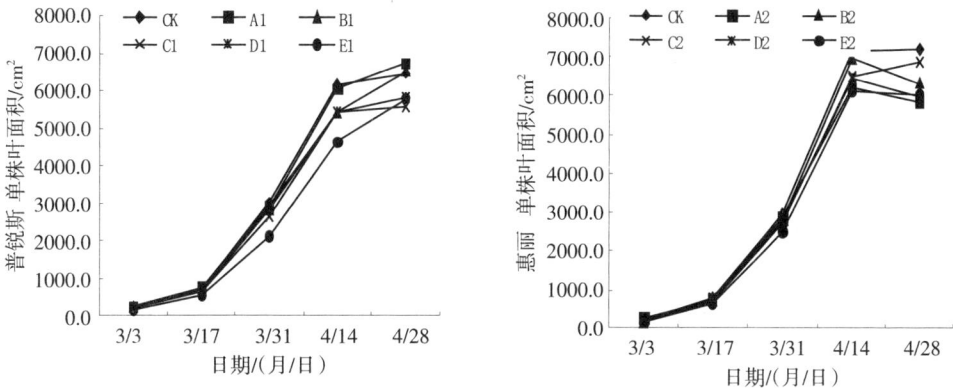

图 4-56　高密度栽培对番茄单株叶面积的影响

（3）高密度栽培对番茄叶面积指数的影响

图 4-57 叶面积指数结果表明，普锐斯的叶面积指数随着生育期的增长，叶面积指数也在增加。普锐斯的叶面积指数在 3 月 3 日到 3 月 17 日间增加幅度较小，从 3 月 17 日到 4 月 14 日叶面积指数大幅增加，4 月 14 日后平缓增加，到 4 月 28 日叶面积指数达到最大值，3 月 3 日、3 月 17 日各个密度的叶面积指数相差极小，3 月 31 日的各个密度的叶面积指数差距拉开，4 月 14 日、4 月 28 日的各个密度叶面积指数进一步拉大，特别是在 4 月 28 日差距较大。4 月 14 日的叶面积指数明显分为 3 个层次，CK 最小值，A1、B1 处理的叶面积指数基本一样，最大是 D1 处理，C1、E1 处理基本一样，4 月 28 日的叶面积指数 CK 处于最小，E1 的叶面积指数最大，3 月 17 日到 4 月 14 日段内，C1 的叶面积指数最大，4 月 28 日 E1 的叶面积指数处于最大

值。4月14日到4月28日叶面积指数增加缓慢，因为此时期基本把病叶、老叶打掉，造成叶面积指数减小；惠丽的叶面积指数随着生育期的增长，叶面积指数也在增加，叶面积指数从3月3日到3月17日间平缓增加，从3月17日到4月14日叶面积指数大幅增加，此阶段各个密度的叶面积指数差距也进一步增大，到4月28日叶面积指数反而减小，是因为把病叶、老叶打掉的缘故，4月14日的叶面积指数在3月3日到4月28日处于最大值，从3月31日到4月28日这一段时间内，E2的密度处于6个密度的最大值，2000株/667 m²的密度处于6个密度的最小值，这说明增加密度能增加叶面积指数。

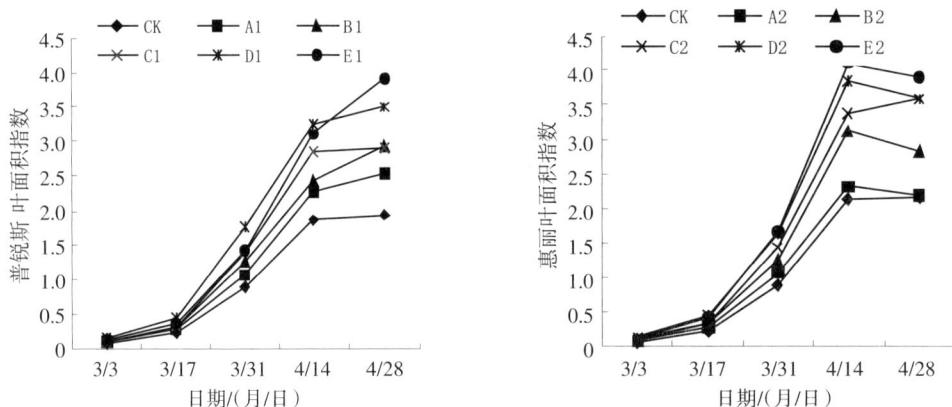

图4-57　高密度栽培对番茄叶面积指数的影响

（4）高密度栽培对番茄冠层光分布的影响

试验中分别于2012年6月用光照度计测定番茄群体0~170 cm冠层光照度，图4-58中为4次重复测定值各冠层（0~170 cm）光照强度平均值。惠丽因为试验后期果实较重，植株下垂，不够170 cm，测得150 cm的光照强度就是顶部的光照强度，现将普锐斯、惠丽的株高170 cm和150 cm的光照强度均设为100，将170 cm和150 cm高度处光照强度均值固定为一定值，将其透光率定为100%，分别求0~150 cm和0~130 cm各层透光率，冠层透光率如图4-58所示。

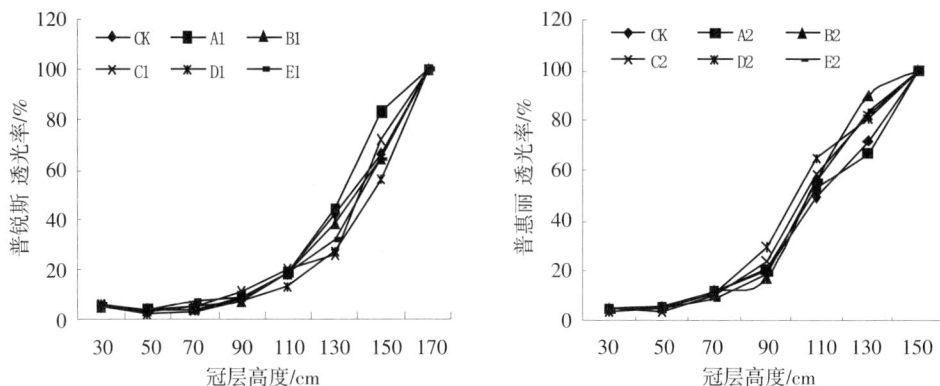

图 4-58　番茄冠层光照强度垂直分布

由图 4-58 从整体透光率曲线看，普锐斯各密度透光率随冠层高度的增加，透光率呈增加趋势。在 0~70 cm 冠层透光率曲线比较平缓，透光率增加缓慢；70~110 cm 冠层透光率曲线呈上升趋势，110~170 cm 透光率大幅度增加。番茄最理想的光照强度在 40~50 klx，170 cm 的光照强度大概是 80 klx，换算成透光率基本是 50% 以上最好，A1 处理在 130~170 cm 冠层比其他处理的透光率均高，D1 处理在 130~170 cm 冠层的透光率均最低，在 130~150 cm 冠层各个密度的透光率，差异较大，在 130~150 cm 的透光率基本在 50% 左右，所以此时是番茄光照的临界值。惠丽各密度透光率随冠层高度的增加，透光率呈增加趋势。在 0~70 cm 冠层透光率曲线比较平缓，透光率增加缓慢；70~90 cm 冠层透光率曲线成缓慢上升趋势，90~150 cm 透光率大幅度增加。惠丽在 C2 处理中 130 cm 冠层左右的透光率均最高，差异也变化较大，在 90~110 cm 之间透光率在 50% 左右摆动，所以该区域就是惠丽的受光临界区，这说明低密度有益于透光，能使下部的叶更好的接受光源，各个密度、各个品种均在株高最高 0~40 cm 时接收光最好，在 40 cm 下冠层的透光率明显降低，在 150 cm 以上均达到了顶部（180 cm）冠层的 50% 以上，150 cm 处透光率排序，A2>C2>CK>E2、B2>D2。惠丽在 110 cm 冠层以下的透光率明显降低。在 110 cm 以上均达到了顶部（180 cm）冠层的 50% 以上，在 110 cm 的透光率 D2>C2>E2、C2>A2>CK。说明普锐斯在 130~150 cm 冠层是影响高密度番茄群体光分布的临界区域。惠丽在 90~110 cm 冠层是影响高密度番茄群体光分布的临界区域。

(5) 高密度栽培对番茄光合作用的影响

由表 4-22、表 4-23 可见,叶片蒸腾速率多重比较结果显示,普锐斯的叶片蒸腾速率相互间无差异,但叶片蒸腾速率随密度的增加先增加后减小,叶片蒸腾速率大小为 C1>B1>E1>D1、CK>A1,叶片蒸腾速率基本都在 3.5 mmol/(m²/s) 左右浮动,最大值和最小值的极差为 0.36 mmol/m²/s。惠丽叶片蒸腾速率相互间无差异,随密度的增加叶片蒸腾速率先减小后增大,与普锐斯的叶片蒸腾速率表现不一致,大小为 CK>E2>C2>A2>D2>B2,最大值和最小值的极差为 0.98 mmol/m²/s。说明叶片蒸腾速率大小不是由密度一个因素影响的,密度不是影响叶片蒸腾速率主要因素。

表 4-22　番茄光合指标多重比较 (09:00 时)

处理	叶片蒸腾速率/ (mmol/m²/s)	叶片的气孔导度/ (μmol/m²/s)	光合速率/ (μmol/m/s)
CK	3.46aA	253.79abAB	11.64aA
A1	3.36aA	201.81cC	10.49abA
B1	3.69aA	233.32bcABC	11.65aA
C1	3.72aA	210.27cBC	9.22bA
D1	3.46aA	263.22abA	10.11abA
E1	3.58aA	276.58aA	8.83bA

表 4-23　番茄光合指标多重比较 (09:00 时)

处理	叶片蒸腾速率/ (mmol/m²/s)	叶片的气孔导度/ (μmol/m²/s)	光合速率/ (μmol/m²/s)
CK	4.65aA	411.35aA	13.27aA
A2	3.86aA	327.20abA	10.72abA
B2	3.67aA	286.95bA	11.96abA
C2	3.89aA	350.40abA	10.99abA
D2	3.74aA	277.96bA	9.62bA
E2	4.15aA	342.84abA	11.11abA

由表 4-22、表 4-23 可见 叶片气孔导度多重比较结果显示，普锐斯品种叶片气孔导度 E1、D1 处理分别比 CK 高 22.79 μmol/m²/s、9.43 μmol/m²/s，而 A1、B1、C1 处理分别比 CK 低 51.98 μmol/m²/s、20.37 μmol/m²/s、43.52 μmol/m²/s，大小关系为 E1>D1>CK>B1>C1>A1。多重比较结果显示 E1、D1、B1 处理与 CK 无差异，A1 与 CK 差异极显著，C1 与 CK 差异显著。惠丽品种叶片气孔导度变化差异较大，变化无规律，惠丽品种叶片气孔导度 5 个处理均比 CK 低，A2、B2、C2、D2、E2 处理分别比 CK 低 84.15 μmol/m²/s、124.40 μmol/m²/s、60.95 μmol/m²/s、133.39 μmol/m²/s、68.51 μmol/m²/s。多重比较结果显示 D2、B2 处理与差异显著，A2、C2、E2 处理与 CK 无差异，两个品种的叶片气孔导度变化无规律，说明密度变化不是影响叶片气孔导度的主要因素。

由表 4-22、表 4-23 可见叶片光合速率多重比较结果显示，普锐斯叶片光合速率大小为 B1>CK>A1>D1>C1>E1, C1、E1 处理与 CK 差异显著性，A1、B1、D1 处理与 CK 无差异。惠丽品种叶片光合速率大小为 CK >B2>E2>C2>A2>D2, D2 与 CK 差异显著性，A2、B2、C2、E2 处理与 CK 无差异，两个品种的叶片光合速率变化也无规律，可见密度变化不是影响叶片光合速率的主要因素。

两个品种的三个光合指标均无规律变化，这说明密度不是影响光合的主要因素，可以适当提高密度。

4.高密度栽培对番茄病虫害的影响

本试验定植后 7 d 进行一次药剂防治（用药：菌虫全杀），之后每隔 10~15 d 进行一次药剂防治（交替使用杀菌剂及杀虫剂），温室内挂黄板、蓝板以诱杀白粉虱、斑潜蝇、蓟马等害虫。由于对虫害发生防治采取有效措施，番茄全生育期内没有受到害虫危害，故本试验中没有对虫害进行统计。

试验过程中于 2012 年 6 月 4 日对常见病害——番茄灰霉病和晚疫病进行了发病率及病情指数统计（分级不同，但都是为统计方便，综合考虑），统计结果见图 4-59。

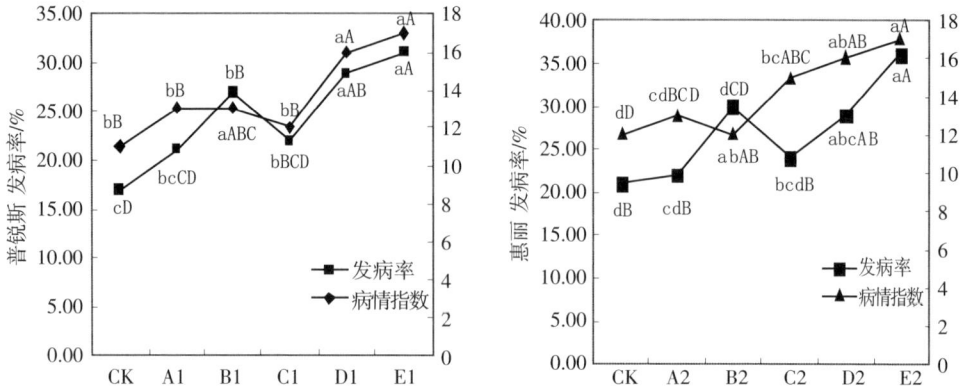

图 4-59　番茄灰霉病和晚疫病发病率及病情指数

由图 4-59 可以看出，高密度栽培的各处理灰霉病和晚疫病发病率及病情指数基本是高于低密度，普锐斯的病情指数和发病率的变化规律基本吻合，CK 的病情指数、发病率均最小，E1 处理的病情指数、发病率均最大，随着密度的提高，病情指数和发病率都呈现增大趋势，A1、B1、C1 处理的病情指数稍高于 CK，而 D1、E1 处理的病情指数明显高于 CK。发病率先升高忽然下降又上升趋势，A1、C1 处理的发病率稍高于 CK，D1、E1 处理的发病率明显高于 CK；惠丽发病率基本是随着密度的升高而升高，A2、C2 处理的发病率稍高于 CK，B2、D2、E2 处理的发病率明显高于 CK，处理 2000 株/667 m²、2500 株/667 m² 缓慢上升，从 2500 株/667 m² 后又急速上升，3000 株/667 m² 又下降，病情指数和发病率的曲线变化规律不一致，但在高密度下病情指数明显高于 CK，两品种都说明了高密度的发病率和病情指数高于 CK。综合来说密度到 3500 株/667 m² 后，发病率和病情指数明显上升，不应再加大种植密度，加大种植密度后通风透光性较差，在后期的高温高湿下极易引起病害。

综合两品种的发病率和发病指数，密度 3500 株/667 m² 后就不能再增加，否则发病率和病情指数会显著提高。这说明密度是影响灰霉病发病率和晚疫病病情指数的主要因子，高密度栽培中，加大种植密度，影响番茄群体中下部通风透光，导致植株徒长，茎秆变细，植株抗病能力减弱，易于导致病害的发生。

5.高密度早熟栽培对番茄产量的影响

表 4-24　高密度栽培番茄（普锐斯）总产量分析

处 理 （密度）	单果重/g			平均单果重/g	小区产量重复/kg			平均小区产量/kg	平均产量/ （kg/667m²）
	I	II	III		I	II	III		
CK	148.0	149.5	152.5	150.0	60.71	65.05	65.68	63.81aA	8150.44
A1	146.0	147.0	156.0	149.7	69.41	67.37	61.91	66.23abA	8459.02
B1	142.0	148.5	143.0	144.5	74.01	65.19	64.97	68.06abA	8692.01
C1	151.0	150.0	156.5	152.5	71.26	80.44	72.99	74.90bA	9564.05bA
D1	142.0	133.5	148.5	141.3	81.78	75.28	84.68	80.58bcB	10291.79
E1	143.9	134.5	145.5	141.3	76.39	75.28	90.52	80.73bcB	10311.02

表 4-25　高密度栽培番茄（惠丽）总产量分析

处 理 （密度）	单果重/g			平均单果重/g	小区产量 （kg/667m²）			平均小区产量/kg	平均产量/ （kg/ 667m²）
	I	II	III		I	II	III		
CK	147.0	171.0	180.0	166.0	73.44	64.13	57.53	65.03abA	8306.18
A2	146.5	124.0	177.5	149.3	71.94	65.69	53.62	63.75abA	8142.11
B2	141.0	176.0	158.5	158.5	80.56	68.58	75.90	75.01bB	9580.43
C2	125.0	158.5	167.0	150.2	70.33	82.40	95.89	82.87bcBC	10584.49
D2	139.5	134.5	142.0	138.7	88.99	74.16	79.97	81.04bcBC	10350.29
E2	141.5	152.5	106.0	133.3	123.07	79.25	88.63	96.98cC	12386.86

由表 4-24 可见，所示不同密度对番茄（普锐斯）产量的影响结果，平均单果重呈减小趋势，除 C1 外，其他处理均比 CK 的单果重小，而折合亩

产量呈增加趋势，5 个处理均比 CK 的总产量高，A1、B1、C1、D1、E1 处理分别比 CK 高 308.58 kg、541.57 kg、1413.61 kg、2141.35 kg、2160.58 kg，产量变化规律为 E1>D1>C1>B1>A1>CK。多重比较结果表明，A1、B1 处理与 CK 比无差异，C1 与 CK 比差异显著，D1、E1 处理与 CK 比差异极显著，这说明当密度增加到 3500 株/667m² 后产量就有明显的提高。

由表 4-25 可见，不同密度对番茄（惠丽）产量的影响结果，可以看出平均单果重呈减小趋势，5 个处理的单果重均比 CK 小，单果重下降幅度较大。而折合 667 m² 产量呈增加趋势，产量变化规律为 E2>C2>D2>B2>CK>A2，E2 处理折合 667 m² 产量最高，折合 667m² 产量比 CK 提高了 33%，单果重下降了 41%，而 D2 折合 667 m² 产量比 CK 提高了 20%，单果重却下降了 22%，C2 折合 667 m² 产量比 2000 株/667m² 提高了 22%，单果重只下降了 8%，因此 C2 处理的 667 m² 产量增加比 CK 明显，同时单果重下降较小，选择 C2 处理较好。

两个品种密度增加 667 m² 产量增加，特别是密度 3500 株/667 m² 产量显著提高，但单果重此密度下大幅度下降，说明 3500 株/667 m² 时 667 m² 产量显著提高的临界点，也是单果重大幅下降的临界点，综合考虑密度在 3500 株/667 m² 时产量明显提高，而单果重也较为合适，不适宜再提高密度。密度太大，群体的通风透光性变差，光照降低、养分不足，使得单果重降低，商品降低，经济效益会在一定程度上降低。

6.高密度栽培对番茄品质的影响

番茄果实营养价值很高，富含维生素 A 和维生素 C 等多种维生素、矿物质、可溶性糖、有机酸、蛋白质、胡萝卜素及钙、磷、铁等对人体有益的矿物元素。

本试验于 2012 年 6 月 19 日在番茄采收盛期取新鲜果样（所取果样基本为第三穗果），对评价番茄品质的 4 个主要指标：维生素 C、有机酸、可溶性糖、可溶性固形物进行测定，结果见表 4-26。

表 4-26　番茄（普锐斯）品质的多重比较

普锐斯处理	维生素 C/（mg/100g FW）	有机酸/%	可溶性糖/%	可溶性固形物/%
CK	13.81bB	0.20aA	2.99aA	4.27cB
A1	15.48abAB	0.17aA	2.92aA	4.40bcB
B1	15.95abAB	0.18aA	2.92aA	4.93aA
C1	13.81bB	0.17aA	3.40aA	4.30bcB
D1	16.43aAB	0.20aA	3.48aA	4.30bcB
E1	17.38aA	0.18aA	3.11aA	4.63abAB

由表 4-26 可见普锐斯维生素 C 随密度增加后都有不同程度的增加，各处理含量基本都比 CK 高，A1、B1、C1、D1、E1 分别比 CK 多 1.67 mg/100g FW、2.14 mg/100g FW、0 mg/100g FW、2.62 mg/100g FW、3.57 mg/100g FW，多重比较结果表明，A1、B1、C1 处理与 CK 无差异，D1 与 CK 差异显著，E1 与 CK 差异极显著；有机酸含量密度增加后都有不同程度的减小，除 D1 处理外含量基本都比 CK 低，变化基本不大，与 CK 比无差异；可溶性糖多重比较结果表明，与 CK 比无差异；可溶性固形物多重比较表明，B1、E1 处理与 CK 比差异显著，A1、C1、D1 处理与 CK 差异不显著，综合 4 个指标看，密度的变化能引起品质的指标变化，但变化无规律，这说明密度不是品质变化的主要因素。

表 4-27　番茄（惠丽）品质的多重比较

惠丽处理	维生素 C/（mg/100g FW）	有机酸/%	可溶性糖/%	可溶性固形物/%
CK	17.86abA	0.17bA	2.97bB	4.53aA
A2	18.57aA	0.19abA	2.70bB	4.57aA
B2	16.67abA	0.19abA	2.89bB	4.33bB
C2	17.62abA	0.18abA	4.23aA	4.50aAB
D2	17.14abA	0.19aA	3.81aA	4.50aAB
E2	15.95bA	0.19abA	4.09aA	4.53aA

表 4-27 可见惠丽维生素 C 含量随密度增加后都有不同程度的减小，除 A2 处理外其他处理均比 CK 低，与普锐斯品种的维生素 C 含量变化完全不同，多重比较表明 5 个处理与 CK 均无差异；有机酸含量变化与普锐斯的也完全不同，随着密度的增加有机酸含量在增加，且均比 CK 高，多重比较表明 5 个处理与 CK 均无差异；可溶性糖多重比较表明 A2、B2 与 CK 差异不显著，而 C2、D2、E2 与 CK 差异极显著，C2、D2、E2 可溶性糖含量远高于 CK，分别比 CK 高 1.26%、0.84%、1.12%，A2、B2 分别比 CK 少 0.27%、0.08%；可溶性固形物含量除 B2 外，其他与 CK 基本相同，多重比较表明 B2 与 CK 差异显著，其他处理与 CK 间无差异，由此可以看出，两个品种品质的 4 个指标变化完全不同，惠丽品种的品质也无规律变化，总的来说，变化幅度较小。

总体来看两个品种的 4 个品质指标，增加密度后没有规律变化，说明密度不是引起品质变化的主要因素。因此可以适当增加密度。

7.连栋温室番茄高密度栽培经济效益分析

多次查询可知 2012 年 5~7 月番茄整体价格一般，5 月下旬至 6 月上旬，番茄价格在 1.0 元/斤以上，6 月中旬以后番茄价格逐渐降低，至拉秧时（7 月 15 日）降到最低，为 0.3 元/斤。6 月份是番茄的集中上市期。

由表 4-28、表 4-29 可知，普锐斯 A1、B1、C1、D1、E1 均有增值效益；与 CK 相比，每 667 m² 分别增加收入 474.7 元、771.2 元、1607.0 元、2308.5 元、1373.7 元，增加种植密度都有不同程度的增值效益，增值效益最大的是 D1 处理，最小的是 B1 处理，经济效益 D1>C1>E1>B1>A1。惠丽与普锐斯的增值效益不太相同，与 CK 相比，B2、C2、D2、E2 667 m² 均有增值效益，分别增加 1229.8 元、2862.2 元、1913.5 元、5000.1 元，而 A2 的经济效益比 CK 小，每 667 m² 增值效益最大的是 E2，最小的是 B2，经济效益 E2>C2>D2>B2，对比可知 2 个品种的增值效益的最大值和最小值都不一样，但总的来说，密度增加时能增加效益，这是因为，高密度在一定程度上促进了早熟，二是高密度栽培下，每 667 m² 株数增加，667 m² 产量增加，经济效益相对提高，但要考虑多用的种苗费以及后面所用的劳力、打药、肥料的费用，得出的增加效益较高情况下再提高密度。所以密度增加到3500株/667m²时能显著的增加经济效益。

表4-28　连栋温室番茄（普锐斯）高密度栽培经济效益分析

普锐斯 处理	产量/ （kg/667m²）	产值/ （元/667m²）	比较 产值/元	育苗费/元	比较经济 效益/元
CK	8150.44	14364.7	0	0	0.0
A1	8459.02	15139.4	+774.7	+300	+474.7
B1	8692.01	15735.9	+1371.2	+600	+771.2
C1	9564.05	16871.7	+2507.0	+900	+1607.0
D1	10291.79	17873.2	+3508.5	+1200	+2308.5
E1	10311.02	17238.4	+2873.7	+1500	+1373.7

表4-29　连栋温室番茄（惠丽）高密度栽培经济效益分析

惠丽 处理	产量/（kg/ 667m²）	产值/（元/ 667m²）	比较 产值/元	比较 育苗费/元	比较 效益/元
CK	8306.18	13793.9	0	0	0
A2	8142.11	12917.6	−876.3	300	−1176.3
B2	9580.43	15623.6	1829.8	600	1229.8
C2	10584.49	17556.1	3762.2	900	2862.2
D2	10350.29	16907.4	3113.5	1200	1913.5
E2	12386.86	20294.0	6500.1	1500	5000.1

表4-30　连栋温室番茄高密度栽培果型指数

密度/ （株/666.7m²）	普锐斯果形指数(重复)			果形 指数 均值	惠丽果形指数(重复)			果形 指数 均值
	I	II	III		I	II	III	
2000	0.84	0.87	0.79	0.83	0.77	0.78	0.73	0.76
2500	0.79	0.75	0.75	0.76	0.75	0.75	0.77	0.76
3000	0.74	0.77	0.80	0.77	0.71	0.70	0.77	0.73
3500	0.72	0.76	0.72	0.73	0.76	0.74	0.73	0.74
4000	0.77	0.77	0.72	0.75	0.70	0.76	0.75	0.74
4500	0.74	0.74	0.81	0.76	0.73	0.73	0.77	0.74

经济效益的核算除了要看产量、上市的早迟、耐储存性，还要看番茄的商品率，商品率包括果实的颜色、果型、大小等，果型一般有果形指数来表现，果形指数等于果实纵径/果实横径，表4-30可以看到两种商品的果形指数的大小基本都在0.7以上，大小不太一样，普锐斯的CK处理果形指数超过了0.8,其他密度基本相同，惠丽的果形指数基本都在0.75浮动，这说明提高了密度番茄的果形指数基本没变，它受环境因素影响较小。

综合早熟性、植株形态指标、光和指标、产量、品质、发病率、经济效益，推荐日光温室高密度栽培密度为3500株/667m²最好。

二、日光温室番茄大行距节本增效生态栽培模式

为了提高宁夏日光温室番茄产量和经济效益，在2013年，本团队在宁夏银川市贺兰县新坪产业园区日光温室进行番茄大行距节本增效生态栽培技术试验示范。通过对120 cm大行距番茄栽培与75 cm行距的常规番茄栽培进行生长势对比、产量对比、以及经济效益的综合分析，得出结论：120 cm大行距栽培无论在产量还是经济效益上，都明显高出常规栽培模式。目前，番茄大行距栽培模式在宁夏非耕地日光温室大面积应用。

（一）品种选择及栽培地概况

1.品种

番茄采用黄金 929（番茄粉果）。这种品种为无限生长类型，中熟，硬质粉红果，果实硬、耐弱光、耐寒、耐储藏，抗番茄黄化曲叶病毒（TY）、番茄花叶病毒及枯萎、黄萎病，适宜秋延迟、越夏及早春保护地及露地栽培。

2.栽培地概况

试验地点为宁夏银川市贺兰县新坪产业园区日光温室。试验温室建造结构为：土打后墙的钢架结构温室，长 72 m，跨度 7.5 m，脊高 3.5 m；净面积为 540 m²，种植小区面积为 15.6 m²。

（二）棚内定植前消毒

棚膜扣好后，定植前 7 d 熏棚，每 667 m² 用 3 kg 硫磺粉、0.25 kg 敌敌畏、6 kg 锯木渣混匀，分堆均匀放在温室各处，点燃熏蒸一夜后，揭开风口放风。

（三）整地、施肥、作畦

定植前 7~10 d，每 667 m² 施充分腐熟的鸡粪 8~10 m³，饼肥 150 kg、磷酸二铵 50 kg、硫酸钾 50 kg、氮磷钾（15-15-15）复合肥 50 kg，均匀撒施，深翻入约 25 cm 深的土层中，最后将地耙平。

1.起垄、作畦

按 240 cm 畦距画线，做成南北向高畦，再沿线向两边分起底宽 80 cm，顶宽 70 cm，高 30 cm 的栽培畦，操作沟宽 160 cm，在畦面上铺 2 根滴灌管。

2.栽培模式

为了提高宁夏日光温室番茄产量和经济效益，现将其改为，畦宽 80 cm，沟宽 160 cm，栽培行距 120 cm，株距缩小为 22 cm，667 m² 定植 2500 株（图 4-60）。

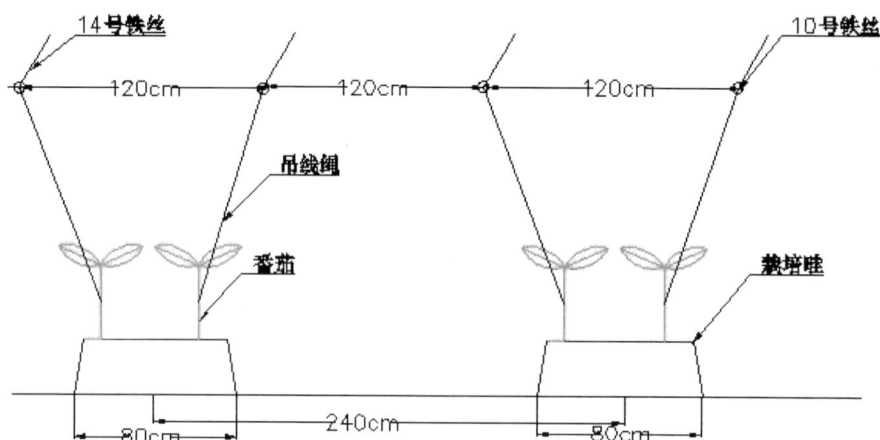

图 4-60　120cm 大行距

注释：此次种植为番茄大行距栽培种植，其种植行距为 120 cm，每沟宽 80 cm，两吊线绳之间间距为 120 cm，栽培畦之间的间距为 120 cm。

宁夏日光温室番茄常规栽培（图 4-61），畦底宽 80 cm，沟宽 70 cm，栽培行距为 75 cm，株距为 45 cm，667 m² 定植 2000 株。

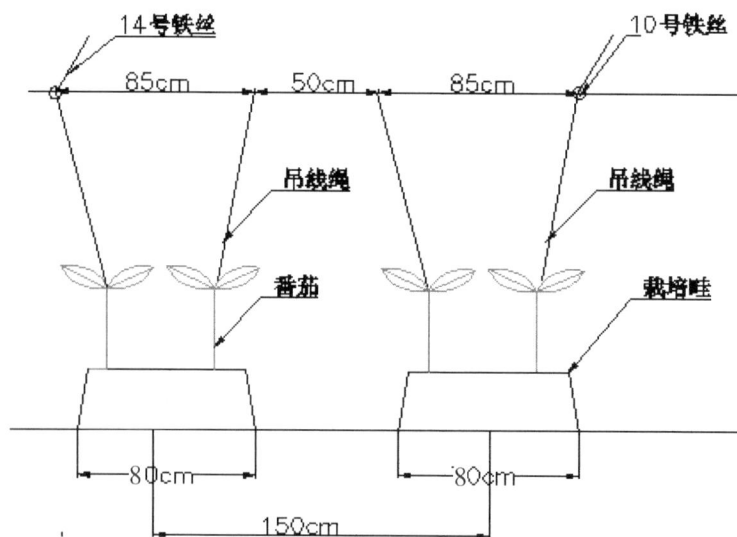

图 4-61　75cm 常规行距

注释：此次种植为番茄常规行距栽培种植，其种植行距为 75 cm，每沟宽 80 cm，两吊线绳之间间距为 85 cm，栽培畦之间的间的间距为 50 cm。

（四）定植

1.定植方法

做好畦之后，在其上覆盖黑色薄膜；定植时在膜上按一定的株距打孔定植，苗坨低于畦面 1 cm，然后再用土把定植孔封严。定植后随即浇透水，防止高温使幼苗失水萎蔫。

2.定植密度

2500 株/667 m²，对应株距为 22 cm ，行距为 120 cm。

（五）田间管理

1.温度管理

冬春季节主要是保温。因为低温会对番茄生长造成危害，一般温度应控制在 11 ℃以上，所以通过加盖保温被来提高室内温度。而夏季的高温也不利于番茄生长，因为高温会影响番茄的光合和呼吸作用，进而影响其产量和品质。夏季通过遮阳网、反光幕、湿帘等措施降低大棚内部温度，使其温度控制在 35℃以下，同时设施栽培中应适当加大昼夜温差。

2.植株调整

单杆整枝，按 120 cm 的间距拉吊线绳，将植株吊起形成 V 字形。及时疏花蔬果，第一层、第二层果留 4 个，第三层以上留 5 个，7 穗果打顶。到采收时要及时打掉番茄下面的叶子，这样有利于果实营养的合成和积累和下部的通风透光。

（六）病虫害防治

定植番茄苗前对土壤进行消毒，定植时喷药，然后每隔 5~13 d 天喷一次农药，主要防治番茄叶霉病、白粉病、灰霉病、晚疫病、TY 病毒及虫害。在番茄生育期注意观察植株生长状况和果实的形状及颜色，看是否有某种病害及虫害发生，如果有病虫害发生时，及时采样并检测其类型及发病程度，找出相应的防治对策。

（七）效益分析

在本试验的栽培条件下，常规栽培番茄时，平均产量为 7780.2 kg/667

m²，产值为 15560.3 元/667 m²。大行距栽培番茄平均产量为 10148 kg/667
m²，产值为 20296 元/667 m²。大行距栽培模式下可以间套作萝卜或小白菜，
其中萝卜的产量为 549.7 kg/667 m²，产值为 879.52 元/667 m²。大行距栽培示
范与常规栽培相比较，番茄产量和产值分别增加 2367.9 kg/667 m²、5615.2
元/667 m²。

（八）优点

增大行距有利于植物通风，同时遮荫程度较小，这很好的增强了植物的
光合作用，也有利于各种有机物的合成，从而间接地提高番茄的产量和品质。

栽培行距由原来的 75 cm 增加到现在的 120 cm 的同时，栽培畦减少
42%，从而使地膜的覆盖量、滴管的铺设量、搭架时所需要的铁丝量以及人
工的使用量都相应的减少了，进而也节省了劳动成本。

大行距栽培模式增加了走道的宽度，从而便于操作管理，同时也可以在
160 cm 的宽沟中套种小白菜、油菜、菠菜、油麦菜、茼蒿等叶菜或萝卜、
胡萝卜等根菜，提高了经济效益。最好在操作沟内套种三叶草，如紫云英、
苕子、饲料豌豆、竹豆、绿豆等绿肥，番茄拉秧后将绿肥粉碎，深翻入土，
改良土壤，效果很好，利于温室可持续发展。

便于每行植株两侧都能打药，用药均匀，防病效果好，农药减少25%以
上。大行距栽培模式下的番茄产量比常规栽培模式平均产量增加，生育
期提前。

第四节　宁夏非耕地日光温室番茄限根栽培模式研究

限根栽培是指一种直接控制植株根系生长发育的栽培技术，在人为的条
件下，把植物的根系限制在一定的介质或者空间范围内，控制根系体积和数
量的分布与结构，通过调节根系的生长来调控整个植株的生长发育，从而实
现高产高效的目的。利用根根栽培技术可提高果实品质已在果树上被证实并
推广应用。本研究以大果番茄为试验材料，采用无纺布挖沟的方式，研究限

194

根栽培对大果型番茄生长发育的影响，为限根技术在番茄上的应用提供理论依据。

供试番茄品种为"粉果 E756"，大番茄，抗 TY 病毒病。

一、试验设计

粉果 E756 于 2013 年 4 月 19 日定植于宁夏银川市贺兰园艺产业园区塑料大棚中，试验采用完全随机区组设计，共设 4 个处理，每处理重复 3 次，共设 12 个小区。处理 1（A1B1）：沟宽 30 cm（A1），深 30 cm，长 36 m，铺无纺布，回填土 24 cm，铺 5 cm 草炭（B1）；处理 2（A1B2）：沟宽 30 cm（A1），深 30 cm，长 36 m，铺无纺布，回填土 30 cm；处理 3（A2B1）：沟宽 45 cm（A2），深 30 cm，长 36 m，铺无纺布，回填土 24 cm，铺 5 cm 草炭（B1）；处理 4（A2B2）：沟宽 45 cm（A2），深 30 cm，长 36 m，铺无纺布，回填土 30 cm。

二、结果与分析

1.限根栽培对番茄株高及茎粗的影响

番茄在整个生长过程中，株高及茎粗的表现如图 4-62 所示，在生长初期，各处理植株的株高、茎粗呈现上升的趋势，但各处理间没有明显差异，随着番茄植株的生长，各处理的株高及茎粗均表现出差异显著性。6 月 8 日的方差分析显示，在不同体积栽培下，处理 A2B1 与 A1B1 之间的差异达到显著差异；在同体积栽培下，处理 A1B1 和 A1B2 达到显著差异，各处理的株高及茎粗均低于 CK，此阶段各处理的表现为 CK> A2B2>A2B1>A1B2>A1B1。由此表明，限根栽培限制了植株的直立和横向生长。

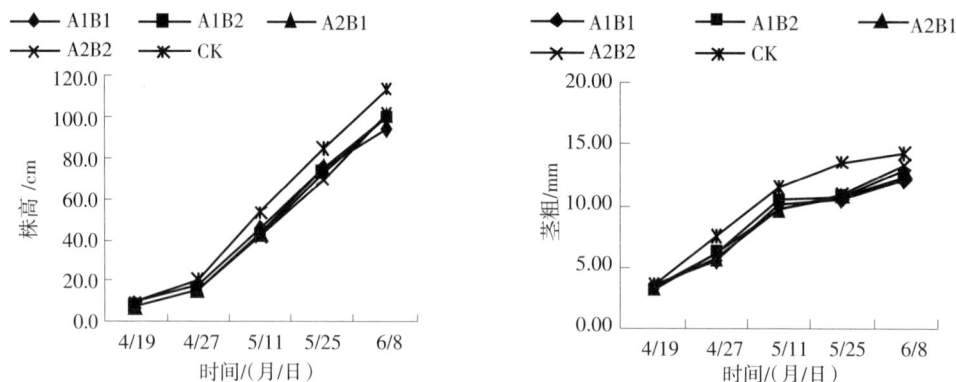

图 4-62　限根栽培对番茄株高及茎粗的影响

2.限根栽培对番茄叶面积的影响

叶片是植物与外界进行气体交换的主要器官，叶片面积的大小会直接影响番茄植株群体的受光，进而影响番茄的品质和产量。图 4-63 反映了番茄植株自定植后各处理叶面积的动态变化；在生长前期，随着限根体积的减小，处理 A1B1 叶面积迅速生长，其他处理均呈现缓慢生长的趋势。在基质栽培中，处理 A1B1 与 A2B1 之间表现显著性差异，处理 A1B2 与 A2B2 差异不明显；相同栽培体积下，处理 A1B1 与 A1B2 之间达到显著性差异。与对照组相比，各处理叶面积均高于 CK，且各之间差异达到显著水平。所以，限根体积在一定程度上反而加快了番茄植株叶面积的生长，且栽培基质也促进叶面积的生长，这与前人得出的结论一致。

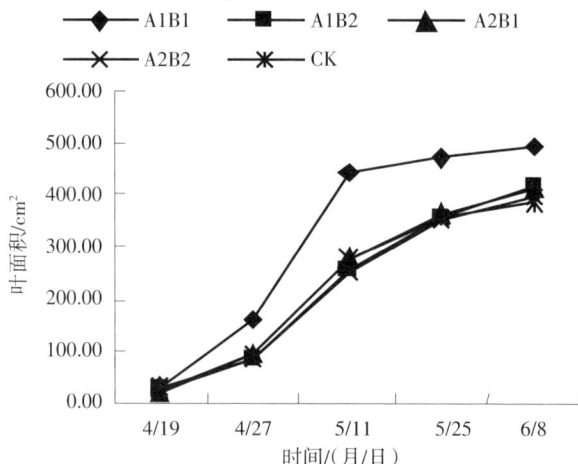

图 4-63　限根栽培对番茄叶面积的影响

3.限根栽培对番茄光合指标的影响

（1）限根栽培对番茄气孔导度的影响　气孔是植物叶片与外界进行气体交换的主要通道，气孔导度的下降会导致 CO_2 的供应受阻，进而会影响光合速率。由图 4-64 可知，处理间叶片的气孔导度随时间的变化呈现出先升高后降低的趋势，在 11:00 时各处理的叶片气孔导度均达到最大值，CK 为最高值；在 9:00~13:00 时间段内，叶片气孔导度随栽培体积的减小而呈现下降趋势；在 13:00 时，随着大棚内光照强度的增强，为减少植株的蒸腾作用，叶片的气孔关闭，各处理叶片的气孔导度下降，此阶段各处理的表现 CK>A2B2>A1B2>A2B1>A1B1。由此得出，限根栽培在一定程度上抑制了叶片的光合作用，影响其气孔导度。

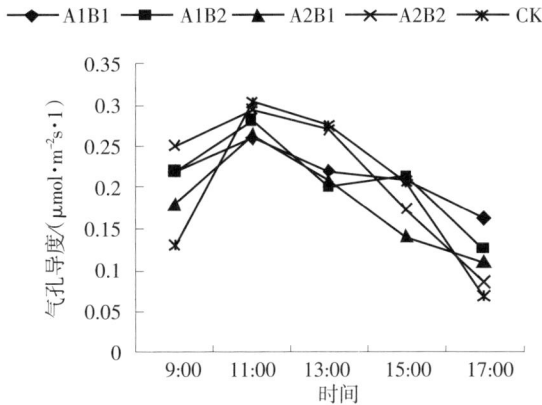

图 4-64　限根栽培对番茄气孔导度的影响

（2）限根栽培对番茄蒸腾速率的影响　盛果期番茄叶片的蒸腾速率日变化见图 4-65，各处理番茄的蒸腾速率呈单峰曲线，处理 A1B1、A1B2、A2B1、A2B2、CK 峰值均出现在 11:00，且各处理蒸腾速率的日变化呈现先上升后下降的趋势。在 11:00 时，处理 A2B1 和 CK 蒸腾速率高于其他处理，但是差异不明显；在 15:00 时，处理 A1B1 的蒸腾速率明显高于其他处理。

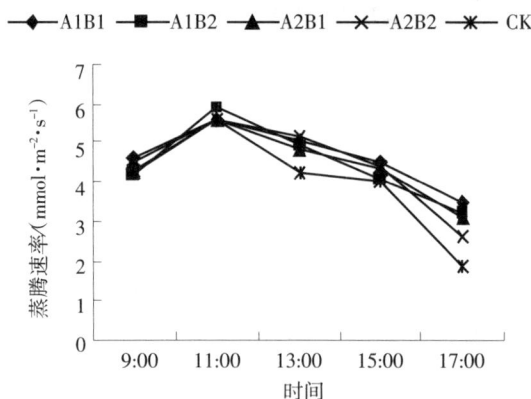

图 4-65　限根栽培对番茄蒸腾速率的影响

（3）限根栽培对番茄光合速率的影响　植物根系受到限制后，气孔导度和二氧化碳同化率都降低，随之光合速率也受到影响。如图 4-66 所示，各处理番茄的光合速率有明显的变化，各处理的峰值均出现在 11:00，CK 在 11:00 时光合速率达到最高值，同时处理 A2B1、A2B2 光合速率高于处理 A1B1、A1B2。由此说明，栽培体积影响光合速率的大小，随限根体积的减小，光合速率也低。

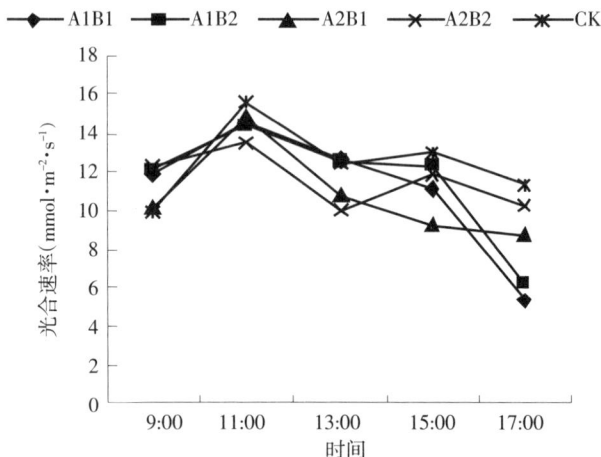

图 4-66　限根栽培对番茄光合速率的影响

4.限根栽培对番茄植株土壤养分吸收的影响

（1）限根栽培对土壤碱解氮含量的影响　由图 4-67 可知，在番茄定植时，处理 A1B1、A1B2、A2B1、A2B2 的土壤碱解氮含量均为最高值，处理

A1B1 为最大；5 月 13 日后，随生育期的延长，追营养液肥后，碱解氮含量有降低的趋势；在开花期时，各处理碱解氮含量急剧下降，说明植株根系吸收的较快；盛果期，CK 碱解氮含量降低，之后又升高，升高幅度比其他处理低，说明追肥后，CK 根系吸收碱解氮较多，因此产量比其他处理高。由此可见，限根栽培抑制碱解氮含量的有效吸收，从而导致番茄植株的产量下降。

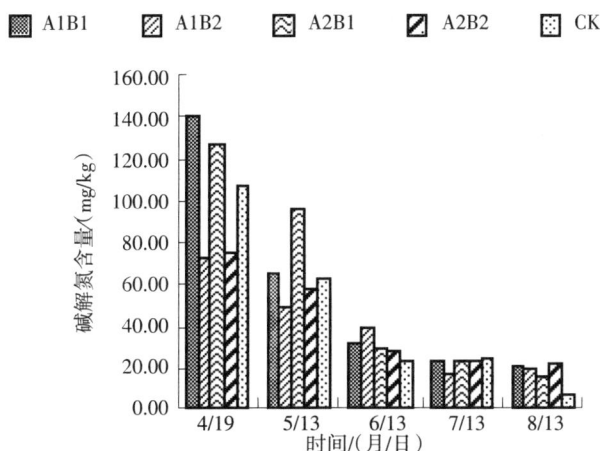

图 4-67　限根栽培对土壤碱解氮含量的影响

　　（2）限根栽培对土壤速效磷含量的影响　由图 4-68 可知，在番茄整个生长过程中，植株根系对速效磷有明显吸收作用。生长初期，土壤速效磷含量表现为：A2B2>CK>A1B1>A1B2>A2B1，随生长期的延长，各处理间速效磷的含量降低，直至生长后期，各处理速效磷含量呈大幅度降低，处理 CK 下降趋势较为明显，说明 CK 根系吸收速效磷养分较多，对番茄植株的产量有提高作用；处理 A2B1 比 A1B1 速效磷含量降低幅度大，说明限根栽培抑制了土壤速效磷的吸收。

A1B1　A1B2　A2B1　A2B2　CK

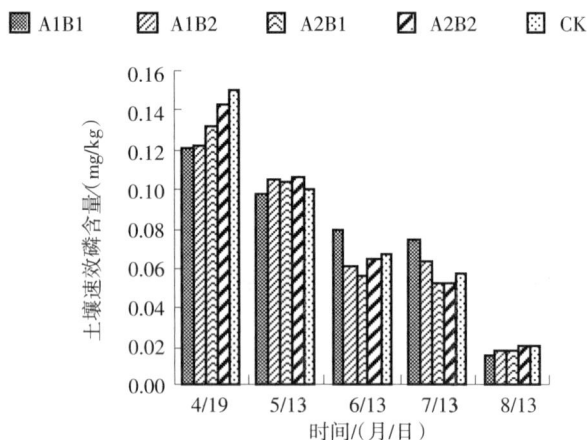

图 4-68　限根栽培对土壤速效磷含量的影响

(3) 限根栽培对土壤速效钾含量的影响　钾在植物生长过程中可以促进酶的活化，与植物体内许多代谢过程密切相关，如光合作用、呼吸作用等，钾还能增强作物的抗逆性，改善果菜的品质和风味。由图 4-69 看出，各处理间土壤速效钾含量有明显差异，但随植株的生长，土壤中速效钾的含量增减趋势不明显；5 月 13 日前后，处理 A1B1、A1B2、A2B、A2B2 有明显降低趋势；坐果前后期，各处理土壤速效钾含量升高，说明追肥后对土壤速效钾含量有影响，对植株根系的吸收也有影响，在此阶段处理 A1B1、CK 土壤速效钾含量降低，说明在果实形成初期，钾含量的吸收会促进果实的形成，对品质的提高有影响作用。由此可知，限根栽培也在一定程度上限制了植株根系对速效钾的吸收作用。

A1B1　A1B2　A2B1　A2B2　CK

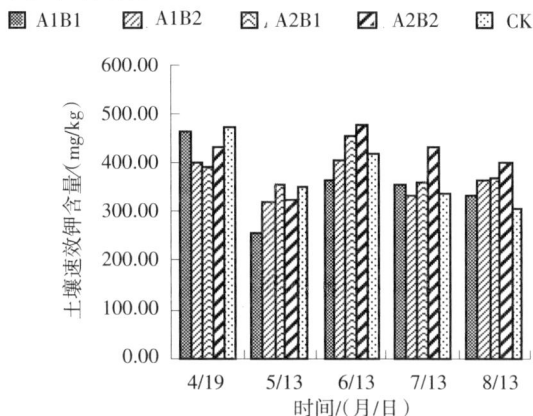

图 4-69　限根栽培对土壤速效钾含量的影响

5.限根栽培对番茄品质的影响

表 4-31　限根栽培对番茄品质的影响

处理	总糖/%	维生素 C 含量/(mg·kg⁻¹FW)	有机酸/%	可溶性固形物/%
A1B1	4.37aA	18.63aA	0.21aA	6.53aA
A1B2	3.47bAB	15.73bcBC	0.07cB	6.27bB
A2B1	3.46bAB	17.11abAB	0.07cB	6.27bB
A2B2	3.19bB	14.65cBC	0.06cB	6.23bB
CK	3.10bB	13.91cC	0.11bB	5.9cC

番茄果实内的糖分含量在很大程度上决定了番茄的果实品质及口感。如表 4-31 所示，在限根栽培的方式下，处理 A1B1 的果实总糖含量明显高于其他处理，为最高值 4.37%，CK 为最低值 3.10%，两者之间有极显著差异，说明限根栽培提高了番茄果实总糖的含量。维生素 C 是人类健康所必需的营养元素，新鲜的蔬果是人们摄取 Vc 的主要来源。比较不同限根的方式，番茄果实 Vc 含量如表 4-31 所示，相同基质栽培中，在 5%水平下，处理 A1B1 与处理 A2B1 有显著差异，处理 A1B1 高于处理 A2B1，说明限根栽培提高了番茄果实中 Vc 含量；相同体积下，在 1%水平下，处理 A1B1 与处理 A1B2 有极显著差异，且处理 A1B1 高于处理 A1B2，说明限根基质栽培中，基质的添加可以提高番茄果实 Vc 含量。有机酸是果实风味中的重要指标，影响着人们对果实口感的评价。在 5 个不同处理中，番茄果实的有机酸含量也发生了变化。处理 A1B1 的果实酸度最大，为 0.21%，处理 A2B2 的酸度最低，为 0.06%，处理 A1B2 与处理 A2B2 的差异不显著，与 CK 间的差异显著，但不明显，说明限根栽培在一定程度上提高果实有机酸的含量，但不影响果实的风味。可溶性固形物是溶容性糖类物质或其他可溶物质的总称，包括能溶于水的糖、酸、维生素、矿物质等。由表 4-31 可知，限根体积最小的处理 A1B1 可溶性固形物最高为 6.53%，CK 为最低 5.9%，说明对番茄植株根系的限制可提高果实可溶性固形物的含量；同体积条件下，处理 A1B1 与处理 A1B2 间有极显著差异，处理 A2B1 与处理 A2B2 间没有差异，

说明基质的添加对提高可溶性固形物有一定的作用。

6.限根栽培对番茄产量的影响

表4-32　限根栽培对番茄产量的影响

处理	单果重/g	小区产量/kg			平均	折合产量/kg/667m²
		Ⅰ	Ⅱ	Ⅲ		
A1B1	380.60cB	115.20	126.00	175.30	138.83bB	6430.53
A1B2	380.36cB	127.30	137.5	148.70	137.83bB	6362.44
A2B1	410.48bcB	131.55	130.20	149.50	137.08 bB	6349.47
A2B2	420.90bB	136.35	141.50	141.65	139.83 bB	6476.85
CK	510.78aA	367.50	366.50	379.50	368.17aA	8526.71

上表为限根栽培不同处理下番茄的小区单果重、产量和亩产量。单果重的大小影响番茄果实的外观形象。由表4-32可以看出，限根栽培下，处理A1B1、A1B2与A2B1、A2B2间呈现显著性差异，说明限根栽培降低了果实的单果重。根域限制对番茄植株的小区产量也有影响，处理A1B1的小区产量明显低于CK的小区产量，而限根栽培下，其他4个处理间的小区产量没有显著差异。在整个番茄采收期，非限根处理下的亩产量最高，达到8526.71 kg，处理A1B1亩产量最低，为6430.53 kg。由方差结果分析可得出，根域限制会对番茄的产量有一定的影响，即降低番茄的产量。

三、结论

限根栽培会影响番茄的生长发育，随限根体积的减少，植株的株高、茎粗均明显下降，植株光合下降，同时也抑制氮磷钾肥的吸收。但是，限根栽培显著提高番茄果实的品质，与普通种植方式相比，番茄总糖含量提高了0.93%，维生素C含量提高了4.72 mg/kg 1FW，可溶性固形物提高了0.63%，即可得到高品质风味的番茄果实。可见，限根栽培可提高番茄果实的品质，减少植株的生长冗余，提高对土地资源的利用率。最后，确定0.3 m×0.3 m×36 m的栽培体积及添加栽培基质为较好的番茄限根栽培模式。

第五节　宁夏非耕地日光温室叶菜雾培模式研究

雾培是一种把植物的根系完全置于气雾环境下新型水培栽培技术，该技术下蔬菜根系悬吊在高湿度的营养雾环境中，根系能从环境中获取充足的氧气，且通过微喷技术可使植株直接获取水分和营养，提高水分和养分的利用率，提高蔬菜生长速度和产量，同时该技术可充分利用温室的空间。本团队应用宁夏大学自主研发的叶菜专用水溶肥，系统分析雾培条件下叶菜生产的水肥供应量、供应频率和叶菜生产力，比较雾培条件下不同叶菜的生长规律，为宁夏非耕地日光温室雾培叶菜高效、周年、自动化、规模化生产提供理论与技术支撑。

一、试验设计

本研究以紫生菜、奶生一号、奶油生菜、细苦、宽苦、生菜王以及小白菜7种叶菜为材料，于2010年3月5日育苗，4月14日定植于金字塔式雾培苯板上，温室共32个栽培床。全生育期采用喷灌方式灌溉宁夏大学无土栽培叶菜营养液配方配置的营养液，微量元素使用通用配方。整个生育期营养液分三个阶段供应，4月14日~4月15日，喷30s，间隔2 min，4月15日~5月10日，喷30s，间隔4 min，5月10日~5月23日，喷30 s，间隔6 min。小区面积为7.47 m²，种植苯板面积 ［三角形 1/2×0.88 m×1.19 m×2=1.05 m²，梯形 (3.14+4.00) m×1.19 m×1/2×2=8.50 m²］，一个栽培床苯板的栽培面积为9.55 m²，土地利用率达128%。

二、结果与分析

1.不同叶菜植株营养生长指标变化

在5月16日后各叶菜生长缓慢，且宽苦、细苦、生菜王和小白菜的株高有下降的趋势。奶生一号和宽苦株高在4月28日始终显著高于其他品种，且紫生菜株高始终显著低于其他蔬菜品种（图4-70）。

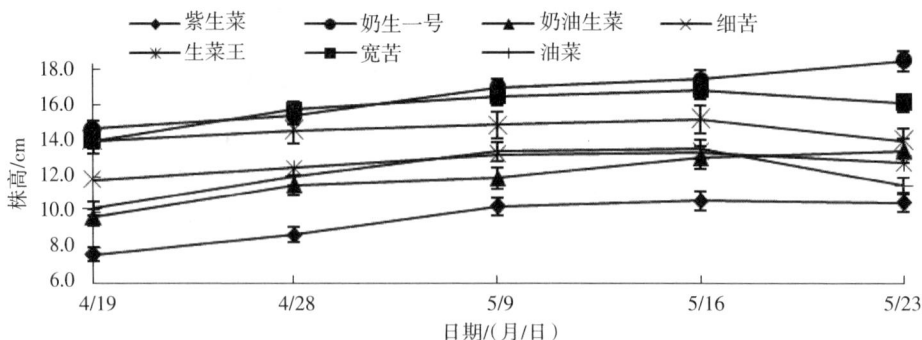

图 4-70　雾培下不同叶菜不同生育期的株高变化

生菜王在 5 月 9 日后生长缓慢，叶片数基本保持不变，小白菜在 5 月 16 日后叶片数呈下降的趋势。细苦和奶生一号叶片数从 5 月 9 日后显著高于其他品种，小白菜、宽苦、奶油生菜自 5 月 9 日后显著低于其他蔬菜品种（图 4-71）。

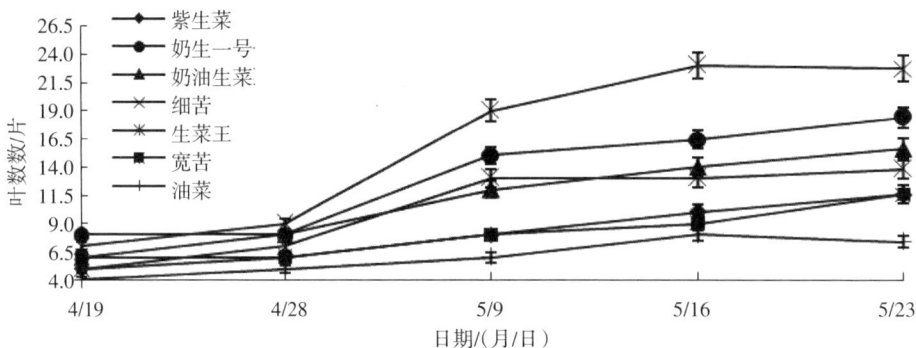

图 4-71　雾培下不同叶菜不同生育期的叶片数变化

奶生一号、细苦在 5 月 16 日后株幅有下降的趋势，其他蔬菜品种株幅增长缓慢。奶生一号自 5 月 9 日后株幅显著高于其他品种，且小白菜和紫生菜自 5 月 9 日后株幅显著低于其他品种（图 4-72）。

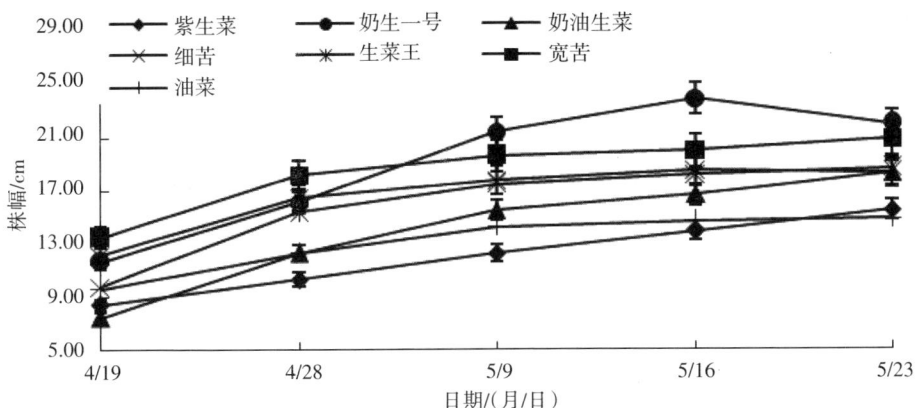

图 4-72　雾培下不同叶菜不同生育期的株幅变化

　　宽苦、奶油生菜、细苦在 5 月 16 日后叶绿素含量开始降低。小白菜叶绿素含量全生育期均显著高于其他品种，奶生一号和紫生菜全生育畦显著低于其他品种。细苦和宽苦叶绿素含量自 5 月 9 日前显著高于生菜王和奶生一号的（图 4-73）。

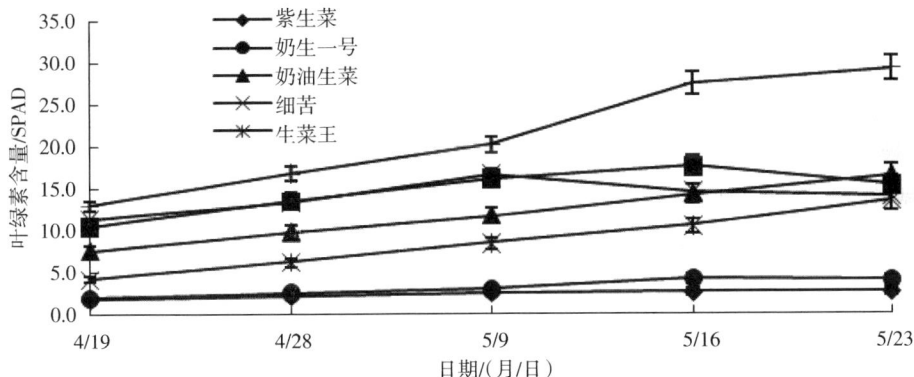

图 4-73　雾培下不同叶菜不同生育期叶绿素含量变化

2.营养液供应

　　结合植株长势，各品种在 5 月 16 日长势达到适宜采收时期，5 月 16 日以后植株长势有下降的趋势，从定植到采收营养液供应总量为 12 m³。

3.产量

　　单株地上部产量为生菜王>奶生一号>小白菜=奶油生菜=紫生菜=宽苦>细苦；单株地下部产量为生菜王>奶生一号>宽苦>奶油生菜=紫生菜=小白

菜>细苦；地上部与地下部比值为小白菜=奶油生菜>奶生一号=紫生菜=生菜王>细苦=宽苦；生菜王 667 m^2 产量最高，达 3095.5 kg，细苦产量最低，为 795.6 kg（表 4-33）。

表 4-33 雾培下不同叶菜地上部、地下部、单株产量、折合亩产、年产量

品种	单株产量/kg		地上部/地下部	小区产量/kg	折合 667m^2 产量/kg	折合年产/kg
	地上部	地下部				
紫生菜	0.056 c	0.019 c	3.05 b	183.1 c	1634.6 c	16345.5 c
奶生一号	0.075 b	0.026 b	2.89 b	243.0 b	2169.8 b	21697.6 b
奶油生菜	0.056 c	0.016 c	3.62 a	183.1 c	1634.6 c	16345.5 c
细苦	0.028 d	0.014 d	2.02 c	89.1 d	795.6 d	7955.8 d
宽苦	0.060 c	0.025 b	2.40 c	194.4 c	1735.8 c	17358.1 c
生菜王	0.107 a	0.033 a	3.18 b	346.7 a	3095.5 a	30955.2 a
小白菜	0.067 c	0.018 c	3.72 a	217.1 b	1938.3 b	19383.2 b

三、结论

一般温室土地利用仅为 40%左右，该雾培土地利用率达 128%，相当于一般温室土壤利用率的 3.2 倍。各叶菜品种株高、叶片数、株幅、叶绿素含量从定植到 5 月 16 日均呈上升的趋势，之后均呈不同程度的降低，说明在 5 月 16 日植株已达盛期，整个生育期为 32 d，一般水培叶菜的生育周期为 50 d 左右，相对一般水培，雾培显著缩短了叶菜的生育期，据此推断一年可种植 8~10 茬的叶菜，显著提高了土地利用率和温室茬口种植密度。5 月 16 日前，营养液供应量为 12 m^3，相当于一茬需水量为 33.5 m^3/667 m^2，依据营养液 8 元/m^3 的价格，每茬营养液投入为 268 元。生菜王产量最高，其次为奶生一号、小白菜，细苦产量最低。生菜王、奶生一号、小白菜可作为宁夏雾培主栽叶菜进行推广。

第五章　宁夏非耕地日光温室
番茄栽培生理研究

　　番茄，双子叶植物，原产于中美洲和南美洲，现作为食用蔬果被世界广泛种植。番茄果实色泽鲜艳，柔嫩多汁，含有多种对人有利的营养物质，维生素和矿质元素对心血管有保护作用，番茄红素则具有较强的抗氧化能力，能有效减少肺癌、直肠癌等多种癌症的发病几率。目前，番茄是宁夏非耕地日光温室栽培的主要蔬菜作物之一，伴随其栽培面积的逐年增加，番茄生产中也出现许多问题：连作障碍严重，生产效率低，果实品质逐年下降等。针对以上问题，本团队对宁夏非耕地日光温室番茄栽培生理做了大量研究，如番茄嫁接栽培技术、番茄栽培基质配比、番茄水肥需求关系和甜叶菊喷施效应。多项研究成果已在宁夏非耕地日光温室番茄栽培中广泛应用。

第一节　宁夏非耕地番茄嫁接栽培技术研究

　　嫁接是人工营养繁殖方法之一，即将一种植物的枝或芽嫁接到另一种植物的适当部位，使两者接合成一个新植物体的技术。在嫁接植株中，承受嫁接的部分称砧木，被嫁接的部分称接穗，由砧木和接穗组织愈合形成的共生体既非砧木也非接穗，称为砧穗。实施嫁接栽培是解决土传病害严重、克服连作障碍的有效途径；同时由于砧木比原接穗根系发达，吸水、吸肥能力强，可以显著提高作物产量，改善植株果实外观品质和风味。

近年来，宁夏非耕地日光温室番茄连作障碍表现明显，番茄生产效率降低和果实品质下降。针对此问题，本团队从引进国内外番茄嫁接砧木品种起始，系统分析嫁接断根和嫁接不断根两种方式对番茄生长发育的影响，最终确定了最佳的嫁接砧木和嫁接方式，为宁夏非耕地日光温室番茄嫁接栽培大面积推广提供理论依据。

一、番茄嫁接方法研究

番茄嫁接方法很多，常见的主要有靠接、插接、贴接、劈接四种基本方法，由此也衍生了许多新的方法，如插接法，包括斜插接法、水平插接法、插皮接法、腹插接法等；在日本还采用针接法、斜切接法和管嫁接法等。

番茄嫁接方法试验以春树为砧木，合作918为接穗，比较靠接、平口针接、斜切针接和劈接四种嫁接方法的嫁接速率、成活率和伤口愈合天数，结果如表5-1。

表 5-1　嫁接方法比较试验

嫁接方法	嫁接株数	成活株数	成活率/%	死亡率/%	嫁接速率/（株·h⁻¹·人⁻¹）	愈合天数/d
靠接	100	98	98	2	70	4
平口针接	100	75	75	25	90	7
斜切针接	100	88	88	12	82	6
劈接	100	92	92	8	66	5

比较几种嫁接方法可得：当嫁接株数为100株时，4种嫁接方法幼苗的成活率分别为靠接98%>劈接92%>斜切针接88%>平口针接75%；嫁接速率，平口针接速度最快，为90株·h⁻¹·人⁻¹，其次是斜切针接为82株·h⁻¹·人⁻¹，靠接70株·h⁻¹·人⁻¹，最慢的是劈接，66株·h⁻¹·人⁻¹。影响嫁接速率的主要原因是四种嫁接方法切口不同，平口针接切口最快最简单，所以嫁接速度快，劈接对切口的要求比较高，故速度慢。从伤口愈合天数来看，靠接需要时间最短，只需4 d，其次是劈接，针接愈合天数较长。影响成活率和伤口愈合

程度的主要原因是砧木与接穗的接触面积，靠接与劈接接触面积较大，故成活率较高，又因为靠接是采用双根嫁接，接穗根没有彻底切断，在愈合的过程中有接穗的根参与养分和水分的运输与吸收，故愈合时间较短。针接的成活率相对较低，且伤口愈合天数较长，主要是因为针接切口小，砧木与接穗的接触面积小，致使成活率较低且伤口愈合天数较长。总之，靠接和劈接操作简单、成活率高、伤口愈合快，推荐采用此两种嫁接方法。

二、番茄嫁接砧木筛选试验

筛选丰产、高抗的番茄砧木是番茄嫁接的基本工作，是决定番茄嫁接能否成功的关键。从耐盐性、耐旱性和耐寒性三个方面，比较分析 4 个番茄砧木品种（久留大佐、坂砧一号、春树、大维番茄根砧）的抗逆性。

（一）番茄不同砧木耐盐性试验

番茄砧木穴盘育苗后，进行正常育苗管理。当幼苗长到 2 片真叶时去除大、小苗，移至营养钵。当植株长至 3~4 片真叶时进行 NaCl 胁迫处理，试验设 5 个处理:① 清水浇灌（对照）、② 500 mg/kg NaCl 溶液浇灌、③ 1000 mg/kg NaCl 溶液浇灌、④ 1500 mg/kg NaCl 溶液浇灌、⑤ 2000 mg/kg NaCl 溶液浇灌。

1.不同浓度 NaCl 胁迫对番茄砧木株高和茎粗的影响

当 NaCl 浓度从 0 mg/kg 逐渐升到 2000 mg/kg 时，砧木幼苗株高、茎粗均受到不同程度的抑制。通过各个指标的降低值来比较不同品种的耐盐性，降低值越小说明受盐胁迫程度越轻，耐盐性越好。当 NaCl 浓度大于 500 mg/kg 时，坂砧一号表现出明显的受抑制作用；当 NaCl 浓度大于 1000 mg/kg 时，久留大佐表现出明显的受抑制作用；当 NaCl 浓度大于 1500 mg/kg 时，春树、大维番茄根砧表现出明显的受抑制作用。NaCl 浓度从 0 mg/kg 升到 2000 mg/kg，4 种砧木茎粗的降低值分别为久留大佐 1.43 mm>坂砧一号 1.41 mm>大维番茄根砧 1.27 mm>春树 0.95 mm（图 5-1）。

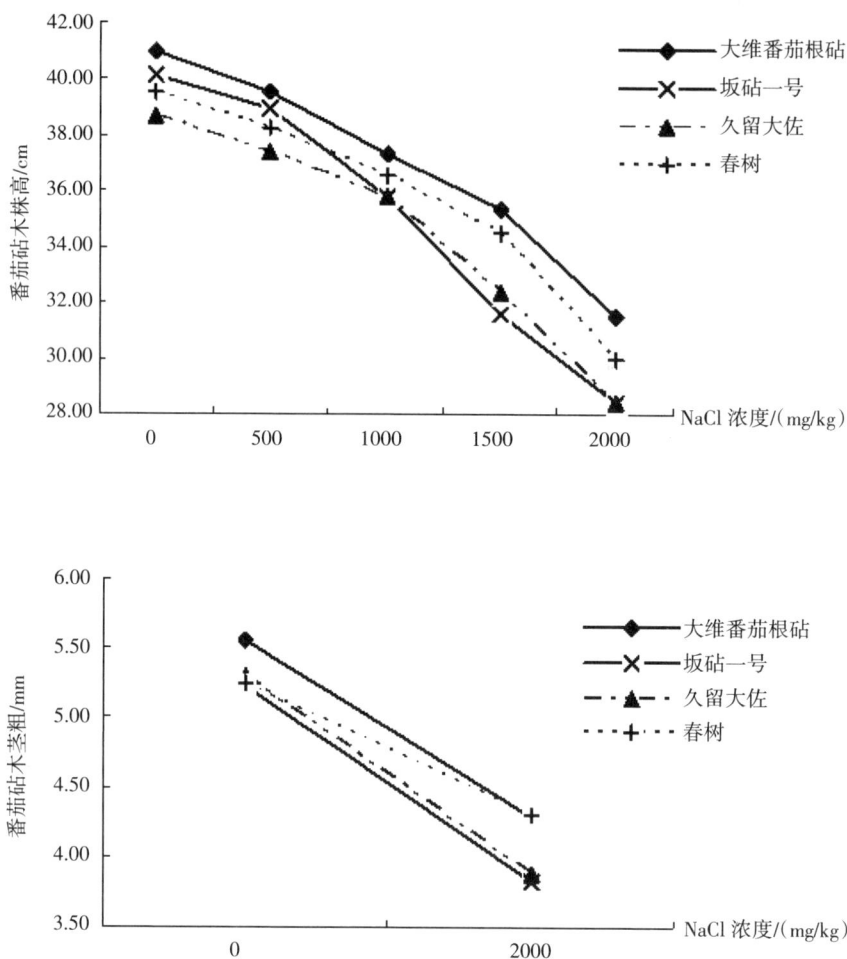

图 5-1　不同浓度 NaCl 处理对番茄砧木株高、茎粗的影响

2.不同浓度 NaCl 胁迫对番茄砧木地上部干鲜重和地下部干鲜重的影响

在盐胁迫下，植物的生长受到严重抑制，直观表现为植株干鲜重大幅下降。久留大佐在 NaCl 浓度为 0~500 mg/kg 范围内、坂砧一号在 NaCl 浓度大于 1000 mg/kg 时，地上部干鲜重显著下降；大维番茄根砧和春树随 NaCl 浓度升高，地上部干鲜重下降幅度较小（图 5-2）。

同样，随 NaCl 浓度的升高，4 种砧木地下部干鲜重均呈下降趋势。Na-

Cl 浓度从 0 mg/kg 升到 2000 mg/kg，4 种砧木地下部鲜重下降值为坂砧一号 2.34 g>大维番茄根砧 1.68 g>久留大佐 1.45 g>春树 1.30 g。坂砧一号在 NaCl 浓度为 0~500 mg/kg 范围内，久留大佐、大维番茄根砧、春树在 NaCl 浓度为 0~1000 mg/kg 范围内，地下部干鲜重受抑制作用较大（图 5-3）。

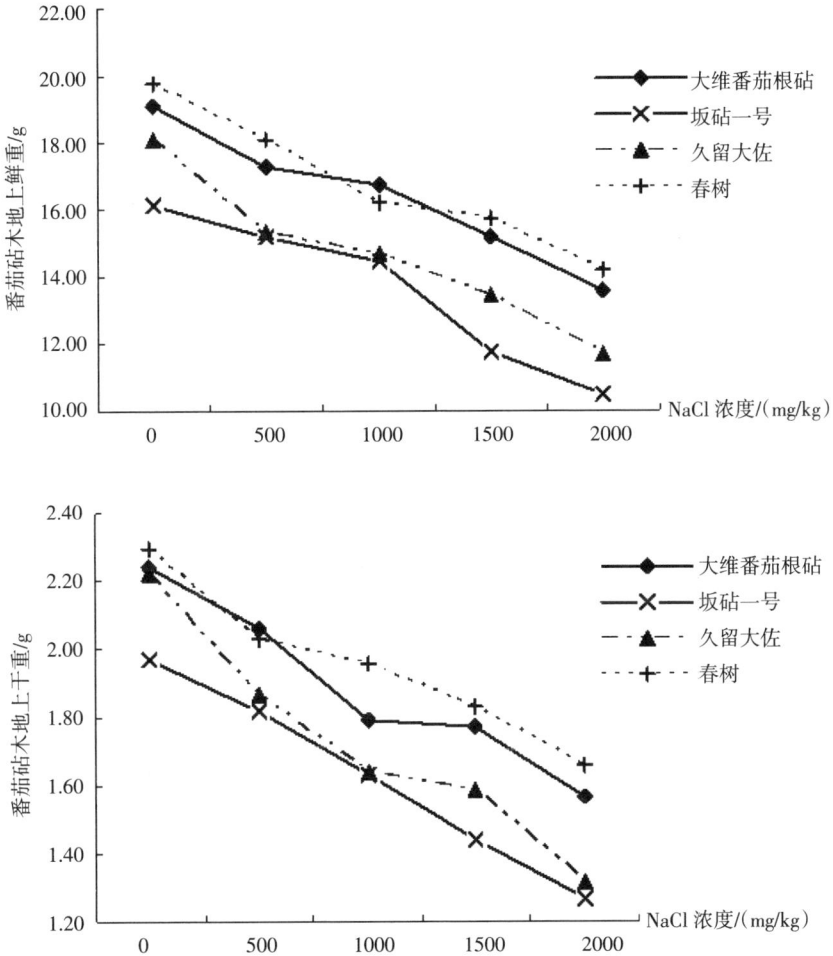

图 5-2 不同浓度 NaCl 处理对番茄砧木地上部干鲜重和地下部干鲜重的影响

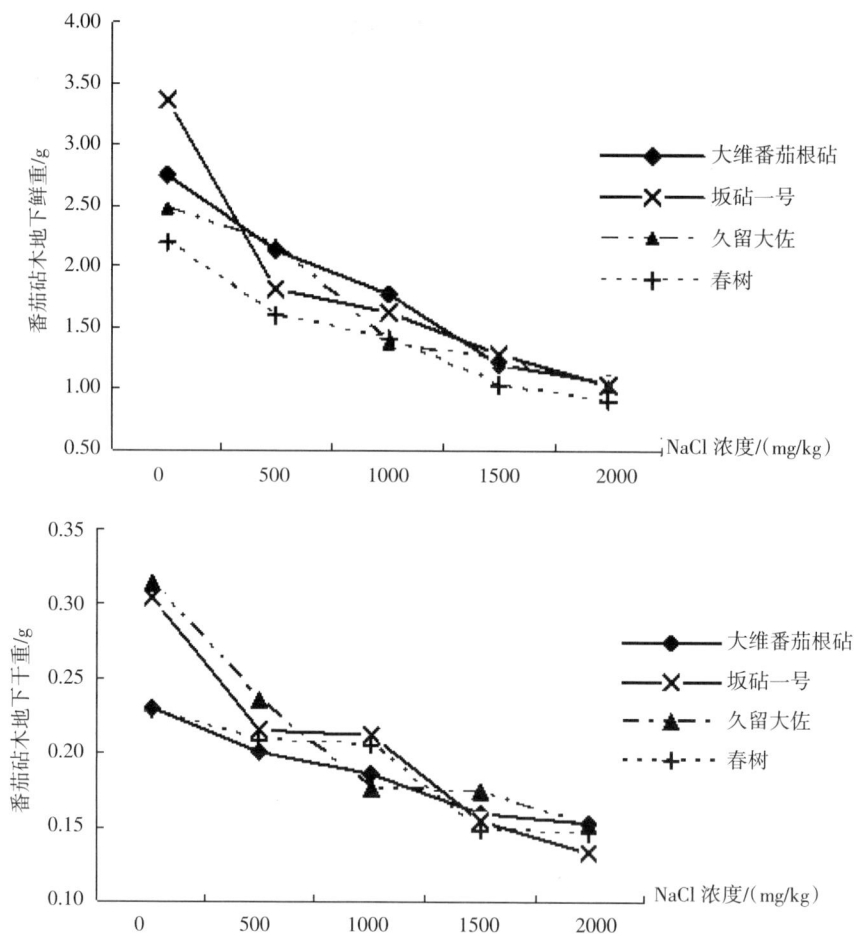

图 5-3 不同浓度 NaCl 处理对番茄砧木地下部干鲜重的影响

（二）番茄不同砧木抗旱性试验

高温干旱是限制植物生长发育、影响产量和品质的重要因子。植物的抗旱性是指在干旱条件下植物生存的能力，而作物的抗旱性尤指在土壤干旱或大气干燥条件下作物不仅能存活下来，而且能使产量稳定在一定水平的能力。

本试验于 2010 年 5 月 19 日在温室内进行穴盘育苗，出苗后进行正常育苗管理。当幼苗长到 2 片真叶时移栽至口径 7 cm、高为 6.5 cm 的营养钵中，每钵装入 100 g 育苗基质。分苗时去除大、小苗，每份材料 25 株。分苗后进行正常的水分管理。当植株长至 3~4 片真叶时进行极度干旱处理:每个营养钵浇 70 mL 水，当营养钵中基质见干发白时，再连续干旱 2~3 d，至 60% 的材料有半数以上植株出现极度干旱症状时，调查各材料单株干旱症状。然后每个营养钵再浇 50 mL 水，2 d 后观察统计各材料单株恢复情况。

1.不同番茄砧木耐旱性调查

对 4 种砧木进行干旱胁迫后，均出现不同程度的干旱症状，其中 5 级和 7 级为极度干旱症状。坂砧一号和久留大佐出现极度干旱症状的株数分别占总数的 64% 和 60%，未表现出干旱症状的株数为 0 株。春树和大维番茄根砧出现极度干旱症状的株数分别占总数的 44% 和 48%，其中春树未出现干旱症状的株数为 8%（表 5-2）。

表 5-2　番茄砧木耐旱性试验

品种	0 级	1 级	3 级	5 级	7 级	总株数
坂砧一号	0	0	9	13	3	25
久留大佐	0	1	9	11	4	25
春树	2	2	10	7	4	25
大维番茄根砧	0	3	10	9	3	25

2.不同番茄砧木干旱恢复调查

对 4 种砧木干旱处理后再恢复调查表明，4 种砧木的恢复能力间存在差异，其中 5 级为植株严重萎蔫死亡，不可恢复。由表 5-3 可知，春树和大维番茄根砧恢复为 0 级的株数分别占总数的 68% 和 72%，恢复为 1 级的株数分别占总数的 32% 和 24%。坂砧一号和久留大佐恢复 0 级的株数分别占总数的 45.8% 和 40%；恢复为 1 级的株数均占总数的 36%。坂砧一号、久留大佐、大维番茄根砧恢复后为 5 级的株数分别为 12%、4%、4%。春树所有的砧木材料均恢复为 0 级或 1 级（表 5-3）。

表 5-3   旱情恢复调查试验

品种	0 级	1 级	3 级	5 级	总株数
坂砧一号	11	9	2	3	25
久留大佐	10	9	5	1	25
春树	17	8	0	0	25
大维番茄根砧	18	6	0	1	25

（三）番茄不同砧木抗寒性试验

本试验包括两项内容：一是待砧木幼苗长到四叶一心时，于 5 ℃低温条件下培养 3 d，3 d 后测定低温胁迫环境下番茄砧木体内保护酶活性、脯氨酸、丙二醛含量；二是番茄幼苗长到三叶一心时进行嫁接，嫁接后待伤口愈合 20 天左右，将不同砧木不同嫁接方式的番茄幼苗于 5 ℃低温条件下培养 3 d，3 d 后测定低温胁迫环境下番茄砧木体内保护酶活性、脯氨酸、丙二醛含量。

1.番茄砧木抗寒性测定

坂砧一号和久留大佐的丙二醛含量稍高于大维番茄根砧和春树，四个品种间差异不显著。脯氨酸含量与植物的抗寒性呈正比，各砧木脯氨酸含量从高到低依次为大维番茄根砧、久留大佐、春树和坂砧一号。4 种砧木的 CAT 酶、POD 酶、SOD 酶 3 个指标在逆境胁迫下存在差异，但均未达到显著水平。坂砧一号、大维番茄根砧和春树的 CAT 酶活性较高，而久留大佐和春树的 POD 酶和 SOD 酶活性较高（表 5-4）。

表 5-4   番茄砧木抗寒性测定

砧木品种	丙二醛/(μmol/g)	脯氨酸含量/(μg/g/FW)	CAT/(μ/gFW/min)	POD/(μ/gFW/min)	SOD/(μ/gFW/h)
大维番茄根砧	2.395aA	296.635aA	193.305abA	170.938aA	248.19aA
久留大佐	2.722aA	263.41abAB	164.25bA	234.011aA	281.725aA
春树	2.285aA	252.485bAB	195.005abA	222.766aA	282.885aA
坂砧一号	2.802aA	204.98cB	210.54aA	206.354aA	247.17aA

2.不同砧木嫁接苗抗寒性测定

嫁接苗的丙二醛含量除久留大佐单根嫁接和坂砧一号双根嫁接外均不同程度地低于自根苗。嫁接苗的脯氨酸含量均高于自根苗，其中将春树作为砧木的嫁接苗脯氨酸含量最高，其次是大维番茄根砧作为砧木的嫁接苗，久留大佐和坂砧一号作为砧木的嫁接苗脯氨酸含量相对较低。嫁接苗的 CAT 酶活性不同程度地高于自根苗，且 4 种砧木单根嫁接的 CAT 酶活性对应高于双根嫁接，但 8 种嫁接苗间差异不显著。嫁接苗的 POD 活性均高于自根苗，其中由大维番茄根砧和春树作为砧木的嫁接苗 POD 活性相对较高。嫁接苗的 SOD 酶活性均不同程度地高于自根苗，由大维番茄根砧和春树作为砧木的嫁接苗 SOD 酶活性显著高于久留大佐和坂砧一号作为砧木的嫁接苗和自根苗，且 4 种砧木单根嫁接的 SOD 酶活性对应高于双根嫁接（表 5-5）。

表 5-5　番茄嫁接苗抗寒性测定

品种	丙二醛/($\mu mol/g$)	脯氨酸/($\mu g/$ g FW)	CAT/($\mu/gFW/$ min)	POD/($\mu/$ gFW/min)	SOD/($\mu/$ gFW/h)
倍盈	3.27abAB	241.22eD	153.60bB	188.79fF	238.19dE
久留大佐(双根)	3.02abABC	272.50eD	200.69bAB	472.66cCD	248.22dDE
久留大佐(单根)	3.39aA	241.91eD	263.00aA	518.34bcBC	286.45cCD
坂砧一号(双根)	3.34abAB	341.30dC	192.07bAB	421.14dD	246.25dDE
坂砧一号(单根)	2.86cBCDE	271.10eD	203.86abAB	296.86eE	247.79dDE
大维番(双根)	2.73cCDE	371.84cdBC	178.68bAB	486.42cCD	326.94bBC
大维番(单根)	2.39dDE	398.74bcBC	210.43abAB	601.21aA	386.95aA
春树(双根)	2.89cABCD	485.93aA	177.16bAB	579.51aAB	314.21bBC
春树(单根)	2.36dE	426.30bB	212.77abAB	557.24abAB	328.95bB

3.不同砧木嫁接栽培后抗寒性测定

自根苗倍盈的丙二醛含量最高，显著高于其他嫁接苗，大维番茄根砧单根嫁接丙二醛含量最低。嫁接苗的脯氨酸含量显著高于自根苗，其中由大维番茄根砧和春树作为砧木的嫁接苗脯氨酸含量相对高于另外两种嫁接苗和自根苗。嫁接苗的 CAT 酶活性不同程度地高于自根苗，但嫁接苗与自根苗间差异不显著。由大维番茄根砧作为砧木的嫁接苗 POD 酶和 SOD 酶活性显著高于其他嫁接苗和自根苗，各嫁接苗和自根苗的 POD 酶活性之间存在显著性差异，SOD 酶活性差异不显著。

表5-6　番茄嫁接栽培抗寒性测定

品种	丙二醛/(μmol/g)	脯氨酸含量/(μg/g FW)	CAT 酶/(μ/gFW/min)	POD 酶/(μ·g⁻¹Fw·min⁻¹)	SOD 酶/(μ·g⁻¹FW·h⁻¹)
倍盈	3.48aA	19.77eD	180.61cB	97.88fF	315.84cD
久留大佐(双根)	2.33bcABC	26.81cdBC	221.42aA	129.95cdC	344.76bABC
久留大佐(单根)	1.25deCDE	26.05cdBC	188.88bcB	127.65dCD	329.48bcBCD
坂砧一号(双根)	0.98eCDE	28.52bcABC	185.74bcB	113.92eE	313.19cD
坂砧一号(单根)	3.47aA	24.07dCD	188.76bcB	139.11cC	316.52cD
大维番(双根)	0.75eDE	28.47bcABC	195.40bB	192.59bB	366.21aA
大维番(单根)	0.47eE	32.75aA	188.02bcB	233.10aA	344.15bABC
春树(双根)	3.00abA	30.79abAB	191.67bcB	115.19eE	346.28bAB
春树(单根)	1.98cdBCD	31.56abAB	194.92bcB	116.87eDE	319.51cCD

三、番茄嫁接栽培试验

本试验以 4 个砧木品种，嫁接后断根、不断根 2 种栽培方式进行随机区组设计，试验设计见表5-7。试验共设 9 个处理，以自根苗倍盈为对照 (处理 1)，3 次重复，每小区面积为 8 m²，株距 40 cm，小行距 70 cm，大行距 80 cm。本试验于 2009 年 9 月 20 日定植，2010 年 8 月 24 日拉秧，全生育期 338 d。定植时番茄嫁接苗苗态为六叶一心。

表 5-7 番茄嫁接栽培试验处理

处理号	品种	嫁接方式
1	接穗:倍盈	不嫁接(自根苗)
2	接穗:倍盈 砧木:久留大佐	靠接断根(双根)
3	接穗:倍盈 砧木:久留大佐	靠接不断根(单根)
4	接穗:倍盈 砧木:坂砧一号	靠接断根(双根)
5	接穗:倍盈 砧木:坂砧一号	靠接不断根(单根)
6	接穗:倍盈 砧木:大维番茄根砧	靠接断根(双根)
7	接穗:倍盈 砧木:大维番茄根砧	靠接不断根(单根)
8	接穗:倍盈 砧木:春树	靠接断根(双根)
9	接穗:倍盈 砧木:春树	靠接不断根(单根)

（一）嫁接番茄生育期

不同砧木不同嫁接方式对番茄各花序开花期有明显影响。嫁接苗第一序花开花期较自根苗有不同程度的提前，与对照相比，第一序花开花提前 3~10 d；当第二花序开花时，番茄植株迅速生长，进入营养生长与生殖生长的并进时期，嫁接番茄与对照相比，开花期提前 3~6 d；第三花序开花时，嫁接番茄与对照相比，开花期提前 3~6 d。

第一序花开花后 10~15 d 内，番茄各处理第一穗果陆续坐果。嫁接番茄与对照相比，第一穗果坐果期提前 3~6 d，第二穗果提前 1~4 d，第三穗果提前 2~8 d。

嫁接番茄始收期为 2010 年 1 月 25 日，对照始收期为 2010 年 2 月 7 日。处理 2、3、4、5 盛采期最早，为 2 月 7 日；其次是处理 6、7、8、9，盛采期为 2 月 22 日；最迟是处理 1，盛采期为 3 月 26 日。嫁接番茄各处理与对照相比，始收期提前 12 d，盛采期提前 15~30 d。

就嫁接方式而言，相同砧木采用双根栽培生育期较单根栽培提前 1~5 d。

宁夏非耕地日光温室蔬菜栽培理论与实践

表5-8　嫁接番茄生育期记载　　　　　　　年.月.日

处理	定植期	前三序花开花时间			前三穗果坐果时间			始收期	盛采期	拉秧期
		第一	第二	第三	第一	第二	第三			
1	09.9.20	10.18	10.26	10.31	10.29	11.2	11.11	10.2.7	10.3.6	10.8.24
2	09.9.20	10.8	10.20	10.25	10.23	10.29	11.3	10.1.25	10.2.7	10.8.24
3	09.9.20	10.13	10.22	10.26	10.24	10.30	11.4	10.1.25	10.2.7	10.8.24
4	09.9.20	10.9	10.22	10.26	10.23	10.30	11.4	10.1.25	10.2.7	10.8.24
5	09.9.20	10.14	10.22	10.27	10.24	10.30	11.6	10.1.25	10.2.7	10.8.24
6	09.9.20	10.9	10.22	10.26	10.23	10.30	11.5	10.1.25	10.2.22	10.8.24
7	09.9.20	10.15	10.22	10.27	10.26	11.1	11.9	10.1.25	10.2.22	10.8.24
8	09.9.20	10.13	10.22	10.26	10.23	10.30	11.6	10.1.25	10.2.22	10.8.24
9	09.9.20	10.14	10.23	10.27	10.26	10.30	11.9	10.1.25	10.2.22	10.8.24

（二）嫁接番茄生长

从嫁接方式看，采用双根嫁接（处理2、4、6、8）的株高均高于对应单根嫁接（处理3、5、7、9）。嫁接苗茎粗均高于自根苗，且双根嫁接苗茎粗高于对应单根嫁接苗。嫁接苗叶绿素和叶面积均不同程度地高于自根苗，且双根嫁接高于对应单根嫁接。处理2叶绿素含量最高，与处理6和8差异不显著。大维番茄根砧（处理8、9）叶面积最大，其次是春树（处理6、7），自根苗叶面积最小，显著低于嫁接苗。

218

表 5-9　嫁接栽培对番茄形态指标的影响

处理	株高/cm	茎粗/mm	叶绿素/SPAD	叶面积/cm²
1	656.00cdB	16.11bB	53.90cB	1206.50dD
2	642.50cdB	19.35aA	65.15aA	1640.50bB
3	635.00dB	16.20bB	57.78bcAB	1406.00cC
4	689.00abcAB	17.02bAB	58.95bcAB	1627.50bB
5	666.00cdAB	16.20bB	57.50bcAB	1350.00cCD
6	686.50abcAB	16.87bAB	59.95abcAB	1742.00bB
7	681.00bcdAB	16.24bB	56.58bcAB	1660.00bB
8	732.00aA	17.55abAB	61.68abAB	2135.00aA
9	730.00bA	16.95bAB	58.80bcAB	2114.00aA

（三）嫁接番茄光合指标

选择晴朗、无风天气（2010 年 6 月 23 日），取每处理番茄植株中部有代表性的 6 片小叶（叶片方向一致，受光均匀），采用 GFS-3000 光合测定仪测定叶片蒸腾速率、叶片气孔导度、光合速率。以 13:00 时光合指标测定值做多重比较见表 5-10。由表 5-10 可知，嫁接苗各处理 13:00 时的气孔导度不同程度高于对照处理 1。处理 2 和处理 5 的气孔导度显著高于自根苗和其他嫁接苗，达到 1% 极显著水平。处理 4、6、7、8、9 的气孔导度显著高于自根苗，达到 5% 显著水平。处理 3 气孔导度高于自根苗，但差异性不显著。

处理 2 叶片蒸腾速率最高，与处理 4 和处理 5 间达到 5% 显著水平，与其他处理间达到 1% 极显著水平。其余几个处理嫁接番茄蒸腾速率高于对照处理 1，但差异不显著。

处理 2 和 5 的光合速率显著高于其他处理，达到 1% 极显著水平。处理 3、4、8 光合速率显著高于处理 1，达到 1% 极显著水平；处理 6、7、9 的光合速率高于自根苗处理 1，但差异不显著。

久留大佐双根嫁接（处理 2）的蒸腾速率、叶片气孔导度、光合速率均显著高于单根嫁接（处理 3），其他处理嫁接苗的光合指标在嫁接方式上差异不显著。

表 5-10　嫁接栽培对番茄光合指标的影响

处理	叶片气孔导度/ (μmol·m⁻²·s⁻¹)	叶片蒸腾速率/ (mmol·m⁻²·s⁻¹)	光合速率/ (μmol·m⁻²·s⁻¹)
1	317.64dC	9.34bB	18.23eD
2	417.09aA	11.93aA	20.72aA
3	329.75cdBC	9.79bB	19.28bcBC
4	366.83bB	10.10bAB	19.64bB
5	404.36aA	10.39bAB	20.34aA
6	356.09bB	9.77bB	18.89cdBCD
7	342.66bcBC	9.64bB	18.73deCD
8	351.64bcBC	9.54bB	19.55bB
9	363.55bB	9.56bB	18.49deD

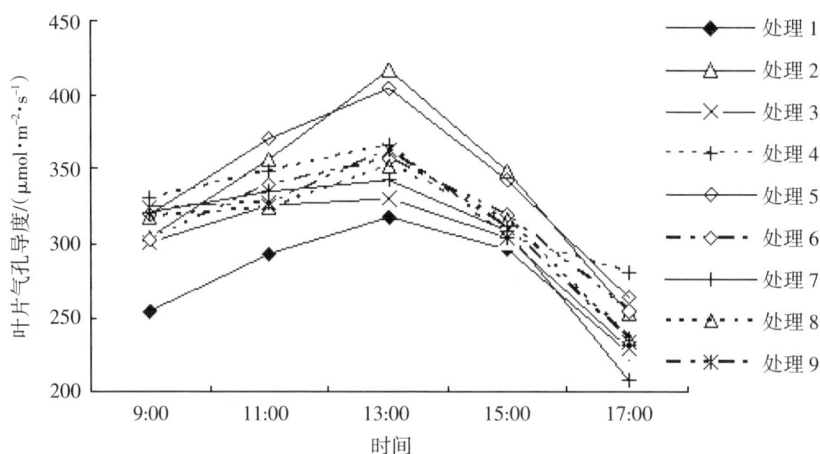

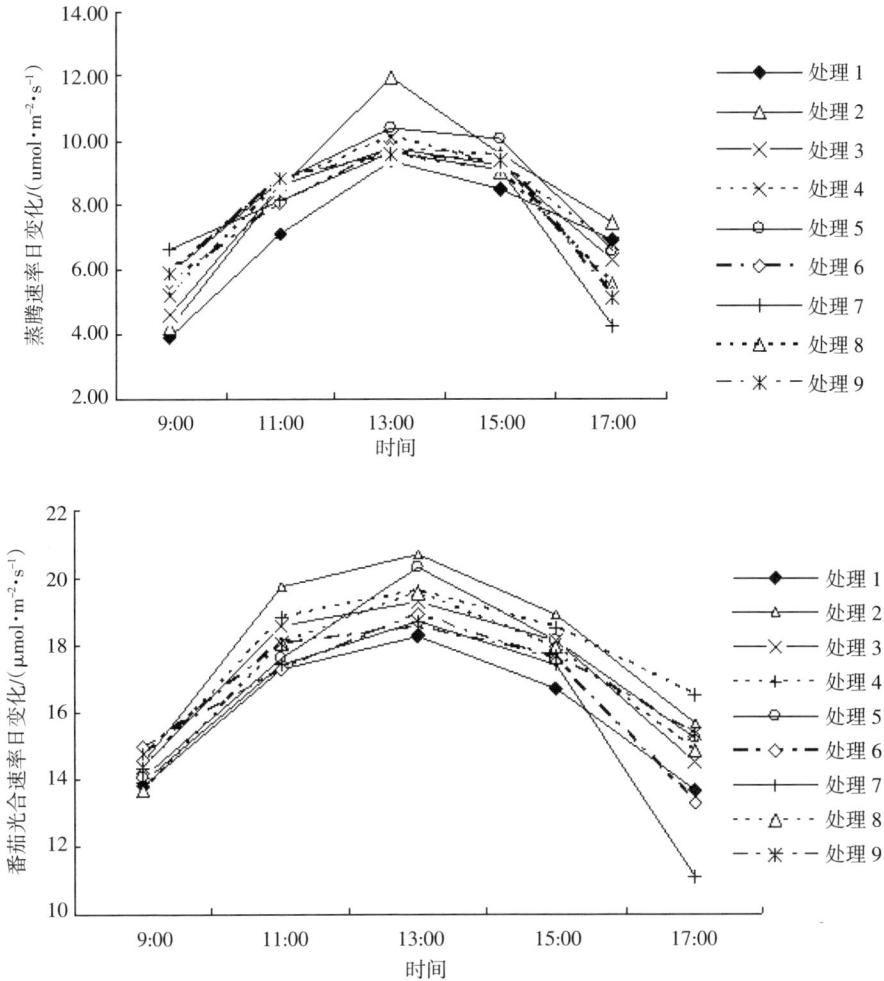

图 5-4　各处理番茄的光合速率日变化

各处理番茄的光合速率日变化如图 5-4，结果显示:自根苗和嫁接苗的净光合速率趋势均为单峰曲线，高峰出现在当日 13:00 时，均不存在"午休现象"。嫁接苗的日平均光合速率高于对照，说明通过嫁接栽培能明显提高番茄嫁接苗的光合速率。

叶片蒸腾速率日变化整体趋势呈单峰型，在 13:00 时出现峰值，且处理 2 的峰值明显高于其他处理。在 9:00~15:00 时范围内，嫁接苗蒸腾速率明显高于自根苗处理 1，但处理 1 在 15:00~17:00 时范围内仍维持较高水平。

气孔导度表示植物气孔的开张程度，其大小受光照、湿度、温度、叶片水势、体内水分等多种因素的控制，它不但能反映植物蒸腾耗水的大小，而且气孔导度的大小与植物的光合速率密切相关，在大多数情况下，气孔导度的下降会造成 CO_2 供应受阻进而造成光合速率的下降。

由图 5-4 可知，各处理气孔导度日变化随时间推移均呈先升高后降低的趋势，13:00 时左右各处理叶片气孔导度均达到最大值，11:00~15:00 时维持较高水平，13:00 时后明显下降。嫁接苗各处理气孔导度在 9:00~15:00 时内明显高于处理 1，15:00 后各处理间差异不明显。

（四）嫁接番茄果实品质

本试验于 2010 年 4 月 9 日采样进行品质测定，对评价番茄品质的 4 个主要指标 Vc、有机酸、可溶性糖、可溶性固形物进行测定，结果见表 5-11。嫁接番茄 Vc 均高于自根番茄。处理 2 的 Vc 含量最高，达 17.96 mg·100g^{-1}（FW），处理 2 和处理 4 的 Vc 含量显著高于自根苗，达到 1% 极显著水平；处理 3、5、6 的 Vc 含量显著高于自根苗，达到 5% 显著水平。处理 7、9 的 Vc 含量高于自根苗，但差异不显著。由表 5-11 还可看出，双根嫁接番茄（处理 2、4、6、8）Vc 含量对应高于相同砧木单根嫁接番茄（处理 3、5、7、9）。

嫁接番茄可溶性固形物高于自根番茄。处理 3 的可溶性固形物含量最高，处理 3、5、6、7、8 可溶性固形物显著高于自根苗，达到 5% 显著水平。处理 2、4、9 可溶性固形物略高于自根苗处理 1，差异性不显著。久留大佐和坂砧一号单根嫁接（处理 3、5）番茄的可溶性固形物高于对应的双根嫁接（处理 2、4）；大维番茄根砧和春树双根嫁接（处理 6、8）栽培的可溶性固形物高于对应的单根嫁接栽培（处理 7、9）。

嫁接番茄可溶性糖含量显著高于自根苗，由久留大佐和坂砧一号嫁接的番茄（处理 2、3、4、5）可溶性糖含量显著高于其他嫁接苗和自根苗，达到 1% 显著水平。相同砧木双根嫁接番茄可溶性糖含量高于对应单根嫁接。

处理 9 的有机酸含量高于处理 1，但差异不显著。其他处理有机酸含量均低于处理 1，处理 2 和处理 8 与处理 1 间达到 5% 显著水平，其他处理与处理 1 间达到 1% 极显著水平。春树嫁接的番茄（处理 8、9）有机酸含量>久留大佐（处理 2、3）>坂砧一号（处理 4、5）>大维番茄根砧（处理 6、7）。

嫁接对番茄品质影响较复杂，有学者研究表明番茄嫁接不会降低果实的品质，王益奎等研究表明不同砧木嫁接番茄对其品质略有提高，风味基本保持不变，并未产生不良影响。

表 5-11　嫁接对番茄品质的影响

处理	Vc/(mg·100g⁻¹FW)	可溶性固形物/%	可溶性糖/%	有机酸/%
1	11.41dC	4.50cB	1.846eD	1.040aAB
2	17.96aA	4.90abcAB	2.973aA	0.973bB
3	14.16bcBC	5.25aA	2.613bB	0.818deCD
4	16.08abAB	4.90abcAB	2.660bB	0.872cdC
5	14.51bcABC	5.00abAB	2.460cB	0.885cC
6	14.44bcABC	5.05abAB	2.110dCD	0.781eD
7	12.68cdBC	4.75bcAB	1.900eCD	0.862cdC
8	13.08cdBC	5.00abAB	2.170dC	0.968bB
9	13.39cdBC	4.50cB	2.100dCD	1.060aA

（五）嫁接番茄产量

1.对总产量及单果重的影响

本试验于 2010 年 1 月 25 日开始采收，每次采收时统计每处理三次重复的平均单果重、小区产量，拉秧时统计采收果穗数。由表 5-12 可知，嫁接苗各处理采收果穗数均多于自根苗。拉秧时处理 1 已采收果穗为 22 穗，处理 6 已采收果穗为 27 穗，处理 8 为 26 穗。嫁接苗采收果穗数比自根苗多 1~5 穗，相同砧木采用双根嫁接采收果穗数比对应单根嫁接多 1~2 穗。

嫁接番茄平均单果重均高于对照，处理 6 与处理 1 间达到 1% 极显著水平，处理 7、8、9 与处理 1 间达到 5% 显著水平，其余处理与处理 1 间差异不显著。且双根嫁接番茄单果重高于对应单根嫁接番茄。

处理2、4、6、7、8、9的小区平均产量显著高于处理1，达到1%极显著水平；处理3、5与处理1间达到5%显著水平。就总产量而言，处理6最高，达20122.18 kg/667 m²，自根苗处理1产量最低为15432.71 kg/667 m²，说明嫁接可增加番茄产量，与对照相比增产7.15%~30.39%。

在4种砧木嫁接苗中，大维番茄根砧（处理6、7）嫁接的番茄产量最高，其次是春树（处理8、9）、坂砧一号（处理4、5）、久留大佐（处理2、3）。对于嫁接方式而言，四个砧木采用双根嫁接（处理2、4、6、8）栽培的产量均高于同品种的单根嫁接（处理3、5、7、9）栽培。

表5-12 嫁接对番茄产量及单果重的影响

处理	采收果穗数	平均单果重/kg	小区平均产量/(kg/8m²)	折合产量/(kg/667m²)
1	22	0.138dB	185.10dD	15432.71
2	24	0.160abcdAB	211.60bBC	17642.36
3	23	0.146cdB	198.33cCD	16535.56
4	25	0.157abcdAB	210.98bcBC	17590.67
5	23	0.153abcdAB	202.51bcCD	16883.85
6	27	0.182aA	241.35aA	20122.18
7	25	0.170abAB	239.95aA	20005.41
8	26	0.163abcAB	237.17aA	19773.76
9	24	0.161abcAB	228.55aAB	19055.44

（六）嫁接番茄经济效益分析

由图5-5可以看出，2010年1~5月番茄整体价格较高，在3.0~5.0元/kg之间，但在3月5日至3月12日间出现一次大幅度降价形势，番茄价格仅为1.6元/kg。从6月到8月番茄价格逐渐降低，趋势线比较平缓，价格变化幅度较小，番茄价格为1.0~2.0元/kg。由图5-5和表5-13可知，本试验中产量高峰期分别出现在 2 月和 6 月，2 月份产量高，番茄价格高，能获得较高的经济效益；6~8 月份是番茄的集中上市期，由于番茄的供应量增加，番茄价格逐渐降低，虽然产量高，但若价格低会直接影响番茄生产的经济效益。由此可知，番茄采用嫁接栽培周年生产能显著提高产量，但为了获得更高的经济效益，应根据番茄价格走势，合理安排种植茬口。

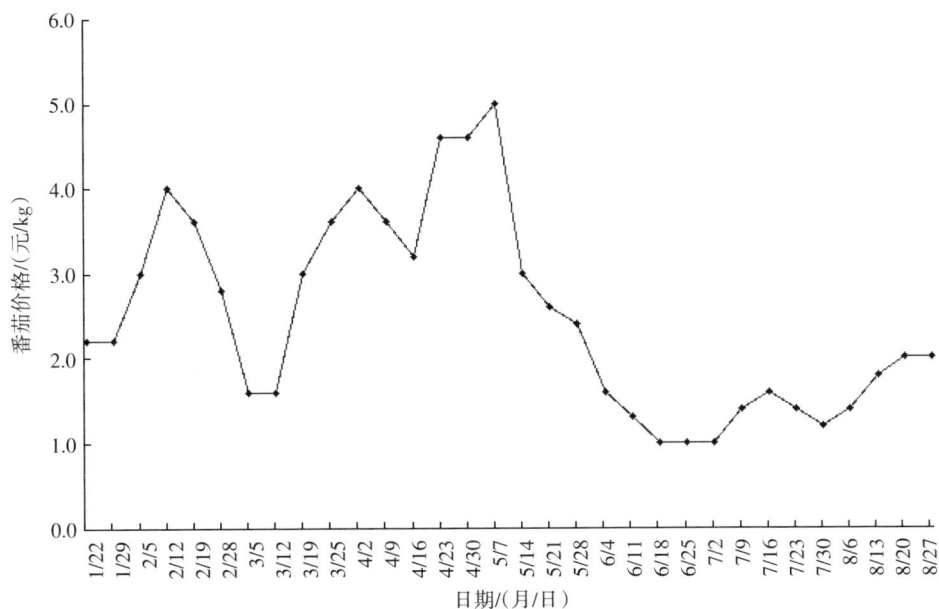

图 5-5　2010 年 1 月 22 日–8 月 27 日番茄价格走势

嫁接栽培各处理与对照相比，均实现了增产、增值效益，与对照相比每 667 m² 增加产量 1102.85~4689.47 kg/667 m²，增加收入 1141.61~7957.61 元，增产效益明显。综合考虑经济效益，大维番茄根砧双根嫁接产量最高，增加经济效益最显著。

表 5-13　番茄嫁接栽培经济效益分析

处理	产量/ （kg/667m²）	产值/（元/ 667m²）	与对照 增减值/元	较对照多用 育苗费用/元	较对照增加 经济效益/元
1	15432.71	33084.70	0	0	0
2	17642.36	38402.98	5318.28	650.33	4667.96
3	16535.56	34876.64	1791.94	650.33	1141.61
4	17590.67	37962.93	4878.23	650.33	4227.90
5	16883.85	36007.24	2922.54	650.33	2272.22
6	20122.18	41367.47	8282.77	325.16	7957.61
7	20005.41	38549.01	5464.31	325.16	5139.15
8	19773.76	40840.99	7756.28	325.16	7431.12
9	19055.44	39353.83	6269.12	325.16	5943.96

第二节　宁夏非耕地番茄栽培基质配比研究

　　基质培是无土栽培中应用最广的一种栽培方式，它可以避免土壤连坐障碍、土传病害、土壤次生盐渍化等问题，并且通透性良好，适宜作物生长。采用有机肥与基质按不同体积混合形成的复合基质，不但能够提供番茄生长所需要的营养物质，同时能显著提高番茄品质且经济适用。本试验采用不同有机肥与基质按不同体积混合，以大果番茄和樱桃番茄为试验材料，研究其对番茄生长、品质、风味物质、产量、基质养分以及基质酶活性和微生物数量的影响，以筛选出适宜宁夏地区栽培高风味番茄的有机基质配比，为高品质高风味番茄的生产提供理论依据。

一、不同基质配比对夏秋茬番茄生长和品质的影响

　　（一）试验简介

　　供试大果番茄品种为"妞内姆208（荷兰妞内姆种子有限公司生产）"，

樱桃番茄品种为"瑞成634（台湾杰农种苗有限公司生产）"。

配制的基质材料有草炭、蛭石、有机肥（颗粒）、有机肥（粉）、蔗糖。试验共设有4个配方处理，见表5-14，采用多因素随机区组设计，共3次重复。栽植前将基质按比例混匀，装入90 cm×40 cm的栽培袋中，封口后平放在长17.2 m，宽1.08 m的畦中，共4畦，每畦36袋，双排放置，每袋栽3株，每处理12个栽培袋。2种有机肥均由宁夏丰源生物科技有限公司生产（有机质≥45%，N+P$_2$O$_5$+K$_2$O≥5%）。

表5-14　供试基质配方

处理		基质组分	体积比
大果番茄	T1	草炭:蛭石:有机肥(颗粒):有机肥(粉):蔗糖	(2:1:1:1)+10 kg/m³
	T2	草炭:蛭石:有机肥(颗粒):有机肥(粉)	2:1:1:1
	T3	草炭:蛭石:有机肥(颗粒)	2:1:0.5
	T4	草炭:蛭石	2:1
樱桃番茄	t1	草炭:蛭石:有机肥(颗粒):有机肥(粉):蔗糖	(2:1:1:1)+10 kg/m³
	t2	草炭:蛭石:有机肥(颗粒):有机肥(粉)	2:1:1:1
	t3	草炭:蛭石:有机肥(颗粒)	2:1:0.5
	t4	草炭:蛭石	2:1

（二）试验结果

1.不同基质配比对番茄生育期的影响

整个生育期共195 d。由表5-15可知，不同基质配比对番茄的生育期有明显影响。大果番茄中，最早进入开花期的是T3和T4处理，T1、T2处理同时开花并且较T3、T4处理晚两天；T3处理最先进入坐果期，然后依次为T4、T2、T1处理；9月17日，T3和T4处理最先进入初采期，从定植到初次采收一共72 d。因此，大果番茄T4和T3处理的早熟性较好。

樱桃番茄最先进入开花期的为t3和t4处理，然后依次是t2、t1处理；t4与t1处理同时进入坐果期，t2和t3处理较前两个处理晚一天。t4处理最早进入初采期，从定植到初采期一共 61 d，t2 和 t3 处理同时进入，共经历 63 d，t1 处理最晚进入初采期为 64 d。由此可以看出，樱桃番茄的 t4 处理早熟性好。

表 5-15　不同基质配比下大果番茄和樱桃番茄生育期的比较

处理	定植期	开花期	坐果期	始采期	盛果期	拉秧期
T1	7–7	8–6	8–12	9–20	9–24	1–18
T2	7–7	8–6	8–11	9–19	9–24	1–18
T3	7–7	8–4	8–9	9–17	9–23	1–18
T4	7–7	8–4	8–10	9–17	9–22	1–18
t1	7–7	8–5	8–7	9–9	9–15	1–18
t2	7–7	8–4	8–6	9–8	9–13	1–18
t3	7–7	8–2	8–6	9–8	9–13	1–18
t4	7–7	8–2	8–7	9–6	9–11	1–18

2.不用基质配比对番茄形态指标的影响

根据图 5–6 可以看出，大果番茄和樱桃番茄的茎粗在生长初期变化不明显，随着生育期的变化，从 7 月底开始差异逐渐明显。大果番茄的茎粗表现为 T4>T3>T2>T1，将 8 月 27 日进行方差分析，结果表明，大果番茄的 4 个处理间差异显著，T4 处理的茎粗最大并且与其他处理差异达到显著水平，T1 处理茎粗最小并且显著低于其他处理，T3 处理和 T4 处理之间的差异不显著；樱桃番茄的茎粗从大到小表现为 t4，t3，t2，t1，将 8 月 27 日进行方差分析结果表明，t4 处理显著高于其他 3 个处理，t3 处理与 t1 处理之间差异达到 5% 显著水平，其他处理间差异不显著。因此，T (t) 4 处理可促进大果番茄和樱桃番茄茎粗的生长。

随着生育期的延长大果番茄和樱桃番茄的株高逐渐增加，并且差异逐渐明显。大果番茄株高表现为 T4>T3>T2>T1，将 8 月 27 日进行方差分析结果表明，T4 处理与其他处理之间差异达到显著水平，T1 处理极显著低于其他处理，T2、T3 处理之间差异并不显著；樱桃番茄表现为 t4>t3>t1>t2，方差分析表明，t4 处理显著高于其他处理。可见，T (t) 4 处理可促进大果番茄和樱桃番茄株高的生长。

番茄的叶面积总体表现为前期增长迅速后期逐渐减缓。大果番茄表现为 T4>T2>T3>T1，8 月 27 日方差分析结果表明，T1 处理与其他处理之间达到 5%的显著水平，T3 处理与 T4、T2 处理间差异显著，T2 处理与 T4 处理之间差异不显著；樱桃番茄表现为 t3>t4>t2>t1，方差分析结果表明，t3、t4 处理极显著高于 t2、t1 处理。可以看出，T4 处理可提高大果番茄叶面积，t3 处理可提高樱桃番茄叶面积。

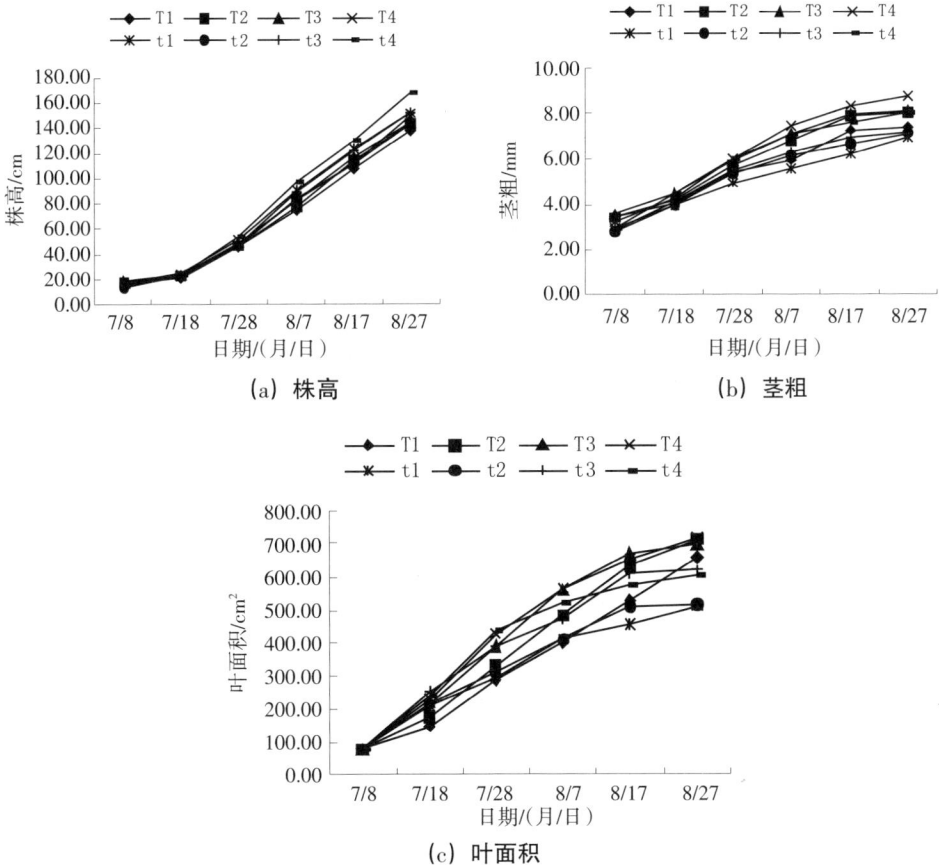

(a) 株高

(b) 茎粗

(c) 叶面积

图 5-6　不同基质配比对大果番茄和樱桃番茄形态指标的影响

3.不同基质配比对番茄光合指标的影响

由图5-7可以看出，不同基质配比下大果番茄和樱桃番茄的叶绿素变化呈现随着生育期的变化逐渐增加的趋势，但增长幅度不大。大果番茄表现为T3>T4>T2>T1，方差分析表明，T3与T1处理之间达到显著水平，其他处理之间差异不显著；樱桃番茄总体呈现t3>t1>t2>t4，方差分析表明各个处理之间无显著差异。综上所述，T (t) 3对大果番茄和樱桃番茄的叶绿素含量有积极作用。

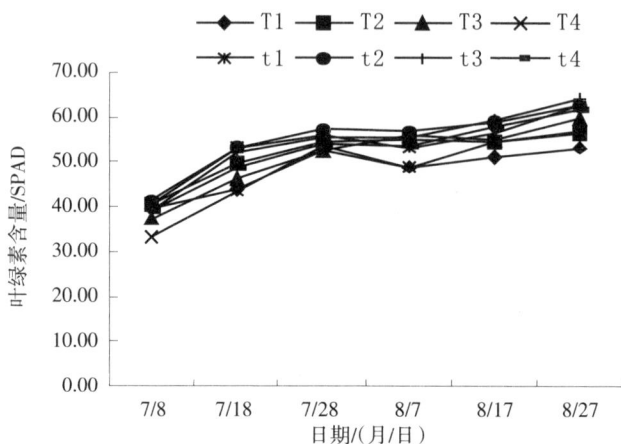

图5-7 不同基质配比对大果番茄和樱桃番茄叶片叶绿素含量的影响

由图5-8可以看出，不同基质配比下的光合速率有明显差异，大果番茄和樱桃番茄的整体变化趋势表现为先逐渐上升，在11:00达到峰值后逐渐降低。9:00到11:00,太阳光照强度逐渐增强，温度逐渐升高，气孔导度逐渐增加，光合速率也随之变大，此时大果番茄表现为T4>T2>T1>T3；樱桃番茄表现为t4>t2>t1>t3。之后随着温度的逐渐上升，空气中水分含量逐渐减小，为了维持植株正常的生理代谢，气孔逐渐闭合，气孔导度变小，光合速率也随之减小，13:00至15:00玻璃温室内光照强度极具下降，温度迅速降低，因此此阶段的光合速率降低较快，最终在17:00光合速率降到最低值。

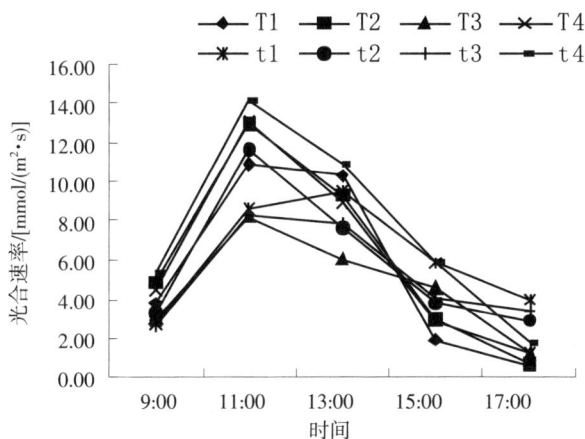

图 5-8 不同基质配比下大果番茄和樱桃番茄盛果期光合速率日变化

蒸腾速率表示单位时间内单位叶片面积蒸腾的水分。图 5-9 为大果番茄和樱桃番茄的蒸腾速率日变化。从图中可以看出，蒸腾速率整体呈现单峰变化趋势。大果番茄的 T2、T3、T4 处理在 11:00 达到峰值，T1 处理则在 13:00 达到峰值；樱桃番茄的 t1、t4 处理在 11:00 达到峰值，t2 处理和 t3 处理在 13:00 达到最大值。

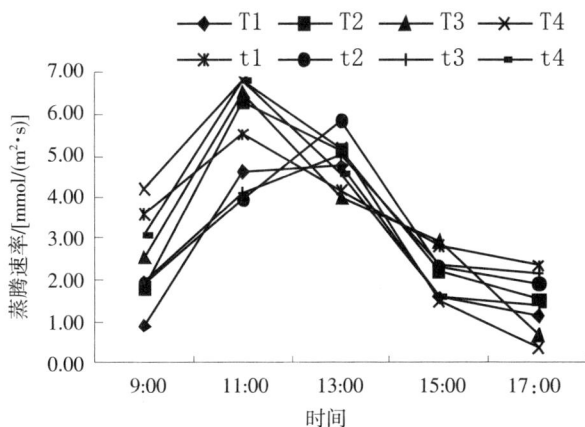

图 5-9 不同基质配比下大果番茄和樱桃番茄盛果期蒸腾速率日变化

气孔导度表明气孔张开的程度，它的大小直接影响到蒸腾速率和光合速率的大小。由图 5-10 可以看出，气孔导度呈现先上升后降低的趋势，在 11:

00 达到最大值，大果番茄在此时刻表现为 T4>T2>T3>T1；樱桃番茄表现为 t4>t3>t1>t2。9:00~11:00 光照增强，温度上升，气孔逐渐张开，但此过程也伴随着水分的蒸腾，因此之后随着温度逐渐上升，蒸腾逐渐加大，气孔导度根据环境的变化调节开度，为了防止过度失水，气孔导度又逐渐降低。

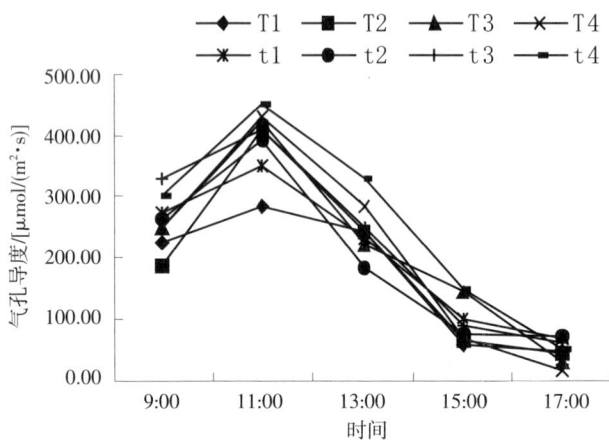

图 5-10　不同基质配比下大果番茄和樱桃番茄盛果期气孔导度日变化

4.不同基质配比对基质化学性质的影响

表 5-16 为不同基质配比下大果番茄和樱桃番茄在盛果期基质的化学性质。大果番茄的 pH 表现为 T2>T1>T3>T4，T1、T2 处理之间差异不显著，但这两个处理显著高于 T3 处理和 T4 处理；EC 表现为 T3>T1>T2>T4，且各个处理间差异显著；基质速效氮表现为 T1>T2>T3>T4，且 T4 处理显著低于其他处理；基质速效钾表现为 T2>T1>T3>T4，各个处理差异达到 5% 的显著水平；速效磷表现为 T1>T2>T3>T4，并且 T1、T2、T3、T4 处理之间差异显著；基质全氮和全磷均表现为 T2>T1>T3>T4，且 T1 处理和 T2 处理显著高于 T3 处理和 T4 处理，但 T1 处理与 T2 处理差异不显著；有机质表现为 T1>T2>T3>T4，T1 处理与其他处理之间差异显著。可见 T1 处理与 T2 处理可显著提高大果番茄盛果期基质的养分含量，使得番茄有充足的养分供给。

樱桃番茄的基质化学性质与大果番茄类似。pH 表现为 t2>t1>t3>t4，t1 处理与 t2 处理显著高于 t3 处理与 t4 处理，但 t1 处理与 t2 处理，t3 处理与

t4 处理之间的差异并不显著；EC 表现为 t2>t3>t1>t4，t1 处理和 t4 处理显著低于 t2 处理和 t3 处理；速效氮表现为 t1>t2>t3>t4，且各处理间差异达到显著水平；樱桃番茄的速效钾各处理之间差异不大，只有 t4 处理显著低于其他处理；速效磷、全氮与有机质均表现为 t2>t1>t3>t4，且 t3 处理与 t4 处理显著低于其他处理；全磷表现为 t2>t1>t3>t4，并且各个处理之间差异达到 5 %的显著水平。由此看出，t1 处理与 t2 处理均能提高樱桃番茄盛果期基质的养分含量。

表 5-16　不同基质配比对大果番茄和樱桃番茄盛果期基质理化性质的影响

处理	pH	EC/(ms/cm)	有机质/(mg/kg)	速效氮/(mg/kg)	速效钾/(mg/kg)	速效磷/(mg/kg)	全氮/(g/kg)	全磷/(g/kg)
T1	7.22a	3.48c	442.97a	125.73a	1742.06b	311.33a	2.22a	18.94a
T2	7.25a	3.81b	394.12b	125.07a	1788.01a	235.60b	2.24a	19.30a
T3	7.09b	4.43a	386.07b	111.07b	1468.65c	163.82c	1.30b	14.87b
T4	6.80c	1.99d	119.47c	13.07c	1235.09d	120.32d	0.96c	3.44c
t1	7.11a	3.39b	383.64a	175.63a	1900.92a	247.21a	4.57a	19.49b
t2	7.15a	4.43a	406.79a	126.40b	1887.31a	252.80a	4.81a	20.70a
t3	6.92b	4.38a	348.11b	74.73c	1938.24a	188.69b	3.16b	12.01c
t4	6.97b	2.86c	183.77c	50.37d	1694.68b	107.37c	2.12c	3.37d

5.不同基质配比对基质酶活性的影响

脲酶是一种存在于大多数细菌、真菌和高等植物里的酰胺酶，其活性可以表示土壤的氮素状况。由图 5-11 可知，番茄基质脲酶活性随着生育期的变化呈先升高后降低的趋势。脲酶活性在定植期到开花期逐渐升高，在盛果期达到最大，之后逐渐下降。将盛果期脲酶活性进行方差分析，结果表明：大果番茄的 T2 处理与其他处理差异显著；樱桃番茄 t1 处理与其他处理差异显著。可见，T2 处理可提高大果番茄的基质脲酶活性，t1 处理可提高樱桃番茄的基质脲酶活性。

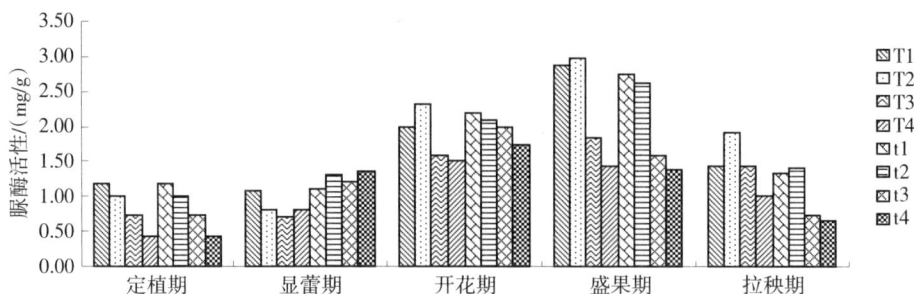

图 5-11　不同有机肥配比番茄生育期基质脲酶活性变化

蔗糖酶又叫转化酶，可将蔗糖水解为果糖和葡萄糖，转化为土壤中易溶性营养物质，有利于植物吸收。蔗糖酶活性可反映土壤有机碳积累与分解、转化的规律，可作为评价土壤肥力指标。图 5-12 反映了不同有机肥配比下各个番茄各个生育期基质蔗糖酶的变化情况，可以看出每个时期的 T1 和 T2处理明显高于 T3 和 T4 处理，t1 和 t2 处理明显高于 t3 和 t4 处理。蔗糖酶的活性呈先上升后降低的趋势，大果番茄基质蔗糖酶活性的峰值出现在盛果期，而樱桃番茄的基质蔗糖酶活性则出现在开花期。将这两个时期进行方差分析得出：大果番茄的 T1 处理显著高于其他处理，樱桃番茄 t2 处理显著高于其他处理。因此，T1 和 t2 处理可使整个番茄生育期的基质蔗糖酶活性维持较高水平。

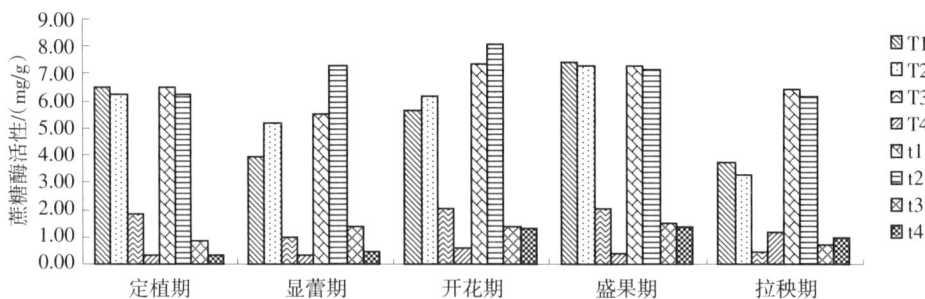

图 5-12　不同基质配比大果番茄和樱桃番茄生育期基质蔗糖酶活性变化

土壤中大部分磷是以有机磷的形式存在，磷酸酶可以将有机磷水解为利于植物吸收的形式，其活性表示土壤对植物供应有效磷的能力。由图 5-13可以看出，碱性磷酸酶活性整体呈先升高后降低的变化规律。大果番茄的各个处理在盛果期达到峰值，T1 处理的磷酸酶含量较 T4 处理高 0.73 mg/g，且各处理之间差异显著。樱桃番茄则在开花期达到最大，t2 处理的磷酸酶含量比 t4 处理高 0.63 mg/g，各处理间差异显著。由此说明，T1 处理可提高大果番茄基质中碱性磷酸酶活性；t2 处理可提高樱桃番茄基质中磷酸酶活性。

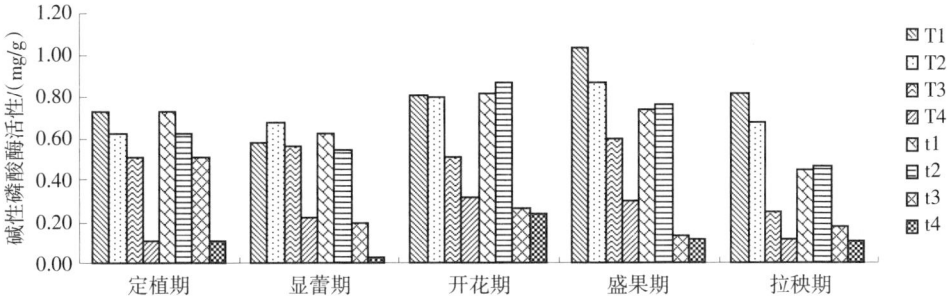

图 5-13　不同基质配比大果番茄和樱桃番茄生育期基质碱性磷酸酶活性变化

过氧化氢酶是一种重要氧化还原酶，可分解在呼吸过程中产生的对植物根系有害的过氧化氢，它可以体现土壤生物氧化的强弱。从图 5-14 可以看出过氧化氢酶活性在大果番茄和樱桃番茄整个生育期内没有明显变化。将盛果期进行方差分析，结果表明，大果番茄 T2 处理显著高于 T1 处理、T3 处理和 T4 处理，樱桃番茄 t1 处理和 t2 处理显著高于 t3 处理和 t4 处理。可见，T2 处理可使大果番茄整个生育期内过氧化氢酶维持较高水平，t1 处理可提高樱桃番茄基质中过氧化氢酶活性，改善基质生物环境。

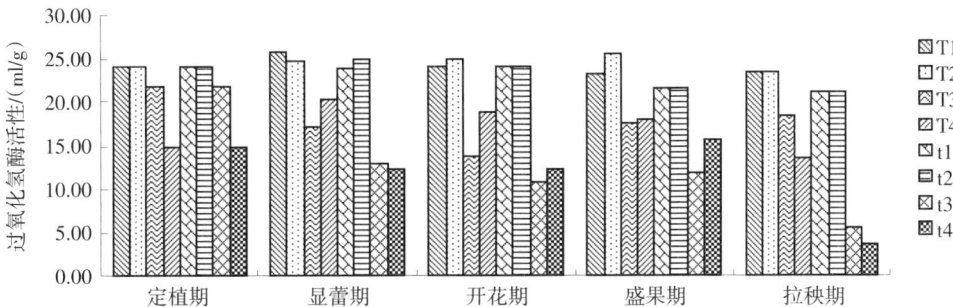

图 5-14　不同基质配比大果番茄和樱桃番茄生育期基质过氧化氢酶活性变化

6.不同基质配比对基质微生物数量的影响

由表 5-17 可以看出，不同处理在番茄的各个生育期内变化明显，且基质中微生物数量总体呈细菌>放线菌>真菌。

各个处理的基质细菌数量均呈现先增高后降低的变化趋势，在盛果期达到最大值。在整个番茄生育期内，T1 处理和 T2 处理的细菌数量明显高于 T3 处理和 T4 处理，t1 处理和 t2 处理的细菌数量明显高于 t3 处理和 t4 处理，且大果番茄盛果期 T2 处理的细菌数量最高可达 $61.47×10^7$ cfu/g（干基质），比 T3 处理和 T4 处理分别提高了 113.66% 和 273.68%；樱桃番茄盛果期 t1 处理的细菌数量最大达 $49.51×10^7$ cfu/g（干基质），比 t3 处理和 t4 处理提高了 72.45% 和 191.24%。说明 T2 处理有利于大果番茄基质中细菌的繁殖；t1 处理有利于樱桃番茄基质中细菌的繁殖。此外，定植期各处理之间差异显著，可能是因为有机肥在腐熟的过程中细菌大量繁殖，使基质配料本身携带微生物。

真菌可分解基质中的有机质，为植株提供营养物质，是评价土壤环境的重要指标。表 5-17 中各个处理的真菌数量从定植期到盛果期不断升高，之后逐渐下降。在整个生育期内，大果番茄 T2 处理的真菌数量最多，最高达到 $28.57×10^5$ cfu/g（干基质），樱桃番茄的 t1 处理的真菌数量最多，最高达到 $19.75×10^5$ cfu/g（干基质）。且大果番茄樱桃番茄在盛果期 T1 处理和 T2 处理的真菌数量明显高于 T3 处理和 T4 处理，t1 处理和 t2 处理的真菌数量明显高于 t3 处理和 t4 处理。可见，T2 处理有利于大果番茄基质中真菌的繁殖；t1 处理有利于樱桃番茄基质中真菌的繁殖。

放线菌可同化无机氮,分解碳水化合物和腐殖质等。有些放线菌还能产生抗生素，有利于改善土壤环境和防治植物病害。表 5-17 显示，各处理放线菌数量在盛果期达到最大值。在番茄整个生育期内，大果番茄 T2 处理的放线菌数量最多，达到 $39.83×10^6$ cfu/g（干基质），其次是 T1 处理。樱桃番茄 t2 处理的放线菌数量最多，达到 $71.43×10^6$ cfu/g（干基质），t1 处理次之。T4 处理和 t4 处理的放线菌数量最少。由此得出，T2 处理可提高大果番茄基质中放线菌数量，t2 处理可提高樱桃番茄基质中放线菌数量。

表 5-17　不同基质配比中微生物的数量变化

处理	细菌/(10⁷cfu/g,干基质)			真菌/(10⁵cfu/g,干基质)			放线菌/(10⁶cfu/g,干基质)		
	定植期	盛果期	拉秧期	定植期	盛果期	拉秧期	定植期	盛果期	拉秧期
T1	21.65a	58.00b	6.75a	8.00a	27.71a	11.26b	14.29a	34.19b	17.35b
T2	18.61b	61.47a	6.93a	8.34a	28.57a	20.30a	14.69a	39.83a	23.80a
T3	14.72c	28.77c	5.19b	7.79a	11.69b	3.46c	6.00b	7.79c	0.87c
T4	10.39d	16.45d	4.33c	8.05a	11.69b	4.32c	1.57c	2.75d	0.87c
t1	21.65a	49.51a	6.06a	8.00a	19.75a	3.90a	14.29a	51.95b	19.48b
t2	18.61b	46.83b	5.84a	8.34a	19.31a	1.30c	14.69a	71.43a	32.90a
t3	14.72c	28.71c	2.16b	7.79a	7.27b	2.60b	6.00b	6.49c	1.32c
t4	10.39d	17.00d	1.26c	8.05a	8.18b	3.89a	1.57c	2.17d	1.73c

7.不同基质配比对番茄产量的影响

不同基质配比对番茄单果重和产量的影响见表 5-18，从表中可以看出，大果番茄的单果重表现为 T4 最高，接下来分别是 T1、T2、T3 处理，且 T4 处理和 T1 处理单果重显著高于其他处理，667 m² 产量表现为 T4>T2>T1>T3，T4 处理产量最高为 5952.7 kg/667 m²，高出 T3 处理 1293.3 kg/667 m²。方差分析结果表明:T4、T2 处理显著高于 T1、T3 处理，且 T1、T3 处理之间差异显著。因此，T4 处理可显著提高大果番茄 667 m² 产量。樱桃番茄单果重表现为 t4>t3>t1>t2，且 t4 处理与其他处理达到 1% 的显著水平，折合为 667 m² 产量表现为 t4>t3>t1>t2，667 m² 产量最高为 t4 处理，为 2515.3 kg/667 m²，较最低产量 t2 处理高出 1897.6 kg/667 m²，方差分析结果表明：t4 处理之显著高于其他处理。可以看出，t4 处理对樱桃番茄的产量有积极作用。

表5-18 不同基质配比对大果番茄和樱桃番茄产量的影响

处理	单果质量/g	小区产量/kg				折合产量/(kg/667m²)
		I	II	III	平均	
T1	82.3abA	23.8	23.5	22.5	23.2	4782.1cBC
T2	78.7bA	25.5	25.1	24.8	25.2	5178.1bB
T3	73.9bA	23.8	21.2	22.9	22.6	4659.4cC
T4	94.2aA	28.0	28.9	29.8	28.9	5952.7aA
t1	12.1bB	7.2	10.6	8.8	8.9	1826.0bAB
t2	11.5bB	7.0	7.9	8.7	7.9	1617.8bB
t3	12.2bB	8.6	10.5	10.6	9.9	2029.8abAB
t4	14.9aA	10.2	13.5	13.0	12.2	2515.3aA

8.不同基质配比对番茄品质的影响

从表5-19可以看出，不同基质配比对番茄品质的影响较为明显。大果番茄的可溶性固形物、Vc和总糖3个指标，T1处理和T2处理与T3处理和T4处理均达到显著水平，有机酸T1处理和T4处理显著低于T2处理和T3处理。可溶性固形物T1处理最高为7.2%，比T4处理高出3.17%；总糖T2处理最高为8.21%，高出T4处理3.25%；有机酸T3处理最高达到0.57%，比T1处理高出0.18%；Vc含量T2处理最高为46.59 mg/kg，较T1处理高出28.58 mg/kg。因此，T2处理有助于提高大果番茄的品质。

樱桃番茄t1处理的可溶性固形物、总糖、有机酸和Vc含量均显著高于t4。t1与t2的可溶性固形物、有机酸和Vc的含量差异不显著。樱桃番茄的可溶性固形物、总糖、有机酸均为t1处理最高，分别为12.73%、9.57%、0.51%，比t4处理高出3.43%、3.41%、0.09%。由此可以看出，t1处理对提高樱桃番茄的品质有重要意义。

表 5-19　不同有机肥配比对大果番茄和樱桃番茄品质的影响

处理	可溶性固形物/%	总糖/%	有机酸/%	Vc/(mg/kg)
T1	7.20aA	7.58aA	0.47bAB	42.46aA
T2	7.13aA	8.21aA	0.56aA	46.59aA
T3	5.07bB	5.14bB	0.57aA	23.42bB
T4	4.43bB	4.96bB	0.39bB	18.01bB
t1	12.73aA	9.57aA	0.51aA	41.37aAB
t2	12.50aA	9.23bB	0.46abAB	46.52aA
t3	11.30aAB	6.74cC	0.45bAB	34.62bB
t4	9.30bB	6.15dD	0.42bB	33.81bB

9.不同基质配比对番茄风味物质的影响

在 4 种不同基质处理的大果番茄果实中发现芳香物质 23 种（表 5-20），樱桃番茄果实中发现芳香物质 26 种（表 5-21）。通过检索发现番茄中的气味化合物以醛类、醇类和酮类为主，大果番茄和樱桃番茄的芳香物质种类和含量均存在一定差异，这种差异可能是由不同番茄品种造成的。7 种芳香物质在大果番茄和樱桃番茄的 4 种不同基质处理中均有发现；通过 GC-O-MS 嗅闻发现 2-异丁基噻唑是较为重要的体现番茄特征气味的化合物。

4 个处理的大果番茄果实中共发现 7 种特征效应化合物，分别为 3-己烯醛、反-2-己烯醛、己醛、1-戊烯-3-酮、2-异丁基噻唑、顺-3-己烯醇、甲基庚烯酮。己醛含量从高到低为 T2>T1>T3>T4；1-戊烯-3-酮含量表现为 T2>T1>T3>T4；反-2-己烯醛含量表现为 T1=T2>T3>T4；3-己烯醛表现为 T2>T1>T3>T4；甲基庚烯酮表现为 T2>T3>T1>T4。2-异丁基噻唑表现为 T2>T3>T4。综上所述，T2 处理对大果番茄果实中特征效应化合物有积极作用。

表 5-20　不同基质配比下大果番茄妞内姆 208 果实芳香成分比较

（单位:%）

化合物			T1	T2	T3	T4
名称	气味	RI				
丙酮	特殊气味	860	0.9	15.9	1.8	0.6
乙酸乙酯	水果香气	907	–	–	0.7	0.3
3-甲基呋喃	香甜味	918	0.2	–	–	0.5
戊醛	杏仁味	935	–	–	–	0.5
异戊醛	苹果香味	936	1.8	–	–	–
2-乙基呋喃	甜香香气	969	0.3	–	–	–
3-戊酮	特殊气味	978	1.8	–	3.4	–
1-戊烯-3-酮	刺鼻气味	1019	7.3	46.5	18.4	7.5
己醛	青草味	1080	12.6	25.1	9.2	0.9
反-2-戊烯醛	水果香	1124	0.7	–	4.6	1.2
3-己烯醛	清新的树叶	1132	6.9	3.7	36.6	2.2
1-戊烯-3-醇	水果香/酸	1164	1.7	18.3	–	1.7
反-2-己烯醛	清新气息	1219	100	100	51.9	11.8
甲基庚烯酮	蘑菇味	1336	3.4	10.2	4	1.9
顺-3-己烯醇	青草香气	1385	–	–	7	–
2-异丁基噻唑	番茄香气	1391	–	3.2	4.2	0.5
糠醛	香甜气味	1455	–	–	8	–
癸醛	甜香气味	1484	–	2	–	–
苯甲醛	苦杏仁味	1495	–	1.7	–	–
5-甲基呋喃醛	焦糖味	1560	–	–	3.7	–
γ-羟基丁酸	–	1592	–	–	1.6	–
乙酰苯	水果香	1645	–	17.4	4.2	–
萘	温和芳香味	1718	–	1.3	–	–

注：表中数据为番茄果实中各芳香成分的相对含量；"–"表示未检测到该种化合物。表 5-21 同。

櫻桃番茄果实中发现 7 种特征效应化合物，分别为顺-3-己烯醛、己醛、1-戊烯-3-酮、反-2-己烯醛、2-异丁基噻唑、反-2-庚烯醛、顺-3-己烯醇。其中己醛、1-戊烯-3-酮、顺-3-己烯醇在櫻桃番茄瑞成 634 的 4 种不同基质处理中均出现，并且己醛的含量表现为 t1>t4>t2>t3；1-戊烯-3-酮的含量表现为 t1>t2>t3>t4；反-2-己烯醛的表现为 t1=t2>t3>t4；顺-3-己烯醇的含量表现为 t4>t1>t3>t2；反-2-庚烯醛只出现在 t1 处理中。2-异丁基噻唑出现在 t2、t3 处理中，可见 t1 处理可提高櫻桃番茄果实中特征效应化合物含量。

表5-21　不同基质配比下櫻桃番茄瑞成 634 果实芳香成分比较

（单位:%）

化合物			t1	t2	t3	t4
名称	气味	RI				
丙酮	特殊气味	860	0.4	–	0.8	–
戊二醛	刺激性气味	901	–	0.1	0.2	–
乙酸乙酯	水果香气	907	–	0.1	0.2	–
3-甲基呋喃	香甜味	918	–	–	0.3	–
2-丁酮	刺激性气味	920	0.2	0.1	0.4	–
异戊醛	苹果香味	936	–	0.5	0.7	0.7
2-乙基呋喃	甜香香气	969	0.1	0.2	0.3	–
3-戊酮	特殊气味	978	1.5	1.2	1.2	1.8
1-戊烯-3-酮	刺鼻气味	1019	53.6	24.8	22.7	22
己醛	青草味	1080	46.7	26	20.5	30.8
反-2-戊烯醛	水果香	1124	8.4	4.1	4.1	8.2
3-己烯醛	清新气味	1132	91.1	85.2	100	100
反-2-己烯醛	清新气味	1219	100	100	97.5	90.1
1-戊醇	略有气味	1252	3.3	–	–	–
反-2-庚烯醛	油脂	1317	0.5	–	–	–

续表5-21

化合物			t1	t2	t3	t4
名称	气味	RI				
顺-2-戊烯醇	清新气味	1324	3.7	0.8	0.5	4
己醇	清新气味	1361	5.9	1.8	0.3	–
顺-3-己烯醇	青草香气	1385	20.4	8.3	10.1	22.9
2-异丁基噻唑	番茄香气	1391	–	1.2	2.1	–
反,反-2,4-庚二烯醛	坚果	1401	0.3	0.4	–	1.3
糠醛	甜香气息	1455	–	–	0.7	–
苯甲醛	苦杏仁味	1495	–	0	–	–
5-甲基呋喃醛	焦糖味	1560	–	–	0.2	–
γ-羟基丁酸	–	1592	–	–	0.3	–
苯乙醛	花香	1625	–	0	–	–

10.小结

不同基质配比对大果番茄和樱桃番茄的影响：

（1）不同基质配比对大果番茄的生长发育影响显著。大果番茄的株高、茎粗和叶面积均为T4处理最高；樱桃番茄的株高与茎粗表现为t4处理最高，叶面积表现为t3处理最大。同时，大果番茄和樱桃番茄的光合和产量也表现为T（t）4处理最高。因此，T（t）4处理可促进大果番茄和樱桃番茄的生长。

（2）基质化学性质在不同基质配比下的差异较大。大果番茄基质中速效氮、速效磷、有机质含量均为T1处理最高，速效钾、全氮、全磷均为T2处理最高。樱桃番茄速效钾、速效磷、全氮、有机质均表现为t1处理和t2处理显著高于t3处理、t4处理。因此，大果番茄和樱桃番茄均表现为T（t）1、T（t）2处理可提高盛果期基质中的养分含量。

（3）不同基质配比对基质酶活性和微生物数量的影响显著，大果番茄的T1处理和T2处理显著提高了基质中脲酶、蔗糖酶、碱性磷酸酶和过氧化氢酶的活性，同时T2处理明显提高基质微生物数量。樱桃番茄的基质酶活性在整个生育期表现为t1处理和t2处理明显高于其他处理，细菌和真菌表现为t1处理最高，真菌为t2处理最高。可以看出，T（t）1、T（t）2处理可以明显改善番茄根际环境。

（4）番茄品质受不同基质配比影响较大。大果番茄T1处理的可溶性固形物最高，T2处理显著提高总糖、有机酸、Vc含量，大果番茄中共发现7种特征效应化合物并且表现为T2处理含量最高，同时T2处理中出现具有番茄香气的2-异丁基噻唑，因此T2处理可显著提高大果番茄的品质。樱桃番茄的t1处理显著提高可溶性固形物、总糖、有机酸，Vc表现为t2处理最高，7种特征效应化合物在樱桃番茄中被发现，且表现为t1处理含量最高。可以看出，t1对樱桃番茄的品质有积极作用。

综上所述，T2处理和t1处理可明显提高大果番茄和樱桃番茄的品质并且改善基质环境，利于高品质番茄的生产。本试验以生产高风味番茄为前提条件，即使产量有所降低，但在允许范围以内。最终得出，大果番茄推荐采用T2〔草炭:蛭石:有机肥（颗粒）:有机肥（粉）=2:1:1:1〕，樱桃番茄采用t1〔草炭:蛭石:有机肥（颗粒）:有机肥（粉）=（2:1:1:1）+10 kg/m³〕。

二、不同基质配比对春茬番茄生长和品质的影响

供试大果番茄为A:"京番102"（国家蔬菜工程技术研究中心提供），B:"粉太郎"（沈阳德亿农业发展有限公司提供）。

（一）试验设计

配制的基质材料有草炭、珍珠岩、有机肥、豆饼、熟黄豆粉。试验共设有4个配方处理（表5-22），采用完全随机区组设计，3次重复，处理分别为AT1、AT2、AT3、AT4、BT1、BT2、BT3、BT4。栽植前将不同基质配方混匀装入90 cm×40 cm的编织袋中，封口平放在长17.2 m，宽1.08 m的畦中，共四畦，每畦36袋，双排放置，每袋栽3株，每处理12个栽培袋。有

机肥由宁夏丰源生物科技有限公司生产（有机质≥45%，N+P₂O₅+K₂O≥5%）。

表 5-22　供试基质配方

处理	基质组分	体积比
T1	草炭:珍珠岩:有机肥:料饼:熟黄豆粉	(1:1:1:0.3)+5 kg/m³
T2	草炭:珍珠岩:有机肥:料饼	1:1:1:0.3
T3	草炭:珍珠岩:有机肥	1:1:1
T4	草炭:珍珠岩	1:1

（二）结果与分析

1.不同基质配比对番茄生育期的影响

整个生育期共 115 d。从表中可以看出，A 品种的 AT3 和 AT4 最先进入开花期，AT1 和 AT2 晚一天进入，AT2 和 AT3 最先进入坐果期，AT1 处理最先进入初采期，一共经历了 67 d，因此，AT1 处理早熟性较好；B 品种 BT1 和 BT2 最先进入开花期，BT4 比其他处理晚进入坐果期 2 d，BT1 处理最早进入初采期，共经历 65 d，BT1 早熟性较好；B 品种比 A 品种早进入初采期 2 d，B 品种的早熟性优于 A 品种。

表 5-23　不同基质配比下番茄生育期的比较　　　　　　　（月/日）

处理	定植期	开花期	坐果期	始采期	盛果期	拉秧期
AT1	3/17	3/30	4/20	5/23	5/30	7/10
AT2	3/17	3/30	4/21	5/25	5/31	7/10
AT3	3/17	3/29	4/21	5/24	5/30	7/10
AT4	3/17	3/29	4/22	5/26	6/2	7/10
BT1	3/17	3/29	4/18	5/21	5/27	7/10
BT2	3/17	3/29	4/18	5/22	5/27	7/10
BT3	3/17	3/31	4/18	5/24	5/29	7/10
BT4	3/17	4/2	4/20	5/25	5/31	7/10

2.不同基质配比对番茄形态指标的影响

图 5-15 为不同基质配比下番茄的株高、茎粗、叶面积和叶绿素含量的变化。可以看出，番茄株高随着时间的变化逐渐增加，在生长初期，各处理间的株高基本保持一致，自 5 月 2 日开始处理间株高差异逐渐明显。将 5 月 17 日进行方差分析，结果表明 AT4 处理和 BT4 处理的株高显著高于其他处理，AT4 略高于 BT4 但差异并不显著。AT1 处理和 BT1 处理最低，与最大值 AT4 处理和 BT4 处理达到 1% 的显著水平。

茎粗在番茄生长初期增长迅速，后期趋于平缓。A 品种表现为 AT3 处理最大，AT1 处理最小，但两处理之间差异并不显著；B 品种表现为 BT4 处理最大，BT2 处理最小，两处理之间差异显著。B 品种的最大处理 BT4 处理显著高于 A 品种的 AT3 处理。

番茄叶面积在生长初期各个处理之间差异不明显，随着生育期的变化叶面积差异逐渐显著。5 月 17 日表现为 BT4 处理最大，AT4 处理次之，且两处理之间差异达到 5% 的显著水平。AT1 处理最小，显著低于其他处理。其中品种 A 表现为 AT4>AT2>AT3>AT1，B 品种表现为 BT4>BT3>BT1>BT1。

就采用的基质配比来看，A 品种和 B 品种均表现为 T4 基质配比更有利于番茄植株横向和纵向的生长。就品种来看，B 品种的长势优于 A 品种。

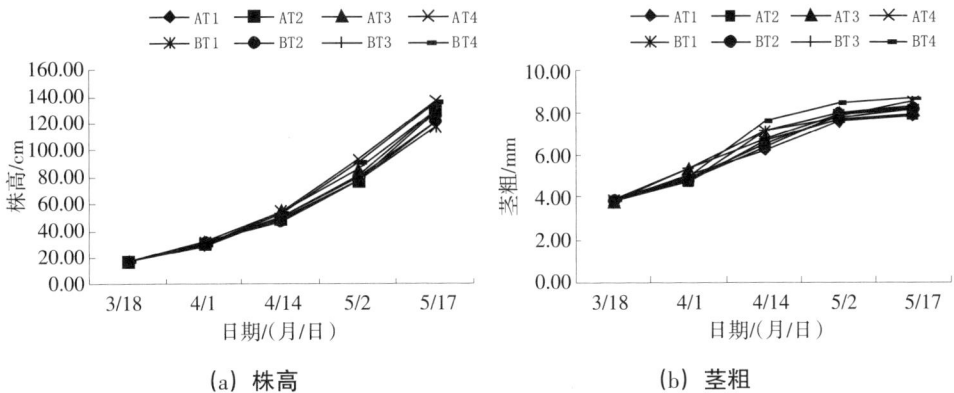

(a) 株高

(b) 茎粗

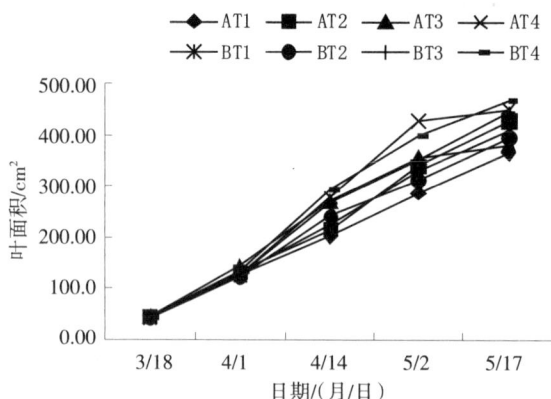

(c) 叶面积

图 5-15 不同基质配比对番茄形态指标的影响

3.不同基质配比对番茄光合指标的影响

叶绿素整体的变化比较平缓，随着时间的推移呈现先上升并在 5 月 2 日达到峰值，后期略有降低的趋势。方差分析结果表明 BT1 的叶绿素含量最高，显著高于其他处理，A 品种的 AT1 处理最高，但也极显著低于 BT1 处理。

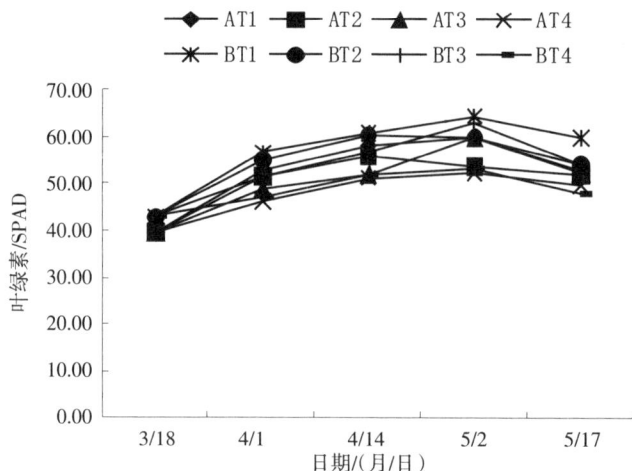

图 5-16 不同基质配比番茄叶绿素含量日变化

光合速率是影响作物生长的主要因素之一。由图 5-16 可以看出，不同基质配比下番茄光合速率日变化呈单峰特征。9:00 开始光合速率随着太阳辐射的增强而升高，AT2 处理在 11:00 达到峰值，其他处理均在 13:00 达到峰

值，表现为 BT4>AT4>AT2>AT3>BT3>BT1<AT1，BT4 最高达到 17.26 mmol/
$m^2 \cdot s$，AT1 处理最低为 12.56 mmol/$m^2 \cdot s$。13:00–15:00 由于此时温度过高导
致蒸腾失水过多，气孔逐渐关闭，二氧化碳供给减少导致光合速率降低。
15:00~17:00，此阶段光合速率骤降，造成的原因可能是玻璃温室内遮阴严重
导致光合降低。对于 AB 两个品种整体均表现为 T4 处理可提高番茄的光合
速率，同时 A 品种的光合速率整体大于 B 品种。

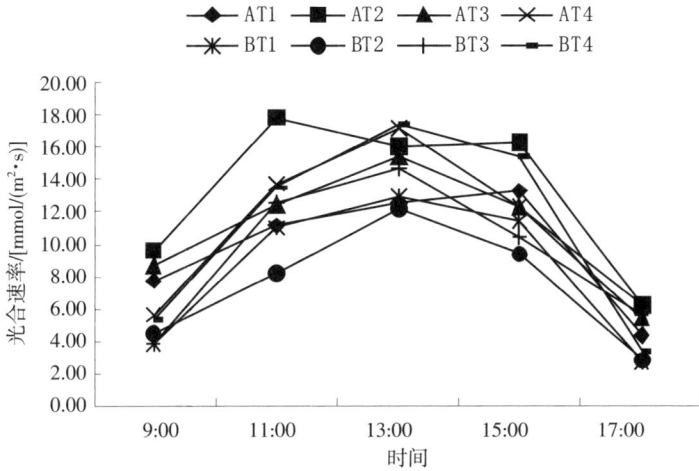

图 5-17　不同基质配比番茄光合速率日变化

蒸腾速率受环境因素影响较大，日变化呈单峰规律。9:00~11:00 光照增
强，气温升高，蒸腾速率逐渐变大，在 13:00 达到最大值，表现为 BT4>
BT1 >AT4>BT2>AT1 >AT2>AT3>BT3。最大为 9.43 mmol/$m^2 \cdot s$，最低为 6.39
mmol/$m^2 \cdot s$。随后由于温度的持续增高导致空气湿度降低，蒸腾速率随之降
低。对于 A 和 B 品种来说，蒸腾速率也表现为 T4 处理最大，并且 B 品种要
高于 A 品种。

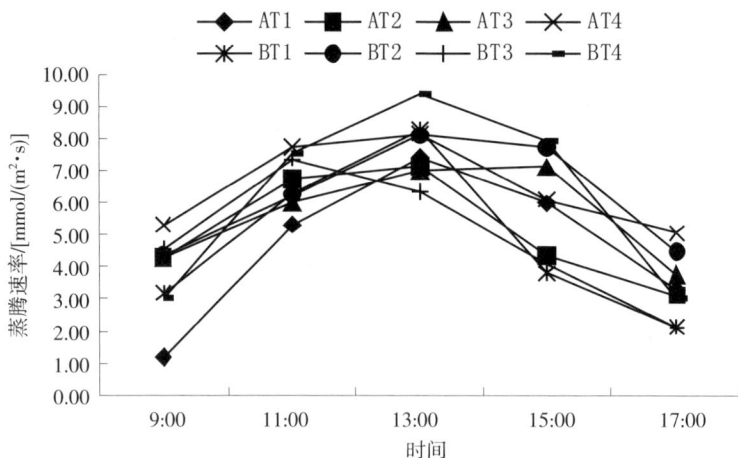

图 5-18　不同基质配比下番茄蒸腾速率日变化

气孔导度的最直接影响因素是蒸腾速率，因此它与蒸腾速率成正比。从图 5-19 可以看出，气孔导度日变化呈现先上升后降低的规律。9:00 开始，光照逐渐增加，植物进行光合作用需要大量的二氧化碳，因此气孔导度增大，13:00 达到最大值，表现为 AT4>AT2>AT3>BT4>BT2>BT3>BT1>AT1。13:00 后由于温度过高，作物水分散失，为了保证植物正常代谢气孔逐渐关闭。A 品种的气孔导度明显高于 B 品种，同时 T4 处理对于两个品种的气孔导度效果最明显。

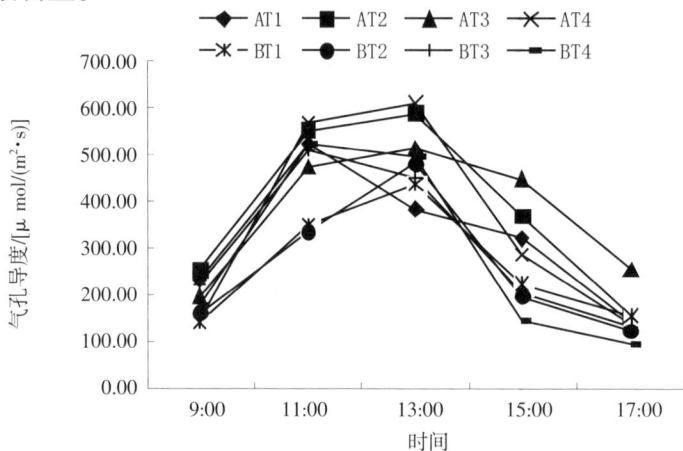

图 5-19　不同基质配比下番茄气孔导度日变化

4.不同基质配比对基质理化性质的影响

有机肥营养成分丰富，有利于番茄的品质和产量，除了作物所必需的大量元素和微量元素以外，还有丰富的纤维素、蛋白质等物质。养分除了被作物吸收以外，还可以为基质中的微生物提供能源，促进其繁殖。有机肥用于无土栽培，其释放的养分能够满足作物的需求，且肥效长。从表5–24中可以看出，不同基质配比的pH基本保持在7左右，但EC值AT4处理和BT4处理显著低于其他处理。速效氮表现为AT2>BT1>BT2>AT1>BT3>AT3>BT4>AT4，AT2显著高于其他处理，BT4处理显著低于其他处理。速效磷BT1处理最大，AT2处理次之两者差异不显著，AT4和BT4处理最低。速效钾的AT1处理、AT2处理、BT1处理和BT2处理之间差异不大，但显著高于其他处理。土壤中的有机氮和无机氮统称为全氮，基质中全氮在盛果期表现为AT2>AT1>BT2>BT1>BT3>AT3>AT4>AT1>BT1，可以看出A品种的基质全氮量总体高于B品种，且T2处理对A和B品种全氮量最大。全磷表现为AT2处理最大，显著高于AT4处理，BT2处理显著高于BT4处理。有机质主要包括微生物及其分泌物以及植物残体和植物分泌物，是土壤养分的主要来源，表格中表现为AT1>BT1>AT2>BT2>AT3>BT3>BT4>AT4，可以看出T1处理对A、B品种的有机质有积极作用并且A品种的含量更高。

表5–24　不同基质配比对番茄盛果期基质理化性质的影响

处理	pH	EC/(ms/cm)	有机质/(mg/kg)	速效氮/(mg/kg)	速效磷/(mg/kg)	速效钾/(mg/kg)	全氮/(g/kg)	全磷/(g/kg)
AT1	7.11bc	3.03b	545.67a	95.38c	199.28b	2675.24a	8.34ab	12.56ab
AT2	7.16ab	3.14a	531.09b	107.76a	203.76ab	2651.51a	8.51a	12.72a
AT3	7.012e	2.87c	398.44c	52.49d	121.09d	2423.09b	3.66d	12.01d
AT4	7.04de	0.70e	178.09e	17.98e	55.98e	2240.98c	1.36e	2.71e
BT1	7.08cd	3.15a	537.86ab	101.83b	219.20a	2615.67a	7.72b	13.68b
BT2	7.18a	3.20a	529.89b	100.48b	164.46c	2616.13a	7.79ab	13.19ab
BT3	7.02de	3.02b	354.39d	54.60d	106.41d	2393.15b	4.50c	11.84c
BT4	7.078cde	1.01d	183.91e	19.02e	67.41e	2188.57c	1.05e	2.33e

5.不同基质配比对基质酶活性的影响

基质中微生物吸收甲基态氮最终分解为脲态氮，在脲酶的催化性形成碳铵，再水解为碳酸氢根离子和铵根离子。从图中可以看出，脲酶活性在整个生育期先升高，A 和 B 品种均在盛果期达到峰值，分别为 AT2（5.12 mg/g）>AT1（5.02 mg/g）>BT1（3.91 mg/g）>BT2（3.83 mg/g）>AT4（2.63 mg/g）>AT3（2.27 mg/g）>BT3（1.23 mg/g）>BT4（1.06 mg/g）。可以看出 T2 处理对 A 品种的脲酶有积极作用；T1 处理对 B 品种有积极作用。

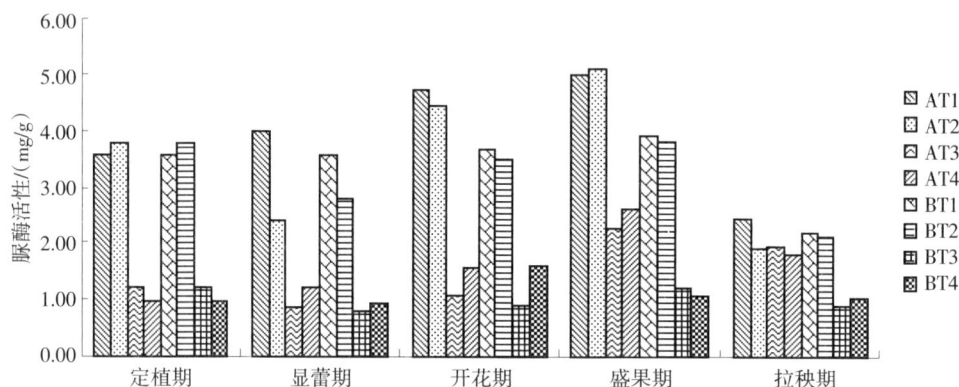

图 5-20　不同基质配比对基质脲酶活性的影响

蔗糖酶可以增加基质中的易溶性营养物质，主要作用于基质中的碳循环，与基质中氮、磷、有机质的含量，微生物数量有关，经酶促反应得到葡萄糖可提供给基质中微生物、植物作为营养物质。蔗糖酶是表征基质肥力和熟化程度的重要指标之一。从图中可知，各个生育期均为采用 T1 处理和 T2 处理的蔗糖酶活性显著高于 T3 处理和 T4 处理，A 品种在开花期达到最大值，B 品种在盛果期达到最大值。盛果期整体表现为 BT1（28.31 mg/kg）>BT2（27.06 mg/kg）>AT1（25.83 mg/kg）>AT2（22.49 mg/kg）>BT3（6.21 mg/kg）>AT3（5.18 mg/kg）>AT4（5.05 mg/kg）>BT4（3.75 mg/kg）。T1 处理明显提高 A 和 B 品种的蔗糖酶活性。

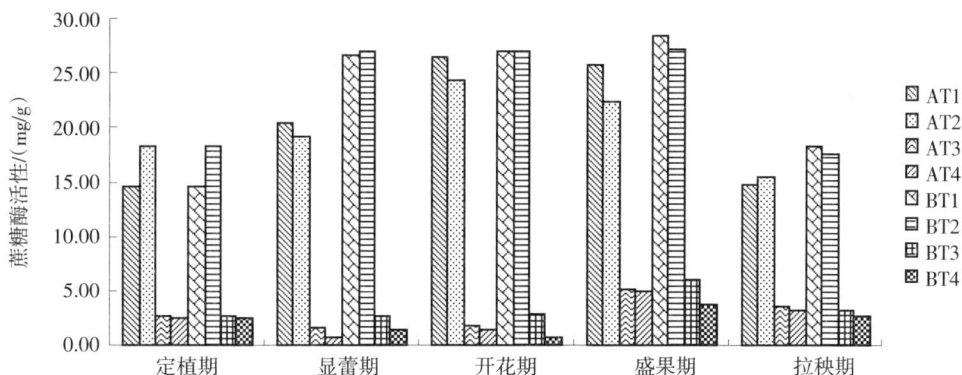

图 5-21　不同基质配比对基质蔗糖酶活性的影响

磷酸酶可以表示基质对植物提供有效磷的能力，它可促进有机磷化合物水解。图 5-22 是不同生育期基质碱性磷酸酶的变化。从图中可以看出，磷酸酶在整个生育期的变化幅度不大，均在开花期达到峰值，表现为 AT2（2.21 mg/kg）>BT2（2.12 mg/kg）>AT1（2.07 mg/kg）>BT1（2.04 mg/kg）>BT3（0.96 mg/kg）>BT4（0.82 mg/kg）>AT3（0.74 mg/kg）>AT4（0.59 mg/kg）。可以看出，A 和 B 品种的碱性磷酸酶活性差距不大，但都表现出 T2 处理可提高碱性磷酸酶活性。

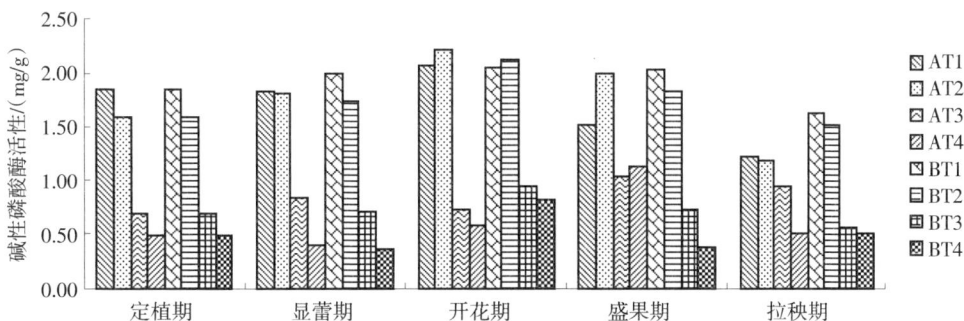

图 5-22　不同基质配比对基质碱性磷酸酶活性的影响

植物通过呼吸和有机物氧化反应产生了过氧化氢，它对植物有毒害作用，基质中的过氧化氢酶可以通过酶促反应将过氧化氢分解为水和氧气，消除了过氧化氢的毒害作用。从图中可以看出，过氧化氢酶在整个生育期的变化并不明显，但 A 和 B 品种每个生育期整体表现为 T1 处理和 T2 处理高于

T3 处理和 T4 处理。A 品种在显蕾期达到最大值，B 品种则在开花期达到最大值。A 和 B 品种过氧化氢酶活性相差不大。

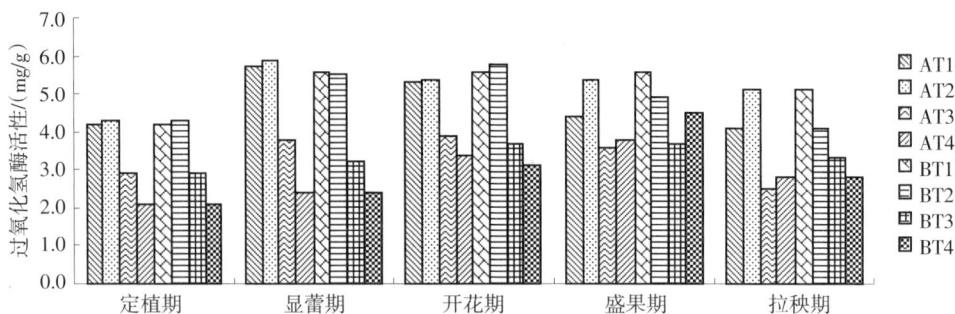

图 5-23　不同基质配比对基质过氧化氢酶活性的影响

6.不同基质配比对基质微生物数量的影响

基质中的细菌数量最多，是基质中最为活跃、分布最广的生物因素，促进基质中物质循环。从表中可以看出，细菌在盛果期的数量最多，最高是 BT1 处理为 27.78×10^8 cfu/g，AT1 处理次之为 21.8×10^8 cfu/g，两处理之间差异不显著。盛果期 A 和 B 品种细菌数表现为 T1、T2 处理显著高于 T3 处理和 T4 处理，并且对于两个品种的 T1 处理和 T2 处理来说，细菌数量从定植到拉秧一直维持较高含量。可见，T1 处理和 T2 处理对基质的细菌数量有积极作用。

真菌在基质中的数量仅次于细菌和放线菌，是基质中第三大类微生物。真菌可分解根际的有机成分，如纤维素、果胶或木质素等。此外真菌丝可使细砂粒结合为较大团粒结构，改善基质的物理性质。从表 5-25 中可以看出真菌呈单峰变化趋势。T1 和 T2 的四个处理在定植期就保持较高真菌数量可能是由于豆饼肥自身携带的微生物，T3 处理和 T4 处理整个生育期变化幅度不大。盛果期总体表现为 BT1>BT2>AT1>AT2>AT3>AT4>BT3>BT4，AT1、BT1 和 BT2 处理之间差异不显著，其他处理之间差异显著。T1 处理对 B 品种和 A 品种的真菌数量有积极作用，并且 B 品种优于 A 品种。

放线菌可产生抗生素，它的数量在基质中仅次于细菌，一般在偏碱性的环境和有机质丰富的地方数量更高。从表中看出，A 和 B 品种的 T1 处理和

T2 处理的放线菌数量较高，说明豆饼肥为基质提供大量的有机物。整体呈现先上升再降低的趋势，盛果期 AT1 处理放线菌数量最多，显著高于其他处理，其次是 AT2 处理，B 品种的 BT1 处理最大，与 AT2 处理之间差异不显著。可见 T2 处理对 A 品种的放线菌数量效果最显著。

表 5-25 不同基质配比对基质微生物数量的影响

处理	细菌/(10^8 cfu/g,干基质)			真菌/(10^6 cfu/g,干基质)			放线菌/(10^7 cfu/g,干基质)		
	定植期	盛果期	拉秧期	定植期	盛果期	拉秧期	定植期	盛果期	拉秧期
AT1	15.99b	21.80ab	19.34a	8.13a	15.74a	10.19a	2.85a	7.53a	3.80a
AT2	18.03a	17.34b	15.85c	10.13a	14.88b	6.96c	2.51a	5.49b	3.48a
AT3	4.91c	6.49c	3.66de	3.47b	5.69c	2.20d	0.58b	1.36de	0.64e
AT4	4.35c	2.42c	2.76e	5.10b	4.78d	2.59d	0.87b	1.04de	0.38e
BT1	15.99b	27.78a	17.15b	8.13a	16.14a	11.47ab	2.85a	4.79bc	2.54c
BT2	18.03a	20.83ab	16.92bc	10.13a	15.95a	12.63a	2.51a	4.31c	3.09b
BT3	4.91c	1.89c	4.71d	3.47b	4.34d	3.19d	0.58b	1.96d	1.10d
BT4	4.35c	2.93c	3.63de	5.10b	2.55e	2.13d	0.87b	0.46e	0.42e

7.不同基质配比对番茄产量的影响

不同基质配比对番茄产量的影响如表 5-26 所示。对于 A 品种来说，AT4 处理的单果质量最大，AT1 处理最小且差异极显著，AT4 处理比 AT1 处理高出 13.4 g；667 m^2 产量也表现为 AT4 最大 AT1 最小，并且高出 949.5 kg，可见 T4 处理明显提高了 A 品种的单果质量和亩产量。B 品种的单果重表现为 BT4 处理最大，高出 BT1 处理 35.01 g，并且差异极显著；667 m^2 产量为 BT4 处理最大 BT1 处理最小，两处理之间相差 895.6 kg，可以看出 T4 处理对 B 品种的产量有积极作用。总体来看，A 和 B 品种的单果质量为 AT4>AT2>BT4>AT3>AT1>BT2>BT3>BT1，每 667 m^2 产量表现为 AT4>AT2>BT4>AT3>BT3>AT1>BT1，可以看出 A 品种产量整体要高于 B 品种，并且 AT4 处理比 BT4 处理高出 682.4 kg,达到显著水平，所以 T4 处理对 A 品种的产量效果优于 B 品种。

表 5-26　不同基质配比对番茄产量的影响

处理	单果质量/g	小区产量/kg				折合产量（kg/667m²）
		Ⅰ	Ⅱ	Ⅲ	平均	
AT1	156.0bBC	31.3	33.0	31.3	31.9	6414.7bBC
AT2	166.8aAB	32.8	35.0	31.8	33.2	6686.6bAB
AT3	166.1aAB	34.9	32.8	31.6	33.1	6664.9bAB
AT4	169.4aA	36.7	37.4	36.0	36.6	7364.2aA
BT1	131.4dE	27.6	28.4	28.3	28.1	5786.2cC
BT2	146.0cCD	32.9	30.2	32.2	31.8	6536.9bABC
BT3	138.1cdDE	30.3	32.7	31.8	31.6	6506.7bABC
BT4	166.4aAB	33.6	32.3	31.4	32.5	6681.8bAB

8.不同基质配比对番茄品质的影响

从表 5-27 可以看出，不同基质配比可显著影响对番茄的品质。BT1 处理的可溶性固形物、总糖、有机酸和 Vc 最大，分别为 7.50、3.05、0.32、15.68 mg/kg。可溶性固形物的各处理表现为 BT1>BT2>BT3>AT1>AT2>BT4>AT4，并且 BT1 处理与其他处理之间达到极显著水平，AT1 处理比 AT4 处理高出 1.26%，BT1 处理较 BT4 处理高出 2.50%，同时两个品种总糖含量最高的处理相比，BT1 又比 AT1 高出 2.07%。总糖整体表现为 BT1>AT1>BT2>AT2>BT3>AT3>BT4>AT4，BT1、AT1、BT2 处理之间无显著差异，但极显著高于 AT4 处理和 BT4 处理，AT1 比 AT4 处理高出 1.58%，BT1 处理高出 BT4 处理 1.43%，BT1 处理比 AT1 处理高 0.08%。有机酸的变化幅度不大，BT1 处理和 AT1 处理极显著高于其他处理。Vc 含量表现为 BT1>AT1>AT2>BT2>AT3>AT4>BT4，AT1 处理与 BT1 处理之间无显著差异，但 AT1 处理极显著高于 AT4 处理，BT1 处理极显著高于 BT4 处理。因此，T1 处理可以显著提高番茄品质，并且四个指标总体表现为 B 品种较 A 品种品质更优，可见 B

品种更适宜生产高糖番茄。

表 5-27　不同有机肥配比对番茄品质的影响

处理	可溶性固形物/%	总糖/%	有机酸/%	Vc/(mg/kg)
AT1	5.43cBC	2.97aA	0.29abAB	15.09aA
AT2	5.20cC	2.32bB	0.20dD	13.62bB
AT3	4.93cCD	1.83cC	0.20dD	13.09bcBC
AT4	4.17dD	1.39dD	0.22cdD	12.06deCD
BT1	7.50aA	3.05aA	0.32aA	15.68aA
BT2	6.17bB	2.86aA	0.27bBC	13.33bcBC
BT3	6.13bB	2.23bB	0.23cCD	12.52cdBCD
BT4	5.00cCD	1.62cdCD	0.23cdD	11.26eD

9.不同基质配比对番茄风味物质的影响

本次实验运用 GC-O-MS 技术对 8 个处理的番茄行气质检测分析，共检测出 56 种气味物质，以醛类和醇类为主,共检测出 17 种醛类以及 16 种醇类，此外还分别检测出酮类，烯类，环类类等物质。从表中仍可看出己醛、2-己烯醛、2-庚烯醛、反-2-辛烯醛、柠檬醛、甲基庚烯酮、香叶基丙酮在八种样品所检测出的气味物质中浓度较高。结合嗅闻，8 个处理均可嗅闻到并主要为青草香、果香、脂香等特征气味，除此之外还可嗅闻到金属味、辛辣味、塑料味等不愉快的气味。其中 3-己烯醛、反-2-辛烯醛、反-2-壬醛、β-环柠檬醛、2,4-壬二烯醛、反-2-戊烯醇、正己醇、1-辛烯-3-醇、正庚醇、1-庚烯-3-酮、苯乙酮、紫苏烯、2-异丁基噻唑等物质均能闻到强烈的气味。此外，除反-2-辛烯醛外，其他物质的含量均很低，说明它们对西红柿的气味贡献能力很大。根据 Baldwin 提出的 16 种番茄主要特征效应化合物，发现共有 5 种特征效应化合物出现在 8 个处理中，分别是己醛、3-己烯醛、1-戊烯-3-酮、β-紫罗兰酮、2-异丁基噻唑。

A 品种己醛处理 AT4 处理其他处理中均有出现，表现为 AT1>AT2>AT3;

3-己烯醛在 4 个处理中均有出现，大小依次是 AT1>AT3>AT2>AT4；1-戊烯-3-酮为 AT1>AT2>AT4>AT3；β-紫罗兰酮仅出现在 AT3 处理中、2-异丁基噻唑在 4 个处理中均出现，表现为 AT1>AT2>AT3>AT4。可见，AT1 处理对 A 品种风味物质有较大贡献。

B 品种除 β-紫罗兰酮以外，其他化合物在 4 种处理中均有出现。己醛表现为 BT1>BT4>BT2>BT3；3-己烯醛表现为 BT1>BT2>BT3>BT4；1-戊烯-3-酮 BT1>BT2>BT4>BT3；β-紫罗兰酮未出现在 BT4 处理中，其他表现为 BT1>BT2>BT3；2-异丁基噻唑为 BT1>BT2>BT3>BT4。可以看出 BT1 处理明显增加 A 品种番茄的风味物质。

综合来看，比较两品种含量最高的处理得出：己醛为 AT1>BT1；3-己烯醛为 BT1>AT1；1-戊烯-3-酮为 BT1>AT1；β-紫罗兰酮为 BT1>AT2；2-异丁基噻唑为 BT1>AT1。可以看出，B 品种的风味成分要高于 A 品种，可见 B 品种更适宜生产高风味番茄。

10.小结

不同基质配比对春茬番茄的影响结果表明：

（1）不同基质配比对番茄的形态指标影响显著，就采用的基质配比来看，京番 102（A 品种）和粉太郎（B 品种）均表现为 T4 基质配比更有利于番茄植株横向和纵向的生长，并且光合和产量也表现为 T4 处理最大，就品种来看，京番 102 的长势整体优于粉太郎。

（2）不同基质配比对番茄盛果期基质理化性质结果表明：AT2 处理可明显提高京番 102 基质中的速效氮、速效磷、全氮、全磷的含量，AT1 处理提高基质中的速效钾和有机质含量。BT1 处理可显著提高粉太郎基质中速效氮、速效磷、全磷、有机质的含量，BT2 处理则提高速效钾和全氮的含量。因此，T1 处理和 T2 处理有利于提高基质中养分的含量。

（3）不同基质配比对番茄生育期基质酶活性和微生物数量的影响结果表明：T1 处理和 T2 处理使两品种番茄整个生育期的酶活性都保持较高水平。并且，T1 处理可显著提高京番 102 和粉太郎基质中细菌、真菌和放线菌的数量，改善了基质根际环境。

表 5-28　不同基质配比下京番 102 和粉太郎果实芳香成分比较

（单位：μg/ml）

名称	气味描述	RI值	处理							
			AT1	AT2	AT3	AT4	BT1	BT2	BT3	BT4
戊醛	辛辣、麦芽味	935	59.08	-	-	-	41.17	-	-	-
己醛	青草味	1084	5687.13	4338.57	279.65	-	1554.59	975.81	493.44	1358.17
3-己烯醛	青草味	1146	239.20	113.83	153.95	41.77	359.60	131.66	50.12	35.73
戊醛	肥肉味、橘子味	1174	90.17	21.10	104.39	18.52	35.64	119.34	-	224.47
2-己烯醛	水果味、青草味	1220	5960.44	1453.28	1052.19	830.56	1703.09	2099.94	1179.37	2103.06
正辛醛	肥皂味、清新味	1280	57.82	21.80	95.66	27.98	42.31	125.53	30.73	219.82
2-庚烯醛	青草味	1299	861.02	172.29	1117.59	180.07	485.29	625.02	183.86	3137.57
壬醛	果香、清新味	1385	238.70	77.23	447.34	84.89	169.28	625.15	107.11	-
反-2-辛烯醛	芝麻味、青草味	1345	1031.59	262.02	1383.20	354.91	855.58	967.48	352.46	6194.04
2,4-庚二烯醛	-	1427	205.08	69.22	162.60	106.10	78.22	408.24	51.09	954.12
癸醛	陈皮味	1488	135.45	51.99	-	31.83	53.53	304.76	57.91	462.00
苯甲醛	苦杏仁味	1495	317.86	76.47	263.92	70.81	177.85	264.93	105.78	782.12
反-2-壬醛	肥肉味、青草味	1527	118.00	31.32	165.57	-	55.71	-	33.95	433.77
β-环柠檬醛	柠檬味	1667	226.67	66.81	17.35	85.54	170.74	279.28	91.47	1039.72
柠檬醛	柠檬味	1602	638.98	168.72	1386.28	202.13	444.59		177.08	2703.59

257

续表 5-28

名称	气味描述	RI值	处理							
			AT1	AT2	AT3	AT4	BT1	BT2	BT3	BT4
反-2,4-癸二烯醛	—	1776	317.26	85.89	440.16	349.70	335.41	445.28	132.92	1880.37
2,4-壬二烯醛	腊味	1709	164.93	27.93	172.58	—	88.27	—	—	—
环戊醇	—	1283	—	—	94.85	—	—	—	—	413.87
反式-2-戊烯醇	番茄味,水果果味	1131	157.43	70.79	350.10	132.32	101.03	191.18	69.42	1023.20
2-甲基丁醇	果酒味,洋葱味	1208	86.27	26.49	100.99	31.69	21.31	224.56	34.46	167.27
2-癸烯-1-醇	—	1245	—	—	—	—	8.16	—	—	—
1-戊醇	香料味	1255	175.96	30.91	254.58	—	102.13	444.11	56.91	300.10
顺-2-戊烯醇	塑料味	1115	—	21.99	—	—	—	234.14	—	—
正己醇	西瓜味,花香	1360	246.18	550.21	552.32	259.54	177.17	15869.96	1818.86	4513.73
反-3-己烯-1-醇	青草味	1391	203.70	430.82	364.55	316.62	88.45	8724.77	498.98	1666.03
1-辛烯-3-醇	蘑菇味	1394	165.25	47.02	97.56	62.66	74.63	464.09	72.45	522.41
正庚醇	酱油味	1467	—	19.03	—	25.72	—	338.29	39.79	135.30
6-甲基-5-庚烯-2-醇	—	1470	—	87.45	437.40	125.20	77.53	1026.11	125.35	702.17
反-2-庚烯-1-醇	—	1520	—	38.06	—	56.29	—	1052.75	103.48	252.21
正辛醇	金属味	1553	82.56	39.52	67.34	47.90	55.71	566.78	67.71	219.35
反-2-辛烯-1-醇	塑料	1610	—	43.64	—	104.43	45.63	1164.24	121.29	321.88

续表 5-28

名称	气味描述	RI值	处理							
			AT1	AT2	AT3	AT4	BT1	BT2	BT3	BT4
2-癸烯-1-醇	-	1624	41.91	-	61.72	-	27.92	-	-	-
苯甲醇	-	1888	40.36	29.66	81.38	35.72	30.51	187.73	46.46	-
苯乙醇	-	1925	257.89	94.57	201.01	84.02	93.48	888.04	111.06	848.68
3-戊酮	特殊气味	978	-	59.94	-	104.96	-	301.41	116.74	359.60
1-戊烯-3-酮	辛辣味	973	764.10	375.14	118.34	226.27	1684.46	595.03	104.88	197.66
3-辛酮	香草味	1249	-	69.37	-	-	-	812.19	124.24	596.59
1-庚烯-3-酮	蘑菇味,金属味	1221	172.46	-	-	-	99.11	-	-	538.20
甲基庚烯酮	蘑菇味,橡胶味	1336	2449.87	1150.02	6188.43	1568.70	1548.34	8478.07	1561.93	1154.31
苯乙酮	扁桃仁味	1645	115.11	78.78	217.54	94.22	110.07	559.75	121.92	911.68
2'-羟基苯乙酮	-	1816	96.94	42.99	114.30	36.20	62.53	319.79	76.47	487.52
香叶基丙酮	木兰花香	1840	1534.54	856.63	3288.42	1020.01	-	4547.64	1013.48	9165.36
β-紫罗兰酮	-	1956	-	-	116.11	-	72.39	60.53	53.94	-
2-丙烯基环丁烯	-	1043	98.00	-	145.35	76.42	57.50	312.62	73.42	354.66
紫苏烯	木头味	1295	-	50.20	178.54	67.59	27.69	-	-	-
1-硝基戊烷	-	1339	-	93.85	376.28	99.59	-	211.84	-	299.44
2-乙基呋喃	-	956	83.41	24.62	90.98	-	19.91	123.80	-	229.23

续表5-28

名称	气味描述	RI值	处理							
			AT1	AT2	AT3	AT4	BT1	BT2	BT3	BT4
甲苯	油漆味	1042	–	40.99	–	–	–	–	–	–
2-正戊基呋喃	豆味、黄油味	1240	505.79	186.19	816.93	454.00	196.39	1021.68	212.12	2310.85
氧化环己烯	—	1205	–	–	–	–	40.42	–	–	224.47
2-异丁基噻唑	番茄味、青草味	1391	500.66	470.02	346.42	222.09	1753.7	1519.95	338.26	309.82
萘	焦油味	1718	77.22	19.48	87.59	27.74	32.72	76.21	26.93	182.23
苯胺	—	1768	357.18	42.45	–	–	120.05	215.67	–	–
愈创木酚	烟味、药味	1871	130.80	45.88	111.88	–	65.18	330.62	–	–
氧化芐	—	1940	73.47	23.06	87.29	28.20	27.39	134.31	–	475.54
丁香酚	丁香味	2141	263.43	54.56	86.39	35.08	120.34	315.65	96.32	730.15

（4）不同基质配下对番茄品质和风味物质结果表明：T1 处理可显著提高京番 102 和粉太郎番茄的品质。整体来看，BT1 处理的可溶性固形物、总糖、有机酸和 Vc 均高于 AT1 处理。所以粉太郎更利于生产高品质番茄。根据风味物质的含量得出 AT1 处理更有利于京番 102 风味物质的积累，BT1 有利于粉太郎风味物质的积累。综合来看，BT1 处理的特殊效应化合物整体高于 AT1 处理。因此粉太郎更利于生产高风味番茄

综上所述，京番 102 和粉太郎采用 T1（草炭:珍珠岩:有机肥:料饼:熟黄豆粉= (1:1:1:0.3) +5 kg/m³）处理均可提高番茄的品质，且粉太郎更适宜生产优质番茄。

第三节　水分胁迫及钾肥对樱桃番茄产量和品质影响的研究

通过对水分胁迫及钾肥对樱桃番茄产量和品质的影响大量研究，发现肥料和水分是影响蔬菜品质和产量的主要因素。目前我国农业生产盲目的大水大肥，虽然提高产量，但造成蔬菜产品风味降低、品质较差。水分胁迫通过适度控制土壤水分提供作物一个适中的干旱条件，这种逆境条件虽然使果实含水量和鲜果产量减少，但可以提高果实可溶性固形物、己糖、柠檬酸、果酸含量。钾素对果菜生长发育以及果实膨大起重要作用，并被誉为"品质元素"，番茄在整个生育期对钾元素吸收量最多。同时，钾元素在维持植物细胞内物质正常代谢、酶活性增加、促进光合作用，光合产物运输及蛋白质合成等生理生化功能方面发挥重要作用。可见，钾肥的施用势必影响植物对光合产物的吸收、转运、同化及贮藏，进而影响果实品质。李冬梅等研究表明，施用钾肥后，黄瓜可溶性糖含量与对照差异显著；张爱慧研究表明，增加施用钾肥可有效提高甜瓜果实内蔗糖含量，但钾肥过多或不足时，不利于果实糖分积累。本试验在前人研究基础上，研究水分胁迫及施钾水平对设施

樱桃番茄产量和品质的影响，旨在探索适合宁夏发展及推广的高糖度番茄（水果番茄）栽培技术。

一、试验点概况

试验在宁夏银川市永宁县杨和镇纳家户村领鲜公司果蔬示范园区进行。地处北纬 38°18′，东经 106°15′，海拔 1110 m，平均 ≥10℃积温 3300℃，无霜期 140~160 d，年均日照时数 3000 h，年降水量 180~200 mm，四季分明，昼夜温差大。试验地土壤为典型的灌淤土，试验水为园区地下水（深 18 m）。

试验日光温室长 91.2 m（净长 85.5 m），棚宽 7.7 m（净宽 6.8 m），栽培面积 580 m²。钢架结构，棚膜为日本住友化学公司生产明净华涂层膜，外覆盖保温材料为保温被。前茬作物为西瓜。

二、供试樱桃番茄品种

贝美（购自荷兰瑞克斯旺种苗公司）；贝蒂（购自荷兰瑞克斯旺种苗公司）；摩丝特（购自荷兰瑞克斯旺种苗公司）。

三、试验设计

试验设计 3 个因素，分别是灌水量、品种、不同追施钾肥量。灌水因素有 3 个水平。

A1：定植时每沟灌液 50 L，第二天开始到第 3 花序开花，每株每日 160 mL，第三花序开花后每株每日 120 mL。约 3 d 灌 1 次水（阴天雨天不给液）。

A2：定植时每沟灌液 50 L，第二天开始到第 3 花序开花，每株每日 320 mL，第三花序开花后每株每日 240 mL。约 3 d 灌 1 次水（阴天雨天不给液）。

A3：定植时每沟灌液 50 L，第二天开始到第 3 花序开花，每株每日 480 mL，第三花序开花后每株每日 360 mL。约 3 d 灌 1 次水（阴天雨天不给液）。

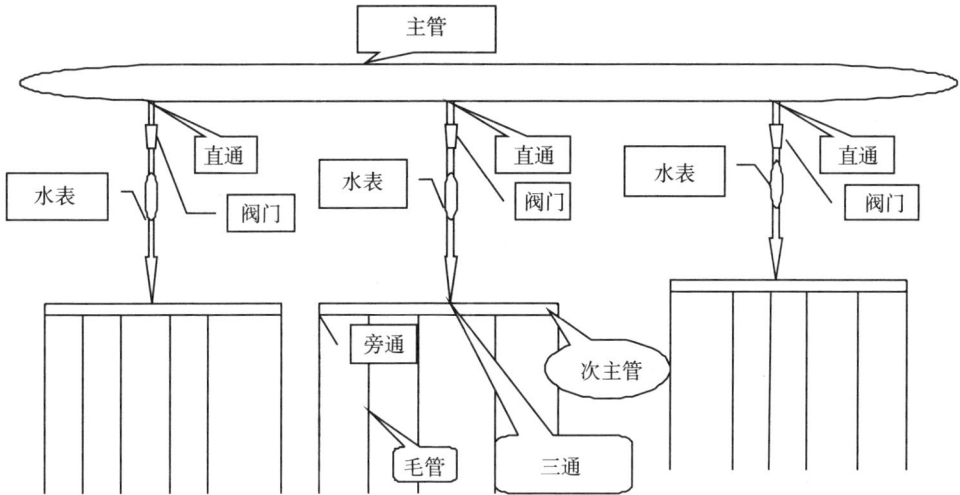

图 5-24　田间灌水示意

品种 3 因素：B1-贝美、B2-贝蒂、B3 -摩丝特。

追施钾肥 2 个水平：K1 低钾（尿素 2.4 g·株$^{-1}$·次$^{-1}$，磷酸二铵 2.4 g·株$^{-1}$·次$^{-1}$，硫酸钾 4 g·株$^{-1}$·次$^{-1}$）、K2 高钾（尿素 2.4 g·株$^{-1}$·次$^{-1}$，磷酸二铵 2.4 g·株$^{-1}$·次$^{-1}$，硫酸钾 10g/株·次$^{-1}$）。

总计 18 个处理：A1B1K1、A1B2K1、A1B3K1、A1B1K2、A1B2K2、A1B3K2、A2B1K1、A2B2K1、A2B3K1、A2B1K2、A2B2K2、A2B3K2、A3B1K1、A3B2K1、A3B3K1、A3B1K2、A3B2K2、A3B3K2。

本试验于 2011 年 1 月 5 日育苗，2 月 21 日定植，畦高 0.3 m、长 6.79 m、宽 1.4 m。小区面积 9.5 m²。定植前安装滴灌，覆盖地膜。每畦（小区）定植两行，株行距 0.42 m×0.70 m，每小区定植 28 株。分别在 4 月 14 日（第 1 穗果膨大，第 3、4 穗果坐果期）和 5 月 21 日（第 2 穗果采收期）采用穴施方式追肥 2 次。

四、结果与分析

1.水分胁迫对不同樱桃番茄品种生育期的影响

由表 5-29 可以看出，在水分胁迫条件下，各花序开花坐果时间随水分胁迫强度的增强而延迟。每处理每序花 70%开花时统计开花期；每处理每序花 70% 的果实直径达到 1 cm 时统计坐果期。贝美第一花序 3 月 1 日最早开花，比处理 A1B1 提前 11 d，比处理 A2B1 提前 10 d，第二花序 A1B1 比 A2B1 推迟 2 d，比 A3B1 推迟 4 d；贝美开花后 20 d 开始坐果，比 A2B1 坐果时间提前 4 d，比 A1B1 提前 5 d。贝蒂 3 月 12 号开始开花，处理 A3B2 比 A2B2 提前 1 d 开花，比 A1B2 提前 2 d；开花后 18 d 左右开始坐果，各花序坐果时间处理 A3B2 比 A2B2 和 A1B2 提前 3~5 d。摩丝特最晚开花，各花序开花时间处理 A3B3 比 A2B3 提前 1~5 d，比 A1B3 提前 2~5 d。

表 5-29　水分胁迫下不同樱桃番茄品种生育期

处理	定植期	前四序花开花时间				前四序花坐果时间				拉秧期
		第一	第二	第三	第四	第一	第二	第三	第四	
A1B1	21/2	12/3	1/4	10/4	16/4	1/4	12/4	18/4	23/4	25/7
A2B1	21/2	11/3	30/3	9/4	16/4	31/3	4.11	20/4	26/4	25/7
A3B1	21/2	1/3	28/3	5/4	14/4	28/3	7/4	14/4	22/4	25/7
A1B2	21/2	14/3	2/4	13/4	17/4	2/4	11/4	19/4	23/4	25/7
A2B2	21/2	13/3	1/4	12/4	17/4	2/4	12/4	20/4	26/4	25/7
A3B2	21/2	12/3	29/3	6/4	13/4	30/3	7/4	15/4	22/4	25/7
A1B3	21/2	17/3	3/4	8/4	14/4	4/4	13/4	20/4	26/4	25/7
A2B3	21/2	16/3	4/4	14/4	17/4	4/4	15/4	23/4	29/4	25/7
A3B3	21/2	15/3	30/	7/4	13/4	1/4	12/4	18/4	25/4	25/7

2.水分胁迫及施钾水平对土壤速效养分含量的影响

由表 5-30 可以看出，相同施钾条件下，土壤中碱解氮、速效磷、速效钾含量在水分胁迫处理中均有如下规律：A1>A2>A3，达显著性差异，说明轻度水分胁迫处理土壤中速效养分含量低于重度水分胁迫处理。可见，轻度水分胁迫有利于番茄根部对土壤速效养分的吸收，从而使重度水分胁迫处理土壤速效养分含量显著高于轻度水分胁迫处理。在相同水分胁迫条件下，土壤碱解氮、速效磷、速效钾含量表现为 K2>K1，说明适度增施钾肥可提高土壤中速效养分含量。

表 5-30　水分胁迫及施钾水平对土壤速效养分含量的影响

水分胁迫	施钾水平					
	K1			K2		
	碱解氮/（mg/kg）	速效磷/（mg/kg）	速效钾/（mg/kg）	碱解氮/（mg/kg）	速效磷/（mg/kg）	速效钾/（mg/kg）
A1B1	480.2 b	96.19 a	765 a	618.8 a	117.43 a	830 ab
A2B1	386.4 e	74.77 bc	705 b	546 ab	75.57 c	745 abc
A3B1	305.2 g	49.07 d	630 cd	310.8 c	54.03 e	635 c
A1B2	434.0 c	80.28 ab	650 c	589.4 a	90.07 b	760 abc
A2B2	413.0 d	62.90 cd	645 c	467.6 abc	63.08 de	730 abc
A3B2	306.6 g	55.74 d	565 e	427.0 abc	57.70 de	710 abc
A1B3	532.0 a	88.67 ab	660 c	561.4 ab	99.01 b	800 ab
A2B3	438.2 c	58.80 cd	595 de	459.2 abc	66.45 cd	690 bc
A3B3	341.6 f	50.42 d	595 de	380.8 bc	54.39 e	680 bc

3.水分胁迫及施钾水平对不同樱桃番茄品种产量的影响

如表 5-31 所示，各处理平均单果重、小区平均产量、折合 667 m² 产量随水分胁迫而减少，差异达显著水平；同一处理不同施钾量其平均单果重、小区平均产量、折合 667 m² 产量随施钾量的增加而提高。处理 A1B1K1 单果重、667 m² 产量比处理 A2B1K1 单果重、667 m² 产量分别降低 17.5%和13.1%，同时 A3B1K1 分别降低 23.9%和 27.7%。可见，水分胁迫明显降低番茄单果重和 667 m² 产量。

由表 5-31 还可看出，处理 A1B2K2 单果重、667 m² 产量比处理 A1B2K1 单果重、667 m² 产量分别提高 4.3%和 1.5%；处理 A2B3K2 单果重、667 m² 产量比处理 A2B3K1 单果重、667 m² 产量分别提高 0.4%和 3.2%。由此可知，在适当氮磷肥基础上增施一定量钾肥有利于番茄高产。

表 5-31 水分胁迫及施钾水平对樱桃番茄产量的影响

处理	平均单果重/g	小区产量/kg			小区平均产量/kg			折合 667m² 产量/kg
A1B1K1	46.91 j	37.37	38.84	35.17	37.13	hi	DE	2605.74
A1B1K2	50.01 ij	37.92	36.70	38.22	37.61	ghi	DE	2639.43
A1B2K1	52.09 ghij	39.45	38.68	41.51	39.88	fgh	CD	2798.74
A1B2K2	54.34 fghi	39.49	38.49	40.92	39.63	fgh	CD	2781.19
A1B3K1	51.47 hij	35.05	33.25	36.85	35.05	i	E	2459.77
A1B3K2	51.88 ghij	37.27	41.30	34.55	37.71	fghi	DE	2646.45
A2B1K1	56.86 efgh	48.45	47.30	48.78	48.18	c	B	3381.22
A2B1K2	57.60 defg	49.95	51.35	45.58	48.96	c	B	3435.96
A2B2K1	59.83 def	42.08	41.06	39.38	40.84	def	CD	2866.11
A2B2K2	60.30 def	43.21	42.45	44.16	43.27	de	C	3036.64
A2B3K1	58.53 def	40.35	39.20	36.86	38.80	fgh	DE	2722.94
A2B3K2	58.75 def	41.03	35.94	44.08	40.35	efg	CD	2831.72
A3B1K1	61.65 cde	52.14	52.08	52.67	52.30	b	B	3670.36
A3B1K2	63.44 cd	58.63	59.17	58.68	58.83	a	A	4128.63
A3B2K1	70.39 ab	50.51	52.00	48.21	50.24	bc	B	3525.79
A3B2K2	73.96 a	50.92	53.47	52.44	52.28	b	B	3668.96
A3B3K1	66.41 bc	46.48	41.46	43.28	43.74	d	C	3069.63
A3B3K2	70.01 ab	47.95	49.71	49.10	48.92	c	B	3433.15

4.水分胁迫及施钾水平对不同樱桃番茄品质的影响

由表 5-32 可以看出，番茄果实可溶性固形物、总糖、VC、有机酸、糖酸比随水分胁迫强度的增强而明显提高，表明水分胁迫提高番茄品质。处理 A1B3K2 可溶性固形物比处理 A1B3K1 可溶性固形物提高 2.5%，总糖提高 4.3%，Vc 提高 31.8%；处理 A3B1K2 可溶性固形物比处理 A3B1K1 可溶性固形物提高 1%，总糖提高 2.9%，Vc 提高 9.3%。因此，在土壤一定氮磷肥基础上，增施钾肥对提高番茄果实中可溶性固形物、总糖、Vc、有机酸含量有显著作用。这与齐红岩等在不同氮钾水平对番茄产量、品质及蔗糖代谢的影响研究结果是一致的。

表 5-32　水分胁迫及施钾水平对不同樱桃番茄品质的影响

处理	可溶性固形物/%	总糖/%	维生素C/(mg·kg⁻¹FW)	有机酸/%	糖酸比
A1B3K2	10.24 a	8.45 a	50.82 a	0.19 a	44.47
A1B3K1	9.99 ab	8.10 a	38.55 b	0.18 ab	45.00
A1B2K2	9.96 ab	7.51 ab	38.09 b	0.18 ab	41.72
A1B2K1	9.87 abc	7.09 abc	37.33 b	0.18 ab	39.39
A1B1K2	9.76 abcd	6.27 bcd	37.32 b	0.17 bc	36.88
A1B1K1	9.74 bcde	5.76 cde	37.16 b	0.17bcd	33.88
A2B3K2	9.74 bcde	5.75 cde	36.77 b	0.16 cd	35.94
A2B3K1	9.70 bcde	5.74 cde	34.30 bc	0.16 cd	35.88
A2B2K2	9.54 bcdef	5.65 de	33.05 bcd	0.16 de	35.31
A2B2K1	9.45 cdefg	5.51 de	33.04 bcd	0.14 ef	39.36
A2B1K2	9.34 defgh	5.46 de	30.92 bcde	0.14 ef	39.00
A2B1K1	9.28 efgh	5.27 de	26.85 cdef	0.14 fg	37.64
A3B3K2	9.16 fgh	5.17 de	25.03 defg	0.14 fg	36.93
A3B3K1	9.15 fgh	5.10 de	23.30 efg	0.14 fg	36.43
A3B2K2	9.14 fgh	5.02 de	21.53 fg	0.13 fg	38.62
A3B2K1	9.04 gh	4.59 e	20.75 fg	0.13 fg	35.31
A3B1K2	8.96 h	4.58 e	17.62 g	0.13 fg	35.23
A3B1K1	8.87 h	4.45 e	16.12 g	0.13 g	34.23

5.水分胁迫对不同樱桃番茄品种果实感官评价的影响

取高钾 K2 处理的樱桃番茄果实进行品尝，参加人数 25 位，评价结果见图 5-25。可以看出，果实甜度、酸度、风味、综合评价随水分胁迫强度的增强而提高，厚度随水分胁迫强度的增强而减小。处理 A1B1 果实酸度最高，处理 A1B3 果实甜度、风味、综合评价最高，果皮最薄，综合评价结果是处理 A1B3 果实风味最好，处理 A3B1 果实风味最差。

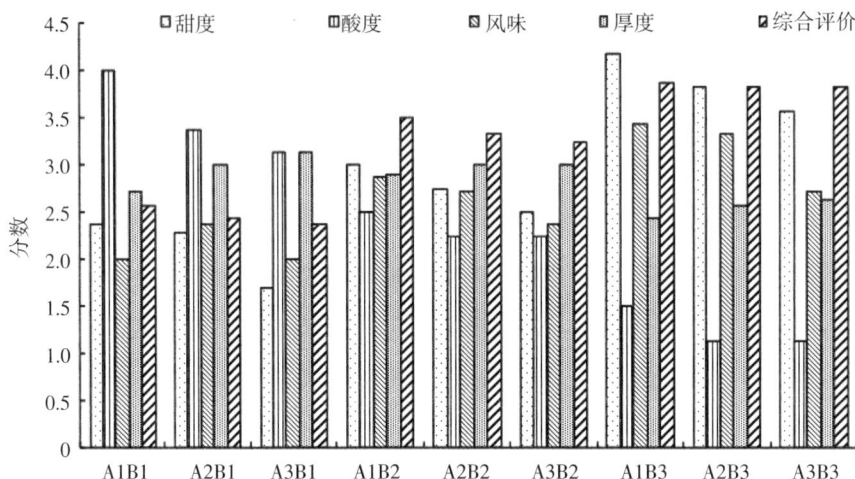

图 5-25　水分胁迫对樱桃番茄果实感官评价的影响

6.水分胁迫对水分生产率的影响

由表 5-33 可以看出，水分胁迫虽然降低番茄小区产量，但提高水分生产率，使每立方米灌水量所产生的番茄产量有明显差距。处理 A1B1 水分生产率比处理 A2B1、A3B1 水分生产率分别提高 37.1%、70.5%；处理 A1B2 水分生产率比处理 A2B2 水分生产率提高 65.1%，是处理 A3B2 水分生产率的 2 倍；处理 A1B3 水分生产率比处理 A2B3 水分生产率提高 54.3%，是处理 A3B3 水分生产率的 1.9 倍。适量的水分胁迫不但可以保证较高的产量和水分生产率，同时可实现节水灌溉。

表 5-33　水分胁迫对番茄水分生产率的影响

处理	灌水量/m³	小区产量/kg	水分生产率/(kg/m³)
A1B1	0.39	37.92	97.24
A1B2	0.39	39.49	101.28
A1B3	0.39	35.05	89.88
A2B1	0.70	49.95	70.93
A2B2	0.70	43.21	61.35
A2B3	0.70	41.03	58.26
A3B1	1.03	58.63	57.02
A3B2	1.03	50.92	49.52
A3B3	1.03	47.95	46.63

五、结论

水分胁迫延缓樱桃番茄开花期和各花序坐果时间，提高番茄品质，降低番茄产量，抑制番茄根系对土壤中速效养分的吸收，使土壤中速效养分含量表现为 A1>A2>A3；在土壤一定氮磷肥的基础上，适度增施钾肥可提高土壤中碱解氮、速效磷、速效钾含量以及番茄果实品质。

第四节　叶面喷施甜菊糖在番茄栽培中的研究

甜叶菊（*Stevia rebaudiana Bertoni Hems*）属菊科，原产于南美巴拉圭，其叶中的甜味成分为甜菊糖，甜度是蔗糖的 250~300 倍，已经成为新型天然甜味剂。叶面喷施蔗糖可以显著提高蓝莓果实中的含糖量，也可以大幅度提高菜心中的可溶性糖含量。我们研究叶面喷施不同浓度甜菊糖对番茄生长和品质的影响，为高糖度和高风味番茄生产提供技术支撑。

供试樱桃番茄品种："香妃 3 号"，基质栽培：草炭:树皮:蛭石:土:有机肥=8:8:6:3:1。试验设置 5 个甜叶菊浓度处理：500（T1）、200（T2）、100

（T3）、50（T4）、0（CK）mg/L；分别在番茄第1花序、第2花序、第3花序、第4花序、第5花序开花时喷施。

一、不同浓度甜菊糖对樱桃番茄生长的影响

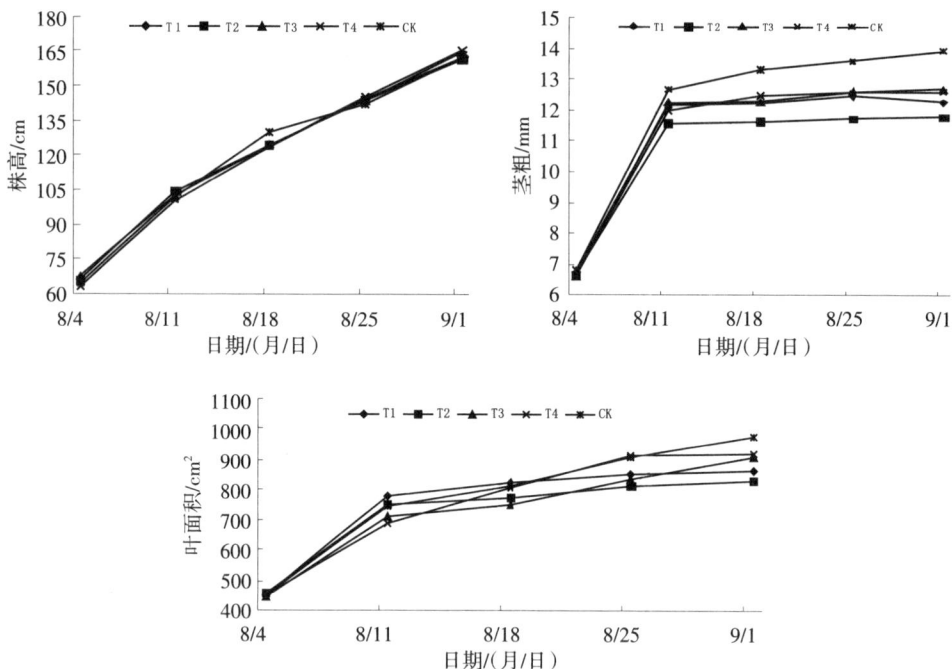

图5-26　不同浓度甜菊糖对樱桃番茄株高、茎粗和叶面积的影响

由图5-26可以看出，随着时间的推移，各处理株高逐渐增加，但各个时期株高的差异并不明显。将9月1日的株高进行方差分析，结果表明不同甜菊糖浓度对株高的影响并不显著。喷施甜菊糖第一周茎粗和叶面积均增长迅速，而8月11日以后茎粗和叶面积增长幅度缓慢。9月1日茎粗方差分析结果表明，不同浓度甜菊糖的喷施对番茄茎粗有显著影响，T1、T2与其他处理达到极显著差异，并且各个处理均低于对照CK，不同浓度对茎粗的影响表现为CK>T3>T4>T1>T2,说明喷施甜菊糖可抑制番茄茎粗的增长。将9月1日的叶面积进行方差分析，对照CK与其他处理差异显著，而喷施甜叶菊的各处理之间差异不显著。可见，喷施甜菊糖对番茄植株生长有抑制作用。

二、不同浓度甜菊糖对樱桃番茄光合指标的影响

1.对番茄蒸腾速率的影响

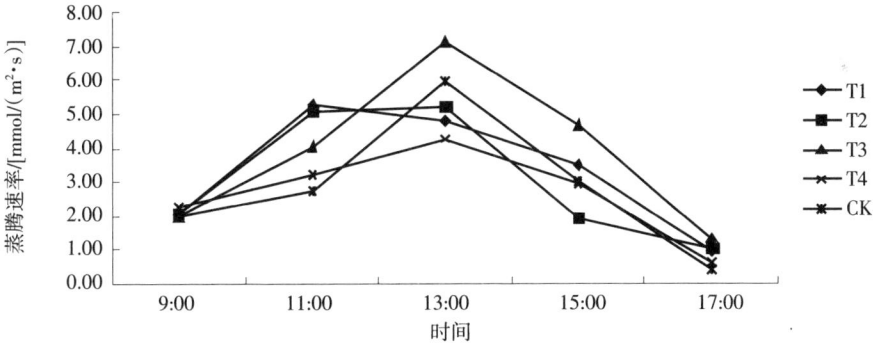

图 5-27　不同浓度甜菊糖下番茄蒸腾速率的变化

由图 5-27 可知，盛果期各处理的蒸腾速率随着时间的推移，先升高后降低，呈单峰曲线，处理 T2、T3、T4、CK 的峰值均出现在 13:00 时，处理 T1 的峰值出现在 11:00 时。

2.对樱桃番茄气孔导度的影响

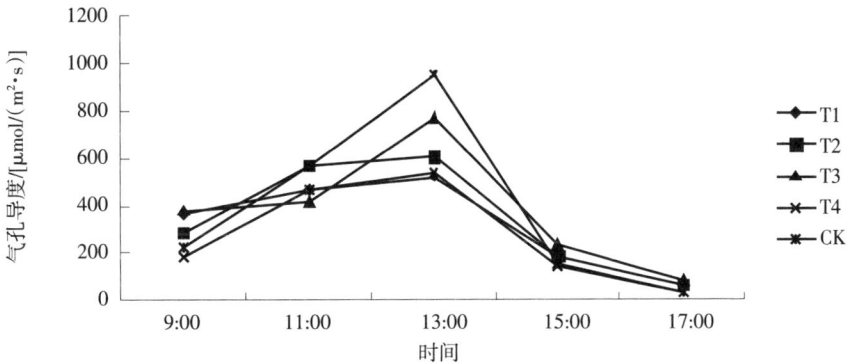

图 5-28　不同浓度甜菊糖下番茄气孔导度的变化

不同浓度甜菊糖对番茄气孔导度日变化的影响如图 5-28 所示，各处理总体变化均是先升高后下降的趋势，并且在 13:00 时气孔导度达到最大。这与蒸腾速率的变化规律相似，当温度和光照逐渐增加，气孔慢慢张开，中午13:00 时达到峰值，蒸腾速率也随着光照的增强和气孔的张开而增大。之后，光照逐渐减弱气温降低，气孔导度降低，蒸腾速率也随之减弱。

3.对樱桃番茄光合速率的影响

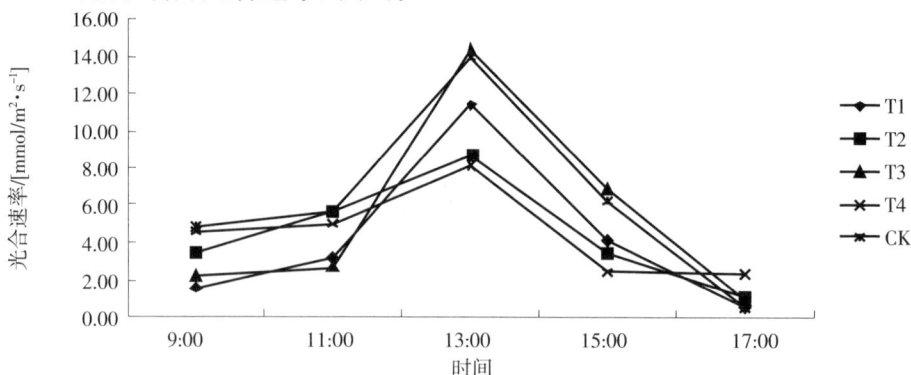

图 5-29　不同浓度甜菊糖下番茄光合速率的变化

由图 5-29 可以看出，不同处理间番茄的光速率变化较大，且呈现单峰趋势变化，各处理峰值均出现在 13:00 时。此时的处理 T3 和 CK 显著高于其他处理。从早上 9:00 时开始，随着气温逐渐升高，光照增强，气孔导度逐渐增大，到 13:00 左右，光合速率达到峰值，随后由于气温还在增加，空气湿度降低，叶片蒸腾失水加剧，番茄失水大于吸水，从而气孔导度降低，二氧化碳的吸收量减少，光合降低。到 17:00 时光合最弱。

三、不同浓度甜菊糖对樱桃番茄品质的影响

表 5-34　不同浓度甜菊糖对樱桃番茄品质的影响

处理	可溶性固形物/%	总糖/%	有机酸/%	Vc/[mg·kg^{-1}（FW）]
T1	9.00 a	5.36 a	0.33 ab	21.43 a
T2	8.48 ab	5.32 a	0.35 a	21.95 a
T3	7.95 b	5.12 b	0.29 bc	19.05 a
T4	6.48 c	5.10 b	0.27 c	16.70 b
CK	5.75 d	4.62 c	0.27 c	16.34 b

由表 5-34 可知，叶面喷施甜菊糖对品质有明显提高。随着甜菊糖浓度的升高，番茄中的可溶性固形物、总糖、有机酸、Vc 含量都有不同程度的提高，各处理间的可溶性固形物和总糖与 CK 相比均达到了极显著水平。T1

比 CK 可溶性固形物提高了 56.52%，总糖提高了 16.02%，有机酸提高了 22.22%，Vc 提高了 31.15%；T2 比 CK 可溶性固形物提高了 47.48%，总糖提高了 15.15%，有机酸提高了 29.63%，Vc 提高了 34.33%，但 T1 与 T2 间差异不显著。并且各处理间的可溶性固形物和总糖与 CK 相比均达到了极显著水平。由此可见，叶面喷施甜菊糖有利于改善樱桃番茄的品质，而 T1 处理比 T2 处理浓度增加了 300 mg/L，因而 T2 处理更经济。

四、不同浓度甜菊糖对樱桃番茄产量的影响

由表 5-35 可知，不同浓度甜菊糖处理的产量为 CK>T2>T4>T1>T3，但各处理间无显著差异；单果重为 CK>T2>T4>T1>T3，各处理间也无显著差异T1、T2、T4 和 CK 的亩产没有较大的差异。可见，叶面喷施甜叶菊在提高樱桃番茄品质的同时，对产量无影响。

表 5-35　不同浓度甜菊糖对樱桃番茄产量的影响

处理	单果重/g	小区产量/kg			折合 667m² 产量/kg
		I	II	III	
T1	14.68a	11.09	11.88	12.78	3272.95a
T2	15.96a	12.42	12.70	11.26	3327.30a
T3	14.02a	11.15	11.96	12.43	3249.30a
T4	14.82a	12.69	12.30	11.24	3315.77a
CK	15.84a	13.02	12.31	11.30	3350.93a

五、总结

叶面喷施不同浓度甜菊糖对樱桃番茄生长有一定的抑制作用，对产量和单果重无影响，但可溶性定固形物、总糖、Vc 增加显著，提高了樱桃番茄品质，改善番茄的风味，最适宜的喷施浓度为 200 mg/L，喷施时期为每序花开花时。

第六章　宁夏非耕地日光温室蔬菜穴盘育苗技术体系

第一节　蔬菜穴盘育苗和潮汐灌溉技术

一、蔬菜穴盘育苗

穴盘育苗是指以珍珠岩、草炭、蛭石、粉碎的农作物秸秆等轻质材料做育苗基质，以塑料穴盘为育苗容器，采用机械化智能播种或人工精量播种的现代育苗方式。穴盘育苗的优点有节约劳动力、提高生产效率、秧苗素质好、移栽后成活率高、便于长距离运输。

（一）蔬菜穴盘育苗发展历程

蔬菜穴盘育苗技术是在 20 世纪 60 年代，由美国的 George Todd 发明的。在 20 世纪 70 年代初期，欧美、日本等设施农业发达的国家率先推广使用穴盘育苗，目前其已成为设施蔬菜和花卉育苗的主要方式。蔬菜穴盘育苗技术是 1985 年开始引进我国的，在 20 世纪 90 年代得到了快速发展，特别是 21 世纪以后，蔬菜和花卉穴盘育苗技术在全国范围内普遍推广示范和应用。在这期间，我国华北地区和华东地区等地的农业院校和科研机构，先后开展蔬菜、花卉和苗木的穴盘育苗技术研究，同时筛选出众多优良的育苗基质，如有机基质、无机基质及有机和无机的混合基质等。经过数年的努力研究，学者们陆续地提出了番茄、黄瓜、辣椒、茄子等不同蔬菜穴盘育苗技术要点和技术规范，为蔬菜工厂化穴盘育苗技术的应用提供了理论支持，为我国蔬菜的高效、优质、安全的生产提供保障。

宁夏地区的蔬菜穴盘育苗技术研究开始于 2000 年，近十五年，本团队全面研究育苗基质、有机肥、保水剂和潮汐灌溉对番茄、辣椒、黄瓜、西葫芦和茄子等蔬菜穴盘苗的影响，多项研究成果在宁夏非耕地日光温室蔬菜集约化穴盘育苗中应用。

（二）蔬菜穴盘育苗研究现状

1.育苗基质

育苗基质优劣决定着蔬菜穴盘幼苗生长发育的质量。发展生态型农业，充分利用可再生的农业废弃物作为蔬菜穴盘育苗基质是当前研究热点。陈振德（1998）发现棉籽壳、糠醛渣、蛭石、猪粪、炉渣灰等材料组配成复合基质明显促进了西芹穴盘苗的生长和养分吸收，增加穴盘苗干物质积累，同时筛选出两个较好的配方（体积比）分别为棉籽壳:糠醛渣:蛭石:猪粪=2:1:1:1和棉籽壳:炉渣灰:蛭石=3:1:1。随后，科研工作者对育苗基质的种类和筛选做了大量研究，取得了一定成果，但在不同基质对蔬菜穴盘苗根系生长发育和花芽分化的分子机制方面的研究还未开展，基础和理论研究较为薄弱。

2.苗龄和营养面积

学者对蔬菜穴盘育苗中苗龄和营养面积的研究较早，近几年，对不同种类蔬菜穴盘育苗的苗龄和营养面积的研究已全部涉及。沈阳农业大学的赵瑞等（2000，2004）最早研究番茄穴盘育苗时，得出番茄的适宜苗龄是 45 d，适宜的穴盘规格是 98 穴；证实苗龄和营养面积都会对产量形成产生显著影响，随着营养面积的变小，番茄的产量逐渐下降；番茄小龄苗（30 d）的前期产量低，总产量高，番茄大龄苗（60 d）的前期产量高，而总产量低。随后，贺贤彬（2005）在不同穴盘规格和苗龄对甜椒穴盘育苗效果影响的研究中发现 50 孔穴盘的辣椒中龄苗（50 d）的前期产量和总产量都较高，所以其适合前期产量要求较高的早熟栽培，又适合总产量要求较高的周年长期栽培；结合育苗的成本和辣椒的总产量，72 孔穴盘的辣椒小龄苗（35 d）是最优的选择。何道根（2010）筛选西兰花穴盘育苗的穴盘规格时，发现 72 穴的穴盘适宜西兰花生长，育苗效果最佳。陈辉等（2011）研究发现，随着白菜穴盘育苗的苗龄增加，其定植后产量逐渐降低；夏季的白菜育苗应选择72孔的穴盘，秋季的白菜育苗应选择50孔的穴盘。闫联帮（2013）研究甘蓝穴盘育苗的苗龄和营养面积中得出，育苗期间应该依据一定苗龄选择适宜的营养面积，甘蓝穴盘育苗小龄苗（20 d）选择200穴的穴盘，中龄苗（30 d）选择128穴的穴盘，大龄苗（40 d）选择72穴或50穴的穴盘。

3.肥料

肥料是影响蔬菜穴盘幼苗质量优劣的重要环境因素。李祥云等（2002）利用正交试验的方法，在育苗基质中加入不同比例的氮、磷、钾肥料,对不同蔬菜（黄瓜、番茄、茄子和甜椒）穴盘育苗的研究中发现：不同的肥料的种类和使用量对蔬菜幼苗生长势的影响巨大且差异显著；在供试的穴盘育苗基质中筛选出最适宜的 N、P_2O_5、K_2O 施肥量，分别为番茄 0.2 kg/m^3、0.4 kg/m^3、0.2 kg/m^3,黄瓜 0.8 kg/m^3、0.2 kg/m^3、0.1 kg/m^3，茄子 0.8 kg/m^3、0.4 kg/m^3、0.2 kg/m^3,甜椒 0.4 kg/m^3、0.4 kg/m^3、0.4 kg/m^3。韩素芹（2004）研究甜椒穴盘育苗的需肥指标特性得出，不同苗龄期的甜椒穴盘幼苗的矿质元素含量均呈现由高到低，再由低到高的变化；对壮苗指数的影响中氮肥料大于磷肥料；植株的氮素化合物和碳水化合物含量高的处理均是中氮中磷，且碳氮比在 1.0~1.2 之间，适宜甜椒穴盘幼苗花芽分化和培育辣椒穴盘壮苗。尚庆茂等（2006）在蚯蚓粪基质对辣椒穴盘育苗的影响中发现，蚯蚓粪与草炭的容重大、孔隙度和持水力小，P、K 含量高和 N 含量较低；育苗基质中添加蚯蚓粪可促进辣椒穴盘幼苗生长发育，其中蚯蚓粪:草炭=3:1 (体积比) 的混合基质育苗效果最佳。张雪艳等（2013）在生物有机肥对黄瓜苗生长发育,基质特性的影响的试验中，证实在育苗基质中加入8%（质量比）生物有机肥的试验处理能提高黄瓜穴盘幼苗生长发育速度和维持良好的基质物理化学性质。

二、潮汐灌溉技术

（一）潮汐灌溉系统

潮汐灌溉是针对盆栽花卉和蔬菜穴盘育苗所设计的底部给水的灌溉方

式。由于灌溉过程与江海的涨潮落潮相似，所以人们将这种灌溉方式称为潮汐灌溉。潮汐灌溉是一种高效、节水、环保的灌溉技术，其基本原理是使灌溉水从栽培基质底部进入，依靠栽培基质的毛细管虹吸作用，将灌溉水或营养液供给植物。根据栽培池特点的不同，潮汐灌溉分为植床式和地面式两种类型。植床式潮汐灌溉是指在农业设施中建造的几个高出地面的栽培床等悬空栽培设施中使用的潮汐灌溉。地面式潮汐灌溉是指在露地上建造的栽培池等地表面栽培设施中使用的潮汐灌溉。潮汐灌溉系统主要由栽培池（栽培床）、灌溉水循环系统（上水池、回水池、循环水泵、施肥泵、消毒机等）、计算机智能控制系统和栽培容器（花盆、塑料穴盘等）4个部分组成。以植床式的潮汐灌溉技术为例，潮汐灌溉系统的工作原理和组成见图6-1。

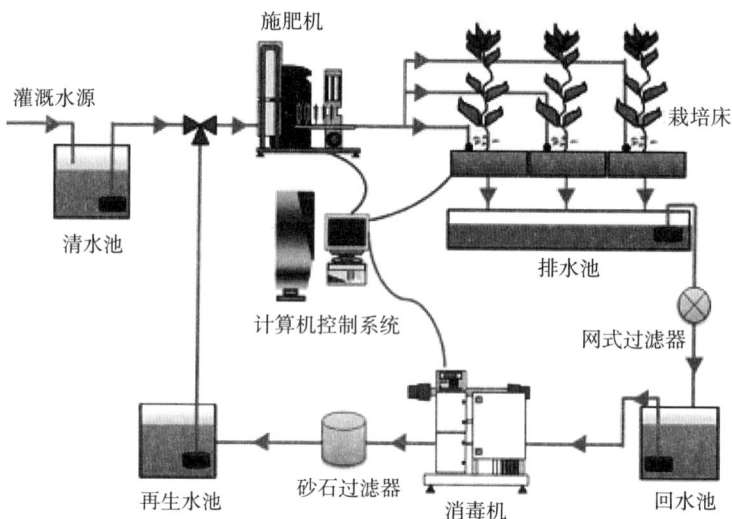

图6-1　潮汐灌溉系统的工作原理

（二）潮汐灌溉技术的发展历程和国内外应用现状

潮汐灌溉技术起源于20世纪90年代，美国、日本、欧洲等设施园艺发达的国家。1994年，Robert W. Rigsby在美国申请了潮汐灌溉系统的专利。随后几年，人们对潮汐灌溉系统的装备进行了优化设计和改善，同时以水肥利用效率和作物生长发育为重点来研究潮汐灌溉技术的优缺点。进入21世纪以来，国外学者对潮汐灌溉条件下植物病虫害的产生与传播规律做了大量的研究工作。同时，对潮汐灌溉系统装备的设计与研发日趋成熟，在荷兰、美国和英国众多农业机械公司已生产和研发潮汐灌溉设备。在欧洲，潮汐灌溉已成为温室盆栽花卉和蔬菜穴盘育苗的主要灌溉方式。

在我国，潮汐灌溉技术发展起步较迟，潮汐灌溉的设备主要是以国外直接引进为主，自主研发为辅。例如，2006 年云南昆明的安祖花园艺有限公司所安装的潮汐灌溉系统就是从国外引入的。2010 年，我国自主研发的潮汐灌溉系统在宁夏银川贺兰园艺产业园落户。2013 年，农业部发行了《温室灌溉系统安装与验收规范》，其中部分内容是针对潮汐灌溉技术的。近两年来，我国的科研工作者还对潮汐灌溉系统装备的设计、潮汐灌溉的参数指标和水分利用效率等方面做了大量的工作，尤其是对潮汐灌溉条件下盆栽花卉生长发育的研究。

（三）潮汐灌溉技术与作物栽培

潮汐灌溉具有提高水肥利用效率，促进作物生长，提高作物产量品质，降低植物病虫害发生传播频率等诸多优点。1990 年，Elliott 发现，与常规的顶部洒水灌溉相比，潮汐灌溉可以节约施肥量和用水量。随后，Holcomb（1992）在常春藤的栽培过程中，与常规的顶部洒水灌溉相比，采用潮汐灌溉可以节约 40%的营养液用量。2010 年，李建设和高艳明证实潮汐灌溉在蔬菜穴盘育苗上可节约用水量 40%，同时与顶部洒水灌溉相比，潮汐灌溉条件下黄瓜、辣椒和西葫芦的穴盘幼苗的生长势和光合指标均最强，壮苗的数量也最多。

潮汐灌溉是底部供水，相比常规的顶部洒水灌溉，它的栽培环境相对湿度较低，可以减少作物病虫害的发生和传播。1999 年，Joyce 在研究藿香的栽培过程中发现，与常规的顶部洒水灌溉相比，潮汐灌溉可有效减少植物病原菌和害虫的生物数量和传播速度。其原因就是潮汐灌溉所形成的相对干燥的微环境。随着潮汐灌溉技术的快速发展，人们越来越重视营养液循环系统中的消毒工作，因为营养液的循环利用会造成病原菌的产生和传播。Stanghellini 等（2000）研究得出在潮汐灌溉循环的营养液中加入某种生物表面活性剂可显著减少疫霉属病菌的产生和传播，从而给作物提供一个良好的生长环境。牛庆伟（2013）发现顶部洒水灌溉有利于细菌性果斑病病原菌的传播，而潮汐灌溉能有效地控制细菌性果斑病的发生和扩散。

（四）潮汐灌溉技术存在的问题和发展趋势

虽然人们对潮汐灌溉技术做了大量研究，但其仍存在一些棘手的问题。首先，潮汐灌溉系统设备的价格比较昂贵，在我国的日光温室中安装和使用较少，需要大力地宣传推广应用。其次，对潮汐灌溉的灌溉高度、灌溉频率、浸泡时间等参数指标的研究甚少，实际使用中缺乏理论支持，出现了不正确的使用方式。最后，对潮汐灌溉条件下植物病虫害防治理论的研究较少，这样容易增加植物病虫害发生的频率，造成不必要的经济损失。

结合潮汐灌溉技术的研究现状和存在的问题，潮汐灌溉技术有以下几个发展趋势。第一，潮汐灌溉装备设计理论的研究。根据我国节约型农业设施发展的现状，适宜我国农业设施的潮汐灌溉设备的研发与推广使用迫在眉睫。第二，潮汐灌溉参数指标的深层次研究，尤其是灌溉高度、灌溉频率和浸泡时间。第三，潮汐灌溉对栽培基质特性和植物生长发育的影响将会成为今后的科研热点。只有清楚潮汐灌溉条件下栽培基质特性的变化，水分和养分在栽培基质中的分布与运移情况以及作物根系的分布与生长状况，才能够科学合理的推广应用潮汐灌溉技术。第四，潮汐灌溉对植物病虫害发生和传播影响的研究和潮汐灌溉消毒设备的研发。安全的生态环境是作物高效，优质，高产的重要前提。

第二节　宁夏非耕地日光温室蔬菜穴盘育苗潮汐灌溉技术研究

水分是影响蔬菜穴盘育苗质量优劣的一个重要环境因素。在生产实践中，蔬菜穴盘育苗的灌溉方法有顶部洒水灌溉和潮汐灌溉。潮汐灌溉是针对盆栽花卉和蔬菜穴盘育苗所设计的底部供水的灌溉方式，有高效、节水、环保等优点。本团队在 2014 年对宁夏非耕地日光温室蔬菜穴盘育苗潮汐灌溉技术进行了全面和系统的研究，筛选出不同种类蔬菜穴盘育苗的最优潮汐灌溉制度。

一、番茄穴盘育苗潮汐灌溉技术研究

（一）试验简介

本试验以"硬粉 8 号"番茄为试材，采用 L4（23）正交试验设计，分析番茄穴盘苗生长及生理变化，基质性质和灌水量指标（表 6-1，表 6-2）。

表 6-1　试验因素水平

水平	灌溉方式（A）	灌溉频率（B）/（d/次）	灌溉时间（C）
1	顶部洒水灌溉	2	8:00
2	潮汐灌溉	3	16:00

表 6-2　试验设计

处理	灌溉方式（A）	灌溉频率（B）	灌溉时间（C）
T1	A1	B1	C1
T2	A1	B2	C2
T3	A2	B1	C2
T4	A2	B2	C1

（二）试验结果

1.潮汐灌溉下番茄穴盘苗形态指标变化

从表 6-3 可以看出，随着苗龄的增长，所有处理的株高、茎粗、叶长、植株鲜重和植株干重都在增长，而根长在播种后 28 d 达到最大值。播种后 21 d，T3 的根长显著高于其他处理，而各处理之间的株高、茎粗、叶长、植株鲜重和植株干重无差异。播种后 28 d，T3 和 T4 的株高和叶长最大且差异显著，T1 和 T3 的茎粗显著高于其他处理，所有处理中 T2 的全部生长指标最低。播种后 35 d，T3 的株高和植株鲜重最高且差异显著，T1 的茎粗最高且显著高于 T4，T4 的植株鲜重最低，可能是受到水分胁迫的结果；同时所有处理的植株干重差异不显著，这是穴盘营养面积的有限性造成的。

表 6-3　不同处理对番茄穴盘苗生长指标的影响

取样时间	处理	株高/mm	茎粗/mm	叶长/mm	根长/mm	植株鲜重/g	植株干重/g
播后 21 d	T1	60.21a	2.37a	8.22a	89.92ab	0.908a	0.0803a
	T2	61.79a	2.31a	59.78a	82.59ab	0.845a	0.0715a
	T3	61.88a	2.29a	65.52a	93.47a	0.954a	0.0833a
	T4	61.69a	2.35a	64.99a	76.15b	0.978a	0.0857a
播后 28 d	T1	61.41b	2.69a	71.00b	121.00a	1.319ab	0.149ab
	T2	63.77b	2.44b	70.59b	89.28b	1.241b	0.138b
	T3	77.16a	2.77a	79.60a	106.59ab	1.582a	0.179a
	T4	78.03a	2.46b	78.19a	105.45ab	1.325ab	0.146ab
播后 35 d	T1	81.44b	3.08a	78.98ab	102.09ab	1.895b	0.217a
	T2	78.74b	2.90ab	76.52b	103.72a	1.805b	0.203a
	T3	90.11a	2.89ab	83.82a	104.33a	1.979a	0.234a
	T4	84.73ab	2.79b	79.23ab	83.41b	1.794b	0.206a

2.潮汐灌溉对番茄穴盘苗壮苗指数，G 值和干物质含量的影响

壮苗指数、G 值和干物质含量是反映幼苗素质的主要指标。从表 6-4 可以得出，随着播种时间的增长，所有处理的壮苗指数、G 值和干物质含量都在增加；同时播种后 21 d，各处理的壮苗指数、G 值和干物质含量无显著差异；播种后 28 d，T1 的壮苗指数最大且显著高于 T4，T3 的 G 值最高且显著高于 T2，各处理的干物质含量无显著差异；播种后 35 d，T3 的壮苗指数和 G 值最高，显著高于 T2 和 T4；而干物质含量在所有处理中仍无显著差异；整个苗期，T4 处理的壮苗指数和 T2 处理的 G 值最小。

表6-4　不同处理对番茄穴盘苗壮苗指数，G值和干物质含量的影响

取样时间	处理	壮苗指数	G值	干物质含量
播后21 d	T1	0.0361a	0.00383a	0.0886a
	T2	0.0319a	0.00341a	0.0834a
	T3	0.0357a	0.00397a	0.0866a
	T4	0.0373a	0.00408a	0.0877a
播后28 d	T1	0.0577a	0.00532ab	0.1123a
	T2	0.047ab	0.00492b	0.1102a
	T3	0.0570a	0.00638a	0.1131a
	T4	0.0422b	0.00523ab	0.1104a
播后35 d	T1	0.0718ab	0.00620ab	0.1147a
	T2	0.0671b	0.00580b	0.1129a
	T3	0.0743a	0.00668a	0.1182a
	T4	0.0582c	0.00588b	0.1176a

3.潮汐灌溉条件下番茄穴盘苗生理变化

从表6-5中可以看出，T1和T3的净光合速率和蒸腾速率最高且显著高于T4，T1的气孔导度最大，差异显著；胞间CO_2浓度最高的处理是T3，水分利用效率最高的处理是T4；各处理的胞间CO_2浓度和水分利用效率无差异。

表6-5　不同处理对番茄穴盘苗的光合指标的影响

处理	净光合速率/$(\mu mol \cdot m^{-2} \cdot s^{-1})$	气孔导度/$(mmol \cdot m^{-2} \cdot s^{-1})$	胞间CO_2浓度/$(\mu mol \cdot mol^{-1})$	蒸腾速率/$(mmol \cdot m^{-2} \cdot s^{-1})$	水分利用效率/$(\mu mol \cdot mmol^{-1})$
T1	6.363a	66.64a	349.87a	1.189a	5.352a
T2	5.913ab	57.27b	342.82a	1.102ab	5.374a
T3	6.383a	58.83b	360.80a	1.197a	5.388a
T4	5.199b	43.64c	349.79a	0.946b	5.502a

叶绿素含量是衡量植株地上部生长状况的主要生理指标。由图 6-2 看出，所有处理中，T2 和 T4 的叶绿素含量最高，差异显著。根系活力是判断幼苗品质的重要生理指标，是衡量植物根系吸收养分能力的重要指标。从图 6-3 得出，T1 和 T3 的根系活力最强，且差异显著，进一步证明 T1 和 T3 的幼苗质量最佳。

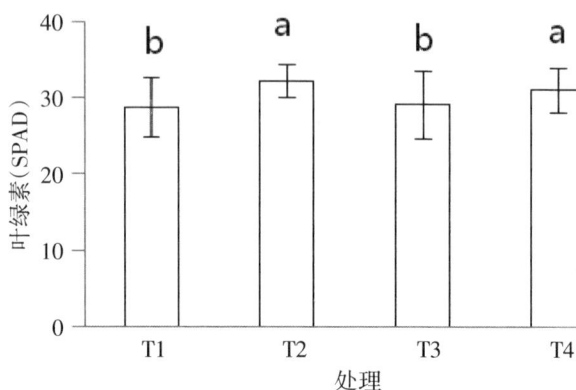

图 6-2　不同处理对番茄穴盘苗叶绿素含量的影响

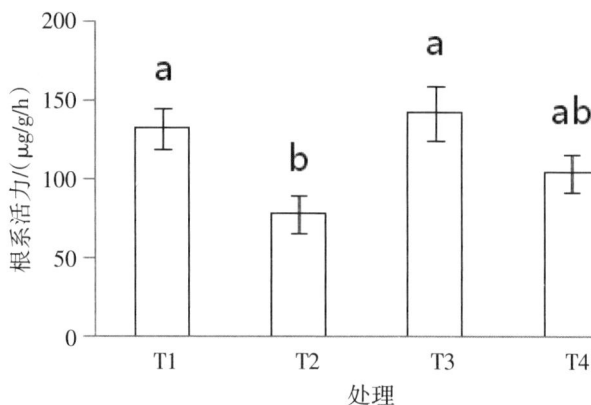

图 6-3　不同处理对番茄穴盘苗根系活力的影响

4.潮汐灌溉条件下基质性质和灌溉量的变化

从表 6-6 可以看出，平均基质电导率由大到小依次为 T2、T4、T1、T3，其中 T2 显著高于其他处理；平均基质含水量由大到小依次为 T3、T1、T4、T2，其中 T3 显著高于其他处理；灌溉量由大到小依次为 T1、T2、T3、T4，顶部洒水灌溉处理（T1 和 T2）显著高于潮汐灌溉的处理（T3 和 T4）；灌溉次数 T1 和 T3 为 16 次，T2 和 T4 为 11 次。

表 6-6　不同处理对基质性质和灌溉指标的影响

处理	基质电导率/ （ms·m^{-1}）	基质含水量/ %vol	每次灌溉量 /kg	灌溉次数 /次	总灌溉量 /kg
T1	275c	25.8b	0.950b	16a	15.210a
T2	299a	20.13c	1.277a	11b	14.067b
T3	244d	27.8a	0.676d	16a	10.823c
T4	287b	21.04c	0.931c	11b	10.237d

（三）结果

番茄穴盘育苗的灌溉方式应首选潮汐灌溉；在日光温室环境控制为日间最高 26℃，夜间最低 8℃，日平均湿度 30%时，番茄穴盘育苗最优灌溉制度组合是 A2B1C2，即灌溉方式为潮汐灌溉，灌溉频率为 2 天 1 次，灌溉时间为下午（16:00）。

二、辣椒穴盘育苗潮汐灌溉技术研究

（一）试验简介

本试验于 2014 年 11 月 15 日至 2015 年 1 月 15 日，在宁夏银川贺兰园艺产业园寿光Ⅱ型日光温室中进行。试验期间日光温室环境控制为日间最高 25℃，夜间最低 10℃，日平均湿度在 30%。供试辣椒品种为京线 2 号。如表 6-7 所示，试验设置 2 个灌溉时间：上午（8:00~9:00）和下午（16:00~17:00）；3 个灌溉频率：1 天 1 次、2 天 1 次和 3 天 1 次，共 6 个处理，一个穴盘为一个处理，3 次重复；如遇阴雨天，则该天不处理。在辣椒播种后 14 d，21 d 分别喷施适量的大量元素叶面肥。

表6-7　试验设计

处理	灌溉频率/(d/次)	灌溉时间
T6-1	1	上午
T6-2	1	下午
T6-3	2	上午
T6-4	2	下午
T6-5	3	上午
T6-6	3	下午

（二）试验结果

1.潮汐灌溉对辣椒穴盘幼苗形态生长指标的影响

从图6-4、图6-5、图6-6、图6-7看出，随着苗龄的增长，所有处理的株高、茎粗、植株鲜重和植株干重都在增长。播后21 d，T6-1的株高显著高于其他处理；各处理的茎粗、植株鲜重和植株干重无显著差异。播后28 d，T6-6的株高、茎粗、植株鲜重和植株干重均是最小；T6-3的株高最大，差异显著。播后35 d，T6-5和T6-6的株高、植株鲜重和植株干重显著小于其他处理；各处理的茎粗无显著性差异；可见，此时T6-5和T6-6的辣椒幼苗生长受到胁迫。播后42 d，株高由大到小依次为T6-1、T6-3、T6-4、T6-2、T6-5和T6-6；茎粗由大到小依次为T6-3、T6-1、T6-4、T6-6、T6-2和T6-5；T6-1和T6-3的植株鲜重和植株干重最高且差异显著；可是各处理的株高和茎粗增长速度减慢，这是穴盘营养面积的有限性造成的。

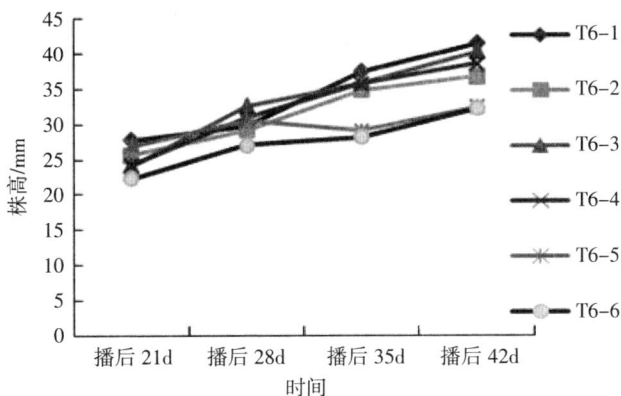

图 6-4　潮汐灌溉对辣椒穴盘幼苗株高的影响

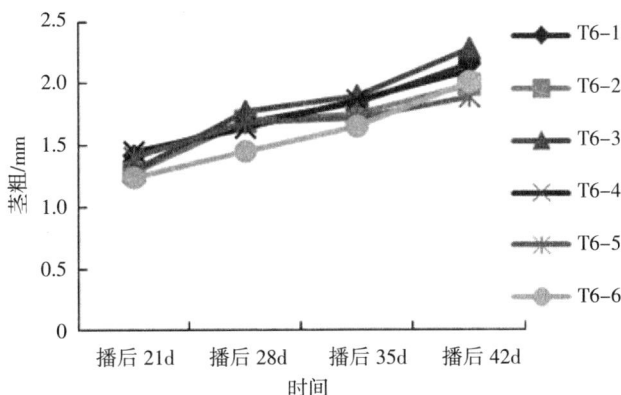

图 6-5　潮汐灌溉对辣椒穴盘幼苗茎粗的影响

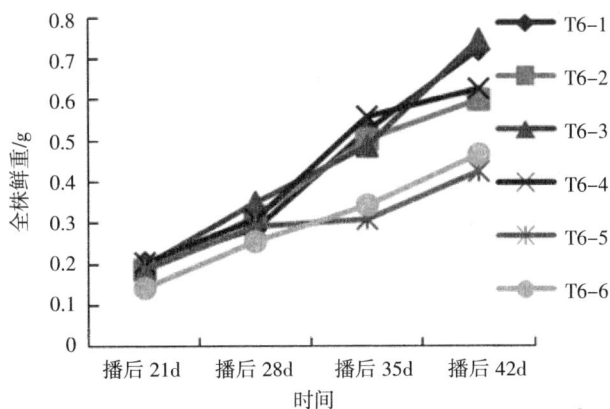

图 6-6　潮汐灌溉对辣椒穴盘幼植株鲜重的影响

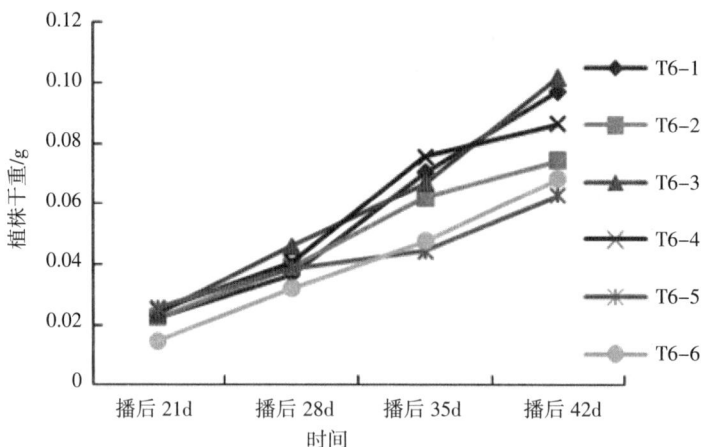

图6-7 潮汐灌溉对辣椒穴盘幼苗植株干重的影响

2.潮汐灌溉对辣椒穴盘幼苗壮苗指数和G值的影响

从图6-8和图6-9可以看出,随着播种时间的增长,所有处理的壮苗指数和G值都在增加;同时播种后42 d的壮苗指数和G值最大,此时幼苗适宜定植。播后21 d,除T6-6处理外,其余5个处理的壮苗指数和G值无显著差异。播种后28 d,T6-3的G值显著高于其他处理。播后35 d,T6-4的壮苗指数和G值最大。播后42 d,T6-3和T6-1的壮苗指数和G值最大且差异显著;相反,T6-5和T6-6的壮苗指数和G值最小。

3.潮汐灌溉对辣椒穴盘幼苗光合指标的影响

光合指标可以衡量植物地上部生长的优劣。从表6-8中可以看出,净光合速率和水分利用效率均最高的处理是T6-1;蒸腾速率最高的处理是T6-6且显著高于其他处理;T6-5的气孔导度最高;T6-5和T6-6的净光合速率和水分利用效率均显著低于其他5个处理,此时辣椒穴盘苗可能受到干旱的胁迫;而各个处理的叶片胞间CO_2浓度没有显著性差异。

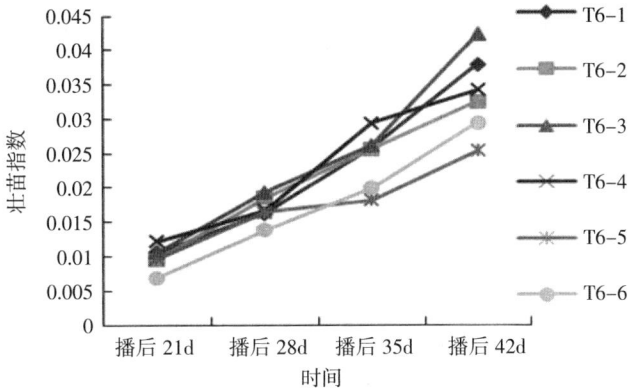

图 6-8 潮汐灌溉对辣椒穴盘幼苗壮苗指数的影响

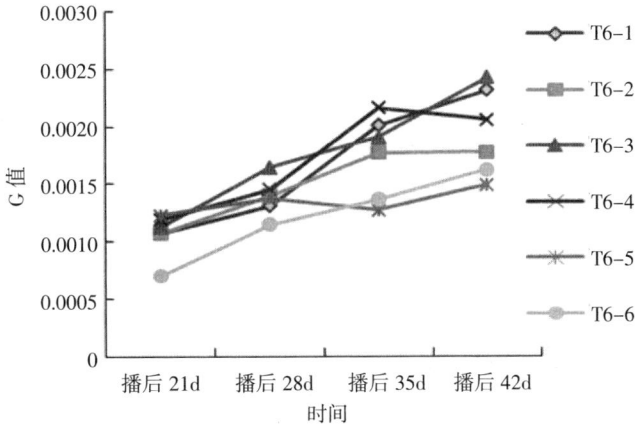

图 6-9 潮汐灌溉对辣椒穴盘幼苗 G 值的影响

表 6-8 潮汐灌溉对辣椒穴盘幼苗的光合指标的影响

处理	净光合速率/ $(\mu mol \cdot m^{-2} \cdot s^{-1})$	气孔导度/ $(mmol \cdot m^{-2} \cdot s^{-1})$	胞间 CO_2 浓度/ $(\mu mol \cdot mol^{-1})$	蒸腾速率/ $(mmol \cdot m^{-2} \cdot s^{-1})$	水分利用效率/ $(\mu mol \cdot mmol^{-1})$
T6-1	2.39a	351.93c	351.71a	4.77d	0.50a
T6-2	1.33bc	259.29d	368.97a	4.47d	0.29c
T6-3	2.26a	334.84c	341.21a	5.16c	0.44b
T6-4	1.59b	544.98a	367.26a	5.95c	0.27c
T6-5	1.06c	550.37a	357.16a	8.70b	0.12d
T6-6	0.64d	457.19b	379.63a	9.87a	0.06d

4.潮汐灌溉对辣椒穴盘幼苗叶绿素含量、叶片相对电导率和根系活力的影响

由图6-10可以看出，叶绿素含量最高的处理是T6-6。这与马富举研究的干旱胁迫下小麦的叶绿素含量变化结果相似，证明干旱胁迫强度与叶绿素含量呈正相关性，所以T6-6的幼苗受干旱胁迫影响最大。由图6-11看出，丙二醛含量由大到小依次为T6-6、T6-5、T6-2、T6-4、T6-1、T6-3。由图6-12可以看出，T6-3的根系活力最高，差异显著。

5.潮汐灌溉对基质电导率、含水率和灌溉量的影响

基质的电导率与幼苗根系的生长发育和营养吸收密切相关。任瑞珍研究发现甘蓝幼苗根系最适宜的营养液电导率范围是150~200 ms/m。从表6-9中看出，整个试验期间日平均基质电导率T6-5和T6-6均大于300 ms/m且较其他处理偏大且差异显著，其基质电导率限制幼苗根系生长。T6-1和T6-2的日平均基质含水量最大，而平均每次灌水量最小，且差异显著；T6-1灌水量最大，水分利用效率最低。

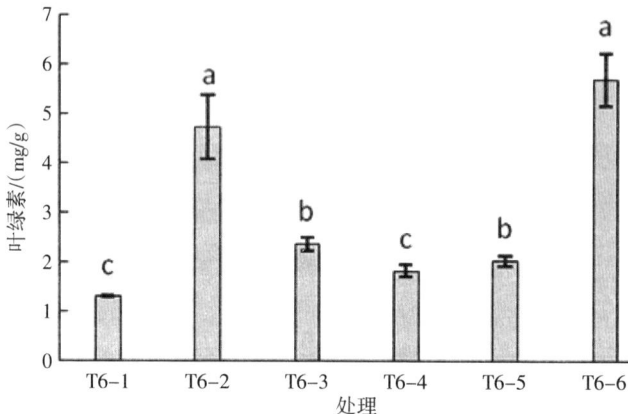

图6-10 潮汐灌溉对辣椒穴盘幼苗叶绿素含量的影响

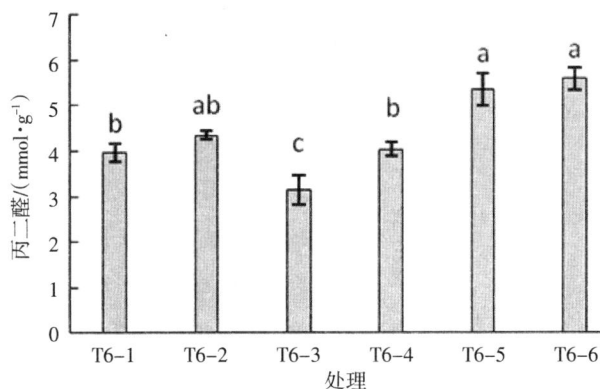

图 6-11　潮汐灌溉对辣椒穴盘幼苗叶片丙二醛含量的影响

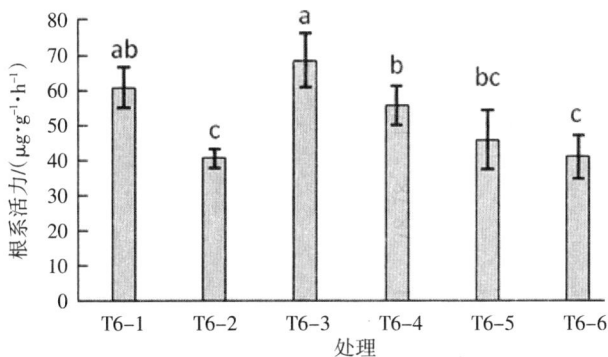

图 6-12　潮汐灌溉对辣椒穴盘苗根系活力的影响

表 6-9　潮汐灌溉对日平均基质电导率、含水量和总灌溉量的影响

处理	电导率/ms·m⁻¹	含水量/%vol	平均每次灌溉量/kg	总灌溉量/kg	总灌溉次数/次
T6-1	250c	38.9a	0.377d	13.96a	38a
T6-2	256c	39.5a	0.376d	13.93a	38a
T6-3	277b	34.5b	0.639c	12.06b	19b
T6-4	275b	34.7b	0.670b	11.51c	19b
T6-5	308a	32.0c	0.846a	10.99d	14c
T6-6	321a	29.0d	0.846a	11.00d	14c

6.潮汐灌溉条件下辣椒穴盘幼苗和基质参数指标聚类分析

对本试验的 6 个处理所测定的生长参数指标和灌溉参数指标进行聚类分析，如图 6-13 所示，在域值为 0.5 时，6 个处理可聚为 3 类：T6-1 和 T6-2 为Ⅰ类，T6-3 和 T6-4 为Ⅱ类，T6-5 和 T6-6 为Ⅲ类。聚类后，不同处理的株高、茎粗、植株鲜重、植株干重、壮苗指数、G 值、基质电导率、基质含水量、平均每次灌水量，灌水总量和总频率 11 个指标均存在显著差异。重要参数指标全株鲜重、全株干重、壮苗指数、G 值和总灌溉量排序为为Ⅱ＞Ⅰ＞Ⅲ。综合分析，Ⅰ类处理（T6-1 和 T6-2）总灌水量高，耗水量大；Ⅱ类处理（T6-3 和 T6-4）的辣椒穴盘苗生长较好，其中 T6-3 比 T6-4 更优。

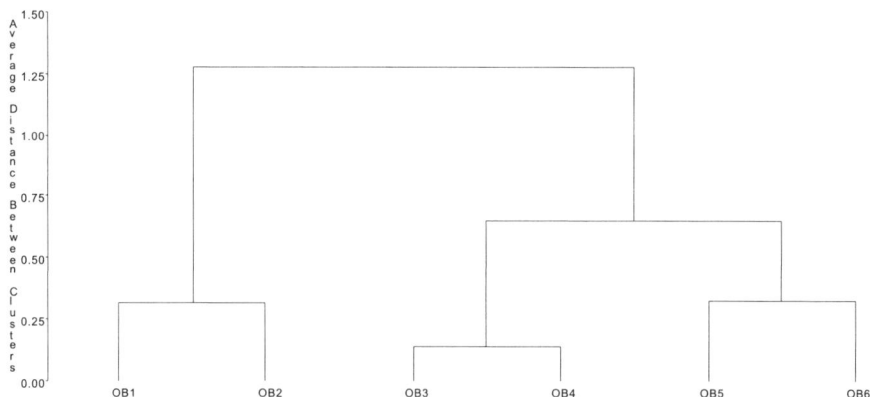

图 6-13　潮汐灌溉条件下辣椒穴盘幼苗和基质参数指标聚类分析

（三）结论

对辣椒穴盘育苗的影响程度排序为灌溉频率大于灌溉时间。

潮汐灌溉条件下，灌溉频率越小，育苗基质的含水量越低，进而抑制辣椒穴盘幼苗的生长发育。

潮汐灌溉条件下，辣椒穴盘育苗在日光温室环境条件控制为日间最高 25℃，夜间最低 10℃，日平均湿度 30%时，苗期 1~21 d 时应选择每天上午灌溉，灌溉频率为 3 天 1 次；播后 22~42 d 时应选择每天上午灌溉，灌溉频率为 2 天 1 次。

三、黄瓜穴盘育苗潮汐灌溉技术研究

（一）试验简介

本试验于 2014 年 4 月 1 日至 5 月 30 日，在宁夏银川市贺兰园艺产业园玻璃连栋智能温室进行。试验期间玻璃连栋智温室环境控制在日间最高 28℃，夜间最低 10℃，日平均湿度在 50%。供试黄瓜品种为津绿 19 号。用 72 孔的塑料穴盘育苗。试验设置潮汐灌溉和顶部洒水灌溉（T2-5）两种灌溉方式，其中潮汐灌溉试验设计灌水高度，浸泡时间和灌水频率 3 个因素，每个因素设置 2 个水平（表 6-10），根据因素水平采用 L4（23）正交设计，共 5 个处理（表 6-11）。

表 6-10　试验因素水平

水平	灌水高度（A）/cm	浸泡时间（B）/min	灌溉频率（C）/（d/次）
1	15	15	2
2	3	30	3

表 6-11　试验设计

处理	灌溉高度（A）	浸泡时间（B）	灌溉频率（C）
T2-1	A1	B1	C1
T2-2	A1	B2	C2
T2-3	A2	B1	C2
T2-4	A2	B2	C1
T2-5	顶部洒水灌溉,常规管理,每次灌溉直到穴盘底部有水漏出为止。		

（二）试验结果

1.潮汐灌溉对黄瓜穴盘幼苗生育期的影响

从表 6-12 可以得出，黄瓜由播种到出苗需要 8 d，而不同处理的黄瓜穴盘苗生育期发生变化是在一心一叶期，其中 T2-1 和 T2-4 的生育期早于其他三个处理，T2-2 和 T2-3 生长延迟，生育期较晚。在三叶一心（出圃

期）时，T2-1 和 T2-4 比 T2-5 提前 2 d，比 T2-2 和 T2-3 提前 3 d。

表 6-12　潮汐灌溉对黄瓜穴盘幼苗生育期的影响

处理	播种期	出苗期	一叶一心期	两叶一心期	三叶一心期
T2-1	04-19	04-27	05-04	05-13	05-23
T2-2	04-19	04-27	05-05	05-15	05-26
T2-3	04-19	04-27	05-05	05-15	05-26
T2-4	04-19	04-27	05-04	05-13	05-23
T2-5	04-19	04-27	05-05	05-14	05-25

2.潮汐灌溉对黄瓜穴盘幼苗形态生长指标的影响

从表 6-13 可以看出，T2-1 的茎粗，叶面积，根长和根体积较其他处理最大且差异显著；地上部鲜重和干重由大到小依次为 T2-1、T2-4、T2-2、T2-5、T2-3，差异显著；T2-1，T2-4 和 T2-5 的地下部干重比 T2-2 和 T2-3 大，差异显著；而不同处理的株高和地下部鲜重没有显著性差异。

表 6-13　潮汐灌溉对黄瓜穴盘幼苗生长指标的影响

处理	株高/cm	茎粗/cm	叶面积/cm²	根长/cm	根体积/ml	地上部鲜重/g	地下部鲜重/g	地上部干重/g	地下部干重/g
T2-1	6.11a	0.414a	26.94a	128.46a	1.20a	2.051a	1.117a	0.226a	0.063a
T2-2	5.63a	0.353b	14.04c	111.35ab	1.14ab	1.664abc	1.116a	0.184bc	0.054ab
T2-3	4.91a	0.350b	19.85b	95.02b	0.96b	1.403c	0.849a	0.168c	0.046b
T2-4	5.98a	0.387ab	21.78b	101.15ab	1.14ab	1.862ab	0.986a	0.214ab	0.064a
T2-5	4.22a	0.374ab	21.70b	127.68a	1.00b	1.557bc	1.004a	0.178bc	0.062a

3.潮汐灌溉对黄瓜穴盘幼苗壮苗指数、G 值和根冠比的影响

从表 6-14 可以看出，壮苗指数由大到小依次为 T2-1、T2-2、T2-4、T2-5、T2-3，差异显著；G 值由大到小依次为 T2-1、T2-4、T2-2、T2-5、T2-3，差异显著；干重的根冠比由大到小依次为 T2-5、T2-2、T2-3、T2-

1、T2–4；而各个处理的鲜重根冠比无显著差异。这可能是 T2–2 和 T2–3 的黄瓜穴盘幼苗生长受到干旱胁迫，导致秧苗素质较差。

表 6–14　潮汐灌溉对黄瓜穴盘幼苗壮苗指数、G 值和根冠比的影响

处理	壮苗指数	G 值	根冠比	
			鲜重	干重
T2–1	0.107a	0.0103a	0.553a	0.275ab
T2–2	0.103ab	0.0089abc	0.713a	0.347a
T2–3	0.075c	0.0076c	0.599a	0.281ab
T2–4	0.102ab	0.0096ab	0.536a	0.255b
T2–5	0.085bc	0.0086bc	0.608a	0.352a

4.潮汐灌溉对黄瓜穴盘幼苗生理指标的影响

从表 6–15 可以看出，不同处理的黄瓜穴盘苗叶绿素含量无差异；净光合速率由高到低依次为 T2–4、T2–1、T2–5、T2–3、T2–2，其中 T2–1 和 T2–4 显著高于其他处理；根系活力由大到小依次为 T2–4、T2–1、T2–2、T2–5、T2–3，并且 T2–4 最高，差异显著；与其他处理比较，T2–2 和 T2–3 的叶片电导率最低，且差异低显著；丙二醛（MDA）含量由高到低依次为 T2–4、T2–1、T2–5、T2–2、T2–3，其中 T2–2 和 T2–3 最高，差异显著。以上结果证实了 T2–2 和 T2–3 的黄瓜穴盘幼苗生长受到水分胁迫，导致其根系活力降低，MDA 含量偏高。

表 6–15　潮汐灌溉对黄瓜穴盘幼苗的生理指标的影响

处理	叶绿素/SPAD	净光合速率/（μmol/m·s）	根系活力/（μg/g·h）	电导率/（μs·cm^{-1}）	丙二醛/（mmol·g^{-1}）
T2–1	42.70a	13.52a	165.22ab	340.35a	24.34b
T2–2	41.83a	7.78b	134.45b	289.99b	40.25a
T2–3	41.03a	8.96b	125.33b	278.55b	32.65ab
T2–4	40.20a	14.02a	189.34a	328.27a	20.90c
T2–5	44.07a	11.15ab	130.94b	330.52a	26.23b

5.潮汐灌溉对基质性质和灌水量的影响

从表6-16可以看出，日平均基质电导率由大到小依次为T2-5、T2-1、T2-4、T2-3、T2-2，传统的顶部洒水灌溉处理显著高于潮汐灌溉的4个处理；日平均基质含水量由大到小依次为T2-4、T2-3、T2-2、T2-5、T2-1，其中T2-4显著高于其他处理；灌水量由大到小依次为T2-5、T2-4、T2-1、T2-3、T2-2，也是传统的顶部洒水灌溉处理显著高于潮汐灌溉的4个处理；试验期间，灌溉总次数T2-1，T2-4和T2-5为18次，T2-2和T2-3为12次。

表6-16　潮汐灌溉对基质性质和灌水指标的影响

处理	基质电导率/(ms·m⁻¹)	基质含水量/%vol	总灌水量/kg	灌溉次数/次
T2-1	340.21b	13.43c	18.65b	18a
T2-2	296.86c	14.86b	16.90c	12b
T2-3	257.08d	15.81ab	17.11c	12b
T2-4	310.18c	18.15a	19.38b	18a
T2-5	370.00a	14.43b	25.50a	18a

6.潮汐灌溉正交试验的主要指标直观分析

从表6-17可以看出，潮汐灌溉正交试验的3因素对株高，茎粗影响的主次顺序是灌溉频率>灌水高度>灌溉时间，其中灌溉频率起绝对主要作用，最优组合分别为A1B2C1和A1B1C1。从三个因素对壮苗指数和G值影响的均值看，对壮苗指数影响的主次顺序为灌溉高度>灌溉频率>浸泡时间，最优组合为A1B2C1；对G值影响的主次顺序为灌溉频率>灌水高度>浸泡时间，最优组合为A1B2C1。三个因素对净光合速率和根系活力影响的主次顺序分别为灌溉频率>灌溉高度>浸泡时间和灌溉频率>浸泡时间>灌溉高度，最优组合分别为A2B1C1和A2B2C1。三个因素对基质含水量和灌水量影响的主次顺序为灌溉高度>浸泡时间>灌溉频率和灌溉频率>灌溉高度>浸泡时间，最优组合均为A2B2C1。

表 6-17　潮汐灌溉正交试验的主要指标直观分析

指标		因素			因素主次顺序	优组合
		灌溉高度（A）	浸泡时间（B）	灌溉频率（C）		
株高	k1	5.8700	5.5100	6.0450		
	k2	5.4450	5.8050	5.2700	C>A>B	A1B2C1
	R	0.4250	0.2950	0.7750		
茎粗	k1	0.3835	0.3820	0.4005		
	k2	0.3685	0.3700	0.3515	C>A>B	A1B1C1
	R	0.0150	0.0120	0.0490		
壮苗指数	k1	0.1050	0.0910	0.1045		
	k2	0.0885	0.1025	0.0890	A>C>B	A1B2C1
	R	0.0165	0.0115	0.0155		
G 值	k1	0.0096	0.0090	0.0100		
	k2	0.0086	0.0093	0.0083	C>A>B	A1B2C1
	R	0.0010	0.0003	0.0017		
净光合速率	k1	10.6500	11.2400	13.7700		
	k2	11.4900	10.9000	8.3700	C>A>B	A2B1C1
	R	0.8400	0.3400	5.4000		
根系活力	k1	149.8350	145.2750	177.2800		
	k2	157.3350	161.8950	129.8900	C>B>A	A2B2C1
	R	7.5000	16.6200	47.3900		
基质含水量	k1	14.1450	14.6200	15.7900		
	k2	16.9800	16.5050	15.3350	A>B>C	A2B2C1
	R	2.8350	1.8850	0.4550		
灌水量	k1	17.7750	17.8800	19.0150		
	k2	18.2485	18.1400	17.0050	C>A>B	A2B2C1
	R	0.4700	0.2600	2.0100		

(三) 小结

T2-1，T2-4 和 T2-5 的灌溉频率相同，但是 T2-1 和 T2-4 的黄瓜穴盘苗生育期提前，生长势强，壮苗指数，光合效率和根系活力高，其主要影响因素是灌溉方式。这与李建设的保水剂和供水方式对黄瓜和辣椒穴盘幼苗生长影响的研究结果相似，底部供水可增强穴盘苗素质。与作为对照的顶部洒水灌溉 (T2-5) 相比，潮汐灌溉的 4 个处理 (T2-1、T2-2、T2-3 和 T2-4) 的基质电导率低，灌水量小，且分别节水 26.86%、33.72%、32.90% 和 24.00%。这与马福生的研究结果相符合，证明了潮汐灌溉的节水效率高。潮汐灌溉正交试验中，三个因素对株高、茎粗、G 值和净光合速率影响的主次顺序均为灌溉频率>灌溉高度>浸泡时间，同时三个因素对株高、壮苗指数和 G 值影响的最优组合均为 A1B2C1，其中灌溉频率对黄瓜穴盘苗生长和生理变化起决定作用。

综合以上分析结果，黄瓜穴盘育苗的灌溉方式应首选潮汐灌溉；在玻璃连栋智能温室环境控制为日间最高 28℃，夜间最低 10℃，日平均湿度 50% 时，黄瓜穴盘育苗潮汐灌溉的最优灌溉制度组合是 A1B2C1，即灌溉高度为 1.5 cm，浸泡时间为 30 min，灌溉频率为 2 天 1 次。

四、西葫芦穴盘育苗潮汐灌溉技术研究

本试验在 2014 年 5 月 31 日至 6 月 22 日，宁夏银川市贺兰园艺产业园玻璃连栋智能温室进行。试验期间玻璃连栋智能温室环境控制在日间最高 30℃，夜间最低 15℃，日平均湿度在 50%。供试西葫芦品种是超玉 8 号，用 72 孔的塑料穴盘育苗。本试验设计共 7 个处理，其中顶部洒水灌溉为对照 (CK)，潮汐灌溉设计浸泡时间和灌溉频率两个因素，浸泡时间有 15 min 和 30 min 两个水平，灌溉频率有 1 天 1 次、2 天 1 次和 3 天 1 次三个水平，共 6 个处理，所有处理的灌溉高度均为穴盘高度的 2/3 (3 cm) 处，具体见表 6-18。一个穴盘为一个处理，3 次重复。

表 6-18　潮汐灌溉试验处理设计

处理	浸泡时间/(min/次)	灌溉频率/(d/次)
T3-1	15	1
T3-2	15	2
T3-3	15	3
T3-4	30	1
T3-5	30	2
T3-6	30	3

（二）试验结果

1.潮汐灌溉对西葫芦穴盘幼苗形态生长指标的影响

从表 6-19 可以看出，随着苗龄的增长，所有处理的株高、茎粗、叶面积、地上部干鲜重和地下部干鲜重都在增长，而根长和根体积在播种后 15 d 达到最大值。播种后 10 d，CK、T3-1 和 T3-4 三个处理的株高、叶面积、根体积、地上部干鲜重和地下部干鲜重与其他处理有显著差异；所有处理的茎粗无显著差异。播种后 15d，T3-1 和 T3-4 的形态指标均最大，T3-3 和 T3-6 的形态指标较最小，差异显著。播种后 20 d，T3-1 和 T3-4 的株高、茎粗、地上部鲜重和地下部鲜重最高，较 CK 处理差异显著；而 T3-6 幼苗的形态生长指标在所有处理中最小，生长势最弱；同时所有处理的地上部和地下部干重差异不显著，这可能是穴盘营养面积的有限性造成的。

表 6-19　潮汐灌溉对西葫芦穴盘幼苗形态指标的影响

时期	处理	株高/cm	茎粗/mm	叶面积/cm²	根长/mm	根体积/ml	地上部鲜重/g	地下部鲜重/g	地上部干重/g	地下部干重/g
播后10 d	CK	5.85abc	3.87a	21.19b	170.97a	1.25a	3.03a	1.18a	0.177ab	0.050a
	T3-1	7.03a	3.70a	28.15a	182.57a	1.24a	3.02a	1.118a	0.181ab	0.043ab
	T3-2	4.79c	3.95a	23.97ab	163.09ab	0.98bc	2.83ab	0.888b	0.178ab	0.041ab
	T3-3	4.57c	3.92a	16.00c	150.05b	0.72c	2.32b	0.698b	0.159b	0.039b
	T3-4	5.01bc	3.77a	24.75ab	146.9b	1.23a	3.06a	1.14a	0.187a	0.050a
	T3-5	6.42ab	3.62a	20.99b	168.08ab	0.86cd	2.80ab	0.75b	0.164b	0.038b
	T3-6	5.18bc	3.82a	14.24c	145.9c	0.70c	2.79ab	0.72b	0.168ab	0.042ab
播后15 d	CK	7.84ab	4.19c	54.21bcd	190.73abc	0.98bc	4.98bc	0.96b	0.318bc	0.048b
	T3-1	9.47a	4.29abc	59.75ab	237.97a	1.36a	5.99a	1.28a	0.403a	0.063a
	T3-2	7.69b	4.27bc	57.46abc	178.85abc	0.94c	5.25abc	1.03b	0.339abc	0.049b
	T3-3	6.26b	4.49abc	52.30cd	134.65c	0.88c	4.84bc	0.88c	0.309bc	0.045b
	T3-4	7.22b	4.58a	61.74a	211.84ab	1.24ab	6.057a	1.17ab	0.372ab	0.055ab
	T3-5	6.16b	4.56ab	58.25abc	177.83bc	1.24ab	5.790ab	1.10ab	0.357abc	0.052b
	T3-6	6.36b	4.29abc	48.21d	132.85c	0.76c	4.77c	0.84c	0.292c	0.047b
播后20 d	CK	9.78b	4.20ab	52.29cd	191.25abc	0.92b	6.50cd	0.91bc	0.444ab	0.054a
	T3-1	12.45a	4.21ab	60.39ab	239.08a	1.22a	8.15ab	1.32a	0.497a	0.057a
	T3-2	11.79ab	4.45a	56.68abc	179.67bc	0.86b	8.10ab	1.04b	0.462ab	0.050b
	T3-3	10.53ab	4.41a	54.88bcd	150.88c	0.78b	7.32bc	0.90bc	0.454ab	0.054a
	T3-4	10.72ab	4.44a	64.43a	211.65ab	1.21a	8.97a	1.34a	0.511a	0.056a
	T3-5	11.03ab	4.53a	54.91bcd	177.78bc	1.08a	7.51bc	0.95b	0.473a	0.056a
	T3-6	10.66ab	4.11ab	48.25d	144.55c	0.78b	5.69d	0.74c	0.388b	0.047b

2.潮汐灌溉对西葫芦穴盘幼苗壮苗指数、G 值和根冠比的影响

从表 6-20 可以得出，随着播种时间的增长，所有处理的 G 值都在增加，而根冠比在减小；同时播种后 15 d 的壮苗指数最大，播种后 20 d 的壮苗指数出现下降，所以播种后 15 d 的幼苗最适宜栽植。播种后 10 d，T3-4 的壮苗指数和 G 值最高，差异显著；而根冠比在所有处理中无差异。播种后 15 d，T3-1 的壮苗指数和 G 值较其处理最大且差异显著；T3-3 和 T3-6 的根冠比最大，差异显著，这是干旱胁迫造成的。播种后 20 d，T3-1，T3-4 和 T3-5 的壮苗指数和 G 值最大，差异显著；CK 和 T3-6 的根冠比最大，T3-6 的幼苗根系可能受到了干旱和缺氧的两方面胁迫。

表 6-20　潮汐灌溉对西葫芦穴盘幼苗壮苗指数、G 值和根冠比的影响

时期	处理	壮苗指数	G 值	根冠比
播后 10 d	CK	0.080a	0.023ab	0.299a
	T3-1	0.066ab	0.023ab	0.24a
	T3-2	0.069ab	0.022ab	0.234a
	T3-3	0.066ab	0.020ab	0.249a
	T3-4	0.081a	0.024a	0.265a
	T3-5	0.058b	0.020ab	0.231a
	T3-6	0.069ab	0.021ab	0.248a
播后 15 d	CK	0.075ab	0.024bc	0.150ab
	T3-1	0.095a	0.031a	0.160ab
	T3-2	0.072b	0.026abc	0.133b
	T3-3	0.085ab	0.024bc	0.164a
	T3-4	0.091ab	0.028ab	0.148ab
	T3-5	0.095a	0.027abc	0.147ab
	T3-6	0.077ab	0.022c	0.161a
播后 20 d	CK	0.082ab	0.033ab	0.124a
	T3-1	0.085a	0.037a	0.116ab
	T3-2	0.075b	0.034ab	0.108b
	T3-3	0.083ab	0.034ab	0.119ab
	T3-4	0.086a	0.038a	0.111b
	T3-5	0.086a	0.035a	0.118ab
	T3-6	0.070b	0.03b	0.123a

3.潮汐灌溉对西葫芦穴盘幼苗生理指标的影响

叶绿素含量、净光合速率和根系活力是衡量植株地上部生长状况和养分吸收情况的主要生理指标。由图6-14看出，所有处理中，T3-6的叶绿素含量最高，差异显著。这与马富举研究的干旱胁迫下小麦的叶绿素含量变化结果相似，证明干旱胁迫强度与叶绿素含量呈正相关性，所以T3-6的幼苗受干旱胁迫影响较大。由图6-15看出，A1B1的净光合速率值最大，且差异显著，T3-6则相反。从图6-16得出，T3-1和T3-4的根系活力最强，且差异显著，进一步证明T3-1和T3-4的幼苗质量最佳。

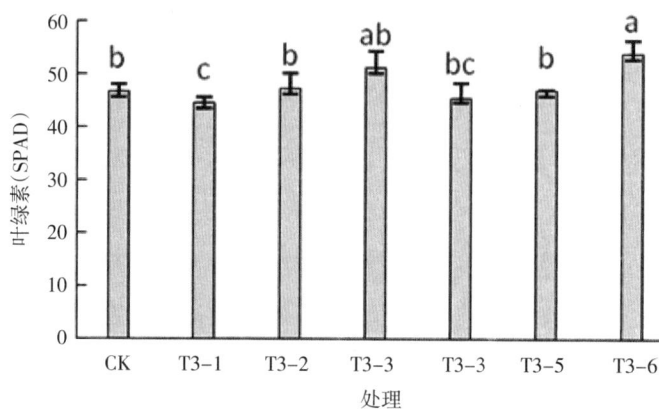

图6-14　潮汐灌溉对西葫芦穴盘幼苗叶绿素含量的影响

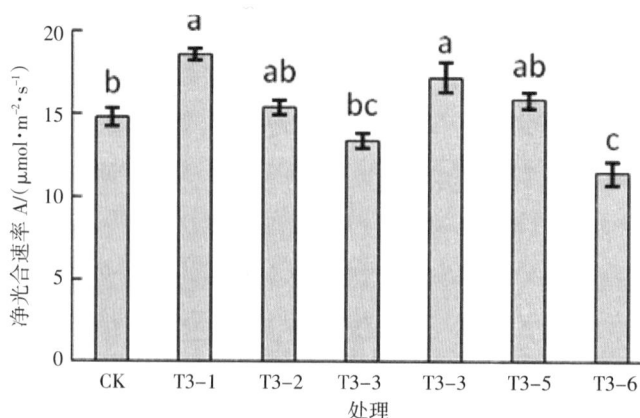

图6-15　潮汐灌溉对西葫芦穴盘幼苗净光合速率的影响

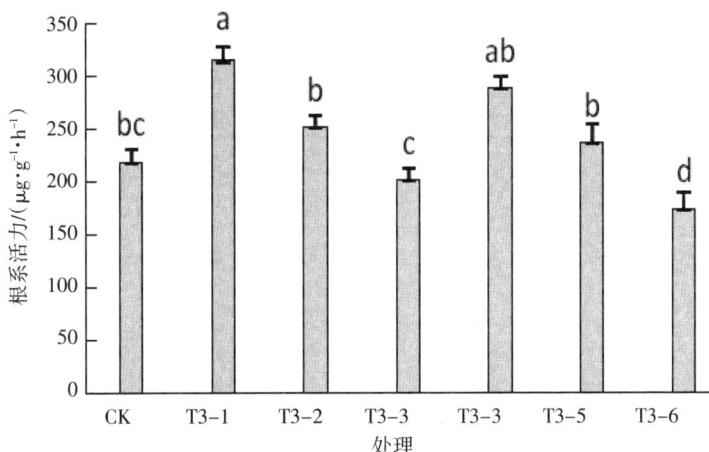

图 6-16　潮汐灌溉对西葫芦幼苗根系活力的影响

4.潮汐灌溉对基质电导率、含水率和灌溉量的影响

基质的电导率与幼苗根系的生长发育和营养吸收密切相关。任瑞珍研究发现黄瓜幼苗根系最适宜的营养液电导率范围是 $150\sim200$ ms·m^{-1}。从表 6-21 中看出，整个试验期间日平均基质电导率 CK、T3-3 和 T3-6 均大于 200 ms·m^{-1} 且较其他处理偏大，差异显著。T3-1 和 T3-4 的日平均基质含水量最大，而平均每次灌水量最小，且差异显著；CK（顶部洒水灌溉）灌水量最大，水分利用效率最低，这与马福生在无土盆栽红掌潮汐灌溉技术研究的结果相似。T3-3 和 T3-6 的平均每次灌水量最大，差异显著，同时其总灌水量最小，但不能满足西葫芦幼苗的正常生长发育。

5.潮汐灌溉条件下西葫芦穴盘幼苗和基质参数指标聚类分析

对本试验的 7 个处理所测定的全部参数指标进行聚类分析，如图 6-17 所示，在域值为 0.5 时，7 个处理可聚为 3 类：CK、T3-2 和 T3-5 为Ⅰ类，T3-3 和 T3-6 为Ⅱ类，T3-1 和 T3-4 为Ⅲ类。聚类后，不同处理的株高、茎粗、叶面积、根长、根体积、地上部干鲜重、地下部干鲜重、壮苗指数、G 值、根冠比、叶绿素、净光合速率、根系活力、日平均基质电导率和含水量、平均每次灌水量，灌水总量和总频率 20 个指标均存在显著差异。重要参数指标壮苗指数、G 值、根系活力和日平均基质含水量排序为为Ⅱ>Ⅲ>

Ⅰ。综合分析，Ⅲ类处理（T3-1 和 T3-4）的西葫芦幼苗生长发育最佳，在总灌水量方面，T3-1 比 T3-4 节水效率高。

表6-21　潮汐灌溉对日平均基质电导率、含水量和总灌溉量的影响

处理	电导率/（ms·m⁻¹）	含水量/%vol	平均每次灌水/kg	总灌水量/kg	总灌溉次数/次
CK	208.47ab	23.99b	1.07c	16.00a	15b
T3-1	197.45b	26.56ab	0.76d	14.36b	19a
T3-2	179.45b	23.79b	1.20b	12.02c	10c
T3-3	207.31ab	23.16bc	1.47a	10.30d	7d
T3-4	196.37b	27.71a	0.80d	15.02ab	19a
T3-5	194.84b	24.19b	1.27b	12.65c	10c
T3-6	229.86a	22.65c	1.50a	10.49d	7d

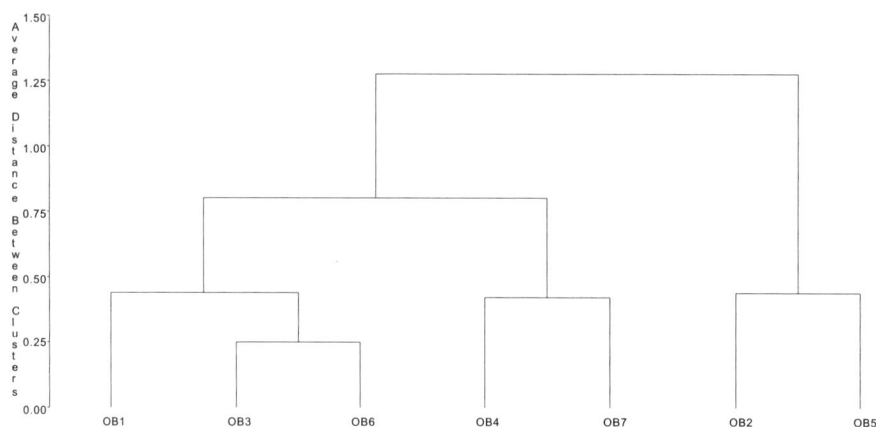

图6-17　潮汐灌溉条件下西葫芦穴盘幼苗和基质参数指标聚类分析

（三）总结

在育苗初期（播种后 10 d），CK，T3-1 和 T3-4 三个处理的西葫芦幼苗根系生长势最强；在育苗中期（播种后 15 d），T3-1 和 T3-4 两个处理的西葫芦幼苗生长强于其他处理，同时，西葫芦的根长和根体积在此时达到最大值；

在育苗后期（播种后 20 d），各处理的穴盘苗的根长和根体积不再增长，甚至有减少，穴盘苗出现老化现象，这是穴盘营养面积限制的结果，除 T3-6 处理外，各处理的壮苗指数和 G 值差距减小。播种后 15 d，T3-1 和 T3-2 的净光合速率和根系活力均高于其他处理，证明穴盘苗地上部生长和地下部的营养吸收高度协调。

在整个育苗期间，CK 的灌水量最大，但日平均基质含水量却不是最高，潮汐灌溉的灌水量明显少于顶部洒水灌溉，其中与 CK 相比较，T3-1 处理节水 10%；除 T3-6 处理外，潮汐灌溉的其他 5 个处理的日平均基质电导率均低于 CK，这可能是潮汐灌溉对基质进行淋洗，盐分含量减少。浸泡时间为 15 min 的处理较浸泡时间为 30 min 的处理的总灌水量少，节水 3%。

总之，适宜的潮汐灌溉制度在对西葫芦穴盘苗生长发育和节水效率上都比上部洒水灌溉优越，其中潮汐灌溉的灌溉频率比浸泡时间的作用重要。在玻璃连栋智能温室环境控制为日间最高 30℃，夜间最低 15℃，日平均湿度 50% 时，西葫芦穴盘育苗潮汐灌溉的最优灌溉制度是灌溉高度为穴盘高度的 2/3（3 cm），浸泡时间为 15 min，灌溉频率为 1 天 1 次。

五、甘蓝穴盘育苗潮汐灌溉技术研究

（一）试验简介

本试验于 2014 年 6 月 20 至 7 月 30 日，在宁夏银川市贺兰园艺产业园玻璃连栋智能温室进行。试验期间玻璃连栋智能温室环境控制在日间最高 30℃，夜间最低 15℃，日平均湿度在 70%。甘蓝品种是中甘 11 号。试验设计共 4 个处理，顶部洒水灌溉为对照（CK），潮汐灌溉设 3 个灌溉频率：1 天 1 次，2 天 1 次和 3 天 1 次，所有处理的灌溉高度为穴盘高度的 2/3（3 cm）处，具体见表 6-22。

表6-22 试验设计

处理	灌溉制度
CK	顶部洒水灌溉,常规管理,每次灌水直到穴盘底部滴水才停止。
T4-1	潮汐灌溉,灌溉频率为1天1次,灌溉时间为上午10时。
T4-2	潮汐灌溉,灌溉频率为2天1次,灌溉时间为上午10时。
T4-3	潮汐灌溉,灌溉频率为3天1次,灌溉时间为上午10时。

(二)试验结果

1.潮汐灌溉对甘蓝穴盘幼苗生育期的影响

从表6-23可以得出,甘蓝由播种到出苗整齐需要4d,而不同处理的甘蓝穴盘苗生育期发生变化是在一心一叶期,其中CK和T4-3的生育期早于其他两个处理,T4-1和T4-2生长延迟,生育期较晚。在四叶一心期(出圃期)时,CK和T4-4比T4-1提前3d,比T4-2提前2d。但是,在整个苗期中T4-1的穴盘苗出现徒长。

表6-23 潮汐灌溉对甘蓝穴盘幼苗生育期的影响

处理	播种期	出苗齐期	一叶一心期	两叶一心期	三叶一心期	四叶一心期
CK	6月26日	6月30日	7月7日	7月12日	7月20日	7月26日
T4-1	6月26日	6月30日	7月6日	7月10日	7月17日	7月23日
T4-2	6月26日	6月30日	7月6日	7月10日	7月18日	7月24日
T4-3	6月26日	6月30日	7月7日	7月12日	7月19日	7月26日

2.潮汐灌溉对甘蓝穴盘幼苗形态生长指标的影响

从表6-24可以看出,随着苗龄的增长,所有处理的株高、茎粗、叶面积、地上部干鲜重和地下部干鲜重都在增长,而根长在播种后28d达到最大值。播种后14d,所有处理中T4-3的每个生长指标均最大,其中根长和地上部鲜重显著高于其他处理;T4-1处理的多数生长指标最小,灌溉次数过于频繁是主要原因;每个处理的地下部干重无差异。播种后21d,除株高指标以外，T4-1的每个生长指标均高于其他处理；CK和T4-3的叶面积、根长和茎粗均最小且差异显著；各处理的地下部干鲜重和地上部干重无显著差异。播种后28 d，CK的全部生长指标最小，其中地上部鲜重显著小于其他处理；相反，T4-1的全部生长指标均高于其他处理；各处理的茎粗和地下部干鲜重无显著差异。

表6-24　潮汐灌溉对甘蓝穴盘幼苗形态指标的影响

时期	处理	株高/mm	茎粗/mm	叶面积/cm²	根长/mm	地上部鲜重/g	地下部鲜重/g	地上部干重/g	地下部干重/g
播后14 d	CK	36.41ab	1.245b	4.41b	60.69b	0.285b	0.0378ab	0.0146b	0.00165a
	T4-1	30.49b	1.195b	5.53a	71.33b	0.255b	0.0256b	0.0153ab	0.00155a
	T4-2	38.91ab	1.295ab	5.77a	70.75b	0.312b	0.0325ab	0.0156ab	0.00153a
	T4-3	41.96a	1.402a	5.99a	86.61a	0.397a	0.0460a	0.0195a	0.00233a
播后21 d	CK	42.41a	1.576b	7.89b	71.08b	0.592b	0.0630a	0.0360a	0.00478a
	T4-1	46.88b	1.820a	10.66a	105.12a	0.855a	0.0872a	0.0438a	0.00595a
	T4-2	45.96b	1.790a	9.83a	104.51a	0.649b	0.0734a	0.0353a	0.00423a
	T4-3	51.08a	1.626b	7.75b	90.15ab	0.723ab	0.0631a	0.0375a	0.00472a
播后28 d	CK	52.86c	1.895a	13.91c	90.61b	1.151c	0.098a	0.0703b	0.00603a
	T4-1	77.18a	2.072a	19.13a	111.51a	2.041a	0.157a	0.113a	0.0103a
	T4-2	60.87bc	1.845a	16.48b	109.74a	1.525b	0.109a	0.0911ab	0.0102a
	T4-3	70.17ab	1.877a	14.37bc	98.01a	1.497b	0.101a	0.0865ab	0.0071a

3.潮汐灌溉对甘蓝穴盘幼苗壮苗指数、G值和根冠比的影响

从表6-25可以得出，随着播种时间的增长，所有处理的壮苗指数和G值都在增加，而根冠比在减小；同时播种后28 d的壮苗指数最大，其幼苗适宜定植。播种后14 d，T4-3的壮苗指数和G值最高且差异显著；而根冠比在所有处理中无显著差异。播种后21 d，T4-1的壮苗指数和G值均最高；相反，T4-2的壮苗指数G值和根冠比最小且差异显著；T4-2的鲜重根

冠比最高，T4-1 的干重根冠比最高。播种后 28 d，T4-1 的壮苗指数和 G 值最大；T4-1 处理的壮苗指数和 G 值最小；CK 的鲜重和干重根冠比均显著高于其他处理，这可能是水分干旱胁迫造成的。

表 6-25　潮汐灌溉对甘蓝穴盘幼苗的壮苗指数、G 值和根冠比的影响

时期	处理	壮苗指数	G 值	根冠比	
				鲜重	干重
播后 14 d	CK	0.00239b	0.00106c	0.131a	0.108a
	T4-1	0.00249b	0.00121b	0.102a	0.109a
	T4-2	0.00227b	0.00123b	0.0998a	0.101a
	T4-3	0.00341a	0.00156a	0.113a	0.119a
播后 21 d	CK	0.0071ab	0.00195ab	0.0987a	0.134a
	T4-1	0.0087a	0.00237a	0.100a	0.135a
	T4-2	0.00610b	0.00183b	0.118a	0.122a
	T4-3	0.00689ab	0.00202ab	0.0878a	0.126a
播后 28 d	CK	0.00935b	0.00272b	0.0890a	0.0995a
	T4-1	0.0147a	0.00441a	0.0729b	0.0882b
	T4-2	0.0145a	0.00361ab	0.0728b	0.0813b
	T4-3	0.0103ab	0.00334ab	0.0663b	0.0772b

4.潮汐灌溉对甘蓝穴盘幼苗生理指标的影响

叶绿素含量、净光合速率和根系活力是衡量植株地上部生长状况和养分吸收情况的主要生理指标。由图 6-18 看出，所有处理中，CK 的叶绿素含量最高，差异显著。这与马富举研究的干旱胁迫下小麦的叶绿素含量变化结果相似，证明干旱胁迫强度与叶绿素含量呈正相关性，所以 CK 的幼苗受干旱胁迫影响较大。由图 6-19 看出，T4-1 的净光合速率值最大，且显著高于CK。从图 6-20 得出，T4-1 和 T4-2 的根系活力最强，且差异显著，进一步证明播后 28 d，T4-1 和 T4-2 的幼苗质量最佳。

5.潮汐灌溉对基质性质和灌水量的影响

基质的电导率和含水量与幼苗根系的生长生理变化和营养吸收密切相关。任瑞珍研究发现甘蓝幼苗根系最适宜的营养液电导率范围是 150~200 ms·m^{-1}。从表 6-26 中看出，整个试验期间日平均基质电导率 CK 和 T4-3 均大于 200 ms·m^{-1} 且较其他处理偏大且差异显著，其基质电导率不适宜幼苗根系生长。T4-1 和 T4-2 的日平均基质含水量最大，而平均每次灌水量最小，且差异显著；CK（顶部洒水灌溉）灌水量最大，水分利用效率最低，这与马福生在无土盆栽红掌潮汐灌溉技术研究的结果相似。CK 和 T4-3 的处理，限制了播后 21 d 甘蓝穴盘苗的正常生长发育。

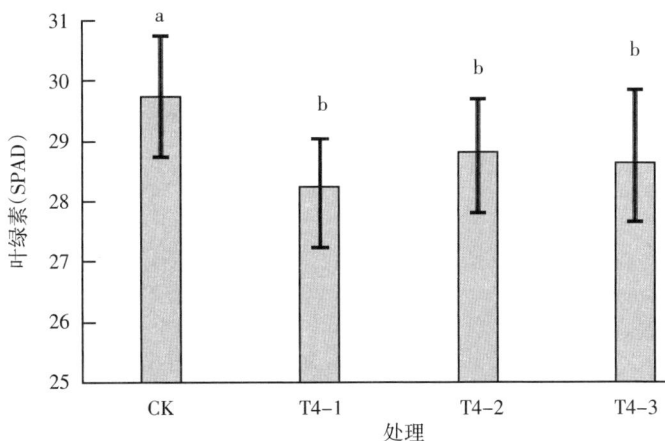

图 6-18　潮汐灌溉对甘蓝穴盘幼苗叶绿素含量的影响

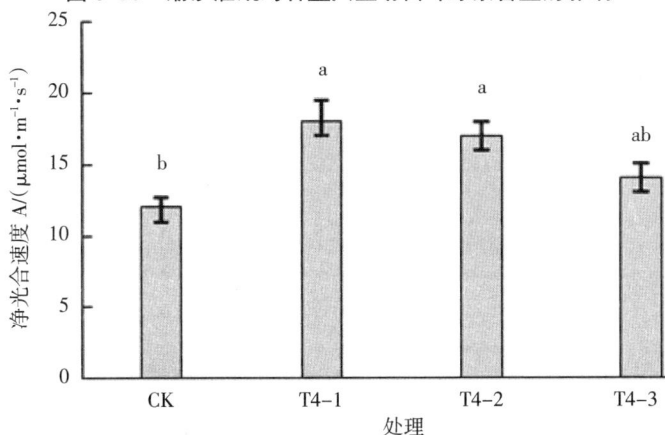

图 6-19　潮汐灌溉对甘蓝穴盘幼苗净光合速率的影响

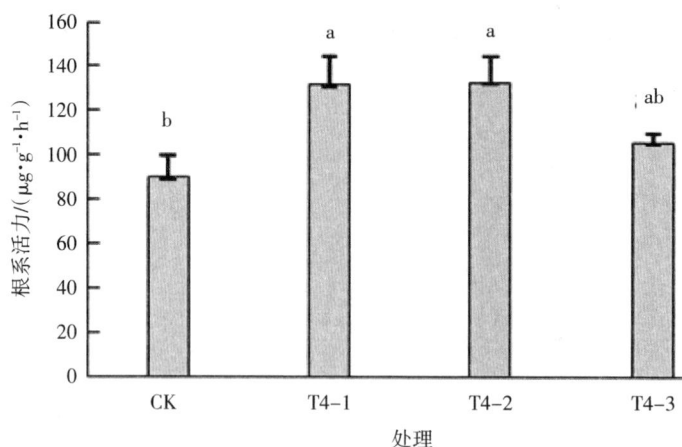

图 6-20 潮汐灌溉对甘蓝穴盘幼苗根系活力的影响

表 6-26 潮汐灌溉对基质性质和灌水指标的影响

处理	基质电导率/(ms·m⁻¹)	基质含水量/%vol	总灌水量/kg	灌溉次数/次
CK	317b	17.7c	10.00a	20b
T4-1	278a	23.4a	7.48b	24a
T4-2	265a	22.3ab	6.84c	18c
T4-3	303ab	19.0b	6.45c	12d

（三）小结

在育苗初期（播种后 14 d），T4-3 处理的甘蓝幼苗根系生长势最强；在育苗中期（播种后 21 d），T4-1 处理的甘蓝幼苗生长强于其他处理，同时，甘蓝的根长在此时达到最大值；在育苗后期（播种后 28 d），各处理的穴盘苗的根长不再增长，甚至有减少，这是穴盘营养面积限制的结果；各处理的壮苗指数和 G 值差距增长速度快。播种后 28 d，T4-1 和 T4-2 的净光合速率和根系活力均高于其他处理，证明穴盘苗地上部生长和地下部的营养吸收高度协调。

在整个育苗期间，CK 的灌水量最大，但日平均基质含水量却不是最高，潮汐灌溉的灌水量明显少于顶部洒水灌溉，其中与 CK 相比较，T4-1、T4-2

和 T4-3 处理分别节水 25.2%、31.6% 和 35.5%。该结果与李建设的研究结果相似，进一步证实潮汐灌溉的节水效率高；潮汐灌溉的 3 个处理的日平均基质电导率均低于 CK，这可能是潮汐灌溉对基质进行淋洗，盐分含量减少，相关研究还需下一步加强。

总之，适宜的潮汐灌溉制度在对甘蓝穴盘苗生长发育和节水效率上都比上部洒水灌溉优越。在玻璃连栋智能温室环境控制为日间最高 30℃，夜间最低 15℃，日平均湿度 70% 时，甘蓝穴盘育苗最适宜的潮汐灌溉频率：苗期 1~14 d 时应选择 3 天 1 次；播后 15~28 d 时应选择 1 天 1 次。

第三节　宁夏非耕地日光温室蔬菜穴盘育苗生产技术规程

一、潮汐灌溉番茄穴盘育苗生产技术规程

1.供应茬口

早春茬：番茄穴盘苗在 1~2 月出圃，则提前 45 d 播种；在 3 月出圃，提前 40 d 左右播种；4 月出圃，提前 35 d 左右播种。如 12 月上旬育苗，12 月中旬嫁接，1 月下旬定植，4 月中下旬上市。

秋冬茬：番茄穴盘苗在 9 月出圃，提前 35 d 左右播种，在 10 月出圃，提前 40 d 左右播种；11~12 月出圃，则提前 45 d 播种。如 8 月上旬育苗，8 月中旬嫁接，9 月中旬定植，12 月上旬上市。

2.品种选择

选择抗病、优质、高产、商品性好、适合市场需求的品种。秋冬、冬春栽培选择耐低温弱光、对病虫多抗的品种。

3.穴盘育苗

（1）育苗容器　番茄穴盘育苗可选用 98 孔塑料穴盘。若穴盘重复使用，应用 2% 漂白粉溶液浸泡 30 min 进行消毒处理，清水漂净备用。

（2）育苗基质　基质配制方法是：按草炭与蛭石 2:1，配制时每立方加

入氮磷钾三元复合肥（15-15-15）2.0~2.5 kg，或每立方米基质加入 1 kg 尿素和 1 kg 磷酸二氢钾或 1.5 kg 磷酸二铵，肥料与基质混拌均匀后备用；也可选用商品育苗基质如"壮苗 2 号"育苗基质或蔬菜育苗基质（通用型 I）。

（3）基质消毒　用 50% 多菌灵 500 倍液或 40% 甲醛喷洒基质，拌匀，盖膜堆闷 2 h，待用。

（4）种子消毒与浸种　石灰水消毒，用 1%-2% 的石灰水处理种子 25~35 min。浸种，在清洁的容器中装入种子体积 4~5 倍的 55℃ 温水，把种子投入，不断搅拌，并添加热水保持水温 50℃~55℃ 的温度 10~15 min，当温度降至 30℃ 时停止搅拌，继续浸泡 4~6 h。包衣种子不需温烫浸种。

（5）催芽　浸种后将种子搓洗干净，捞出沥干水分，用干净的湿布或棉被包好，在 28℃~30℃ 条件下催芽。催芽时注意 8~12 h 通风 1 次。70% 种子露白时即可播种。

（6）播种　番茄的播种时间是由出圃时间决定的，通常番茄穴盘育苗周期为 40 天。

（7）穴盘摆放　将播种好的穴盘，整齐摆放在潮汐灌溉的栽培床上，穴盘前后、左右之间的距离为 10 cm。

4.苗期管理

（1）第一次潮汐灌溉　播种、覆盖、摆放、完毕后，开始第一次潮汐灌溉，灌溉高度为穴盘高度的 2/3，约 3 cm，灌溉时间以穴盘表面基质湿润为止，一般为 30 min。播种期至出苗整齐期，温室温度控制在白天 25℃~30℃，夜间 18℃~20℃ 为宜，不宜进行潮汐灌溉，如遇基质表面全部变干，可灌溉 1 次，灌溉高度 3 cm，灌溉时间 15 min。当 70% 的种子出苗时降低温度，白天 25℃~28℃，夜间 15℃~18℃，要特别注意连阴天温度管理，不要出现昼低夜高逆温差。幼苗出土后容易"戴帽"应及时在早上湿度较高时人工摘除。

（2）出苗整齐后管理　出苗整齐期到两叶一心期，温室温度控制在白天 25℃~28℃，夜间 15℃~18℃，2 天 1 次潮汐灌溉，灌溉高度 3 cm，灌溉时间 15 min，如遇阴雨天气，该天不进行灌溉。播后 20 d、30 d，喷施适量的叶面肥，如"全能"大量元素水溶肥。播后 25 d，穴盘位置重置，即将栽培床上的穴盘位置进行倒换，外面的穴盘调到里面，里面的穴盘调到外面。两叶一心期后，每天上午潮汐灌溉，灌溉高度 3 cm，灌溉时间 15 min，如遇阴雨天气，该天不进行灌溉。

5.番茄穴盘苗出圃

（1）炼苗 出圃前 5~7 d 逐渐降温炼苗，以白天 20℃~23℃，夜间 10℃~13℃为宜，潮汐灌溉频率控制在 2 天 1 次，灌溉高度 3 cm，每次灌溉时间 15 min。

（2）出圃标准 子叶完好、茎杆粗壮，叶片深绿、节间短、根系发达，无病虫危害。株高 12~15 cm，4~5 片真叶。夏季育苗苗龄 35 d 左右，冬季育苗 45 d 左右。

二、潮汐灌溉辣椒穴盘育苗生产技术规程

1.茬口安排

早春茬：辣椒穴盘苗在 1~2 月出圃，则提前 55 d 播种；在 3 月份出圃，提前 50 d 左右播种；4 月出圃，提前 45 d 左右播种。如 12 月上旬育苗，12 月中旬嫁接，1 月下旬定植，4 月中下旬上市。

秋冬茬：辣椒穴盘苗在 9 月出圃，提前 45 d 左右播种；在 10 月份出圃，提前 50 d 左右播种；11 月至 2 月出圃，则提前 55 d 播种。如 8 月上旬育苗，8 月中旬嫁接，9 月中旬定植，12 月上旬上市。

2.品种选择

（1）种子质量 应符合 GB 16715.3 二级以上。

（2）品种选择 选择抗病、优质、高产、商品性好、适合市场需求的品种。秋冬、冬春栽培选择耐低温弱光、对病虫多抗的品种。

3.穴盘育苗

（1）育苗容器 辣椒穴盘育苗可选用 98 孔塑料穴盘。若穴盘重复使用，应用 2%漂白粉溶液浸泡 30 min 进行消毒处理，清水漂净备用。

（2）育苗基质 基质配制方法是：按草炭与蛭石 2:1，配制时每立方米

加入氮磷钾三元复合肥（15-15-15）2.0~2.5 kg，或每 m³ 基质加入 1 kg 尿素和 1 kg 磷酸二氢钾或 1.5 kg 磷酸二铵，肥料与基质混拌均匀后备用；也可选用商品育苗基质如"壮苗 2 号"育苗基质或蔬菜育苗基质（通用型 I）。

（3）基质消毒　用 50% 多菌灵 500 倍液或 40% 甲醛喷洒基质，拌匀，盖膜堆闷 2 h，待用。

（4）种子消毒与浸种　石灰水消毒，用 1%~2% 的石灰水处理种子 25~35 min。浸种，在清洁的容器中装入种子体积 4~5 倍的 55 ℃温水，把种子投入，不断搅拌，并添加热水保持水温 50℃~55℃ 的温度 10~15 min，当温度降至 30 ℃时停止搅拌，继续浸泡 4~6 h。包衣种子不需温烫浸种。

（5）催芽　浸种后将种子搓洗干净，捞出沥干水分，用干净的湿布或棉被包好，在 28℃~30 ℃条件下催芽。催芽时注意 8~12 h 通风 1 次。70% 种子露白时即可播种。

（6）播种　辣椒的播种时间是由出圃时间决定的，通常辣椒穴盘育苗周期为 50 d。

（7）装盘与播种　注意将种子平放，胚根朝下，以减少"戴帽苗"。

（8）穴盘摆放　将播种好的穴盘，整齐摆放在潮汐灌溉的栽培床上，穴盘前后、左右之间的距离为 10 cm。

4.苗期管理

（1）第一次潮汐灌溉　播种、覆盖、摆放、完毕后，开始第一次潮汐灌溉，灌溉高度为穴盘高度的 2/3，约 3 cm，灌溉时间以穴盘表面基质湿润为止，一般为 30 min。播种期至出苗整齐期，温室温度控制在白天 25℃~30℃，夜间 18℃~20℃为宜，不宜进行潮汐灌溉，如遇基质表面全部变干，可灌溉 1 次，灌溉高度 3 cm，灌溉时间 15 min。当 70% 的种子出苗时降低温度，白天 25℃~28℃，夜间 15℃~18℃，要特别注意连阴天温度管理，不要出现昼低夜高逆温差。幼苗出土后容易"戴帽"应及时在早上湿度较高时人工摘除。

（2）出苗整齐后管理：出苗整齐期到两叶一心期，温室温度控制在白天 25℃~28℃，夜间 15℃~18℃，2 天 1 次潮汐灌溉，灌溉高度 3 cm，灌溉时间

15 min，如遇阴雨天气，该天不进行灌溉。播后 20 d、30 d，喷施适量的叶面肥，如"全能"大量元素水溶肥。播后 25 d，穴盘位置重置，即将栽培床上的穴盘位置进行倒换，外面的穴盘调到里面，里面的穴盘调到外面。 两叶一心期后，每天上午潮汐灌溉，灌溉高度 3 cm，灌溉时间 15 min，

5.辣椒穴盘苗出圃

（1）炼苗　出圃前 5~7 d 逐渐降温炼苗，以白天 20℃~25℃，夜间 10℃~15℃为宜，潮汐灌溉频率控制在 2 天 1 次，灌溉高度 3 cm，每次灌溉时间 15 min。

（2）出圃标准　子叶完好、茎杆粗壮，叶片深绿，节间短、根系发达，无病虫危害。株高 12~15 cm，4~5 片真叶。夏季育苗苗龄 40 d 左右，冬季育苗 55 d 左右。

三、潮汐灌溉黄瓜穴盘育苗生产技术规程

1.供应茬口

早春茬：黄瓜穴盘苗在 1~2 月出圃，则提前 45 d 播种；在 3 月出圃，提前 35 d 左右播种；4 月出圃，提前 25 d 左右播种。如 12 月上旬育苗，12 月中旬嫁接，1 月下旬定植，4 月中下旬上市。

秋冬茬：黄瓜穴盘苗在 9 月出圃，提前 30 d 左右播种，在 10 月出圃，提前 35 d 左右播种；11~12 月出圃，则提前 45 d 播种。如 8 月上旬育苗，8 月中旬嫁接，9 月中旬定植，12 月上旬上市。

2.品种选择

（1）黄瓜品种选择　选择抗病、优质、高产、商品性好、适合市场需求的品种。秋冬、冬春栽培选择耐低温弱光、对病虫多抗的品种。

（2）砧木品种选择　选择亲和力好、抗逆性强、对果实品质无不良影响的作物作为砧木。如适宜作为黄瓜嫁接砧木的作物有葫芦（瓠瓜）、白籽南瓜（雪藤木二号）。

3.穴盘育苗

（1）育苗容器　黄瓜穴盘育苗可选用 72 孔塑料穴盘，砧木育苗可选用

72 孔、98 孔塑料穴盘。若穴盘重复使用，应用 2%漂白粉溶液浸泡 30 min
进行消毒处理，清水漂净备用。

（2）育苗基质　基质配制方法是：按草炭与蛭石 2:1，配制时每立方米
加入氮磷钾三元复合肥（15–15–15）2.0~2.5 kg，或每立方米基质加入 1 kg
尿素和 1 kg 磷酸二氢钾或 1.5 kg 磷酸二铵，肥料与基质混拌均匀后备用；也
可选用商品育苗基质如"壮苗 2 号"育苗基质或蔬菜育苗基质（通用型 I）。

（3）基质消毒　用 50%多菌灵 500 倍液或 40%甲醛喷洒基质，拌匀，
盖膜堆闷 2 h，待用。

（4）种子消毒与浸种　石灰水消毒，用 1%~2%的石灰水处理种子 25~
35 min。浸种，在清洁的容器中装入种子体积 4~5 倍的 55℃温水，把种子投
入，不断搅拌，并添加热水保持水温 50℃~55℃的温度 10~15 min，当温度
降至 30℃时停止搅拌，继续浸泡 4~6 h。包衣种子不需温烫浸种。

（5）催芽　浸种后将种子搓洗干净，捞出沥干水分，用干净的湿布或棉
被包好，在 28℃~30℃条件下催芽。不同黄瓜品种和砧木品种发芽时间具有较
大差异，如黄瓜约 12 h，南瓜砧木约需要催芽 20 h，葫芦砧木约 36 h，应根
据不同品种出芽情况灵活掌握。催芽时注意 8~12 h 通风 1 次。70%种子露白
时即可播种。

（6）播种　黄瓜自根苗和嫁接苗的播种时间是由出圃时间决定的，通常
黄瓜穴盘育苗周期为 30 d。在嫁接育苗中，砧木以子叶展开、第 1 片真叶
展开、第 2 片真叶初露时嫁接为宜，即播种后 10~13 d；接穗以出苗后 3 d，
在子叶将展未展之际嫁接为宜。所以接穗比砧木晚播 7~10 d。当外界气温
较低时，可增加砧木与接穗播种的间隔时间，以确保嫁接时砧木大小合适。

（7）装盘与播种　注意将种子平放，胚根朝下，以减少"戴帽苗"。

（8）穴盘摆放　将播种好的穴盘，整齐摆放在潮汐灌溉的栽培床上，穴
盘前后、左右之间的距离为 10 cm。

4.苗期管理

（1）第一次潮汐灌溉　播种、覆盖、摆放、完毕后，开始第一次潮汐灌

溉，灌溉高度为穴盘高度的 2/3，约 3 cm，灌溉时间以穴盘表面基质湿润为止，一般为 30 min。播种期至出苗整齐期，温室温度控制在白天 25℃~30℃，夜间 18℃~20℃为宜，不宜进行潮汐灌溉，如遇基质表面全部变干，可灌溉一次，灌溉高度 3 cm，灌溉时间 15 min。当 70%的种子出苗时降低温度，白天 22℃~25℃，夜间 10℃~12℃，要特别注意连阴天温度管理，不要出现昼低夜高逆温差。幼苗出土后容易"戴帽"应及时在早上湿度较高时人工摘除。

（2）出苗整齐后管理　出苗整齐期到两叶一心期，温室温度控制在白天 25℃~28℃，夜间 15℃~18℃，每天上午进行潮汐灌溉，灌溉高度 3 cm，灌溉时间 15 min，如遇阴雨天气，该天不进行灌溉。播后 15 d、25 d，喷施适量的叶面肥，如"全能"大量元素水溶肥。播后 20 d，穴盘位置重置，即将栽培床上的穴盘位置进行倒换，外面的穴盘调到里面，里面的穴盘调到外面。

5.嫁接育苗

（1）嫁接工具　选用双面刮胡刀片，纵向折成 2 片，取其中一片使用。嫁接签多以竹片或筷子制成，径粗与西瓜下胚轴粗细相当或略粗，约 3 mm，两端削成楔形，断面半圆形，先端渐尖，用火燎一下，避免毛刺，使其光滑。特殊情况下为使砧木与接穗切面紧密贴合，在嫁接部位用塑料嫁接夹固定。

（2）嫁接前准备　嫁接在温室进行，嫁接环境要遮阳背风，温度控制在 20℃~25℃为宜。嫁接前要搭建嫁接棚，棚宽应根据苗床大小而定，尽可能充分利用苗床空间，棚高一般在 0.9 m。棚架上依次覆盖棚膜和遮阳网。

（3）嫁接方法

靠接：接穗比砧木早播 5~7 d。砧木苗的子叶展开、第 1 片真叶初露，接穗苗子叶完全展开，第 1 片真叶微露时，为嫁接的最佳时机。此时，将苗取出后，用双面刀片先将砧木苗的生长点切除，从子叶下方 1 cm 处，自上而下呈 45°角下刀，切深至茎粗的 1/2；再取接穗苗，从子叶下部 1.5 cm 处，自下而上呈 45°角下刀，向上斜切至茎粗的 2/3，把两个切口互相嵌合，使一端韧皮部对齐，接穗子叶压在砧木子叶上面，用圆形嫁接夹固定或用 1 cm 宽的薄膜条，截成 5~8 cm 长，包住切口，用曲别针固定。嫁接后立即栽到装有基质的穴盘或营养钵中,放入嫁接苗床,然后及时浇水,并扣小拱棚,用草苫或遮阳网遮荫。

插接:接穗比砧木晚播种 3~4 d,播种于穴盘中。取出接穗,用一根和接穗胚轴粗细一致的竹签削成鸭嘴形,去掉砧木的生长点,沿一侧子叶基部斜插到另一子叶下的皮层处,戳 0.5 cm 左右深度的孔。在接穗子叶下 1 cm 处向下双向斜切除根,切口最后呈锲型长度 0.4 cm,将切口向下顺竹签插入砧木的位置,斜插入砧木接孔。接穗子叶和砧木子叶应呈十字形。及时浇水,并扣小拱棚,用草苫或遮阳网遮阴。

贴接:砧木苗的子叶展开、第 1 片真叶初露,接穗苗子叶完全展开,为嫁接的最佳时机。嫁接时用刀片斜向下削去砧木的生长点及 1 片子叶,切面长度 0.5~0.8 cm。在穴盘中取出接穗,在平行子叶伸展方向的胚轴上,距子叶 1 cm 处斜向下削成长 0.5~0.8 cm 的平面。然后将砧木和接穗的两个平面贴在一起,用平面嫁接架固定。嫁接后放入嫁接苗床,并扣小拱棚,用草苫或遮阳网遮阴。

(4)嫁接后管理 嫁接苗的管理好坏会直接影响到成活率,特别是最初 7 天的管理是成败的关键,应创造适宜的环境条件,加速接口愈合及促进幼苗生长。

黄瓜嫁接后 1~3 d 小拱棚要盖严,不能通风,温度控制在白天 25℃~30℃、夜间 22℃~25℃。春季育苗如温度过高可采取遮阳降温或膜上喷水降温,保持温度在 32 ℃以下。苗床空气相对湿度控制在 95%以上。光照管理上,白天覆盖遮阳网遮光,清晨傍晚可适当见光,时间要短,保证嫁接苗不萎蔫。

黄瓜嫁接后 4~6 d,温度适当降低,白天 23℃~28 ℃,夜间 20℃~22℃,湿度 85%~90%,应在清晨傍晚适当通风透光,并逐渐延长光照时间和加大光照强度。

黄瓜嫁接 7 d 后伤口愈合,揭开小拱棚,逐步将嫁接穴盘苗摆放在潮汐灌溉的栽培床上,摆放距离如穴盘育苗,温度控制在白天 22℃~25℃、夜间

18℃~20℃、中午遮光、水分管理逐渐恢复正常。随着嫁接苗苗龄的增加，潮汐灌溉频率控制在两天一次，灌溉高度 3 cm，灌溉时间 15 min。当黄瓜苗长至 1 叶 1 心时，夜温可保持在 16℃~18℃，潮汐灌溉频率调整为 1 天 1 次。早春育苗时，如遇低温雨雪天气或连阴天气，应及时加温保暖、适当补光。

（5）除萌蘖　嫁接后的砧木子叶节仍会萌发新的萌蘖，影响接穗生长发育。嫁接后应尽早、反复多次去除萌蘖，注意防止损伤接穗。

6.黄瓜穴盘苗出圃

（1）炼苗　出圃前 5~7d 逐渐降温炼苗，以白天 20℃~23℃，夜间 13℃~15℃为宜，潮汐灌溉频率控制在 2 天 1 次，灌溉高度 3 cm，每次灌溉时间 15 min。

（2）穴盘育苗出圃标准　子叶完好、茎秆粗壮，叶片深绿，节间短，根系发达，无病斑。三叶一心，夏天育苗苗龄 25 d 左右，冬季育苗 30~35 d。

（3）嫁接育苗出圃标准　子叶完整，茎秆粗壮，嫁接处愈合良好，接穗真叶 2~3 片，叶色浓绿，根系完好，不带病虫。即嫁接苗达到两叶一心或三叶一心时可以出圃。

四、潮汐灌溉甘蓝穴盘育苗生产技术规程

1.供应茬口

早春茬：甘蓝穴盘苗在 1~2 月出圃，则提前 50 d 播种；在 3 月出圃，提前 45 d 左右播种；4 月出圃，提前 35 d 左右播种。如 12 月上旬育苗，12 月中旬嫁接，1 月下旬定植，4 月中下旬上市。

秋冬茬：甘蓝穴盘苗在 9~10 月出圃，提前 35 d 左右播种；11~12 月份出圃，则提前 45 d 播种。如 8 月上旬育苗，8 月中旬嫁接，9 月中旬定植，12 月上旬上市。

2.品种选择

选择抗病、优质、高产、商品性好、适合市场需求的品种。秋冬、冬春栽培选择耐低温弱光、对病虫多抗的品种。

3.穴盘育苗

（1）育苗容器　甘蓝穴盘育苗可选用128孔塑料穴盘。若穴盘重复使用，应用2%漂白粉溶液浸泡30 min进行消毒处理，清水漂净备用。

（2）育苗基质　基质配制方法是：按草炭与蛭石2:1，配制时每m³加入氮磷钾三元复合肥（15-15-15）2.0~2.5 kg，或每m³基质加入1 kg尿素和1 kg磷酸二氢钾或1.5 kg磷酸二铵，肥料与基质混拌均匀后备用；也可选用商品育苗基质如"壮苗2号"育苗基质或蔬菜育苗基质（通用型I）。

（3）基质消毒　用50%多菌灵500倍液或40%甲醛喷洒基质，拌匀，盖膜堆闷2 h，待用。

（4）种子消毒　石灰水消毒，用1%~2%的石灰水处理甘蓝种子10~15 min后，用清水洗净晾干。

（5）药剂消毒　将甘蓝种子放入40%福尔马林100倍溶液中浸10 min，取出后用清水洗净晾干。

（6）播种　甘蓝的播种时间是由出圃时间决定的，通常甘蓝穴盘育苗周期为40天。

（7）穴盘摆放　将播种好的穴盘，整齐摆放在潮汐灌溉的栽培床上，穴盘前后、左右之间的距离为10 cm。

4.苗期管理

（1）第一次潮汐灌溉　播种、覆盖、摆放、完毕后，开始第一次潮汐灌溉，灌溉高度为穴盘高度的2/3，约3 cm，灌溉时间以穴盘表面基质湿润为止，一般为30 min。播种期至出苗整齐期，温室温度控制在白天25℃~30℃，夜间18℃~20℃为宜，不宜进行潮汐灌溉，如遇基质表面全部变干，可灌溉一次，灌溉高度3 cm，灌溉时间10 min。当70%的种子出苗时降低温度，白天20℃~25℃，夜间10℃~12℃，要特别注意连阴天温度管理，不要出现昼低夜高逆温差。

（2）出苗整齐后管理　出苗整齐期到两叶一心期，温室温度控制在白天20℃~25℃，夜间13℃~18℃，2天1次潮汐灌溉，灌溉高度3 cm，灌溉时间15 min，如遇阴雨天气，该天不进行灌溉。播后20 d，喷施适量的叶面肥，如"全能"大量元素水溶肥。播后 20 d，穴盘位置重置，即将栽培床上的穴盘位置进行倒换，外面的穴盘调到里面，里面的穴盘调到外面。两叶一心期后，每天上午潮汐灌溉，灌溉高度 3 cm，灌溉时间 15 min，如遇阴雨天气，该天不进行灌溉。

5.甘蓝穴盘苗出圃

（1）炼苗 出圃前 5~7 d 逐渐降温炼苗，以白天 20℃~23℃，夜间 13℃~15℃为宜，潮汐灌溉频率控制在 2 天 1 次，灌溉高度 3 cm，每次灌溉时间 15 min。

（2）穴盘育苗出圃标准 茎杆粗壮，叶片完整且深绿，节间短，根系发达，无病斑。四叶一心，夏天育苗苗龄 35 d 左右，冬季育苗 45 d 左右。

第七章　宁夏非耕地日光温室蔬菜栽培技术体系

近十年来，日光温室作为我国特色的设施类型已在宁夏非耕地地区大面积应用，已成为解决宁夏居民"菜篮子"和实现农业增效与农民增收的支柱产业。本团队在这十年间，先后建立了宁夏非耕地日光温室潮汐灌溉蔬菜穴盘育苗生产技术体系和沙培蔬菜、花卉生产技术体系，制订了日光温室主要蔬菜的规范化栽培技术规程，为宁夏非耕地日光温室蔬菜的健康可持续发展提供有力的技术支撑。

第一节　宁夏非耕地日光温室蔬菜栽培技术体系建立的原则

宁夏非耕地日光温室蔬菜的高产、优质、高效和节水栽培必须温室环境和栽培技术适合蔬菜生长发育、蔬菜生长发育适应温室环境、节水灌溉系统和蔬菜生长发育相协调以及栽培茬口适应市场需求的原则。

一、外界环境和日光温室环境适合蔬菜生长发育

外界环境不同对日光温室内环境影响较大，从而影响蔬菜生长发育。光照和温度是最重要的外界环境因素。同一结构类型日光温室在不同光照地区的室内环境有很大差异，特别是冬季外界光照百分率低、光照弱时，不仅日光温室内光照更弱，而且室内温度也低。一般外界冬季日照百分率低于

323

50%、正午时光量子通量密度低于 700 μmol·m⁻²·s⁻¹ 的地区，难以进行日光温室果菜类蔬菜生产，只能种植耐弱光和耐低温的叶菜类蔬菜。同样，外界冬季温度低的地区，会影响日光温室内温度，从而影响蔬菜生长发育。目前，新建的宁夏非耕地日光温室可在冬季不加温的条件下生产果菜类蔬菜，可周年生产叶菜类蔬菜。

宁夏非耕地日光温室类型多样，性能各异。根据日光温室的环境性能，可以将宁夏非耕地日光温室分为 3 类：第一类是日光温室结构简陋，温室低矮，内部气候环境较差，极端最低气温在 3℃~5℃，适合种植耐低温耐弱光叶菜类蔬菜，不适合冬季种植果菜类蔬菜；第二类日光温室结构较好，温室较高，但极端最低气温在 6℃~9℃，勉强适合种植冬季果菜类蔬菜，适宜种植早春茬和秋延后果菜类蔬菜和周年生产叶菜类蔬菜；第三类日光温室结构优良，温室较高，采光、保温和蓄热能力较强，室内环境较好，极端最低气温在 10℃以上，适合冬季果菜类蔬菜栽培，可以建立越冬茬和长季节果菜类高产优质栽培技术体系。

二、蔬菜生长发育适应日光温室环境

蔬菜种类不同，对日光温室内环境的适应能力不同。耐寒性蔬菜适应范围较广，可以普遍种植在各类日光温室里；相反，喜温蔬菜适应温度范围较小，对日光温室环境的要求也比较高。

同一蔬菜种类的不同品种，对日光温室环境的适应能力也不同。也就是说，同一蔬菜种类的不同品种对环境的耐受性是有一定差异的，生产上需要根据不同季节的环境，选择不同的品种。但蔬菜同一种类不同品种对环境适应的差异是有限度的，一般很难从喜温蔬菜中选育出耐寒蔬菜，也很难从喜光蔬菜中选育出耐弱光蔬菜；同样，很难从耐寒蔬菜中选出喜温蔬菜，也很难从耐弱光蔬菜中选育出喜光蔬菜。

三、节水灌溉系统和蔬菜生长发育相协调

蔬菜作物常以多汁器官为产品，产品含水量通常能达到 65%~90%，栽培过程中，需要大量的水分。宁夏非耕地地区的水资源日益紧张，通过采取节水灌溉技术减少蔬菜栽培用水。宁夏非耕地日光温室蔬菜节水栽培的关键是节水灌溉系统和蔬菜生长发育相协调。首先，蔬菜无土栽培技术是近几十年发展起来的保护地栽培高新技术，它不用传统的土壤栽培，而是在一定设施设备条件下，用营养液栽培作物，在发达国家已大面积推广使用。本团队已开发出营养液沙培蔬菜栽培模式，节水省肥效果明显。其次，灌溉作为蔬菜作物补充水分的主要手段，是蔬菜生产重要措施之一，没有较为完善的灌溉系统，要获得蔬菜丰产是不可能的。宁夏非耕地日光温室的灌溉技术从传统的以沟灌为主，逐步发展到喷灌、微灌、渗灌和潮汐灌溉等现代化灌溉技术。不同的灌溉形式对水的利用率有着极大差异，为了达到节水目的，我们尽量选择适宜的现代化灌溉技术。例如，蔬菜穴盘育苗选择潮汐灌溉，沙培蔬菜选择膜下喷灌技术等。最后，不同种类的蔬菜对应不同灌溉方式，不同种类的灌溉方式对应不同的灌溉制度。可见，对灌溉制度的研究和建立同等重要。

四、栽培技术促进蔬菜优质和安全生产

宁夏非耕地日光温室蔬菜优质高效栽培技术体系的建立，必须首先重视蔬菜生产安全性，要确保日光温室蔬菜生产的土壤、水和空气等环境因素安全，避免污染。确保蔬菜生产过程添加物的质量安全，确保蔬菜采后处理、包装和运输的安全。为此，生产中应注意以下环节：一是选用优良品种，培育优质种苗；二是选用适合蔬菜生长发育的优良土壤，实施科学配方施肥；三是通过环境控制手段，依据蔬菜生长发育对环境的需求，科学地调控各项环境因子，使其更好地适合作物生长发育；四是科学合理地调整植株生长和采收过程；五是以防控病虫等有害生物为重点，采用安全防控病虫手段防治病虫害。

五、蔬菜栽培茬口适应市场需求

要满足宁夏蔬菜市场供应，需要日光温室蔬菜生产、塑料大棚蔬菜生产、露地蔬菜生产以及秋菜贮藏等综合蔬菜供应途径，否则难以经济有效地解决宁夏蔬菜周年均衡供应问题。而非耕地日光温室蔬菜生产在宁夏蔬菜周

年均衡供应中占有着举足轻重的地位。日光温室蔬菜生产必须根据其他生产方式难以供应市场或虽可供应市场但成本很高的季节安排茬口。栽培茬口不同，日光温室内的环境也会有一定的差异，因此不同茬口的日光温室蔬菜高产优质栽培技术规程也有一定的差异。即市场是确定日光温室蔬菜栽培茬口的依据，日光温室栽培茬口又导致日光温室内环境的差异，日光温室内环境的差异又要求制定与环境相适应的蔬菜高产优质栽培技术规程。

第二节　宁夏非耕地日光温室蔬菜和花卉素沙地栽培技术规程

素沙地栽培是基质培的一种，利用沙漠、盐碱荒地发展设施栽培，以提高土地的利用率，实现农业可持续发展和资源的高效利用。近几年，本团队陆续建立了宁夏非耕地日光温室番茄、辣椒、黄瓜和甜瓜的素沙地栽培技术体系。

一、宁夏非耕地日光温室番茄素沙地栽培技术规程

1.栽培茬口

早春茬：11 月上旬育苗，1 月下旬定植，4 月中下旬上市，7 月下旬拉秧。

冬春一大茬：8 月中旬育苗，10 月中旬定植，1 月上旬上市；5 月中旬拉秧。

秋茬：7 月下旬育苗，8 月下旬定植，10 月下旬上市，1 月下旬拉秧。

2.适宜品种

选择抗病、优质、高产、商品性好、适合市场需求的品种。秋冬、冬春栽培选择耐低温弱光、对病虫多抗的品种；春夏、秋延后栽培选择高抗病毒病、耐热的品种。

3.穴盘育苗

（1）穴盘的选择　冬、春季育苗选用 72 孔穴盘，夏季选用 128 孔穴盘。

（2）育苗基质　基质配制方法：按草炭与蛭石 2∶1，或草炭与蛭石与发

酵好的废菇料 1:1:1 的比例混合，配制时每立方米加入氮磷钾三元复合肥（15-15-15）2.0~2.5 kg，或每立方米基质加入 1 kg 尿素和 1 kg 磷酸二氢钾或 1.5 kg 磷酸二铵，肥料与基质混拌均匀后备用。或选用已配制好的商品育苗基质。

（3）基质消毒　用 50% 多菌灵 500 倍液喷洒基质，拌匀，盖膜堆闷 2 h，待用。

（4）浸种　两种方法，可根据病害情况任选其一。

药剂浸种：先用清水浸泡种子 3~4 h，再放入 10% 磷酸三钠溶液中浸 20~30 min，捞出洗净后催芽。

温烫浸种：在清洁的容器中装入种子体积 4~5 倍的 55℃ 温水，把种子投入，不断搅拌，并添加热水保持水温 50℃~55℃ 的温度 10~15 min，当温度降至 30℃ 时停止搅拌，继续浸泡 4~6 h。包衣种子不需温烫浸种。

（5）催芽　浸种后将种子搓洗干净,捞出并淋去水分用干净湿布包好,在 25℃~28℃ 条件下，催芽 36~48 h。催芽期间每天清洗种子一次。

（6）播种　每穴播一粒，播种深度以 1.0~1.5 cm 为宜。播种后覆盖基质。然后将育苗盘浇透水，水从穴盘底孔滴出为宜。

（7）苗期管理　从播种之后至齐苗阶段重点是温度管理。白天 25℃~28℃，夜间 18℃~20℃ 为宜，齐苗后降低温度，白天 22℃~25℃。夜间 10℃~12℃。苗期子叶展开至两叶一心，水分含量为最大持水量的 75%~80%，苗期两叶一心后，结合喷水进行 1~2 次叶面喷肥，三叶一心至商品苗销售，水分含量为 75% 左右。定植前炼苗，夜温可降至 8℃~12℃，以适应定植后的自然环境。

（8）壮苗标准　子叶完好、茎秆粗壮，叶片深绿，节间短、根系发达，无病虫危害。株高 12~15 cm，4~5 片真叶。夏季育苗苗龄 30 d 左右，冬季育苗 40~45 d。

4.定植

（1）定植时间　设施内 10 cm 沙土温度稳定在 10℃ 以上，最低气温稳定在8℃以上，即可定植。

（2）棚室消毒　定植前，采用高温消毒法，在6月~7月间，密闭棚室，温度每天上升到70℃以上，进行15~20 d高温灭菌消毒。在病害严重的地区也可采用药剂消毒，每667 m²温室用80%敌敌畏乳油250 ml拌上4 kg锯末，与45 kg硫磺粉混合，分10处点燃，密闭一昼夜，放风后无味时定植。

（3）起垄做畦　沙地直接起垄，盐碱沙荒地可在设施内铺设40 cm的纯沙，摊平，按80 cm大行距，60 cm小行距起垄做畦，垄高25 cm。畦面中间做上口宽30 cm，下底宽15 cm，深15 cm的暗沟。

（4）灌溉方式和覆膜　采用膜下暗沟，软管滴灌的方式，定植前将软管滴灌管铺设于暗沟内，覆盖黑色地膜。

（5）定植方法　采用膜下暗沟，软管滴灌的方式，定植前将软管滴灌管铺设于暗沟内，覆盖黑色地膜。

5.温室环境管理

（1）营养液配方　素沙地番茄营养液配方见表7-1，营养液微量元素通用配方见表7-2。

表7-1　素沙地番茄营养液配方

元素	$NO_3^- -N$	$NH_4^+ -N$	P	K	Ca	Mg	S
浓度(mmol/L)	8	0.9	0.9	5	2	2	2

表7-2　营养液微量元素通用配方表

元素	Fe	B	Mn	Zn	Cu	Mo
浓度(mg/L)	3	0.5	0.5	0.05	0.02	0.01

（2）水肥管理　定植后3 d开始滴灌营养液，苗期长势较弱，每隔一天滴灌一次营养液，每次滴液量每667 m²为3 m³。生育中期番茄植株增高，长势较好，需水量增加，适当延长营养液滴灌间隔时间，加大营养液滴灌量，每次滴液量每667 m²为6 m³。期间可视沙子干湿情况滴灌营养液。高

温季节要经常检测基质中的电导率，以不超过 2.2 ms/cm，正常以 1.8~2.0 ms/cm 为宜。浓度高时，应兼灌清水，适温及低温季节浓度可逐步提高，但以不超过 3.0 ms/cm 为宜。及时检查滴灌液是否均匀，以确保养分的充足供应。

（3）增施叶面肥　素沙地栽培番茄前期长势较弱，每隔 7~10 d 适当交替喷施叶面肥。

（4）温度管理　生长环境的空气温度管理见表 7-3。地温以 20℃~22℃ 为宜。

表 7-3　定植后温度管理

生长阶段	缓苗期/℃		缓苗后–结果期前/℃		结果期/℃	
时间	白天	夜间	白天	夜间	白天	夜间
温度管理	25~30	15~18	25~28	14~16	25~28	15~18

（5）光照管理　冬春季节要经常清扫棚膜，保持棚膜表面的清洁，日光温室后墙张挂反光幕，选用透光性能好的高保温棚膜。

（6）湿度管理　生长前期空气相对湿度维持在 60%~65%，生长中后期相对湿度维持在 45%~55%。在晴天上午或早晨浇水，及时放风排湿，尽量使叶片不结露。当外界最低气温稳定在 12℃ 以上时，即可整夜放风。

6.植株调整

（1）绑蔓　当植株长到 25 cm 左右时,及时绑蔓。

（2）整枝　采用单杆整枝，除保留主杆外其余侧枝全部摘除。第一穗果以下侧枝长到 3~5 cm 时摘除，每株达预留果穗后，在最后一穗花上留 2~3 片叶摘心。

（3）打老叶　及时摘除植株的病、老、黄叶和病果，拔除病株。

（4）保花保果　用番茄灵 25~30 mg/L 或丰产剂 2 号进行喷花。低温时浓度高些，气温升高时浓度适当降低，避免浓度过高导致果实畸形。一般花穗上有 4~5 朵花开放时，可用小型喷雾器对整个花序喷洒调节剂。在配制坐果调节剂时加 0.2%速克灵，能有效防止灰霉病菌侵染花器，减少病果发生。

329

以后应及早去除畸形果，进行疏果，提高果实品质。

7.病虫害防治

（1）防治原则　贯彻"预防为主，综合防治"的原则。以农业防治、物理防治、生物防治为主，化学防治为辅的防治原则。

（2）主要病虫害　早疫病、晚疫病、灰霉病、白粉病、蚜虫、白粉虱、斑潜蝇等。

（3）农业防治　选用抗病品种，对当地主要病虫害种类，选用优质、高抗、多抗品种。创造适宜作物生长发育的环境条件，施足有机肥，控制氮素化肥，平衡施肥。与非茄果类作物实行 3 年以上轮作。

（4）物理防治　应用黄板，蓝板诱杀害虫。棚内间隔 5 m，距植株自然高度 15~20 cm 交替张挂黄板、蓝板以诱杀白粉虱、斑潜蝇、蓟马等。

（5）生物防治　积极保护并利用天敌，采用病毒、植物源农药和生物源农药防治病虫害。

（6）药剂防治　设施优先采用粉尘法、烟熏法，在干燥晴朗天气也可喷雾防治，注意轮换用药，合理混用。农药的使用应符合 GB4285 和 GB/T8321-2000（所有部分）的规定

素沙地栽培番茄全生育期内病害主要有早疫病、晚疫病、灰霉病、白粉病等。做到预防为主，采用定植前，喷适乐时 600~800 倍液，这样苗期基本上不会再有病害发生。定植后喷 75%达科宁一次，用适乐时 600~800 倍液灌根，每株 200~300 ml，7 天 1 次，连续 2~3 次。10 d 后喷翠贝防治 1 次。10~15 d 后喷 10%世高 800 倍液防治 1 次，用以上药剂交替使用进行预防防治。在生育期内有病害发生，可采取以下防治方法。

早疫病：用 20%百菌清烟剂 200 g/667m²，或 70%的代森锰锌可湿性粉剂 170 g/667m²，在开花坐果期及坐果盛期各防治一次。

晚疫病：72.2%霜霉威水剂 80 g/667m²，进行喷雾防治；或用 52.5%抑快净 2000 倍液进行喷雾防治。叶面喷雾，5~7 天 1 次，连喷 2~3 次。

灰霉病：用 15%腐霉利烟剂 200 g/667m²，或用 45%百菌清烟剂 250 g/

$667m^2$ 进行烟雾防治，或用霜霉威盐酸盐和氟吡菌胺（银法利）800 倍液，或 40%施佳乐悬乳剂 1200 倍液，或 28%灰霉克可湿性粉剂 600 倍液等，进行药剂防治。叶面喷雾，5~7 天 1 次，连喷 2~3 次。

白粉病：2%抗霉菌素（农抗 120）水剂，60~80 ml/$667m^2$，进行喷雾，或苯醚甲环唑（世高）10%水分散粒剂 800 倍液，或 40%乳油氟硅唑（福星）剂进行叶面喷雾，5~7 天 1 次，连喷 2~3 次。可在棚内挂硫磺熏蒸器 5~7 个，每隔 10~15 d 熏蒸一次对白粉病防治效果极佳。

叶霉病：5%菌素清 300 倍液，或 10%的 83 增抗剂 200 倍液，或 0.5%抗素丰 400 倍液，或 3.8%病毒必克 400 倍液，或 40%病毒灵 1000 倍液等。叶面喷雾，5~7 天 1 次，连喷 2~3 次。

蚜虫、白粉虱、斑潜蝇：用 10%吡虫啉可湿性粉剂 10 g/$667m^2$ 喷雾，或阿克泰 2500 倍液，或 10%扑虱灵乳油 1000 倍，或灭杀毙 4000 倍液，或 48%乐斯本乳油 800 倍，或 1.8%爱福丁乳油 3000 倍液进行喷雾防治，每隔 10 天 1 次，连喷 2~3 次。在虫害发生严重时用熏宝烟熏剂在夜间进行熏蒸，再进行药剂防治对虫害防治和控制有较好效果。采收前 15~20 d 禁止用药。

8.采收

番茄大约在定植后 60 d 可陆续采收。采收时应根据市场分类把握成熟度。供应当地市场的番茄，在商品成熟期采收，远距离运输的一般要在转色期采收。采收时要去掉果柄，以免刺伤别的果实。番茄采收后，要根据果实大小和形状等进行分级，分类包装上市。

生长期施过农药的番茄，安全间隔期后采摘。

二、宁夏非耕地日光温室辣（甜）椒素沙地栽培技术规程

1.栽培茬口

早春茬：11 月上旬育苗，1 月下旬定植，4 月中下旬上市，7 月下旬拉秧。

冬春一大茬：8 月下旬至 9 月上旬播种，10 月上旬至 11 月上旬定植。元月上旬始收，直到第二年夏季。秋茬：秋冬茬主要是指深秋到春季供应市场的栽培茬口，主要供应元旦市场，7 月上旬播种育苗，苗龄 60~70 d，9

月上中旬定植，10月中旬开始采收，1月下旬拉秧。

2.辣（甜）椒适宜品种

选择抗病、优质、高产、商品性好、适合市场需求的品种。秋冬、冬春栽培选择耐低温弱光、对病虫多抗的品种；春夏、秋延后栽培选择高抗病毒病、耐热的品种。

3.穴盘育苗

（1）穴盘的选择　冬、春季育苗选用72孔穴盘，夏季选用128孔穴盘。

（2）育苗基质　基质配制方法是：按草炭与蛭石2:1，或草炭与蛭石与发酵好的废菇料1:1:1的比例混合，配制时每立方米加入氮磷钾三元复合肥（15-15-15）2.0~2.5 kg，或每 m³ 基质加入 1kg 尿素和 1kg 磷酸二氢钾或 1.5 kg 磷酸二铵，肥料与基质混拌均匀后备用。或选用已配制好的商品育苗基质。

（3）基质消毒　用50%多菌灵500倍液喷洒基质，拌匀，盖膜堆闷2 h，待用。

（4）浸种　两种方法，可根据病害情况任选其一。

药剂浸种：先用清水浸泡种子3~4 h，再放入10%磷酸三钠溶液中浸20~30 min，捞出洗净后催芽。

温烫浸种：在清洁的容器中装入种子体积4~5倍的55℃温水，把种子投入，不断搅拌，并添加热水保持水温50℃~55℃的温度10~15 min，当温度降至30℃时停止搅拌，继续浸泡4~6 h。包衣种子不需温烫浸种。

（5）催芽　浸种后将种子搓洗干净，捞出并淋去水分用干净湿布包好，在28℃~30℃湿润条件下催芽6~7 d。至70%种子露白时即可播种。催芽期间每天清洗种子一次。

（6）播种　每穴播一粒，播种深度以 1.0~1.5 cm 为宜。播种后覆盖基质。然后将育苗盘浇透水，水从穴盘底孔滴出为宜。

（7）苗期管理　从播种之后至齐苗阶段重点是温度管理。白天 25℃~28℃，夜间 18℃~20℃为宜，齐苗后降低温度，白天 22℃~25℃。夜间 12℃~

16℃。苗期子叶展开至两叶一心，水分含量为最大持水量的 75%~80%，苗期两叶一心后，结合喷水进行 1~2 次叶面喷肥，三叶一心至商品苗销售，水分含量为 75% 左右。定植前炼苗，夜温可降至 10℃~12℃.以适应定植后的自然环境。

(8) 壮苗标准　子叶完好、茎杆粗壮，叶片深绿，节间短、根系发达，无病虫危害。株高 12~15 cm，6~7 片真叶，日历苗龄 50~55 d。

4.定植

(1) 定植时间　设施内 10 cm 沙土温度稳定在 10℃以上，最低气温稳定在 8℃以上，即可定植。

(2) 棚室消毒　定植前，采用高温消毒法，在 6~7 月间，密闭棚室，温度每天上升到 70℃以上，进行 15~20 d 高温灭菌消毒。在病害严重的地区也可采用药剂消毒，每 667 m² 温室用 80% 敌敌畏乳油 250 ml 拌上 4~5 kg 锯末，与 4~5 kg 硫磺粉混合，分 10 处点燃，密闭一昼夜，放风后无味时定植。

(3) 起垄做畦　沙地直接起垄，盐碱沙荒地可在设施内铺设 40 cm 的纯砂，摊平，按 80 cm 大行距，60 cm 小行距起垄做畦,垄高 25 cm。畦面中间做上口宽 30 cm，下底宽 15 cm，深 15 cm 的暗沟。

(4) 灌溉方式和覆膜　采用膜下暗沟，软管滴灌的方式，定植前将软管滴灌管铺设于暗沟内，覆盖黑色地膜。

(5) 定植方法　辣（甜）椒株距 40~45cm，单穴单株，每 667m² 栽植 23002500 株，按株距破膜挖穴，栽苗覆盖沙土，栽植深度不超过子叶，然后滴灌定植水。

5.温室环境管理

(1) 营养液配方　素沙地辣（甜）椒营养液配方见表 7–4，营养液微量元素通用配方表见表 7–5。

表 7–4　素沙地辣（甜）椒营养液配方

元素	NO$_3^-$–N	NH$_4^+$–N	P	K	Ca	Mg	S
浓度(mmol/L)	12	1.3	1.3	3	2	1.5	2

表7-5 营养液微量元素通用配方

元素	Fe	B	Mn	Zn	Cu	Mo
浓度（mg/L）	3	0.5	0.5	0.05	0.02	0.01

（2）水肥管理 定植后3 d开始滴灌营养液，苗期长势较弱，每隔1 d滴灌一次营养液，每次滴液量为2 m³/667m²。生育中期辣（甜）椒植株增高，长势较好，需水量增加，适当延长营养液滴灌间隔时间，加大营养液滴灌量，每次滴液量每4~5 m³/667m²。期间可视沙子干湿情况滴灌营养液。高温季节要经常检测基质中的电导率，以不超过2.2 ms/cm，正常以1.8~2.0 ms/cm为宜。浓度高时，应兼灌清水，适温及低温季节浓度可逐步提高，但以不超过3.0 ms/cm为宜。及时检查滴灌液是否均匀，以确保养分的充足供应。

（3）增施叶面肥 素沙地栽培番茄前期长势较弱，每隔7~10 d适当交替喷施叶面肥。

（4）温度管理 生长环境的空气温度管理见表7-6，地温以20℃~22℃为宜。

表7-6 温度管理

生长阶段	缓苗期/(℃)		缓苗后-结果期前/(℃)		结果期/(℃)	
时间	白天	夜间	白天	夜间	白天	夜间
温度管理	25~30	18~20	25~28	15~18	25~28	15~20

（5）光照管理 冬春季节要经常清扫棚膜，保持棚膜表面的清洁，日光温室后墙张挂反光幕，选用透光性能好的高保温棚膜。

（6）湿度管理 生长前期空气相对湿度维持在70%~80%，生长中后期相对湿度维持在60%~70%。在晴天上午或早晨浇水，并及时放风排湿，尽量使叶片不结露。当外界最低气温稳定在15℃以上时，即可整夜放风。

6.植株调整

（1）吊蔓 当植株长到25 cm左右时,及时吊蔓,基部侧枝尽早抹去。

（2）植株调整 二蔓或三蔓整枝。在门椒结果后，植株向内伸长、长势较弱的"副枝"应尽早摘除。在主要侧枝上的次一级侧枝所结幼果直径达到1 cm左右时，可以根据植株长势在这些侧枝上留4~6叶摘心。中后期的徒长枝也应摘掉。老、黄、病叶及时摘除。

（3）保花保果 用番茄灵 25~30 mg/L 或丰产剂 2 号，进行喷花。低温时浓度高些,气温升高时浓度适当降低，避免浓度过高导致果实畸形。一般花穗上有 4~5 朵花开放时，可用小型喷雾器对整个花序喷洒调节剂。

7.病虫害防治

（1）防治原则 贯彻"预防为主，综合防治"的原则。以农业防治、物理防治、生物防治为主，化学防治为辅的防治原则。

（2）主要病虫害 早疫病、晚疫病、灰霉病、白粉病、蚜虫、白粉虱、斑潜蝇等。

（3）农业防治 选用抗病品种，对当地主要病虫害种类，选用优质、高抗、多抗品种。创造适宜作物生长发育的环境条件，施足有机肥，控制氮素化肥，平衡施肥。与非茄果类作物实行 3 年以上轮作。

（4）物理防治 应用黄板，蓝板诱杀害虫。棚内间隔 5 m，距植株自然高度 15~20 cm 交替张挂黄板、蓝板以诱杀白粉虱、斑潜蝇、蓟马等。

（5）生物防治 积极保护并利用天敌，采用病毒、植物源农药和生物源农药防治病虫害。

（6）药剂防治 设施优先采用粉尘法、烟熏法，在干燥晴朗天气也可喷雾防治，注意轮换用药，合理混用。农药的使用应符合 GB4285 和 GB/T8321-2000（所有部分）的规定

素沙地栽培番茄全生育期内病害主要有早疫病、晚疫病、灰霉病、白粉病等。做到预防为主，采用定植前，喷适乐时 600~800 倍液，这样苗期基本上不会再有病害发生。定植后喷 75% 达科宁一次，用适乐时 600~800 倍液灌根，每株 200~300ml，7 天 1 次，连续 2~3 次。10 d 后喷翠贝防治 1 次。10~15 d 后喷 10% 世高 800 倍液防治 1 次，用以上药剂交替使用进行预防防治。在生育期内有病害发生，可采取以下防治方法。

早疫病：用 20% 百菌清烟剂 200 g/667m^2，或 70% 的代森锰锌可湿性粉剂 170 g/667m^2，在开花坐果期及坐果盛期各防治一次。

晚疫病：72.2%霜霉威水剂 80 g/667m²，进行喷雾防治；或用 52.5%抑快净 2000 倍液进行喷雾防治。叶面喷雾，5~7 d /次，连喷 2~3 次。

灰霉病：用 15%腐霉利烟剂 200 g/667m²，或用 45%百菌清烟剂 250 g/667m² 进行烟雾防治，或用霜霉威盐酸盐和氟吡菌胺（银法利）800 倍液，或 40%施佳乐悬乳剂 1200 倍液，或 28%灰霉克可湿性粉剂 600 倍液等，进行药剂防治。叶面喷雾，5~7 天 1 次，连喷 2~3 次。

白粉病：2%抗霉菌素（农抗 120）水剂，60~80 ml/667m²，进行喷雾，或苯醚甲环唑（世高）10%水分散粒剂 800 倍液，或 40%乳油氟硅唑（福星）剂进行叶面喷雾，5~7 天 1 次，连喷 2~3 次。可在棚内挂硫磺熏蒸器 5~7 个，每隔 10~15 d 熏蒸一次对白粉病防治效果极佳。

叶霉病：5%菌素清 300 倍液，或 10%的 83 增抗剂 200 倍液，或 0.5%抗素丰 400 倍液，或 3.8%病毒必克 400 倍液，或 40%病毒灵 1000 倍液等。叶面喷雾，5~7 d /次，连喷 2~3 次。

蚜虫、白粉虱、斑潜蝇：用 10%吡虫啉可湿性粉剂 10 g/667m² 喷雾，或阿克泰 2500 倍液，或 10%扑虱灵乳油 1000 倍，或灭杀毙 4000 倍液，或 48%乐斯本乳油 800 倍，或 1.8%爱福丁乳油 3000 倍液进行喷雾防治，每隔 10 天 1 次，连喷 2~3 次。在虫害发生严重时用熏宝烟熏剂在夜间进行熏蒸，再进行药剂防治对虫害防治和控制有较好效果。采收前 15~20 d 禁止用药。

8.采收

门椒、对椒应适当早收以免坠秧影响植株生长。原则上是在果实充分长大，果肉变硬果皮发亮后采收。因辣（甜）椒枝条较脆，采摘时不能用手猛揪，以免枝条折断。辣（甜）椒采收后，要根据果实大小和形状等进行分级，分类包装上市。

生长期施过农药的辣（甜）椒，安全间隔期后及时采摘。

三、宁夏非耕地日光温室黄瓜素沙地栽培技术规程

1.栽培茬口

春茬：1 月中、下旬定植，3 月上旬上市。秋延后茬：8 月中、下旬定

植，9月中、下旬上市。

秋冬茬：10月上、中旬定植嫁接苗，11月中、下旬上市。

冬春一大茬：10月中下旬定植嫁接苗，元旦前后上市，5月下旬至6月上旬拉秧。

2.适宜品种

（1）黄瓜品种　选择抗病、优质、高产、商品性好、适合市场需求的品种。秋冬、冬春栽培选择耐低温弱光、对病虫多抗的品种；春夏、秋延后栽培选择高抗病毒病、耐热的品种。

（2）砧木品种　选择与黄瓜嫁接亲和性好，抗土传病害能力强，耐低温，根系发达，能较好保持黄瓜风味的砧木品种。如云南黑籽南瓜、白籽南瓜等。

3.穴盘育苗

（1）穴盘的选择　选用72孔穴盘。

（2）育苗基质　基质配制方法是按草炭与蛭石2:1，或草炭与蛭石与发酵好的废菇料1:1:1的比例混合，配制时每立方米加入氮磷钾三元复合肥（15-15-15）2.0~2.5 kg，或每 m^3 基质加入 1 kg 尿素和 1 kg 磷酸二氢钾或1.5 kg 磷酸二铵，肥料与基质混拌均匀后备用。或选用已配制好的商品育苗基质。

（3）基质消毒　用50%多菌灵500倍液喷洒基质，拌匀，盖膜堆闷2 h，待用。

（4）浸种　两种方法，可根据病害情况任选其一。

药剂浸种：先用清水浸泡种子3~4 h，再放入10%磷酸三钠溶液中浸20~30 min，捞出洗净后催芽。

温烫浸种：在清洁的容器中装入种子体积4~5倍的55℃温水，把种子投入，不断搅拌，并添加热水保持水温50℃~55℃的温度10~15 min，当温度降至30℃时停止搅拌，继续浸泡4~6 h。包衣种子不需温烫浸种。

（5）催芽　浸种后将种子搓洗干净，捞出并淋去水分用干净湿布包好，在 25℃~28℃条件下，催芽 8~12 h。有 70%种子露白时即可播种。催芽期间每天清洗种子 1 次。

（6）装盘与播种

装盘：将准备好的基质装入 72 孔穴盘中，刮掉盘面上多余基质，使穴盘上每个孔口清晰可见。把装有基质的穴盘，摞在一起 4~5 个为一组，上放一个空穴盘，两手均匀下压穴盘，压至穴深 1.0~1.5 cm 为止。

播种：每穴播 1 粒种子，播种后，用基质覆盖穴盘，且刮掉穴盘上面多余的基质，露出格室为宜，整齐排放。在播有种子的穴盘面上喷水，已从穴盘底部渗水口看到水滴为宜。

（7）苗期管理

温度管理：苗期各阶段温度管理指标见表 7-7。

表 7-7　温度管理指标

生育时期	白天温度/℃	夜间温度/℃
播种—出苗	25~30	18~20
出齐苗	22~25	15~18
定植前 5 天炼苗	15~20	11~13

水分管理：子叶展开至两叶一心，基质水分含量为最大持水量的 75%~80%，三叶一心至商品苗销售，水分含量为 75%左右。浇水要勤浇少浇，始终保持表层基质见干见湿。

光照管理：调节光照时间，每天光照时间宜 8 h 以上。

养分管理：结合喷水进行 1~2 次叶面喷肥，可用 0.2%磷酸二氢钾溶液进行叶面喷施。

（8）壮苗标准　子叶完好、茎秆粗壮，叶片深绿，节间短，根系发达，无病斑。三叶一心，夏天育苗苗龄 22 d 左右，冬季育苗 30~35 d。

4.嫁接育苗

选用与黄瓜嫁接亲和力强,抗病性及抗逆性强的葫芦作砧木。接穗、砧木的育苗方法同穴盘育苗，错开接穗、砧木播种时间，掌握最佳嫁接时期。

(1) 靠接　接穗比砧木早播 5~7 d。砧木苗的子叶展开、第 1 片真叶初露，接穗苗子叶完全展开，第 1 片真叶微露时，为嫁接的最佳时机。此时，将苗取出后，用双面刀片先将砧木苗的生长点切除，从子叶下方 1 cm 处，自上而下呈 45°角下刀，切深至茎粗的 1/2；再取接穗苗，从子叶下部 1.5 cm 处，自下而上呈 45°角下刀，向上斜切至茎粗的 2/3，把两个切口互相嵌合，使一端韧皮部对齐，接穗子叶压在砧木子叶上面，用圆形嫁接夹固定或用 1 cm 宽的薄膜条，截成 5~8 cm 长，包住切口，用曲别针固定。嫁接后立即栽到装有基质的穴盘或营养钵中，放入嫁接苗床,然后及时浇水，并扣小拱棚，用草苫或遮阳网遮荫。

(2) 插接　接穗比砧木晚播种 3~4 d，播种于穴盘中。取出接穗，用一根和接穗胚轴粗细一致的竹签削成鸭嘴形，去掉砧木的生长点，沿一侧子叶基部斜插到另一子叶下的皮层处，戳 0.5 cm 左右深度的孔。在接穗子叶下 1 cm 处向下双向斜切除根，切口最后呈锲型长度 0.4 cm，将切口向下顺竹签插入砧木的位置，斜插入砧木接孔。接穗子叶和砧木子叶应呈十字形。及时浇水，并扣小拱棚，用草苫或遮阳网遮阴。

(3) 贴接　接穗比砧木早播 4~6 d。砧木苗的子叶展开、第 1 片真叶初露，接穗苗子叶完全展开，为嫁接的最佳时机。嫁接时用刀片斜向下削去砧木的生长点及 1 片子叶，切面长度 0.5~0.8 cm。在穴盘中取出接穗，在平行子叶伸展方向的胚轴上，距子叶 1 cm 处斜向下削成长 0.5~0.8 cm 的平面。然后将砧木和接穗的两个平面贴在一起，用平面嫁接架固定。嫁接后放入嫁接苗床，并扣小拱棚，用草苫或遮阳网遮阴。

(4) 嫁接后管理　嫁接后前 2 d，小拱棚要盖严遮光，不能通风，苗床空气相对湿度控制在 95%以上，温度控制在白天 25℃~30℃、夜间 18℃~20℃。第 3~5d，白天 20℃~25℃、夜间 15℃~18℃，湿度 70%~80%，并逐渐开始通风见光。第 6 d 可以撤去遮荫物，不出现萎蔫不遮荫。7 d 后揭开小拱棚。白天 25℃~28℃、夜间 14℃~18℃。定植前进行 5~7 d 的低温炼苗，白天 20℃~23℃、夜间 10℃~12℃，提高瓜苗抗寒能力。靠接苗 10~12 d 断掉接穗的根，同时去掉砧木萌发的侧芽。

5.定植

（1）定植时间　设施内 10 cm 沙土温度稳定在 10℃以上，最低气温稳定在 8℃以上，即可定植。

（2）棚室消毒　定植前，采用高温消毒法，在 6~7 月间，密闭棚室，温度每天上升到 70℃以上，进行 15~20d 高温灭菌消毒。在病害严重的地区也可采用药剂消毒，每 667m² 温室用 80% 敌敌畏乳油 250 ml 拌上 4~5 kg 锯末，与 4~5 kg 硫磺粉混合，分 10 处点燃，密闭一昼夜，放风后无味时定植。

（3）起垄做畦　沙地直接起垄，盐碱沙荒地可在设施内铺设 40 cm 的纯砂，摊平，按 80 cm 大行距，60 cm 小行距起垄做畦，垄高 25 cm。畦面中间做上口宽 30 cm，下底宽 15 cm，深 15 cm 的暗沟。

（4）灌溉方式和覆膜　采用膜下暗沟，软管滴灌的方式，定植前将软管滴灌管铺设于暗沟内，覆盖黑色地膜。

（5）定植方法　根据品种每 667m² 定植 3000~3200 株为宜，株行距（0.27~0.29）m ×（0.6~0.7）m。按株距破膜挖穴，栽苗覆盖沙土，栽植深度以基质坨与畦面取平或稍露出为宜，然后滴灌定植水。

6.温室环境管理

（1）营养液配方　素沙地黄瓜营养液配方见表 7-8，营养液微量元素通用配方表简表 7-9。

表 7-8　素沙地黄瓜营养液配方

元素	NO_3^--N	NH_4^+-N	P	K	Ca	Mg	S
浓度/(mmol/L)	12.0	1.3	1.3	5.0	3.0	2.0	2.0

表 7-9　营养液微量元素通用配方表

元素	Fe	B	Mn	Zn	Cu	Mo
浓度/(mg/L)	3.0	0.5	0.5	0.05	0.02	0.01

（2）水肥管理　因沙子所含养分较少，定植后 3 d 开始滴灌营养液，苗期长势较弱，每隔一天滴灌一次营养液，每次滴液量每 3~4 m³/667m²。生育中期黄瓜植株增高，长势较好，需水量增加，适当延长营养液滴灌间隔时间，加大营养液滴灌量，每次滴液量每 6~8 m³/667m²。期间可视沙子干湿情况滴灌营养液。高温季节要经常检测基质中的电导率，以不超过 2.2 ms/cm，正常以 1.8~2.0 ms/cm 为宜。浓度高时，应兼灌清水，适温及低温季节浓度可逐步提高，但以不超过 2.5 ms/cm 为宜。及时检查滴灌液是否均匀，以确保养分的充足供应。

（3）增施叶面肥　黄瓜苗期长势较弱，每隔 7~10 d 适当交替喷施叶面肥。

（4）温度管理　缓苗期，白天温度尽量保持 28℃~30℃，晚上不低于 18℃，地温 15℃以上；初花期，白天 30℃~32℃，夜间 10℃~5℃；结果期，白天 30℃~32℃，夜间 13℃~15℃，阴天温度适当降低。

（5）光照管理　冬春季节要经常清扫棚膜，保持棚膜表面的清洁，日光温室后墙张挂反光幕，选用透光性能好的高保温棚膜。

（6）湿度管理　生长前期空气相对湿度维持在 80%~90%，生长中后期相对湿度维持在 70%~80%。在晴天上午或早晨浇水，并及时放风排湿，尽量使叶片不结露。当外界最低气温稳定在 13℃以上时，即可整夜放风。

（7）增施二氧化碳　在温度、光照适宜的条件下，在根瓜接近采收时，开始施用二氧化碳气肥，晴天浓度以 800~1000 mg/L 为宜，光线较弱时浓度以 500 mg/L 为宜。

7.植株调整

（1）吊蔓　当瓜苗长到 5~6 片叶时，及时吊蔓。

（2）整枝　黄瓜以主蔓结瓜为主，发生侧枝应及时摘除或留一瓜摘心。缠蔓时尽量使龙头处在南低北高的一条斜线上，将黄瓜龙头回转，穿于吊绳间。黄瓜一般不摘心打顶，任其生长，待龙头接近铁丝拉线处时落蔓，使下部空秧盘起来，保证结瓜部位始终在中部。

（3）打老叶，剪短须　黄瓜 45 d 以上的叶片已老化，应及时去除。及时摘除卷须。

8.病虫害防治

素沙地栽培黄瓜全生育期内病害主要有霜霉病、晚疫病、灰霉病、白粉病等。做到预防为主，采用定植前，喷适乐时 600~800 倍液，这样苗期基本上不会再有病害发生。定植后喷 75%达科宁一次，用适乐时 600~800 倍液灌根，每株 200~300 ml，7 天 1 次，连续 2~3 次。10 d 后喷翠贝防治 1 次。10~15 d 后喷 10%世高 800 倍液防治 1 次，用以上药剂交替使用进行预防防治。在生育期内有病害发生，可采取以下防治方法。

（1）霜霉病　用 5%百菌清粉尘或 5%克露粉尘，每 667m² 每次用 l kg，喷粉器喷施；用 45%百菌清烟雾剂，每 667m² 为 200~250 g，分放 5~6 处，傍晚点燃闭棚过夜。

在发病初期喷洒 70%乙磷铝·锰锌可湿性粉剂 500 倍液、或霜霉威盐酸盐和氟吡菌胺复配剂（银法利）800 倍液、或 72%双脲氰·锰锌（克露）可湿性粉剂 500 倍液、或 72.2%霜霉威盐酸盐（普力克）水剂 800 倍液、或 58%甲霜灵·锰锌可湿性粉剂 500 倍液、或 50%甲霜铜可湿性粉剂 600~700 倍液、或 64%杀毒矾可湿性粉剂 400 倍液、或 69%安克·锰锌可湿性扮剂 500~1000 倍液。每 667m² 喷药液 60~70 L。叶面喷雾，5~7 天 1 次，连喷 2~3 次。

（2）白粉病　2%抗霉菌素（农抗 120）水剂，60~80 ml/667m²，进行喷雾，或苯醚甲环唑（世高）10%水分散粒剂 800 倍液，或 40%乳油氟硅唑（福星）剂进行叶面喷雾，5~7 天 1 次，连喷 2~3 次。可在棚内挂硫磺熏蒸器 5~7 个，每隔 10~15 d 熏蒸一次对白粉病防治效果极佳。

（3）炭疽病　选用 45%百菌清烟剂，250 g/667m²。也可于傍晚喷洒 10%恶霉灵粉尘剂，或 5%百菌清粉尘剂，1 kg/667m²。在发病初期喷洒 50%甲基硫菌灵（甲基托布津）可湿性粉剂 700 倍液加 75%百菌清可湿性粉剂 700 倍液、或 70%代森锰锌可湿性粉剂 600~800 倍液，或 50%多菌灵可湿性粉剂 600 倍液，或 10%世高水分散粒剂 1000 倍液，或 2%抗霉菌素（农抗 120）水剂，或 2%武夷菌素（BO-10）水剂 200 倍液等。叶面喷雾，5~7 d/

次，连喷 2~3 次。

（4）疫病　在发病初期喷洒 70%乙磷铝·锰锌可湿性粉剂 500 倍液、或 72.2%霜霉威盐酸盐（普力克）水剂 600~700 倍液，或 58%甲霜灵·锰锌可湿性粉剂 500 倍液，或 64%杀毒矾可湿性粉剂 500 倍液，72%克露可湿性粉剂 500 倍液，或 50%甲霜铜可湿性粉剂 600 倍液灌根，或 72%克露可湿性粉剂 800 倍液，或 50%扑海因可湿性粉剂与 70%甲基托布津可湿性粉剂 1:1 混合 500 倍液喷雾等。叶面喷雾，5~7 天 1 次，连喷 2~3 次。

（5）灰霉病　熏烟法用 10%腐霉利（速克灵）烟剂，或 45%百菌清烟剂，200~250 g/667m²，熏 3~4 h。粉尘法于傍晚喷洒 10%灭克粉尘剂，或 5%百菌清粉尘剂，1 kg/667 m²。在发病初期喷洒 50%农利灵可湿性粉剂 1500 倍液，或 40%施佳乐 1000 倍液，或 50%腐霉利（速克灵）可湿性粉剂 2000 倍液、或 50%异菌脲（扑海因）可湿性粉剂 1000~1500 倍液等。叶面喷雾，5~7 d 1 次，连喷 2~3 次。

（6）蚜虫、白粉虱、斑潜蝇　用 10%吡虫啉可湿性粉剂 10 g/667m² 喷雾，或阿克泰 2500 倍液，或 10%扑虱灵乳油 1000 倍，或灭杀毙 4000 倍液，或 48%乐斯本乳油 800 倍，或 1.8%爱福丁乳油 3000 倍液进行喷雾防治，每隔 10 d 1 次，连喷 2~3 次。在虫害发生严重时用熏宝烟熏剂在夜间进行熏蒸，再进行药剂防治对虫害防治和控制有较好效果。采收前 15~20 d 禁止用药。

9.采收

生长期施过农药的黄瓜，安全间隔期后采摘。果实达到商品成熟度时及时采摘，分级包装上市。

四、宁夏非耕地日光温室非洲菊素沙地栽培技术规程

1.适宜品种

非洲菊品种很多，目前生产上表现好的品种主要有热带草原、阳光海岸、发莱伦斯等。从花色上分主要以红色及黑心红为主，其次为黑心黄及纯黄，再次为粉红、橘红、桃红、玫红。应选择抗逆性强、花色鲜艳、花枝挺拔、切花产量高、市场畅销的鲜切花栽培品种。

2.种苗选择

非洲菊种苗有实生苗、分株苗和组培苗3类。实生苗可用杂交种子播种繁殖；分株苗繁殖系数低，不适合规模化生产；目前生产中应用的种苗主要是组培苗。

切花生产要选择优质壮苗，其标准为：株高 15~20 cm，5~6 片叶，根系发育良好，叶色鲜绿，无病虫害和机械损伤。

3.定植

(1) 定植时间　适宜定植时间，春季栽培 4~5 月份，秋季栽培 8~9 月份。

(2) 棚室消毒　在定植前，采用高温消毒法，在 6~7 月间，密闭温室，温度每天上升到 70℃以上，进行 15~20 d 高温灭菌消毒。

在病害严重的地区也可采用药剂消毒，每 667m² 温室用 80%敌敌畏乳油 250 ml 拌上 4~5 kg 锯末，与 4~5 kg 硫磺粉混合，分 10 处点燃，密闭一昼夜，放风后无味时定植。

(3) 起垄做畦　沙地直接起垄，盐碱沙荒地可在温室铺设 40 cm 的纯砂，摊平，按畦底宽 70 cm，沟宽 30 cm 起垄做畦，畦高 30 cm。畦面中间做上口宽 30 cm,下底宽 15 cm，深 15 cm 的暗沟。

(4) 灌溉方式和覆膜　采用膜下暗沟，软管滴灌的方式，定植前将软管滴灌管铺设于暗沟内，覆盖黑色地膜。

(5) 定植方法　行距 50 cm，株距 30~35 cm，每 667m² 栽 3500~4000 株左右。按株距破膜挖穴，栽苗覆盖沙土，双行交错定植，栽植时宜浅勿深，以心叶露出沙土表面 1~1.5 cm 为宜，然后滴灌定植水。

4.温室环境管理

(1) 营养液配方　素沙地非洲菊营养液配方简表 7-10，营养液微量元素通用配方见表 7-11

表 7-10　素沙地非洲菊营养液配方

元素	NO_3^--N	NH_4^+-N	P	K	Ca	Mg	S
浓度/(mmol/L)	9	0.8	1.5	5.24	2	0.6	0.6

表 7-11　营养液微量元素通用配方

元素	Fe	B	Mn	Zn	Cu	Mo
浓度/（mg/L）	3	0.5	0.5	0.05	0.02	0.01

（2）水肥管理　定植后 3 d 开始滴灌营养液，生长前期长势较弱，每隔一天滴灌一次营养液，每次滴液量 2 m³/667m²。生育中期适当延长营养液滴灌间隔时间，加大营养液滴灌量，每次滴液量 4~5 m³/667 m²。期间可视沙子干湿情况滴灌营养液。高温季节要经常检测基质中的电导率，以不超过 2.0 ms/cm，正常以 1.8~2.0 ms/cm 为宜。浓度高时，应兼灌清水，适温及低温季节浓度可逐步提高，但以不超过 2.5 ms/cm 为宜。及时检查滴灌液是否均匀，以确保养分的充足供应。

（3）温度、光照管理　切花非洲菊喜温暖、阳光充足，空气流通的栽培环境。植株生长期最适温度为 20℃~25℃，白天不超过 26℃，夜间温度在 15℃~18℃以上。冬季由于光照不足而应增强光照，夏季由于光照过强应适当遮光，并通过遮阴而降温，防止因高温而引起休眠。

（4）湿度管理　生长前期空气相对湿度维持在 70%~80%，生长中后期相对湿度维持在 60%~70%。在晴天上午或早晨浇水，并及时放风排湿，尽量使叶片不结露。当外界最低气温稳定在 15℃以上时，即可整夜放风。

5.病虫害防治

（1）主要病虫害　根腐病、灰霉病、白粉病、蚜虫、白粉虱、斑潜蝇、红蜘蛛等。

（2）物理防治　应用黄板，蓝板诱杀害虫。棚内间隔 5 m，交替张挂黄板、蓝板以诱杀白粉虱、斑潜蝇、蓟马等。

（3）药剂防治　设施优先采用粉尘法、烟熏法，在干燥晴朗天气也可喷雾防治，注意轮换用药，合理混用。

根腐病　用绿亨一号 7000 倍液灌根，或 30%的恶霉灵水剂 800 倍液灌根，或 35%立枯净可湿性粉剂 900 倍液灌根防治。10 d 左右 1 次，连灌 2~3 次。

灰霉病　用 15%腐霉利烟剂 200 g/667 m²，或用 45%百菌清烟剂 250 g/

667 m² 进行烟雾防治，或用霜霉威盐酸盐和氟吡菌胺（银法利）800 倍液，或 40% 施佳乐悬乳剂 1200 倍液，或 28% 灰霉克可湿性粉剂 600 倍液等，进行药剂防治。叶面喷雾，5~7 天 1 次，连喷 2~3 次。

白粉病　2% 抗霉菌素（农抗 120）水剂，60~80 ml/667m²，进行喷雾，或苯醚甲环唑（世高）10% 水分散粒剂 800 倍液，或 40% 乳油氟硅唑（福星）剂进行叶面喷雾，5~7 天 1 次，连喷 2~3 次。可在棚内挂硫磺熏蒸器 5~7 个，每隔 10~15 d 熏蒸一次对白粉病防治效果极佳。

蚜虫、白粉虱、斑潜蝇、红蜘蛛　用 10% 吡虫啉可湿性粉剂 10 g/667 m² 喷雾，或阿克泰 2500 倍液，或 10% 扑虱灵乳油 1000 倍，或灭杀毙 4000 倍液，或 48% 乐斯本乳油 800 倍，或 1.8% 爱福丁乳油 3000 倍液进行喷雾防治，每隔 10 天 1 次，连喷 2~3 次。在虫害发生严重时用熏宝烟熏剂在夜间进行熏蒸，再进行药剂防治对虫害防治和控制有较好效果。采收前 15~20 d 禁止用药。

6.剥叶与疏蕾

叶子过密时，需将植株外层老叶、病叶及时摘除，以改善光照通风条件，减少病虫害，且有利于新叶和花芽的发育和生长，提高产量。当植株上同时抽生 3 个以上发育程度相当的花蕾时，应保留 3 个花蕾，摘除多余的花蕾。同时，还应及时摘除多余的畸形花蕾，以保证主蕾开花，提高品质。

7.采收

非洲菊定植后约 70~80 d 即进入采收期。当外围的舌状花瓣平展，中部花心外围的管状花有 2~3 轮开放，雄蕊出现花粉时为采收适期。采花宜在清晨进行，方法是自花茎与叶簇相连基部用手向侧方拉取，置于清水中，分级、套袋、包装以利运输。

346

主要参考文献

1.李天来. 日光温室蔬菜栽培理论与实践[M]. 北京:中国农业出版社,2013.

2.程智慧. 蔬菜栽培学各论[M]. 北京:科学出版社,2010.

3.张振贤,程智慧. 高级蔬菜生理学[M]. 北京:中国农业出版社,2008.

4.别之龙,黄丹风. 工厂化育苗原理与技术[M]. 北京:中国农业出版社,2008.

5.张雪艳,汪贵红,王佳,高艳明,吴洋,李建设. 宁夏日光温室基质培黑番茄品种的筛选[J]. 北方园艺,2013,(01):24-26.

6.张雪艳,田蕾,高艳明,王佳,姚英,李建设. 生物有机肥对黄瓜幼苗生长、基质环境以及幼苗根系特征的影响[J]. 农业工程学报,2013,(01):117-125.

7.高艳明,张雪艳,田蕾,叶林,赵金龙,李建设. 宁夏设施砂培黄瓜品种筛选研究[J]. 北方园艺,2013,(05):33-35

8.冒辛平,高艳明,李建设. 沙培甜椒养分吸收规律研究[J]. 北方园艺,2013,(08):22-25.

9.张雪艳,汪贵红,李建设,叶林,高艳明. 宁夏设施砂培水果黄瓜品种筛选[J]. 北方园艺,2013,(09):49-51.

10.杨飞,高艳明,李建设. 宁夏设施沙培辣椒引种试验[J]. 北方园艺,2013,(10):44-47.

11.高艳明,李建设. 设施黄瓜素沙基质营养液栽培技术[J]. 农业工程技术(温室园艺),2013,(05):64-66.

12.黄利,李建设,高艳明. 宁夏非耕地温室建设现状及对策研究[J]. 北方园艺,2013,(13):45-50.

13.汪洋,高艳明,李建设.宁夏设施夏秋茬薄皮甜瓜品种筛选试验[J].北方园艺,2013,(15):53-56.

14.田兴武,高艳明,李建设.日光温室番茄大行距节本增效生态栽培技术[J].中国蔬菜,2014,(02):78-79.

15.汪洋,田军仓,高艳明,李建设.非耕地温室番茄微咸水灌溉试验研究[J].灌溉排水学报,2014,(01):12-16.

16.刘宏久,高艳明,李建设.潮汐灌溉技术的研究进展[J].北方园艺,2014,(10):174-176.

17.王敏,李建设,高艳明.限根栽培对日光温室樱桃番茄植株生长和品质的影响[J].西北农业学报,2014,(07):131-137

18.高艳明,汪洋,黄利,赵淑梅,李建设.宁夏非耕地沙漠新建日光温室性能分析[J].北方园艺,2014,(22):44-47.

19.李文甲,李建设,高艳明,卜燕燕.宁夏日光温室番茄高密度早熟栽培研究[J].北方园艺,2010,(02):62-64.

20.高艳明,李建设,孙权,刘菊莲.基于银川地区水质的小白菜营养液配方优选[J].西北农业学报,2010,(03):131-135.

21.卜燕燕,高艳明,李建设,李文甲.甜椒沙培基质配方初选试验[J].北方园艺,2010,(06):82-84.

22.卜燕燕,高艳明,李建设,李文甲.设施黄瓜砂培营养液配方筛选试验[J].北方园艺,2010,(09):60-64

23.陈瑛,高艳明,李建设,罗爱华.特色樱桃番茄砂培引种试验[J].北方园艺,2010,(22):55-57..

24.高艳明,刘宏久,郑佳琦,李建设.黄瓜穴盘育苗潮汐灌溉技术研究[J].灌溉排水学报,2016,(01):79-82.

25.王敏,李建设,高艳明.限根栽培对番茄生长和品质的影响[J].湖北农业科学,2016,(05):1199-1203.

26.朱倩楠,高艳明,李建设.砧木子叶剪除量对嫁接黄瓜生长发育的影响[J].

贵州农业科学,2014,(11):92–97

27.高艳明,汪洋,李建设. 宁夏地区 PC 耐力板日光温室建造与性能初探[J]. 北方园艺,2015,(05):45–48..

28.徐苏萌,宋焕禄,高艳明,刘宏久,李建设. 不同基质配比对番茄风味成分的影响[J]. 湖北农业科学,2015,(15):3689–3691.

29.徐苏萌,李建设,马晓燕,高艳明. 叶面喷施甜菊糖对樱桃番茄生长和品质的影响[J]. 北方园艺,2015,(18):48–51.

30.刘宏久,高艳明,沈富,徐苏萌,李建设. 番茄穴盘育苗潮汐灌溉技术研究[J]. 安徽农业大学学报,2015,(04):549–554.

31.魏鑫,王继涛,金鑫,高艳明. 宁夏后墙主动蓄热第三代日光温室环境性能测试研究[J]. 广东农业科学,2015,(18):157–162.

32.张雪艳,高艳明,叶林,李建设. 浅析宁夏设施园艺发展现状、问题与对策[J]. 农业科学研究,2011,(01):53–57.

33.罗爱华,李建设,高艳明,陈瑛. 盐胁迫对番茄不同砧木生长的影响[J]. 北方园艺,2011,(08):27–30.

34.陈瑛,高艳明,李建设,罗爱华. 银川地区水质的非洲菊沙培营养液配方筛选研究[J]. 北方园艺,2011,(08):77–82.

35.周筠,李建设,高艳明. 水分胁迫下宁夏日光温室特色樱桃番茄引种试验[J]. 北方园艺,2011,(22):10–12.

36.高艳明,汪洋,李建设. 非耕地新建日光温室建设与配套设施研究初探[J]. 北方园艺,2016,(08):41–44.

37.李建设,周筠,高艳明. 水分胁迫及钾肥对樱桃番茄产量和品质的影响[J]. 东北农业大学学报,2013,(10):97–103.

附录:

设施农业多功能组装式卡槽型钢骨架生产技术规程

前　言

本标准的编写格式符合 GB/T1.1-2009《标准化工作导则 第1部分:标准的结构和编写》的要求。

本标准由宁夏大学、宁夏新起点现代农业装备科技有限公司、宁夏黄河现代设施装备开发制造有限公司提出。

本标准由宁夏回族自治区农牧厅归口。

本标准由宁夏大学、宁夏新起点现代农业装备科技有限公司、宁夏黄河现代设施装备开发制造有限公司起草。

本标准主要起草人:高艳明、金鑫、高强、李建设、魏鑫、刘宏久。

设施农业多功能组装式卡槽型钢骨架生产技术规程

1　范围

本标准规定了设施农业多功能组装式卡槽型钢骨架的术语和定义、日光温室结构、塑料大棚结构、骨架构件和制成、原料指标参数、骨架要求、骨架安装、试验方法、检验规则、包装、运输和贮存等。

本标准适用于工业生产的设施农业多功能组装式卡槽型钢骨架。

2　规范性引用文件

下列文件对于本文件的应用是必不可少的。凡是注日期的引用文件,仅所注日期的版本适用于本文件。凡是不注日期的引用文件,其最新版本(包括所有的修改单)适用于本文件。

GB/T 13912　金属覆盖层　钢铁制品热镀锌层技术要求

GB 50009　建筑结构荷载规范

NY/T 7　农用塑料棚装配式钢管骨架

3　术语和定义

下列术语和定义适用于本标准。

3.1　骨架

骨架是由双面热镀锌卡槽型钢制成的构件连接成多个单元组合成一体的整体钢结构，可支撑覆盖材料、运转设施和一切安装在它上面的附属设备，是承受自重和其他荷载的载体。

4　温室结构

4.1　温室规格

温室规格如表 1 所示＊

表 1　温室规格　　　　　　　　　　　　单位：m

跨度	脊高								
	3.6	4.0	4.2	4.5	4.7	5.0	5.2	5.5	6.3
8.0	＊	＊	＊						
9.0			＊	＊	＊				
10.0					＊	＊	＊		
11.0								＊	
12.0									＊

注 1：＊表示推荐选用的规格参数。

　　2：特殊气象条件的地区或特殊用途的温度，其规格可以不受此限。

4.2　长度

温室的长度尺寸宜为 60 m~80 m。

4.3　后屋面投影宽度与跨度之比

在 0.17~0.25 范围内，按大跨度选小值，小跨度选大值；温暖地区选小值，寒冷地区选大值的原则选取。

4.4 作业最低高度

温室作业最低高度距前底角 1.0 m 处不宜小于 1.0 m。

5 大棚结构

5.1 大棚规格

大棚的跨度和高度构成大棚的规格，大棚的跨度宜在 6.0 m~14.0 m 之间，高度宜在 2.3 m~3.5 m 之间。大棚的规格如表 2 所示。

表 2　大棚规格　　　　　　　　　　　　　　　　　　单位：m

跨度	高度						
	2.3	2.5	2.6	2.8	3.0	3.2	3.5
6	＊	＊	＊	＊			
8			＊	＊			
9				＊	＊		
10					＊	＊	
11						＊	＊
12							＊
14							＊

注 1：＊表示推荐选用的规格参数。

　　2：特殊气象条件的地区或特殊用途的温度，其规格可以不受此限。

5.2 大棚长度

大棚的长度以 50 m~80 m 为宜。

5.3 大棚肩高

大棚两侧肩高以 1.2 m~1.5 m 为宜。

6 骨架构件和制成

6.1 骨架构件

设施农业多功能组装式卡槽型钢骨架由上弦拱杆、下弦拱杆、斜撑支架和纵向系杆 4 个组件构成。上弦拱杆，下弦拱杆和纵向系杆的垂直剖面有 U 字型（图 1）或倒梯字型结构（图 2）两种结构；U 字型结构的长 25 mm，高 25 mm，厚 1.8 mm~2.0 mm，倒梯字型结构的上底（开口）长 25 mm，下底 20 mm，高 25 mm，厚 1.8 mm~2.0 mm。上弦拱杆、下弦拱杆，纵向系杆和斜撑支架（图 3）均采用镀锌螺栓连接（图 4）。

图 1

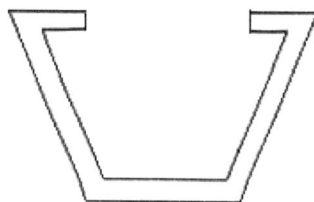

图 2

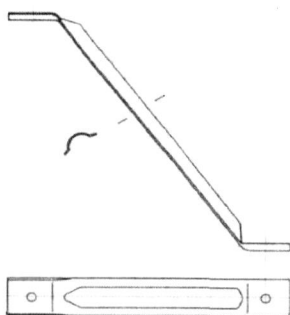

图 3

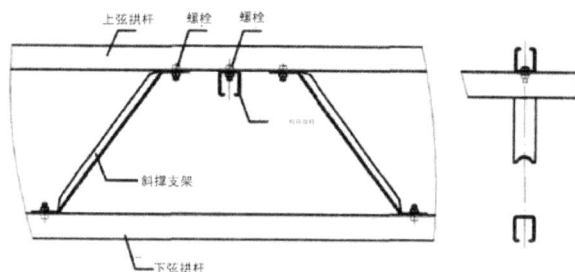

图 4

6.2 骨架构件的制成

6.2.1 上弦拱杆、下弦拱杆和纵向系杆：由宽 80 mm 的热镀锌钢带经冷压成型机冷压成 U 字型或倒梯字型钢结构，通过红外打孔机按设计要求间距自动冲孔成型。

6.2.2 斜撑支架：先把 38 mm 宽热镀锌钢带经专用模具轧成 40 mm 长，由冷压冲孔机一次冷压冲孔完成。

7 原料指标参数

采用厚度 1.8 mm~2.0 mm，镀锌量大于 80 g/m²，双面热镀锌钢材。

8 骨架要求

8.1 骨架强度

骨架的结构强度应保证承载要求，各地区风压、雪压载荷应符合GB50009 的规定要求。

8.2 骨架的稳定性

温室骨架应保证其稳定性，前屋面应设纵向拉杆，纵向拉杆应设置于拱架下弦杆上，并保证处于张紧状态，纵向拉杆数量不少于 3 道。

8.3 骨架的构造要求

骨架的间距一般为 1.0 m~1.2 m。骨架为双拱式结构，在设计强度能达到当地气候要求的前提下，为节省材料，也可采用一双一单、两双一单或多双一单等多种双单交替排列的结构形式，但应保证两端为双拱结构。双拱拱架上弦和下弦之间的最大距离宜为 20 cm~25 cm，双拱拱架的腹杆应呈梯形排列，腹杆与弦杆的夹角应保持锐角，弦杆的节间距不宜大于 45 cm。

为了便于作业机具的进出，可以在适当的位置，将一根骨架的前拱制成可拆卸的。

8.4 一般技术要求

8.4.1 骨架的梯形槽钢应由厚度为 1.8 mm~2.0 mm，宽度为 60 mm、80 mm、100 mm 三种规格的双面热镀锌钢板按设计图样规定的尺寸和技术要求冷压成型。

8.4.2 骨架的腹杆应由双面热镀锌钢板按要求冲压成型。

8.4.3 骨架材料双面热镀锌钢板的涂层应符合 GB/T 13912 的要求。

8.4.4 冷压、冲压件不得有裂痕、毛刺和明显的凹凸等缺陷。

8.4.5 所有连接紧固件应采用镀锌处理的标准件。

8.4.6 骨架组装应牢固、平整，表面光滑无明显划痕。

8.4.7 骨架其他质量要求可参照 NY/T 7 中相关内容。

9 骨架安装

9.1 钢架组装

9.1.1 按照设计尺寸上下拱由专用折弯机根据弧度要求对上下拱进行折弯。

9.1.2 上下拱由斜撑支架连接，各连接点由采用 8.0 mm×16.0 mm 热镀锌螺栓紧固。

9.2 现场组装

9.2.1 热镀锌双拱设施农业骨架每 6 架为一组装单位，每 6 架由穿杆在施工现场组装完成，完成后将组装好钢架由吊车吊到已做好的后墙位置上。

9.2.2 将每组钢架连接紧固后，进行水平调整。净空 10.0 m 以内，每架钢架间距为 1.2 m；净空 10.0 m 以上，每架钢架间距为 1.0 m。

10 试验方法

按 NY/T 7 中的规定进行。

11 检验与验收规则

11.1 检验规则

各种零件的检验以批为单位，每批 100 件，由连续生产的零件组成。

11.2 抽样

零件镀锌层结合强度和镀锌层均匀性试验，每批随机抽检 1%，不足一批可减少抽样，但不得少于 2 件。如果有一个试件的任何一项试验不合格时，再随机抽取两倍数量的试件进行复检。如仍有一个不合格时，则该批零件为不合格。

11.3 外观目测

在日光或人工照明条件（零件表面光强应在 200 Lx 以上）下，用肉眼逐根检查杆件，表面有明显裂纹、压扁、扭曲变形等影响强度的杆件不得验收。

11.4 多功能组装式双拱梯形槽钢设施农业骨架的所有零部件应符合本标准的规定，检验合格后方可验收。

12 包装和说明书

12.1 每套多功能组装式双拱梯形槽钢设施农业骨架的规格和数量必须符合产品零件明细表，否则不得包装。

12.2 长度大于 1.0 m 的细长杆件成捆包扎，小件按不同规格分袋包装，然后装箱。包装必须保证零件不易散失，防止相互碰撞而损坏。

12.3 每箱内应有装箱清单。每套多功能组装式双拱卡槽钢设施农业骨架一份产品使用说明书，一套安装指导书和安装图，一份产品合格证明书，一张附件、备件、随机工具清单以及一份用户意见调查表，放在第一箱内。

13 运输和贮存

13.1 所有金属构件、连接件在运输和贮存过程中，均应避免与酸、碱、盐类化学物质接触。

13.2 捆与箱分别堆放。

13.3 各捆应一顺堆放，不得交错压放。